RÉSUMÉ DES LEÇONS

DONNÉES

A L'ÉCOLE DES PONTS ET CHAUSSÉES.

OUVRAGES PUBLIÉS PAR L'AUTEUR :

TRAITÉ DE LA CONSTRUCTION DES PONTS, par M. Gauthey. 3 vol. in-4 (Le 1er volume seulement vient d'être réimprimé avec des corrections et augmentations.) 72 fr.

PROJET POUR L'ÉTABLISSEMENT D'UNE GARE A CHOISY, contenant l'exposé des travaux proposés ou entrepris jusqu'à présent à Paris, pour mettre les bateaux à l'abri des débâcles; suivi d'une notice descriptive du pont de Choisy. Paris, 1811, in-4. 9 fr.

LA SCIENCE DES INGÉNIEURS, par Bélidor; nouvelle édition, avec des notes et additions, Paris, 1830, in-4. 36 fr.

ARCHITECTURE HYDRAULIQUE, par *Bélidor*, nouvelle édition, avec des notes et additions, Paris, 1819, in 4. 45 fr.

RAPPORT A M. BECQUEY, directeur général des ponts et chaussées et des mines, et MÉMOIRE SUR LES PONTS SUSPENDUS, 2e édition, augmentée d'une Notice sur le pont des Invalides; Paris, 1830, in-4. 28 fr.

PARIS. — IMPRIMERIE ET FONDERIE DE FAIN,
RUE RACINE, N° 4, PLACE DE L'ODÉON

RÉSUMÉ DES LEÇONS

DONNÉES

A L'ÉCOLE DES PONTS ET CHAUSSÉES,

SUR

L'APPLICATION DE LA MÉCANIQUE

A L'ÉTABLISSEMENT DES CONSTRUCTIONS

ET DES MACHINES.

PREMIÈRE PARTIE,

CONTENANT LES LEÇONS SUR LA RÉSISTANCE DES MATÉRIAUX, ET SUR L'ÉTABLISSEMENT DES CONSTRUCTIONS EN TERRE, EN MAÇONNERIE ET EN CHARPENTE.

PAR M. NAVIER,

MEMBRE DE L'INSTITUT (ACADÉMIE DES SCIENCES), PROFESSEUR D'ANALYSE ET DE MÉCANIQUE A L'ÉCOLE POLYTECHNIQUE, INGÉNIEUR EN CHEF DES PONTS ET CHAUSSÉES.

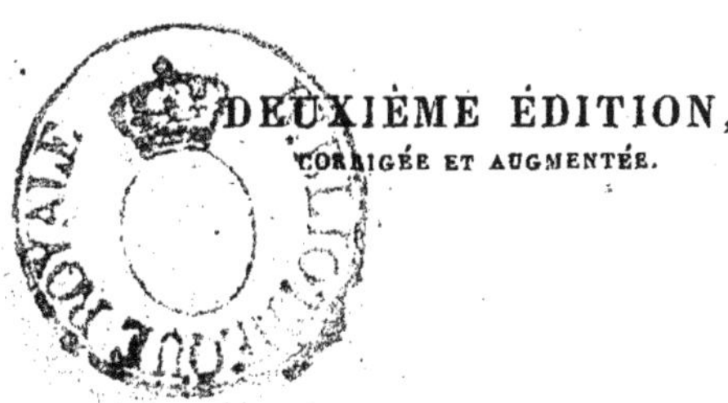

DEUXIÈME ÉDITION,

CORRIGÉE ET AUGMENTÉE.

A PARIS,

CHEZ CARILIAN-GOEURY,

LIBRAIRE DES CORPS ROYAUX DES PONTS ET CHAUSSÉES ET DES MINES,

QUAI DES AUGUSTINS, N° 41.

1833.

PRÉFACE.

On doit à Galilée les premières tentatives qui aient été faites pour soumettre au calcul la résistance des corps aux efforts qui tendent à les rompre. Jacques Bernoulli, Leibnitz, Euler, La Grange, ont traité diverses questions de ce genre. On a fait sur la force des matériaux un grand nombre d'expériences, parmi lesquelles on doit distinguer celles de Buffon. Coulomb a donné les principes de l'équilibre des voûtes et des murs exposés à la poussée des terres.

Ces recherches ont été jusqu'à présent plus utiles aux progrès des mathématiques qu'au perfectionnement de l'art des constructions. La plupart des constructeurs déterminent les dimensions des parties des édifices ou des machines d'après les usages établis, et l'exemple des ouvrages existans; ils se rendent compte rarement des efforts que ces parties supportent, et des résistances qu'elles opposent. Cela présente peu d'inconvéniens lorsque les ouvrages que l'on exécute ressemblent à ceux que l'on a fait de tout temps, et ne s'écartent pas, dans les dimensions et dans les poids, des limites accoutumées. Mais on ne peut plus en user de la même manière lorsque les circonstances obligent à sortir de ces limites, ou lorsqu'il s'agit d'édifices d'un genre nouveau, et sur lesquels l'expérience n'a rien appris.

L'objet de ces Résumés est d'exposer les conditions de l'établissement des constructions que les ingénieurs dirigent, et de mettre à même de vérifier le degré de résistance de chacune de leurs parties. On s'est occupé principalement des constructions en charpente, sur lesquelles on trouve peu de détails dans les ouvrages destinés à l'instruction, et l'on croit devoir indiquer ici succinctement les principes d'après lesquels les questions le plus importantes ont été traitées.

Nous considérons dans les matériaux deux qualités principales, la force d'élasticité, et la résistance à la rupture. Par *force d'élasticité*, on entend la résistance que le corps oppose quand on veut l'allonger ou l'accourcir d'une très-petite quantité. Le rapport entre le poids qui allonge ou comprime un corps prismatique dont la section transversale est égale à l'unité de surface, et la fraction qui exprime la variation de la longueur naturelle du corps causée par ce poids, est la mesure de la force d'élasticité : c'est la quantité désignée par E dans le n° 77. Par *résistance à la rupture*, on entend l'effort qu'il faut faire pour séparer les parties du corps, en agissant par extension; ou l'effort qu'il faut faire pour écraser ces parties, en agissant par compression. Le poids qui opère l'un ou l'autre effet, en agissant sur une section transversale égale à l'unité de surface, est la mesure de cette résistance : c'est la quantité désignée par R dans le n° 113.

La force d'élasticité et la résistance à la rupture doivent être déterminées par l'expérience pour les diverses substances, et l'on s'est efforcé de rassembler tous les résultats de ce genre qui paraissaient être de quelque utilité.

La connaissance de la force d'élasticité donne les moyens de calculer la quantité dont une pièce de charpente peut se comprimer, s'allonger, ou fléchir sous une charge donnée. La connaissance de la résistance à la rupture permet de déterminer la limite des poids qu'une pièce peut supporter. Mais cela ne suffit pas pour l'établissement des constructions, parce qu'il s'agit de connaître, non pas le poids qui rompt une pièce, mais le poids dont on peut la charger sans que l'altération qu'elle subit augmente avec le temps. La recherche de cette dernière limite, qui est de la plus grande importance, peut être rarement l'objet d'expériences directes ; mais on peut ici se servir avec avantage des exemples fournis par les constructions existantes.

Nous remarquons qu'en cédant aux efforts auxquels elles sont exposées, les parties des pièces s'accourcissent ou s'allongent, et nous prenons la proportion de cette variation de longueur pour la mesure du degré d'altération de ces parties. Connaissant donc quel est, dans les constructions dont l'expérience constate la solidité, la quantité dont les fibres qui subissent les plus grandes variations de longueur sont allongées ou accourcies, nous regardons ces variations comme des limites que l'on peut atteindre, et qui ne peuvent être dépassées sans danger. A ces variations de longueur correspondent des efforts qui seraient capables de les produire, en agissant directement par tension ou par compression. Ces efforts sont regardés comme étant les plus grands que les fibres puissent supporter; et la pièce, pour l'établissement d'une nouvelle construction, est censée prête à rompre quand ces efforts ont lieu. C'est ainsi qu'en attribuant à la quantité R une valeur beaucoup moindre R' (voyez le n° 181), les formules relatives au cas de la rupture peuvent servir à calculer les dimensions qui doivent être attribuées aux pièces dans les constructions.

Pour donner un exemple de ces évaluations, on dira que la force d'élasticité du fer forgé est E=20 000 000 000 kil.; c'est-à-dire que ce poids, agissant sur une barre dont la section transversale serait un mètre quarré, allongerait ou accourcirait cette barre d'une quantité égale à sa longueur primitive, les variations de longueur étant toujours supposées proportionnelles aux poids qui les produisent. La résistance de la même substance à la rupture est R=40 000 000 kil., parce que ce poids romprait une barre semblable en la tirant suivant sa longueur. Enfin, on admet que le fer serait altéré si les fibres étaient allongées ou accourcies de plus des 0,0005 de leur longueur naturelle; et comme cette variation de longueur serait produite par un poids de 10,000,000 kil. agissant sur la même barre, on attribue cette dernière valeur à la constante R', et l'on regarderait dans une construction une barre de fer forgé comme étant trop chargée, si les fibres le plus tendues ou le plus comprimées supportaient un effort de plus de 10 000 000 kil. sur un mètre quarré (voyez les n°s 182 et 183).

Ces notions admises, tout se réduit à rechercher, dans chaque construction, l'effet des efforts auxquels elle est exposée pour allonger ou accourcir les parties des pièces, soit par une action dirigée dans le sens de leur longueur, soit par une action oblique ou transversale qui oblige la pièce à fléchir, et par conséquent allonge les fibres placées à la face convexe, et accourcit celles qui sont placées à la face concave. Les résultats qui avaient été donnés jusqu'à présent sur l'équilibre des solides élastiques ne s'appliquaient qu'à un très-petit nombre de cas. Mais au moyen des nouvelles questions qui ont été résolues, on peut aujourd'hui se rendre compte de la force des principales pièces, dans les constructions en charpente que les ingénieurs dirigent, avec la même facilité et la même exactitude que l'on se rend compte de la force des chaînes dans un pont suspendu.

L'élément principal des calculs est l'évaluation des limites des efforts que l'on peut faire supporter aux parties des divers matériaux. Cette évaluation, établie d'après l'expérience des constructions existantes, ne peut présenter une exactitude rigoureuse. Il pourra donc exister quelques différences dans les nombres qui seront adoptés par diverses personnes. Le temps, et la réunion d'un grand nombre d'observations, peuvent seuls fixer les idées sur ce sujet.

Les règles relatives à l'équilibre des murs de revêtement des terres ou des voûtes avaient été exposées dans d'autres ouvrages; mais il était nécessaire d'avoir égard, comme on l'a fait ici, à la possibilité des disjonctions dans les murs ou dans les pieds-droits, que l'on considérait ordinairement comme des corps d'une seule pièce.

Les ingénieurs, en préparant les projets des travaux qu'ils dirigent, suivent ordinairement une marche analogue à ce qu'on nomme dans les sciences la méthode de fausse position. C'est-à-dire qu'après avoir conçu et décrit par le dessin la disposition d'un ouvrage, ils examinent s'ils ont satisfait à toutes les conditions nécessaires, et rectifient leur projet jusqu'à ce qu'ils y soient parvenus. Parmi ces conditions, l'une des plus essentielles est l'économie; la solidité et la durée ne sont pas moins importantes. Au moyen des règles exposées dans ces Résumés, on pourra connaître dans chaque cas les limites que l'on ne pourrait dépasser sans exposer l'ouvrage à manquer de solidité. Il ne faudrait pas conclure d'ailleurs que l'on doit toujours, pour avoir égard à l'économie, se placer tout près de ces limites. Les différences que l'on trouve dans les qualités des matériaux, et plusieurs autres motifs s'y opposent; l'art consiste principalement à juger jusqu'à quel point il est permis de s'en approcher.

AVERTISSEMENT

SUR

LA DEUXIÈME ÉDITION.

La première *édition* de ce Résumé, qui a paru en 1826, étant épuisée depuis long-temps, on a dû le réimprimer, et l'on s'est efforcé de le rendre moins imparfait.

Nous avons rapporté les résultats des expériences sur la résistance des matériaux publiés depuis 1826, et plusieurs résultats inédits que M. Minard, ingénieur en chef des ponts et chaussées, a bien voulu communiquer.

Les inexactitudes ou erreurs qui avaient été reconnues, et dont plusieurs nous ont été signalées par M. Coriolis, ont été rectifiées, et l'on a complété la solution de quelques questions.

On a évité toutefois d'augmenter beaucoup l'étendue de l'ouvrage (ce qu'il eût été facile de faire sans sortir du sujet). Il a paru convenable de se borner aux questions le plus importantes, et dont la solution pouvait servir d'exemple dans les nouveaux cas qui viendraient à se présenter. Comme il existe d'ailleurs un écrit dans lequel la théorie mécanique des ponts en chaînes de fer est exposée avec détail, il eût été superflu de s'en occuper ici.

Nous avons indiqué les auteurs des résultats le plus remarquables qui ont été donnés dans ces derniers temps. Les personnes qui voudront connaître en détail l'histoire des travaux dont cette partie de la mécanique a été le sujet, pourront recourir à divers ouvrages, parmi lesquels nous citerons principalement le Traité analytique de la résistance des solides et des solides d'égale résistance, par M. Girard, membre de l'Institut; le recueil des articles de Robison, publié après sa mort sous le titre de *A system of mechanical philosophy*; l'ouvrage anglais de M. Barlow, intitulé *An Essay on the strength and stress of timber*; le Traité de la poussée des terres, par M. Mayniel; les Mémoires sur la poussée des terres et sur les voûtes, donnés par MM. Français et Audoy dans le n° 4 du Mémorial du génie. On pourra juger, en consultant les ouvrages dont il s'agit, du point auquel ce genre de recherches avait été porté, et des efforts qui ont été faits pour les étendre et les perfectionner.

On reconnaîtra principalement que les conditions d'équilibre d'un massif de terres, qui forment le sujet de l'article Ier de la IIe section, n'avaient point été donnés, et qu'il en est de même à l'égard des résultats présentés dans l'article IIIe de la même section, et des notions relatives à l'usage des tirants ou des ceintures de fer destinées à consolider les constructions en maçonnerie.

Quant aux questions relatives à la résistance des corps solides et à l'établissement des constructions en charpente, on n'avait traité que les cas le plus simples de l'équilibre d'une pièce droite, c'est-à-dire les questions élémentaires exposées dans la première section de cet ouvrage, et le premier des cas d'équilibre d'une pièce chargée verticalement, qui forment le sujet de l'article IIe de la IVe section. Toutes les autres questions relatives à l'équilibre d'une pièce droite ou courbe, chargée horizontalement, verticalement ou dans une direction oblique, ont été considérées et résolues pour la première fois par l'auteur. Il en est de même des questions relatives à la flexion et à la rupture des plans. Les applications qui ont été faites de ces diverses solutions à l'établissement des principales constructions en charpente, semblent mériter l'attention des ingénieurs.

TABLE DES MATIÈRES.

PREMIÈRE SECTION.

DEUXIÈME SECTION.

Page

TROISIÈME SECTION.

QUATRIÈME SECTION.

RÉSUMÉ DES LEÇONS

DONNÉES

A L'ÉCOLE DES PONTS ET CHAUSSÉES,

SUR

L'APPLICATION DE LA MÉCANIQUE

A L'ÉTABLISSEMENT DES CONSTRUCTIONS

ET DES MACHINES.

PREMIÈRE PARTIE.

PREMIÈRE SECTION.

DE LA RÉSISTANCE DES CORPS SOLIDES.

1. Un corps solide oppose de la résistance à un effort qui tend à le fléchir ou à le rompre. En recherchant les lois auxquelles cette propriété est assujettie, on peut se proposer deux objets principaux : 1°. étant donné la figure d'un corps, et les efforts qu'il doit supporter, reconnaître si ce corps doit fléchir, et de quelle quantité, ou s'il doit rompre; 2°. déterminer la figure d'un corps de manière qu'il présente sous le moindre volume la plus grande résistance qu'il est possible à un effort donné.

Les corps paraissent être composés de parties ou molécules, maintenues à certaines distances les unes des autres par des forces opposées qui se font mutuellement équilibre. L'une de ces forces est une attraction propre aux molécules des corps; l'autre est une force de répulsion due au principe de la chaleur. Le jeu de ces forces d'attraction et de répulsion rend raison des principaux phénomènes qui ont lieu quand on entreprend de changer la figure d'un corps. C'est évidemment dans la considération des forces dont il s'agit, qu'il faut chercher la solution directe des problèmes relatifs à la résistance des solides.

Les recherches générales, fondées sur ces notions, sont trop compliquées pour qu'on puisse les présenter dans un cours élémentaire. On se bornera à déduire des résultats simples et applicables, d'hypothèses dont la justesse ait été vérifiée par des comparaisons nombreuses avec les effets naturels.

2. Nous considérons, pour fixer les idées, un corps prismatique. Ce corps peut être soumis à divers efforts, parmi lesquels on distingue principalement :

1°. Un effort dirigé dans le sens de la longueur du solide, de manière à le comprimer. Le solide peut céder en s'écrasant, ou bien en pliant et en se rompant, si la longueur est suffisamment grande par rapport aux dimensions de la section transversale.

2°. Un effort dirigé dans le sens de la longueur du solide, de manière à l'étendre. Le corps peut céder en s'allongeant, et en se rompant par la séparation des parties dans une des sections transversales.

3°. Un effort dirigé perpendiculairement à la longueur du corps. Le corps cède en pliant, de manière que les parties voisines de la face convexe sont étendues, et les parties voisines de la face concave comprimées. La rupture a lieu si l'extension ou la compression sont assez grandes pour déterminer la séparation ou l'écrasement des parties.

4°. Un effort qui tend à tordre le corps.

ARTICLE PREMIER.

De la résistance des corps a un effort qui tend a produire l'écrasement.

3. Les notions que l'on peut présenter sur cette matière consistent principalement dans l'exposition des résultats des expériences faites sur divers corps. Les résultats suivans conviennent seulement aux corps dont la longueur est trop petite, par rapport aux dimensions de la section transversale, pour qu'ils puissent céder en pliant.

Résistance de la pierre et de la brique à l'écrasement.

4. On a déduit des expériences faites sur la résistance des pierres à l'écrasement les indications générales suivantes. Les qualités physiques des pierres, telles que la dureté, la pesanteur spécifique, la couleur, ne peuvent faire juger exactement de la résistance. On ne la connaît que par des expériences spéciales. Mais, dans les pierres de même nature, les parties les plus denses sont aussi les plus résistantes. On distingue parmi les pierres deux qualités principales, relativement à la manière dont elles cèdent à la pression. Les pierres dures, dont le grain est fin, l'aggrégation homogène et compacte, se divisent avec bruit en lames ou en aiguilles verticales, avant de se réduire en poussière. Les pierres tendres se divisent d'abord en pyramides qui ont pour base les faces du solide, et dont le sommet est au centre : les deux pyramides verticales écartent les autres, en agissant comme des coins; elles se partagent toutes en petits prismes verticaux, et finissent par tomber également en poussière. Certaines pierres, qui offrent dans les expériences une plus grande résistance que d'autres, peuvent dans une construction

éclater plus facilement, si elles ne sont pas pressées bien également sur toute l'étendue du joint.

La force nécessaire pour écraser un morceau de pierre est, pour des figures semblables, proportionnelle à l'aire de la section transversale; elle diminue quand le contour de cette section augmente par rapport à l'aire; elle est la plus grande quand la section transversale est un quarré ou un cercle (*a*).

Quant à l'influence du rapport de la hauteur à l'aire de la section transversale, la force nécessaire pour produire l'écrasement est la plus grande quand la pierre a la forme d'un cube. Cette force diminue à mesure que la pierre est plus plate ou plus haute. Elle diminue d'avantage encore si la pierre est partagée en plusieurs parties dans la hauteur (*b*).

La situation, dans l'intérieur de la pierre, de l'échantillon soumis à l'expérience, influe sensiblement sur les résultats. La résistance des parties voisines des faces supérieure et inférieure est moindre que celle des parties intérieures (*c*).

Il a été fait un grand nombre d'expériences sur la résistance des pierres à l'écrasement. Les premières sont de M. Gauthey; il employait une machine formée d'un levier. M. Rondelet a employé une machine semblable; il en propose une où la pression est produite par une vis, et qui paraît préférable.

5. Résultats moyens des expériences de M. Gauthey (*d*).

(*a*) Art de bâtir, par M. Rondelet, tome I, pages 94 et suiv.

(*b*) *Idem*, page 91.

(*c*) *Idem*, pages 83 et suiv.

(*d*) Mémoire sur la charge que peuvent porter les pierres. Journal de physique, novembre 1774.

Ces expériences ont été faites sur de petits parallélipipèdes, dont les dimensions ont varié de 4 à 48 lignes, et étaient généralement de 10 à 20 lignes. Les résultats sont ramenés par le calcul à une surface d'un pied quarré.

INDICATION DES PIERRES.	POIDS du pied cube.	Moindre valeur	Moyenne valeur.	Plus grande valeur.
		du poids qui produit l'écrasement.		
	livres.	livres.	livres.	livres.
Porphyre.	201	4299112	5329152	5619456
Marbre de Flandre.	184	1824768	2239488	2159200
Marbre de Gênes.	189	691472	770688	1002240
Pierre calcaire dure de Givry.	165	456192	663552	870911
Pierre calcaire tendre de Givry.	145	186624	248832	311040
Pierre calcaire blanche de Tonnerre.	120	181440	222912	279836
Brique dure.	109	290304	321403	373248
Grès tendre.	174	5390	8424	189586

On trouvera la résistance à l'écrasement, exprimée en kilogrammes pour une surface d'un centimètre quarré, en multipliant les nombres des trois dernières colonnes par 0,000464.

6. Résultats principaux des expériences de M Rondelet (*a*). Ces expériences ont été faites sur de petits cubes de 0^{m}, 05 de côté, en sorte que l'aire de la base est 25 centimètres quarrés.

(*a*) Art de bâtir, par M. Rondelet, tome I, pages 208 et suiv.

INDICATION DES PIERRES.	PESANTEUR spécifique.	POIDS produisant l'écrasement.
Pierres volcaniques.		kilogrammes.
Basalte de Suède.	3,06	47809
Basalte d'Auvergne.	2,88	51945
Lave du Vésuve, dite *Piperno*, près de Pouzzol.	2,60	14802
Lave grise des environs de Rome, peu dure, dite *Peperino*.	1,97	5700
Lave tendre de Naples.	1,72	4014
Tuf de Rome.	1,22	1447
Scorie de volcan.	0.86	831
Pierre ponce.	0,60	863
Granits.		
Granit vert des Vosges.	2,85	15487
Granit gris de Bretagne.	2,74	16353
Granit de Normandie, dit *Gatmos*.	2,66	17555
Granit gris des Vosges.	2,64	10581
Grès.		
Grès très-dur, roussâtre.	2,52	20337
Grès blanc.	2,48	23086
Grès tendre.	2,49	98
Pierres argileuses.		
Pierre porc, ou puante.	2,66	17030
Pierre grise de Florence, dont le grain est fin.	2,56	10556
Pierres calcaires.		
Marbre noir de Flandre.	2,72	19719
Marbre blanc veiné.	2,70	7455
Marbre blanc statuaire.	2,69	8176
Marbre blanc turquin.	2,67	7695
Pierre de Caserte, près de Naples, qui reçoit le poli.	2,72	14865
Pierre noire de Saint-Fortunat, employée à Lyon, très-dure et coquilleuse.	2,65	15668
Liais de Bagneux, près de Paris, très-dur, d'un grain fin.	2,44	11113
Travertino de Rome, très-dur, d'un grain fin, persillé.	2,36	7449
Roche de Châtillon, près de Paris, dure, un peu coquilleuse.	2,29	4347
Roche douce de Châtillon.	2,08	3339
Roche d'Arcueil, près de Paris.	2,30	6334
Pierre de Saillancourt, près de Pontoise, 1re. qualité.	2,41	3536
2e. qualité.	2,29	2994
3e. qualité.	2,10	2304
Pierre ferme de Conflans, employée à Paris.	2,07	2245
Pierre tendre ou lambourde de Conflans, 1re. qualité.	1,82	1407
Pierre à plâtre de Montmartre, près de Paris.	1,92	1785
Vergelée, des environs de Paris, tendre, d'un grain grossier, résistant à l'eau.	1,83	1496
Lambourde, de qualité inférieure, tendre, résistant mal à l'humidité.	1,56	575

7. Principaux résultats des expériences de M. G. Rennie (*a*). Ces expériences ont été faites sur de petits cubes, ayant 1 ½ pouce anglais de côté.

INDICATION DES PIERRES.	PESANTEUR spécifique.	POIDS produisant l'écrasement.
Granits.		Livres avoir-du-poids.
Granit d'Aberdeen, bleu.	2,625	24556
Granit à grain serré de Peterhead.		18636
Granit de Cornouailles.	2,662	14302
Pierres siliceuses.		
Pierre siliceuse de Dundée.	2,530	14918
Pierre siliceuse de Branmlfall, près de Leyde, parallèlement ou perpendiculairement aux couches.	2,506	13632
Grit de Derby, pierre siliceuse, rouge et friable.	2,316	7070
Pierres calcaires.		
Marbre blanc italien, veiné.	2,726	21783
Marbre blanc de Brabant.	2,697	20742
Pierre à chaux noire et compacte, de Limerich.	2,598	19924
Marbre rouge de Devonshire.		16712
Pierre de Portland, d'un grain fin et égal (le cube ayant 2 pouces de côté).	2,423	14918
Idem, (le cube ayant 1 ½ pouce de côté).	2,428	10284
Brique.		
Pierre de Stourbridge.		3864
Brique de Hammersmith.		2254
Idem, brûlée.		3243
Brique rouge, moyenne de deux épreuves.	2,168	1817
Brique rouge pâle.	2,085	1263
Chaux.		1127

On trouvera la résistance à l'écrasement, exprimée en kilogrammes pour une surface d'un centimètre quarré, en multipliant les nombres de la dernière colonne par 0,03156.

8. Pour mettre à même d'apprécier la diminution de résistance qui a lieu quand la hauteur est plus

(*a*) *Philosophical Transactions*, 1818; ou Annales de chimie et de physique, septembre, 1818.

grande que le côté de la base, on citera les expériences suivantes dues à M. Rondelet (*a*). La base était un quarré de 5 centimètres de côté.

INDICATION DES PIERRES.	PESANTEUR spécifique.	POIDS produisant l'écrasement.
		Kilogrammes.
Pierre de liais, fort dure, un cube.	2,388	8851
Deux cubes posés l'un sur l'autre.		5411
Trois cubes, *idem*.		4780
Pierre dure du fond de Bagneux, un cube.	2,255	6650
Deux cubes l'un sur l'autre.		4223
Trois cubes, *idem*.		3890
Roche dure de Châtillon, un cube.	2,342	5138
Deux cubes l'un sur l'autre.		4010
Trois cubes, *idem*.		3853
Même pierre, un cube.	2,162	3537
Deux cubes l'un sur l'autre.		2829
Trois cubes, *idem*.		2752
Même pierre, un cube.	2,199	3721
Deux cubes l'un sur l'autre.		2977
Trois cubes, *idem*.		2890
Même pierre, prisme de $0^m,1$ de hauteur.	2,346	5164
Le même prisme divisé en quatre parties.		4431
Le même prisme divisé en huit parties.		3698

9. D'après une expérience rapportée par M. White (*b*), un prisme en pierre de Portland, ayant 14 pouces anglais sur 12 po. de base et 2 pi. 7 po. de hauteur, a été fracturé sous une pression de 173 $\frac{1}{2}$ *tons*.

Résistance du plâtre à l'écrasement.

10. D'après M. Rondelet (*c*), le poids nécessaire pour écraser un cube de 5 centimètres de côté est, pour le plâtre gâché à l'eau. . . . . 1239 kil.
et pour le plâtre gâché au lait de chaux . . . 1816

(*a*) Art de bâtir, tome III, page 91.
(*b*) *The Philosophical Magasine, april* 1832.
(*c*) Art de bâtir, tome I, page 309.

Résistance du mortier à l'écrasement.

11. La résistance du mortier est très-variable, suivant les matières employées et les procédés de fabrication. Le tableau suivant est dressé d'après les expériences de M. Rondelet.

INDICATION DES MORTIERS.	PESANTEUR spécifique.	POIDS porté sur une base de 25 centim. quarrés.
		Kilogrammes.
Mortier de chaux et sable de rivière.	1,63	767
Le même, battu.	1,89	1048
Mortier de chaux et sable de mine.	1,59	1017
Le même, battu.	1,90	1406
Mortier de ciment, ou tuileaux *pilés*.	1,46	1191
Le même, battu.	1,66	1633
Mortier en grès *pilé*.	1,68	733
Mortier de pouzzolane de Naples et de Rome, mêlées.	1,46	916
Le même, battu.	1,68	1333
Enduit d'une conserve antique des environs de Rome.	1,55	1903
Enduit en ciment des démolitions de la Bastille.	1,49	1368

Les expériences ont été faites dix-huit mois après la fabrication des mortiers. Quinze ans après, elles ont été répétées, et on a reconnu que la consistance avait augmenté d'environ $\frac{1}{8}$ pour les mortiers de chaux et sable, et $\frac{1}{4}$ pour les mortiers de ciment et de pouzzolane *(a)*.

Résistance du bois à l'écrasement.

12. D'après les expériences de M. Rondelet, la force nécessaire pour écraser un cube en bois de chêne,

---

(a) Art de bâtir, tome I, page 305. Consultez aussi les Recherches expérimentales sur les chaux de construction, de M. Vicat, et l'ouvrage du même auteur intitulé : Résumé des connaissances positives actuelles sur les mortiers et cimens calcaires, 1828.

est de 40 à 48 livres par ligne quarrée de la base (385 à 463 kil. par centimètre quarré). Elle ne diminue pas sensiblement pour un prisme dont la hauteur ne surpasse pas sept ou huit fois l'épaisseur, et qui ne peut plier.

La même force, pour le sapin, est de 48 à 56 liv. (*a*) (462 à 538 kil. par centimètre quarré).

13. D'après les expériences de M. G. Rennie (*b*), l'effort nécessaire pour écraser un cube de 1 pouce anglais de côté, est, pour

le chêne anglais.	3860 liv. av.-du-poids.
le sapin blanc.	1928
le pin d'Amérique	1606
l'orme	1284

La résistance exprimée en kilogrammes, pour un centimètre quarré, se déduit des nombres précédens, en les multipliant par 0,07028.

14. Lorsqu'une pression est exercée contre la surface d'une pièce de chêne, si l'on veut que cette surface ne cède point sensiblement, il faut, suivant M. Gauthey (*c*), que l'effort ne surpasse point 160 kil. par centimètre quarré; lorsque la surface pressée est parallèle aux fibres, et 200 kil. lorsque cette surface est perpendiculaire aux fibres.

15. D'après les expériences de M. Tredgold (*d*), l'effort exercé contre une face pressée parallèlement aux

---

(*a*) Art de bâtir, tome IV, page 67.

(*b*) *Philosophical Transactions*, 1818; ou Annales de chimie et de physique, septembre 1818.

(*c*) Traité de la construction des ponts, tome II, page 44.

(*d*) *Elementary principles of carpentry*, page 60.

fibres, ne doit point dépasser 1400 livres avoir-du-poids par pouce quarré anglais pour le chêne, et 1000 livres pour le sapin jaune (108 et 70 kil. par centimètre quarré).

Ces résultats supposent les bois secs et de bonne qualité.

16. Dans une expérience faite en 1822 par MM. Minard et Desormes, sur deux pièces de chêne assemblées bout à bout par un joint formé d'un seul adent et maintenu par des frettes, les fibres de l'adent ont été écrasées par un effort de 530 kil. par centimètre quarré.

Résistance du fer forgé à l'écrasement.

17. D'après les expériences de M. Rondelet (*a*), un cube en fer forgé, de 6 à 12 lignes de côté, commence à se comprimer sous une pression moyenne de 513 livres par ligne quarrée (4945 kilog. par centimètre quarré). Le fer cède plutôt en pliant qu'en se comprimant, lorsque la hauteur est triple de l'épaisseur.

Resistance du fer fondu à l'écrasement.

18. D'après les expériences de M. W. Reynolds de Ketley (*b*), la force nécessaire pour écraser un cube de $\frac{1}{4}$ pouce anglais de côté, en fonte grise et douce, est. . . . . 8960 liv. av.-du-poids.
en métal de canon. 22400

(*a*) Art de bâtir, tome IV, page 519.

(*b*) *A Practical essay on the strength of cast iron*, page 128. Il paraît, d'après cet ouvrage, que les résultats obtenus par M. Reynolds n'avaient pas été rapportés exactement dans le mémoire de M. G. Rennie, inséré dans le volume des *Philosophical Transactions* pour 1818.

19. Résultats principaux des expériences de M. G. Rennie sur l'écrasement du fer fondu (*a*).

FER MIS EN EXPÉRIENCE.	PESANTEUR spécifique.	CÔTÉ de la base quarrée.	HAUTEUR.	POIDS produisant l'écrasement.
		Pouce anglais.	Pouce anglais.	Livres avoir-du-poids.
Fer tiré du centre d'une large masse, dont les cristaux avaient la forme et l'apparence de ceux qu'on voit dans la rupture d'un canon du même métal. .	7,033	$\frac{1}{8}$	$\frac{1}{8}$	1440
Fer tiré d'une petite coulée, à grain serré, d'un gris terne.	6,977	$\frac{1}{8}$	[illegible]	2116
			[illegible]	2363
			[illegible]	2005
			[illegible]	1407
			[illegible]	1743
			[illegible]	1594
			[illegible]	1439
Fer tiré de la première masse.		$\frac{1}{4}$	$\frac{1}{4}$	9773
Cubes tirés de barres coulées horizontalement. . .	7,113	$\frac{1}{4}$	$\frac{1}{4}$	10114
Cubes tirés de barres coulées verticalement. . . .	7,074	$\frac{1}{4}$	$\frac{1}{4}$	11137
Prismes de diverses hauteurs en fer coulé horizontalement.		$\frac{1}{4}$	[illegible]	9449
			[illegible]	9006
			[illegible]	8845
			[illegible]	8362
			[illegible]	6430
			[illegible]	6321
Idem, en fer coulé verticalement.		$\frac{1}{4}$	[illegible]	9328
			[illegible]	8385
			[illegible]	7896
			[illegible]	7018
			[illegible]	6430

(*a*) *Philosophical Transactions*, 1818; ou Annales de chimie et de physique, septembre 1818.

Résistance de divers métaux à l'écrasement.

20. D'après les mêmes expériences, l'effort nécessaire pour écraser un cube de $\frac{1}{4}$ pouce anglais de côté en cuivre coulé est. . . . . 7318 liv. av. du poids.

Pour comprimer un cube semblable	
en cuivre jaune de $\frac{1}{10}$.	3213
$\frac{1}{2}$	10304
en cuivre battu, de $\frac{1}{10}$.	3427
$\frac{1}{8}$	6440
en étain coulé, de $\frac{1}{10}$.	552
$\frac{1}{3}$	966
en plomb coulé, de $\frac{1}{2}$	483

Les nombres précédens, ceux de la dernière colonne du tableau n° 19, lorsque le côté de la barre est $\frac{1}{4}$ pouce anglais, et ceux du n° 18 doivent être multipliés par 1,125 pour donner en kilogrammes la résistance sur un centimètre quarré.

ARTICLE II.

De la résistance des corps a un effort dirigé dans le sens de la longueur, qui tend a produire l'extension et la rupture.

21. En considérant un corps tiré dans le sens de la longueur, on peut se proposer de connaître deux choses : 1° la quantité dont ce corps s'allongera pour un effort donné; 2° l'effort nécessaire pour séparer les parties et opérer la rupture. Il existe peu d'expériences directes, faites dans la vue de déterminer la quantité dont un corps s'allonge sous un effort donné; mais, comme on le verra dans la suite, cette détermination peut être conclue des

expériences faites sur la flexion. La résistance à la rupture des corps tirés dans le sens de la longueur est l'objet dont on s'est le plus occupé, et le seul dont il s'agira dans cet article. Les notions que nous présenterons sur ce sujet se bornent encore ici à l'exposition des résultats obtenus par l'expérience.

Résistance de la pierre et de la brique à l'extension.

22. D'après Coulomb (*a*), la force nécessaire pour opérer la rupture sur une surface d'un pouce quarré est, pour une pierre blanche, d'un grain fin et homogène, de 215 livres ($14^k,4$ par centimètre quarré); pour de la brique de Provence, très-bien cuite et d'un grain très-uni, de 280 à 300 livres ($18^k,7$ à 20^k par centimètre quarré).

23. D'après M. Tredgold, la même force, sur un pouce quarré anglais, est, pour la brique, de 275 livres avoir-du-poids (*b*) ; pour la pierre calcaire de Portland, de 857 livres avoir-du-poids (*c*) ($19^k,3$ et $60^k,2$ par centimètre quarré).

Résistance du plâtre à l'extension.

24. D'après M. Rondelet (*d*), la force de cohésion du plâtre est de 60 livres par pouce quarré (4 kilog. par centimètre quarré). La force avec laquelle il adhère aux pierres et aux briques est environ les $\frac{2}{3}$ de la précédente. Cette force est plus grande pour la pierre meulière et la

---

(*a*) Mémoires des savans étrangers, 1773.

(*b*) *A Practical essay on the strength of cast iron*, page 150.

(*c*) *Idem*, page 155.

(*d*) Art de bâtir, tome I, page 315.

brique que pour les pierres calcaires. Elle diminue beaucoup avec le temps.

Résistance du mortier à l'extension.

25. D'après M. Rondelet (*a*), la force de cohésion du mortier est environ le $\frac{1}{8}$ de la résistance à l'écrasement. La force avec laquelle il adhère aux pierres et aux briques surpasse la force de cohésion.

26. D'après M. Vicat (*b*), la force de cohésion sur un centimètre quarré est, pour les mortiers bien faits, à sable quartzeux et chaux éminemment hydraulique, de 9kil.,6

mortiers bien faits, à sable quartzeux, et chaux hydraulique ordinaire 6, 0

mortiers bien faits, à sable quartzeux et chaux commune, moyenne ou grasse. 3, 6

mortiers mal faits, communément, au plus. . 1, 5

27. D'après le même ingénieur, ces résultats généraux ont été indiqués plus tard comme il suit :

Chaux éminemment hydrauliques . . . . . . 12kil.
Chaux hydrauliques ordinaires. 10
Chaux hydraulique de moyenne qualité . . . 7
Chaux grasses. 3
Mauvais mortiers. 0,75

On suppose les proportions et le choix du procédé d'extinction convenablement réglé. Les résistances appar-

---

(*a*) Art de bâtir, tome I, page 315.

(*b*) Recherches expérimentales sur les chaux de construction, page 96.

tiennent à des mortiers continuellement exposés aux intempéries et fabriqués depuis un an (*a*).

28. Les expériences faites sur les mortiers fabriqués avec le ciment de Pouilly ont présenté les résultats suivans (*b*). La force d'adhésion est par centimètre quarré :

Prismes sans mélange de sable, placés sous l'eau	6k,47
Parties égales de ciment et sable, sous l'eau.	6 ,97
Idem, hors de l'eau	5
Deux parties de ciment et une de sable, sous l'eau	9 ,28
Idem, hors de l'eau.	9 ,9

29. D'après quelques expériences de M. J. White (*c*), un pilier construit en briques avec mortier de chaux, pouzzolane et sable, essayé au bout d'un mois, en le soulevant par l'extrémité supérieure, a supporté son propre poids sur une hauteur de 5 pi. 2 po. Base, 3 pi. 4 po. sur 1 pi. 10 po. anglais. L'intérieur n'était pas tout-à-fait sec.

Un autre pilier, construit de la même manière avec mortier de chaux et pouzzolane écrasée et passée au tamis, ayant 6 pi. de largeur, 3 pi. d'épaisseur et 8 pi. 10 po. de hauteur, formé de 35 assises de briques, essayé après 9 mois, en le soulevant à 15 po. de l'extrémité supérieure, ne s'est pas rompu. Le poids était d'environ 10 *tons*.

(*a*) Résumé sur les mortiers et cimens calcaires, page 69.

(*b*) Rapport fait par M. Mallet à la Société d'Encouragement, sur le ciment de M. Lacordaire, 17 juin 1829.

(*c*) *The Philosophical Magasine*, *april* 1832.

Résistance du bois à l'extension.

30. D'après les expériences de M. Rondelet (*a*) la force de cohésion du bois de chêne, tiré dans le sens des fibres, est 102 livres par ligne quarrée (981 kil. par centimètre quarré).

31. Résultats moyens des expériences de M. Barlow (*b*), faites sur des pièces d'environ $\frac{1}{3}$ de pouce de diamètre. Ces résultats sont ramenés par le calcul à exprimer la force nécessaire pour opérer la rupture sur un pouce quarré anglais.

Sapin, 1°	12857 liv. av.-du-poids.
2°	11549
Frêne, 1°	17207
2°	16947
Hêtre	11467
Chêne, 1°	9198
2°	11580
Teak	15090
Buis	19891
Poirier	9822
Mahogany	8041

32. D'après les mêmes expériences, l'adhésion latérale des fibres dans le sapin, c'est-à-dire l'effort nécessaire pour séparer deux parties d'une pièce en les faisant glisser l'une sur l'autre parallèlement aux fibres, est 592 livres avoir-du-poids par pouce quarré anglais.

(*a*) Art de bâtir, tome IV, page 65.

(*b*) *An Essay on the strength and stress of timber*, page 73.

33. D'après les expériences de M. Tredgold (*a*), la force de cohésion des bois tirés perpendiculairement à la direction des fibres, est, sur un pouce quarré anglais, pour le

Chêne. . . . . 2316 liv. av.-du-poids.
Peuplier. 1782
Larix. . . . . de 970 à 1700

Ces derniers nombres, et ceux des n°s 31 et 32, doivent être multipliés par 0,07028, pour donner en kilogrammes la résistance sur un centimètre quarré.

34. D'après quelques expériences faites par MM. Minard et Desormes, la force de cohésion du chêne tiré dans le sens des fibres est de 600 à 700^{k} par centimètre quarré de la section transversale. La force de cohésion du tremble ne paraît pas être moins grande.

35. D'après les mêmes expériences, l'adhésion latérale des fibres du tremble, ou l'effort nécessaire pour séparer deux parties d'une pièce en les faisant glisser l'une sur l'autre parallèlement aux fibres, a été trouvée de 57^{k} par centimètre quarré.

36. Expérience faite par MM. Minard et Desormes, sur l'allongement progressif d'une pièce de chêne de 0^{m},036 d'équarrissage, tirée dans le sens de sa longueur.

CHARGES.	LONGUEURS observées.
Kilogrammes.	Mètre.
0	1,016
1708	1,017
0	1,016
2411	1,0175
0	1,016
3114	1,01775
0	1,01625

(*a*) *Elementary principles of carpentry*, page 29.

Il résulte de cette expérience que le chêne s'allonge (sans avoir perdu la faculté de revenir à sa longueur primitive, après avoir été déchargé) de $\frac{1}{629}$ pour une charge de 213k par centimètre quarré de la section transversale. Cela revient à un allongement de 0,0007464 pour une charge de un kilogramme par millimètre quarré de la section transversale.

37. Nous ajouterons, d'après les expériences publiées par M. Bevan *(a)*, l'expression de l'effort nécessaire pour arracher des vis à bois. Ces vis avaient 2 pouces anglais de longueur, 0,22 po. de diamètre à l'extérieur du filet, et 0,15 po. de diamètre entre les filets. Le filet formait douze révolutions dans une longueur d'un pouce. Les vis traversaient de *part en part des planches d'un pouce* d'épaisseur. Les nombres suivans indiquent l'effort nécessaire pour les arracher.

Frène sec	790 liv. av.-du-poids.
Chêne.	760
Acajou.	770
Orme	655
Sycomore	830

Dans le sapin et autres bois tendres l'effort était la moitié des précédens.

Résistance du fer forgé à l'extension.

38. D'après des expériences faites à Rome, par Poleni (*b*), sur huit petits barreaux de 0m, 00372 d'équarrissage, la force de cohésion, pour un millimètre quarré, varie de 41K à 50k; la valeur moyenne est 44k,5.

(*a*) *The Philosophical Magasine*, octobre 1827.

(*b*) *Memorie istoriche della cupola del tempio Vaticano*, cités dans le Traité de la construction des ponts, tome II, page 395.

39. Résultats des expériences de M. Perronet, sur des verges de fer quarré, tirées dans le sens de la longueur (*a*).

LONGUEUR des fers.	EQUARRISSAGE.	POIDS produisant la rupture.	POIDS supporté par millimètre quarré.
mètre.	millimètres.	kilogrammes.	kilogrammes.
0,650	12,97	5972	35,5
0,325		6687	39,8
0,162		5502	32,7
0,081		5972	35,5
0,650	9,02	2983	36,7
0,325		3113	38,3
0,650	6,77	2134	46,6
0,325		2369	51,7
0,162		2472	53,9
0,081		2487	54,3
0,650		2159	47,1
Poids moyen par millimètre quarré. . .			42,9

40. Résultats des expériences de M. Perronet, sur des verges de fer rond, tirées dans le sens de la longueur.

LONGUEUR des fers.	DIAMÈTRE.	POIDS produisant la rupture.	POIDS supporté par millimètre quarré.
mètre.	millimètres.	kilogrammes.	kilogrammes.
0,650	10,15	3020	37,3
0,325		3074	38,0
0,162		3348	41,4
0,081		3368	41,6
0,650	7,88	2717	55,7
0,162		2748	56,3
0,081		2683	55,0
0,650	7,62	1463	32,1
0,325		1662	36,4
0,162		1721	37,7
0,081		1510	33,1
Poids moyen par millimètre quarré. . .			42,2

t

(*a*) Traité de la construction des ponts, par M Gauhey, tome II, pag 154.

41. Résultat des expériences faites par MM. Soufflot et Rondelet (*a*), sur des verges de fer tirées dans le sens de la longueur. La longueur des pièces était d'un peu plus de 2 pieds.

INDICATION DES FERS.	LARGEUR des pièces.	ÉPAISSEUR des pièces.	POIDS produisant la rupture.	POIDS supporté par ligne quarrée.
	lignes.	lignes.	livres.	livres.
Fer tout nerf.	2 $\frac{2}{3}$	2 $\frac{1}{4}$	3542	590
Idem.	2 $\frac{2}{3}$	2	3374	633
Fer dont la cassure offre un peu de grain.	6	2 $\frac{1}{2}$	6157	410
Fer dont la cassure offre les $\frac{2}{3}$ de nerf.	5	2 $\frac{1}{2}$	4874	390
Fer moitié nerf.	5 $\frac{1}{2}$	3	5524	335
Fer tout nerf	6	3	15600	866
Fer offrant un tiers de grain .	6	3	7800	433
Fer offrant plus de moitié en grain.	6	3	5857	325
Fer offrant un peu de grain. .	3	2	3635	606
Fer tout nerf, de 3 lig. de diamètre.			6600	933
Fer à gros grain, sans nerf. .	4	4	2991	187
Fer à grain moyen, sans nerf.	4	4	3980	249
Fer à grain fin, sans nerf. . .	4	4	5840	365
Fer d'un grain moyen, moitié nerf	4	4	7200	450
Fer tout nerf.	4	4	10320	645
Fer à gros grain, moitié nerf.	4	4	5840	365
Force de cohésion moyenne sur une ligne quarrée.				486

La force moyenne est 46^k, 8 par millimètre quarré.

(*a*) Traité de l'Art de bâtir, tome IV, page 500.

42. Résultats des expériences faites en 1815, par MM. Minard et Desormes. L'effort était produit au moyen d'un levier.

INDICATION DES FERS.	AIRE de la section transversale rompue.	CHARGE PRODUISANT LA RUPTURE		ALLONGEMENT divisé par la longueur primitive.
		totale.	par millimètre quarré.	
	millimètres quarrés.	kilogrammes.	kilogrammes.	
Fer quarré, grain moyen brillant.	115	5115	44,5	0,13
Idem. Les morceaux soudés. .	150	4520	40	
Id	121	3520	29,1	
Id	134	6000	45,4	0,05
Id	138	4760	34,5	
Id	120	4120	34,3	
Id	224	4920	39,7	0,025
Id	129	5420	42	0,035
Id	126	5320	42,2	
Fer rond d'un grain fin. . . .	78	3140	40,2	0,11
Fer quarré, grain fin gris bleu.	138	4120	29,9	0,025
Même barre.	121	4520	37,3	0,035
Id	100	3520	35,2	0,01
Id	108	4580	42,4	0,095
Id	108	5470	50,6	0,085
Id. Chauffé au blanc pendant 5 min. avant d'être éprouvé. .	108	4620	42,8	0,185
Morceaux soudés et corroyés .	117	5020	42,9	0,135
Fer quarré, partie grain et nerf	115	4120	35,8	0,07
Même barre.	110	4270	38,8	0,15
Id	110	4320	39,3	0,1
Morceaux corroyés et étirés. .	121	5120	42,3	0,15
Id	147	5150	35,0	0,045
Id. Chauffé au blanc, et trempé dans l'eau froide	121	4520	37,3	0,08
Fer quarré, nerf entouré d'une mince couche de grain . . .	700	22030	31,4	0,075
Même barre.	620	19228		
Id	625	21530	34,4	0,07
Id	616	21820	35,4	0,03

Lorsqu'on soudait ensemble les morceaux d'une même barre le fer prenait, par l'effet de ce travail, un grain plus gros. Il n'a pas paru que le fer fût plus disposé à rompre dans les parties où il y avait davantage de grain, ou dans les soudures, que dans les autres parties.

43. Le tableau suivant présente les résultats d'autres expériences, également faites en 1815 par MM. Minard et Desormes, dans la vue de déterminer l'allongement progressif du fer sous des charges de plus en plus grandes. La longueur primitive des parties dont on observait l'allongement était de $0^m,2$.

INDICATION DES FERS.	AIRE de la section transversale.	CHARGE PAR MILLIMÈTRE QUARRÉ PRODUISANT UN ALLONGEMENT DE $\frac{1}{400}$	$\frac{1}{100}$	$\frac{1}{50}$	$\frac{1}{20}$	CHARGE par millimèt. quarré produisant la rupture.	ALLONGEMENT total divisé par la longueur primitive.
Ire. pièce.	millimèt. quarrés.	kilogr.	kilog.	kilogr.	kilogr.	kilogr.	
1er. échantillon	115	27,1	32,3	35,8	40,4	44,5	0,13
2e.	132	24,2	27,4	32		45,4	0,05
3e.	124		35,6			39,7	0,025
4e.	129		35,8	38,8		42	0,035
5e.	78	19,5	28,5	31,0	35,9	40,2	0,11
IIe. pièce.							
1er. échantillon	103		26,4			40	0,025
2e.	117	30,1		35,2		38,6	0,035
3e.	108	30,7	32,6	35,2	39,4	42,4	0,095
4e.	108		31,2	33,9	38,6	50,6	0,085
5e.	117	26,7	30,9	33,5	37,5	42,9	0,135
6e. (*)	112		32,3	35			
7e.	108		27	30,5	35,7	42,8	0,185
IIIe. pièce.							
1er. échantillon.	115	23,6	26,3	29,3	33,5	35,8	0,07
2e.	110		27	29,3	34,4	38,8	0,15
3e.	110		28,8	31,4	36,1	39,3	0,1
4e.	121		29,5	31,6	36,5	42,3	0,15
5e.	147	21,4	29,2	31,4		35,0	0,045
6e	121	19,2	22,5	29,1	34,0	37,3	0,08
IVe. pièce.	324	26,7	28,2	30,1		32,8	0,04
Ve. pièce.	804	21,5	24,8				
VIe. pièce.							
1er. échantillon.	625	22,1	25,6	28,8		35,2	0,075
2e.	625	26,8	31,2	32,5		34,4	0,07
3e.	616	26	28,5	31,8		35,4	0,03
4e.	650	22,3	27,6				
VIIe. pièce.	1056	22,6	24,7				
Fil recuit. . . .	6,16	23	25			39,4	0,187
Moyenne. . . .		24,3	28,7	32,3	36,5	39,8	0,086

L'échantillon marqué (*) a été chargé pendant deux jours du poids qui l'avait allongé de $\frac{1}{100}$, et pendant trois mois du poids qui l'avait allongé de $\frac{1}{40}$, sans que les allongemens aient augmenté au delà du premier effet de la charge. Cependant l'effort qui a produit un allongement de $\frac{1}{40}$ était au moins les $\frac{4}{5}$ de l'effort qui aurait rompu la pièce.

44. Résultats des expériences de M. Telfort (*a*), faites au moyen d'une presse hydraulique. L'action est estimée par la charge d'une soupape de sûreté.

INDICATION DES FERS.	POIDS sous lequel la barre s'étend.	POIDS produisant la rupture.		POIDS supporté par pouce quarré anglais.	
	tonnes.	tonnes.	quint.	tonnes.	quint.
Fer South Wales, 1 $\frac{3}{8}$ po. de diamètre .		43	11	29	6
Idem . . . . $\frac{1}{2}$		52	15 $\frac{1}{4}$	29	16
Fer de Staffordshire, $\frac{3}{4}$ pouce de côté. . .	12	15	5 $\frac{1}{4}$	27	3
Idem. . . . . . . 1 $\frac{1}{12}$	32	32	6	27	10
Fer de Welsh, 1 pouce de côté.	18	29		29	
Fer de Suède, 1 pouce de côté.	17	29		29	
Fer de vieux morceaux soudés, 1 pouce de côté.	16	29		29	
Fer commun de Staffordshire, 1 pouce de côté.	19	31		31	
Fer commun, 2 pouces de diamètre. . .	45	100		31	16
Force de cohésion moyenne, sur un pouce quarré anglais. .				29	5 $\frac{2}{3}$

Le résultat moyen revient à $46^{k},1$ pour un millimètre quarré. On le suppose un peu trop élevé, d'après la nature de l'appareil employé pour les expériences.

(*a*) *An essay on the strength and stress of timber*, page 228; ou Rapport et Mémoire sur les ponts suspendus, page 218.

45. Résultats des expériences du Ce. Brown, faites avec une machine dans laquelle l'action est estimée au moyen d'un système de leviers (*a*).

INDICATION DES FERS.	LONGUEUR des pièces.		EXTENSION avant la rupture.	POIDS produisant la rupture.		POIDS supporté par pouce quarré anglais.
	pi.	po.	pouces.	tonnes.	quint.	tonnes.
Fer de Suède, grain très-petit et serré, 1 $\frac{3}{16}$ po. de côté.	3	6	0 $\frac{1}{16}$	40	19	23,77
Idem.	3	6	0 $\frac{1}{4}$	39	15	23,19
Idem, 1 $\frac{1}{16}$ pouce de côté	3	6	3	33	10	23,75
Vieux fer noir de Russie, 1 $\frac{5}{16}$ pouce de diamètre	3	6	2 $\frac{1}{4}$	36	2	26,55
Fer de Welsh, no. 3, 1 $\frac{1}{4}$ po. de côté	3	6	2	38	1	24,35
Fer commun de Welsh, *grain* très-fin et serré, 1 $\frac{1}{8}$ pouce de côté	3	6	0	31		24,90
Fer de Welsh, no. 3, 2 po. de diamètre (s'étendit sous 68 tonnes.)	12	6	18 $\frac{1}{2}$	82	15	26,33
Fer de Welsh, 1 $\frac{4}{9}$ pouce de diamètre.	5		7	43	10	26,34
Force de cohésion moyenne, sur un pouce quarré anglais.						25

Le résultat moyen revient à 39k,4 pour un millimètre quarré. On le suppose un peu trop faible, d'après la nature de l'appareil employé dans les expériences.

(*a*) *An essay on the strength and stress of timber*, page 232; ou Rapport et Mémoire sur les ponts suspendus, page 220.

46. Résultats moyens des expériences de M. Brunel (*a*), faites sur du fer forgé en petites barres d'environ $\frac{3}{8}$ pouce de côté. Ces résultats sont ramenés à une surface d'un pouce quarré anglais.

	Poids sous lequel la barre s'étend.		Poids produisant la rupture.	
	tonnes.	quint.	tonnes.	quint.
D'après dix expériences sur le meilleur fer du Yorkshire.	24	11	32	8
D'après dix expériences sur du fer de seconde qualité du Yorkshire. . .	22	4	30	8

47. Résultats des expériences de M. Séguin aîné sur des pièces de fer forgé tirées dans le sens de la longueur. Ces expériences ont été faites au moyen d'un levier (*b*).

INDICATION DES FERS.	Largeur des pièces.	Épaisseur des pièces.	Poids produisant la rupture.	Poids supporté par millimètre quarré.
	millimètr.	millimètres.	kilogrammes.	kilogrammes.
Fer de Saint-Chamond, fait au laminoir.	16	8	5611	43,8
Idem.	10	8	4133	51,7
Idem, ayant 0m,01 de diamètre.			3743	48
Fer de Bourgogne.	13	13	5226	30,4
Idem, chauffé au rouge suant et refroidi lentement. . . .	13,5	13,5	5435	29,7
Idem, coupé au milieu, soudé bout à bout, sans étirer . .	13,3	13,3	5280	29,7
Idem, coupé au milieu, soudé en sifflet, et étiré.	10,15	10,15	5688	55,2
Idem, plus étiré que le précédent, sans soudure. . . .	4 5	4,5	1238	61
Fer dit *ruban*, très-doux . . .	20,3	1,7	1541	44,7

(*a*) Rapport et Mémoire sur les ponts suspendus, page 224.

(*b*) Des ponts en fil de fer, 2e. édition, pages 84 et 100.

48. D'après des expériences en grand faites à Saint-Pétersbourg (*a*), au moyen d'une presse hydraulique, les meilleurs fers ont porté 26 tonneaux (valant chacun 1050 kil.) par pouce quarré anglais (42 kil. par millimètre quarré). Ils commençaient à s'allonger aux deux tiers de cet effort, et l'allongement semblait croître en progression géométrique, lorsque l'effort croissait en progression arithmétique.

Les plus mauvais fers ont porté 14 tonneaux par pouce quarré anglais. Ils ne s'allongeaient pas sensiblement avant de se rompre.

On obtint un fer portant 24 tonneaux (39 kilogrammes par millimètre quarré), et commençant à s'allonger à 16 tonneaux, *en forgeant ensemble quatre barres de qualité moyenne.*

49. D'après des expériences nombreuses faites en Suède, en 1826, par M. Lagerhjelm (*b*), le laminoir donne toujours avec le même fer des barres d'une densité uniforme; le marteau donne avec le même fer des barres dont la densité est variable, et qui souvent renferment des pailles. Le laminoir ne tord pas la fibre du fer, ce qui arrive fréquemment sous le marteau. L'élasticité (c'est-à-dire la proportion des charges aux allongemens très-petits qu'elles produisent), quand elle n'est pas altérée, est la même pour les pièces faites au marteau ou au laminoir; mais le poids qui produit un allongement permanent est

---

(*a*) Lettre de M. Lamé à M. Baillet, Annales des Mines, 1825, tome X, page 329.

(*b*) L'ouvrage suédois de M. Lagerhjelm est mentionné dans le Bulletin des Sciences technologiques, janvier 1829, tome XI, page 41.

moindre pour ces dernières. La résistance à la rupture par extension paraît être indépendante du procédé de fabrication : elle est la même dans les fers aigres, doux, nerveux ou non nerveux. L'élasticité n'est pas changée par l'effet de la trempe. Le fer très-ductile peut s'allonger avant de rompre des 0,27 de sa longueur primitive. La section est réduite aux 0,722, et la pesanteur spécifique a diminué de 0,01. Le fer s'échauffe avant de rompre, et il paraît quelquefois une vive étincelle à l'instant de la rupture. Le développement de la chaleur est plus grand dans le fer doux que dans le fer aigre.

50. D'après les observations faites lors des épreuves des fers destinés à la construction du pont des Invalides à Paris, on a trouvé moyennement que le fer forgé s'allongeait sous une charge de 1 kil. par millimètre quarré de la section transversale, des 0,000 051 66 de sa longueur primitive (*a*).

Dans ces expériences la charge, portée jusqu'à 18 kil. par millimètre quarré, n'était pas assez grande pour altérer l'élasticité naturelle du fer. Il reprenait exactement sa longueur naturelle quand il était déchargé. L'allongement n'augmentait pas lorsque l'effort était exercé pendant 12 et même 36 heures.

51. Résultats principaux des expériences publiées par M. Émile Martin (*b*). On employait une presse hydraulique pour opérer la tension des fers.

(*a*) Rapport et Mémoire sur les ponts suspendus, 2e. édition, page 293.

(*b*) Du fer dans les ponts suspendus, brochure in-4°. 1832.

INDICATION DES FERS.	DIAMÈTRE ou équarrissage.	CHARGE PRODUISANT LA RUPTURE		ALLONGEMENT divisé par la longueur primitive.
		totale.	par millimètre quarré.	
	millimètres.	kilogramm.	kilogramm.	
Fer rond de Saint-Chamond . . .	45	55 000	34,6	0,196
	45	57 500	36,2	0,230
	45	53 000	33,3	0,205
	45,5	54 500	33,5	0,206
	53,5	75 000	33,3	0,200
	54	82 000	35,8	0,160
	53	75 000	34,3	0,230
Fer rond de Fourchambault . . .	45	54 500	33.5	0,210
	44,5	53 500	34,4	0,224
	49	63 000	33,5	0,225
	54	76 500	33,4	0,223
	54	78 000	34,1	0,243
	55,5	80 500	33,3	0,210
Fer quarré anglais de qualité supérieure.	38,8	58 000	38,5	0,145
	38,8	56 000	37,5	0,166
	29	30 900	36,7	0,147
	25,5	23 300	35,8	0,197
	25,5	24 000	36,9	0,197
Fer rond anglais (*Best cable Crawshay.*)	39	39 000	32,7	0,214
	32,8	29 400	34,9	0,232
	32	25 500	35,4	0,252
	28,5	21 500	33,7	0,203
	28,5 à 29	23 000	35,8	0,183
	25,5	17 000	33,3	0,143
	25,5	18 600	36,4	0,217
Fer à cable de Fourchambault . .	61	92 000	31,5	0,216
	57	81 000	31,7	
	57	80 400	31,5	0,201
	49	62 500	33,1	0,230
	45	53 900	33,9	0,176
	40,5	52 400	32,9	0,207
	33,5	30 000	34,0	0,195
	33,3	30 200	34,6	0,197
	29,7 à 29	22 400	33,2	0,188
	29,3	22 700	33,6	0,186
	29,5 à 29	22 500	33,8	0,186
	28,7 à 28,3	21 400	33,6	0,190
Fer à cable de Rigny	42,7 à 41,8	51 000	36,4	0,160
	34 à 33,8	26 900	29,8	0,226
	33 à 34	29 200	33,1	0,111
	33,5 à 33	31 200	35,9	
Fer à cable du Creuzot.	63	102 000	32,8	0,089
	55,5	86 000	35,5	0,230
Fer rond marchand du Creuzot. .	37,5	39 500	35,8	0,225
	37,5	36 000	32,6	0,070
	37,5	41 500	36,7	0,218
Fer à cable de Saint-Chamond . .	45	58 000	36,5	0,183
	45	57 000	35,8	0,200
Fer rond provenant du corroyage de rognures fait au laminoir de Guérigny	45	51 000	32,1	0,241
Fer rond provenant de rognures de tôle, *idem*	31,3	24 500	31,8	0,241

Résistances de la tôle ou fer laminé à l'extension.

52. Résultats des expériences faites par l'auteur sur des pièces de tôle de fer tirées dans le sens de la longueur. Ces expériences ont été faites en suspendant immédiatement les poids aux pièces essayées. Les dimensions ont été mesurées avec exactitude.

INDICATION DES PIÈCES.	LARGEUR.	ÉPAISSEUR.	POIDS produisant la rupture.	POIDS supporté par millimètre quarré.
	millimètr.	millimètres.	kilogrammes.	kilogrammes.
Tôle tirée dans le sens du laminage.	9	1,5	488	36,1
Idem.	6,3	1,5	374	39,6
Idem.	7,3	2,6	823	43,3
Idem.	8,3	2,4	905	45,4
Idem.	7,8	1,5	461	39,4
Idem.	7,3	2,3	686	40,9
Moyenne	. . . . .	. . . . . .	. . . . . .	40,8
Tôle tirée perpendiculairement au sens du laminage	6,1	1,0	241	39,5
Idem.	7,2	2,2	531	33,5
Idem.	7	1,5	351	33,5
Idem.	7,3	1,1	316	39,3
Moyenne	. . . . .	. . . . . .	. . . . . .	36,4

Les pièces commencent à s'allonger sensiblement sous des poids égaux à la moitié ou aux deux tiers de ceux qui produisent la rupture.

Résistance du fil de fer à l'extension.

53. D'après Buffon (*a*), deux fils de 2, 26 millimètres de diamètre ont été rompus par des poids de 236 et 242k, ce qui revient à 60k. par millimètre quarré.

54. Résultats moyens des expériences de M. Telfort (*b*).

DIAMÈTRE des fils.	POIDS produisant la rupture.
pouce anglais.	liv.av.-du-poids.
$\frac{6}{70}$	531
$\frac{1}{10}$	738
$\frac{6}{100}$	277
$\frac{1}{11}$	157
$\frac{1}{10}$	630

Le résultat moyen est 63k,6 par millimètre quarré.

55. Résultats des expériences de M. Seguin aîné sur des fils de fer tirés dans le sens de la longueur. Les diamètres des fils n'ont pas été mesurés, mais calculés d'après le poids d'une portion de fil d'un mètre de longueur, en supposant que le mètre cube pèse 7780 kil. (*c*).

(*a*) OEuvres de Buffon, partie expérimentale, 4e mémoire.

(*b*) *An essay on the strength and stress of timber*, pag. 221; ou Rapport et Mémoire sur les ponts suspendus, page 211.

(*c*) Des ponts en fil de fer, pages 83 et 100.

INDICATION DES FILS.	DIAMÈTRES.	POIDS produisant la rupture.	POIDS supporté par millimètre quarré.
	millimètres.	kilogrammes.	kilogrammes.
Fil de fer de Bourgogne, n°. 8, recuit inégalement	1,172	41,3	38,2
Idem, n°. 7, recuit exactement	1,062	31,4	36,1
Idem, n°. 18, non recuit	3,366	505,6	56,8
Idem, n°. 7, non recuit	1.062	65,5	73,7
Fil de l'Aigle, employé pour la carderie.	0,2294	3,72	89,8
Passe-perle, assez doux	0,5917	23,6	85,7
Fil *provenant d'une manufacture de Besançon*, n°. 1, doux	0.6188	25,96	86,1
2, doux	0,5078	34,25	87
3, cassant	0,7327	34,12	80.8
4, cassant	0,838	42,3	76,6
5, très-cassant	0,9115	47,25	72,3
6	1,022	62,56	76,1
7	1,08	65,25	71,2
8, très-cassant	1,123	66,75	67.3
9, assez csssant	1,293	91,74	69,8
10, très-doux	1,435	105	64.8
11, très-doux	1,476	100,25	58,6
12	1,691	124,8	55,5
13	1,8	145,5	57,2
14, très-doux, sans ressort.	2,072	166,5	49,3
15	2,226	202	51,9
16, très-doux	2,489	311	63,9
17, pailleux	2,695	389	68,1
18	3,087	617	84
19	3,492	750	78,2
20	4,14	874,75	65,7
21	4,812	1138	62,5
22, très-cassant	5,449	1579	67,7
23, doux	5,942	1738,5	62,6

56. Résultats des expériences de M. Dufour sur des fils de fer tirés dans le sens de la longueur. Les diamètres des fils ont été mesurés avec exactitude. Les nombres sont les moyennes de plusieurs expériences sur chaque sorte de fil (*a*).

(*a*) Description du pont suspendu en fil de fer construit à Genève, page 8 et suivantes.

INDICATION DES FILS.	DIAMÈTRES.	POIDS produisant la rupture.	POIDS supporté par millimètre quarré.
	millimètres.	kilogrammes.	kilogrammes.
Fils provenant de la fabrique de la Ferrière, n°. 4.	0,85	48	84,4
13.	1,9	196	69,1
17.	2,75	382	64,3
19.	3,7	776	72,2
Fils provenant de la fabrique de St.-Gingolf, n°. 4.	0,85	38,5	67,7
13.	1,9	178	62,8
17.	2,75	349	49,4
19.	3,7	644	59,9

57. Quelques expériences faites à une température de 6 à 8° au-dessous de zéro ayant paru indiquer que le froid faisait perdre aux fils une petite partie de leur force ($\frac{1}{13}$ ou $\frac{1}{25}$), on a fait passer un fil de la fabrique de la Ferrière n° 4 dans des manchons, où il était refroidi à 22° $\frac{1}{2}$ au-dessous de zéro, ou échauffé à 92° au-dessus. Ces variations de température n'ont paru avoir aucune influence sensible sur la force du fil (*a*).

58. La force du fil de fer recuit a été trouvée d'un peu plus de la moitié de celle du fil non recuit.

59. La force des fils indiqués ci-dessus n'était pas diminuée lorsqu'on les pliait sur un cylindre de 0^m,04 de diamètre (*b*).

(*a*) Description du pont suspendu en fil de fer construit à Genève, page 23.

(*b*) *Idem*, page 18.

60. Expériences faites par M. Lamé sur les fils de fer de Russie (*a*). Le diamètre des fils a été estimé d'après le poids d'une longueur déterminée, le poids du mètre cube étant supposé de 7600k. La véritable valeur de ce poids est entre 7600k et 7800k.

NUMÉROS DES FILS.	DIAMÈTRES.	POIDS produisant la rupture.	POIDS supportés par millimètre quarré.
	millimètres.	kilogrammes.	kilogrammes.
6	4,999	1457	74,2
7*	4,664	1042	61,0
9	3,743	800,5	72,7
10*	3,197	438,7	54,7
11*	3,086	358,1	47,9
12	2,687	410,2	72,3
13	2,190	376,4	99,9
14	1,902	277,9	97,8
16	1,497	208,7	118,5
17*	1,456	130,2	78,2
19	1,090	89,6	95,9
20	0,935	98,8	143,8

Les expériences marquées * sont regardées comme défectueuses, le fil ayant rompu dans l'attache.

61. D'après les observations de M. Vicat (*b*) l'allongement du fil de fer, sous une charge de un kilogramme par millimètre quarré de la section transversale, est :

pour le fil de fer n° 18, de 0,0000579
n° 17, 0,0000536.

(*a*) Journal des voies de communication, n° 12, 1828.

(*b*) Description du pont suspendu construit sur la Dordogne à Argentat, page 22.

Résistance du fer fondu à l'extension.

62. Le tableau suivant présente les résultats de diverses expériences faites en 1815 par MM. Minard et Desormes sur des pièces cylindriques en fer fondu dont la pesanteur spécifique était de 7,074.

NUMÉROS DES ÉCHANTILLONS.	TEMPÉRATURE.	AIRE de la section transversale.	CHARGE PRODUISANT LA RUPTURE totale.	CHARGE PRODUISANT LA RUPTURE par millimètre quarré.
	degrés centigrad.	millimét. quarrés.	kilogrammes.	kilogrammes.
1	− 6	330	3392	10,3
2	− 5	346	3542	10,23
3	− 5	363	3092	8,51
4	− 15	363	3720	10,27
5	+ 60	353	4020	11,39
11*	+ 72	346	3100	8,96
12*	+ 5	346	2720	7,86
13	+ 5	346	3670	10,6
6	+ 3	147	1920	13,06
7	+ 5	165	1920	11,63
8	+ 5	165	2140	13,89
9	+ 5	165	2360	14,3
10*	+ 5	165	1620	9,81

Les expériences marquées * doivent être rejetées, les pièces ayant présenté des soufflures. En omettant ces expériences, le résultat moyen des huit premières est $10^k,21$; et celui des cinq dernières est $13^k,22$ par millimètre quarré.

63. Résultats des expériences du Ce Brown (*a*) sur des barreaux quarrés.

ÉQUARRISSAGE des pièces.	POIDS produisant la rupture.	
pouce anglais.	tonnes.	quint.
1 ¼	11	7
	11	
	14	
	16	
1	11	10

Le résultat moyen revient 14k,2 pour un millimètre quarré.

64. D'après les expériences de M. G. Rennie (*b*), la force de cohésion pour des pièces quarrées de ¼ pouce anglais de côté, est, pour

le fer fondu horizontalement . . . 1166 liv. av.-du-poids.
verticalement . . . 1218

Ces résultats reviennent à 13k,1 et 13k,7 par millimètre quarré de la section transversale.

Résistance du fil de cuivre à l'extension.

65. Résultats des expériences faites en 1815 par MM. Minard et Desormes, sur la force de cohésion des fils de cuivre rouge. La densité du cuivre était de 8,741.

(*a*) Rapport et mémoire sur les ponts suspendus, pages 222, 224.
(*b*) *Philosophical Transactions*, 1818. Annales de chimie et de physique, septembre 1818.

INDICATION DES FILS.	DIAMÈTRES.	CHARGE produisant la rupture sur un millimètre quarré.	ALLONGEMENT avant la rupture.
	millimètres.	kilogrammes	
Fil non recuit	0,551	69,4	0,0084
Idem.	1,478	49,4	0,0068
Idem.	1,032	44,6	0,0037
Idem, après avoir été plongé dans de l'huile prête à s'enflammer.	0,616	35,7	0,0091
Idem, après avoir reçu 40 décharges électriques d'une petite bouteille de Leyde	0,616	33,7	0,0018
Fil recuit.	0,551	24,4	0,164
Idem.	1,032	21	0,167
Idem.	1,478	22,3	0,197
Idem, dans la vapeur à 80°	1,032	21,7	0,154

66. Résultats des expériences de M. Dufour sur des fils de laiton tirés dans le sens de la longueur (*a*).

INDICATION DES FILS.	DIAMÈTRES.	POIDS produisant la rupture.	POIDS supportés par millimètre quarré.
	millimètres.	kilogrammes.	kilogrammes.
Fil n° 4, mou, qui peut se nouer.	0,85	48,5	85,2
Idem, recuit.	/	23,5	
Fil n° 13, dur, cassant.	1,9	117,5	41,4
Idem, recuit.		84	
Fil n° 13		187,5	66,1
Idem, recuit.		100,5	

(*a*). Description du pont surpendu en fil de fer construit à Genève, pages 12, 23.

Résistance de divers métaux à l'extension.

67. Le tableau suivant contient les résultats principaux des expériences qui ont été faites en 1815 par MM. Minard et Desormes, sur des pièces cylindriques en métal de canon, dont la densité était de 8,16.

NUMÉROS DES PIÈCES.	TEMPÉRATURE.	DIAMÈTRES.	CHARGES PRODUISANT LA RUPTURE		ALLONGEMENT divisé par la longueur primitive.
			totale.	par millimètre quarré.	
	degrés Réaumur.	millimètres.	kilogrammes.	kilogrammes.	
1	— 6	14	3042	19,7	0,13
2*	+ 60	14	2692	17,5	
3	— 19	14	3442	22,3	
4	— 15	14	3620	23,5	0,14
5	+ 60	14	2920	19	0,13
6	+ 3	19	6330	22,4	0,15
7	+ 5	19,4	5940	20,1	0,14
8*	+ 5	19,4	5500	18,6	0,09
9	+ 60	19,4	6080	20,6	0,1
10	— 16	19,5	6330	21,2	0,12

Les pièces marquées * présentaient des soufflures. En omettant les deux expériences dont il s'agit, le résultat moyen indique une force de cohésion de 21 kil. par millimètre quarré de la section transversale.

68. D'après les mêmes ingénieurs la force de cohésion du plomb à la température de 2° est de $1^{k},4$ par millimètre quarré; et celle de l'étain à la température de 22° est de 2 kil.

69. D'après les expériences de M. G. Rennie (*a*), la

(*a*) *Philosophical transactions*, 1818. Annales de chimie et de physique, septembre, 1818.

force de cohésion pour des pièces quarrées de $\frac{1}{4}$ pouce anglais de côté, est, pour le

	Livres avoir-du-poids.	Kilogrammes par millimètre quarré.
Métal de canon dur	2273	25,57
Cuivre battu	2212	24,88
Cuivre fondu.	1192	13,41
Cuivre jaune fin.	1123	12,63
Étain fondu.	296	3,33
Plomb fondu.	114	1,28

70. Résultats des expériences faites par l'auteur sur des pièces tirées dans le sens de la longueur.

INDICATION DES SUBSTANCES.	LARGEUR.	ÉPAISSEUR.	POIDS produisant la rupture.	POIDS supporté par millimètre quarré.
	millimètr.	millimètres.	kilogrammes.	kilogrammes.
Cuivre rouge laminé	11,2	1,2	269	20
Idem.	11,6	1,8	463	22,2
Moyenne.	. . . . .	. . . . . .	. . . . . .	21,1
Plomb laminé.	30,4	3,3	166	1,65
Idem.	20,2	3,3	116	1,74
Idem.	14,7	3,3	78	1,61
Idem.	31,2	2,4	63	0,84
Idem.	29,6	2,4	86	1,21
Idem.	16,5	2,4	41,3	1,04
Moyenne.	. . . . .	. . . . . .	. . . . . .	1,35

Les pièces de cuivre ont commencé à s'étendre sous des charges qui étaient égales à la moitié environ, et celles de plomb sous des charges qui étaient entre la moitié et les $\frac{2}{3}$ de celles qui ont causé la rupture.

71. Résultats des expériences faites par MM. Tremery et Poirier Saint-Brice (*a*). Les nombres expriment la force de cohésion sur un millimètre quarré de la section transversale:

Très-bon fer forgé. 43k,45
Le même chauffé au rouge sombre. . . . 7k,80
Tôle de la meilleure qualité 40k,15
Idem. 38k,56
Cuivre laminé d'une excellente qualité . 26k,02

Résistance du verre à l'extension.

72. Résultats des expériences faites par l'auteur sur des pièces tirées dans le sens de la longueur.

INDICATION DES PIÈCES.	DIAMÈTRE intérieur.	DIAMÈTRE extérieur.	POIDS produisant la rupture.	POIDS supporté par millimètre quarré.
	millimètres.	millimètres.	kilogrammes.	kilogrammes.
Tube de verre	2,3	4,85	44,4	3,1
Idem.	3,45	7	71,9	2,47
Idem.	3,45	6,95	65,9	2,3
Idem.	2,45	5,6	40,4	2,03
Tige pleine, en verre. . . .	. . . . . .	6,45	54,9	1,68
Partie de la même tige . . .	. . . . . .	6,55	110	3,26
Tige pleine, en cristal. . .	. . . . . .	9,6	164	2,27
Moyenne	. . . . . .	. . . . . .	. . . . . .	2,48

Résistance des cordages à l'extension.

73. D'après les expériences de Duhamel (*b*), la force des cordages augmente dans une proportion un peu plus

(*a*) Annales des mines, 2e. série, tome 3, page 513.

(*b*) Traité de l'art de la corderie, ou article *cordages* du dictionnaire de marine de l'Encyclopédie méthodique.

grande que leur poids. Elle augmente aussi dans une proportion plus grande que le nombre des fils dont les cordes sont composées, ce qu'on peut attribuer à ce que dans les grosses cordes les fils sont moins affaiblis par la torsion.

A poids égal les cordages neufs goudronnés sont plus faibles que les cordages blancs; en retranchant le poids du goudron ils sont à peu près de la même force. Mais le goudron diminue avec le temps la force du chanvre, et en général les cordages blancs durent plus longtemps que les cordages goudronnés, lors même qu'ils sont exposés à être mouillés et séchés alternativement. En imbibant les cordages de graisse ou d'huile on diminue leur force sans leur *procurer une plus longue durée.*

On peut conclure comme résultat moyen qu'en nommant d le diamètre d'une corde blanche en centimètres, le poids capable de la rompre est exprimé par

$$400\, d^2 \text{ kilogrammes.}$$

74. D'après Coulomb, les cordes blanches portent jusqu'à 50 ou 60k. par fil de carret, mais on ne doit jamais les charger de plus de 40k.

Les cordes goudronnées ne portent que les $\frac{2}{3}$ ou les $\frac{3}{4}$ des cordes blanches (*a*).

75. Résultats principaux des expériences sur la force des cordages faites par M. de Noirfontaine, Ce du génie (*b*). Ces expériences ont été faites au moyen d'un levier.

(*a*) Mémoires des savans étrangers, tome X, page 285.

(*b*) Mémoire sur les ponts de cordages construits à Metz en 1827. Mémorial de l'officier du génie, no. 10.

INDICATION DES CORDAGES.	DIAMÈTRE.	CHARGE.	ALLONGEMENT divisé par la longueur primitive.	RÉSISTANCE par millimètre quarré.
	millimètres.	kilogramm.		kilogramm.
Grelin neuf en chanvre de Strasbourg.	13	1050 1250	0,17 rompue.	9,5
Idem réuni par une épissure triple		1048 1128	 rompue.	8,6
Aussière neuve en chanvre de Lorraine	14	1090	rompue.	7,1
Grelin neuf en chanvre de Lorraine	16	850 1090 1210	0,15 0,17 rompue.	6,04
Grelin neuf en chanvre de Strasbourg.	17	848 1648 1808	0,12 0,17 rompue.	8,5
Aussière neuve en chanvre de Lorraine	23	850 2450	0,15 rompue.	5,9
Grelin neuf en chanvre de Lorraine	23	1650 3010	0,11 rompue.	7,3
Vieille corde.	23	1680	rompue.	4,09
Grelin neuf en chanvre de Strasbourg.	25	2500 3000	0,14 rompue.	6,3
Idem	28	2000 3290 3710	0,14 0,27 rompue.	6
Idem	33	3000 4340 4480	0,13 0,14 rompue.	5,4
Même corde formée en ganse au moyen d'une épissure triple .		8365	rompue.	5,1
Vieille corde de chèvre.	34	4000	rompue.	4,4
Grelin neuf en chanvre de Strasbourg.	40	3255 5365 7119	0,05 0,15 rompue.	5,6
Même corde formée en ganse au moyen d'une épissure triple .		13700	rompue.	5,5
Aussière neuve en chanvre de Strasbourg	40	3815 6342 7392	0,07 0,13 rompue.	5,9
Idem	54	4000 9501 11091	0,07 0,14 rompue.	4,85

Les cordes, qui ne cédaient pas sous une certaine chargée supportée pendant quelques minutes, rompaient quand l'action de la même charge se prolongeait pendant plusieurs heures. La nature du chanvre peut changer de plus de $\frac{1}{4}$ la résistance des cordes de même grosseur. La résistance des cordes doit être évaluée moyennement de 5 à 6 kil. par millimètre quarré de la section: mais on ne doit pas leur faire supporter plus de la moitié de cet effort.

ARTICLE III.

De la résistance d'un corps prismatique a la flexion produite par un effort dirigé perpendiculairement a la longueur de ce corps.

76. Quand un corps prismatique est tiré dans le sens de la longueur, tous les élémens longitudinaux, ou fibres, s'allongent. Si le même corps est comprimé, et qu'il ne puisse céder en pliant, les fibres s'accourcissent. Lorsque les allongemens ou acourcissemens sont très-petits, ils sont proportionnels à l'effort qui les produit. La variation de longueur d'un corps, pour un effort donné, est d'ailleurs évidemment proportionnelle à la longueur de ce corps.

77. Quand un corps prismatique est fléchi, les fibres situées du côté de la face convexe sont allongées; les fibres situées du côté de la face concave sont accourcies; certaines fibres, situées dans l'intérieur du corps, conservent une longueur invariable. En admettant, conformément à ce qui a été dit ci-dessus, que les fibres opposent à l'allongement et à l'accourcissement des résistances proportionnelles aux quantités dont les longueurs de ces

fibres varient, on peut se rendre compte de la manière dont un corps résiste à la flexion.

Soit un solide prismatique droit (Fig. 1), encastré horizontalement à l'extrémité A, et fléchi par l'action d'un poids P suspendu à l'autre extrémité B. Considérons une section transversale quelconque *mana'*. Soit *aa'* la ligne horizontale qui est la section des fibres dont la longueur n'a pas varié. Il est nécessaire, pour l'équilibre de la partie du corps située à droite de *mana'* : 1° que les extensions et compressions des fibres aient fait naître, dans cette section, des forces verticales dont la somme égale le poids P; 2° que la somme des forces horizontales produites par ces extensions et compressions soit nulle; 3° que la somme des momens des forces verticales et horizontales dont il s'agit, et du poids P, pris par rapport à l'axe fixe *aa'*, soit nulle.

On nommera,

E la force nécessaire pour allonger ou pour accourcir un prisme dont la section transversale est l'unité superficielle, d'une quantité égale à la longueur de ce prisme.

ρ le rayon du cercle osculateur de la courbe du solide, au point où est faite la section transversale *mana'*.

u l'abscisse d'un point quelconque de la section *ama'n*, comptée sur *aa'*.

v l'ordonnée d'un point quelconque de cette section, prise perpendiculairement à *aa'*.

b la plus grande valeur u.

f, u l'ordonnée *pm* de la courbe qui termine la partie de la section transversale où les fibres s'allongent.

$f_{,} u$ l'ordonnée *pn* de la courbe qui termine la partie où les fibres s'accourcissent.

x la distance de la section transversale $ama'n$ à l'extrémité encastrée;

a la distance du point d'application du poids P à l'extrémité encastrée, qui ne diffère pas sensiblement de la longueur AB du solide.

Dans l'état naturel du corps dx est la longueur de la portion infiniment petite de la fibre dont les coordonnées sont u, v. Après la flexion, cette longueur a augmenté de $\frac{dx}{\rho}v$, parce que l'angle de deux normales consécutives est $\frac{dx}{\rho}$. La proportion suivant laquelle cette fibre s'est allongée est donc

$$\frac{\frac{dx}{\rho}v}{dx}, \text{ ou } \frac{v}{\rho}.$$

L'aire de la section transversale de la fibre étant $du\,dv$, la résistance qu'elle oppose à l'allongement est

$$\text{E}.\ du\,dv.\frac{v}{\rho};$$

et le moment de cette résistance, pris par rapport à l'axe aa', est

$$\text{E}.\ du\,dv.\frac{v^2}{\rho};$$

Par conséquent les sommes des résistances des fibres étendues et des fibres comprimées sont respectivement

$$\frac{\text{E}}{\rho}\int_0^b du\int_0^{f_1u} dv.v,\quad \frac{\text{E}}{\rho}\int_0^b du\int_0^{f_2u} dv.v,$$

et la somme des momens de ces résistances, pris par rapport à l'axe $a\,a'$, est

$$\frac{\text{E}}{\rho}\left(\int_0^b du\int_0^{f_1u} dv.v^2+\int_0^b du\int_0^{f_2u} dv.v^2\right).$$

78. On aura donc pour exprimer l'équilibre des forces horizontales, condition qui détermine la situation de l'axe aa',

$$\int_0^b du \int_0^{f_1 u} dv.v = \int_0^b du \int_0^{f_2 u} dv.v.$$

L'axe aa' passe par le centre de gravité de la section transversale $mana'$.

79. On aura ensuite, pour exprimer l'équilibre de rotation autour de cet axe,

$$\frac{E}{\rho}\left(\int_0^b du \int_0^{f_1 u} dv.v^2 + \int_0^b du \int_0^{f_2 u} dv.v^2\right) = P(a-x).$$

On néglige les momens des forces verticales, ce qui est permis quand l'épaisseur du corps est petite par rapport à sa longueur. Il est nécessaire d'ailleurs que l'épaisseur du corps soit petite par rapport à sa longueur pour que les allongemens et accourcissemens des fibres, et les forces intérieures qui en résultent, soient telles qu'on le suppose ici; et les résultats suivans ne peuvent être appliqués lorsque cette condition n'est pas satisfaite.

80. La quantité

$$E\left(\int_0^b du \int_0^{f_1 u} dv.v^2 + \int_0^b du \int_0^{f_2 u} dv.v^2\right)$$

a, pour chaque corps, une valeur qui dépend de la nature de ce corps et de la figure de la section transversale. Cette quantité est le *moment de la résistance à la flexion*, ou plus simplement le *moment de flexion* du corps. Nous la représenterons ci-après par la lettre ε. Quand la figure de la section transversale du solide peut être partagée par une ligne horizontale en deux parties symétriques, cette ligne est l'axe d'équilibre qui contient les fibres invariables, et à partir de laquelle il faut prendre la valeur de l'intégrale

$$E\int_0^b du \int_0^{f_1 u} dv.v^2,$$

dont le double est alors la valeur du moment de résistance à la flexion. Dans le cas contraire, il faut déterminer d'abord la position de l'axe d'équilibre, au moyen de la condition exprimée n° 78, et calculer ensuite séparément les valeurs des deux intégrales qui entrent dans l'expression de ce moment.

81. Si la figure de la section est un rectangle (Fig. 2), dont b et c soient la largeur et la hauteur, la valeur du moment de résistance à la flexion est

$$\varepsilon = 2\,\mathrm{E}\int_0^b du \int_0^{\frac{1}{2}c} dv.v^2 = \mathrm{E}\,\frac{bc^3}{12}.$$

Ainsi la résistance à *la flexion est proportionnelle* à la largeur et au cube de la hauteur du solide.

82. Si cette figure (Fig. 3) est formée de deux triangles égaux, dont les côtés soient p et q, la valeur du moment dont il s'agit est

$$\varepsilon = 2\,\mathrm{E}\int_0^p du \int_0^{\frac{qu}{p}} dv.v^2 = \mathrm{E}\,\frac{pq^3}{6}.$$

83. Si la figure de la section transversale est un rectangle dont les côtés soient b, c, et si l'axe horizontal contenant les fibres invariables forme l'angle φ avec le côté b, on aura pour le moment de la résistance à la flexion

$$\varepsilon = \mathrm{E}\,\frac{b^3 c \sin.^2\varphi + bc^3 \cos.^2\varphi}{12}.$$

Ainsi une pièce à base quarrée résiste également dans tous les sens à la flexion. De plus, la base étant rectangulaire, et b étant le plus grand côté, la moindre valeur du moment a lieu lorsque la pièce fléchit dans le sens du côté c.

84. Lorsque la figure de la section transversale (Fig. 4) est un cercle dont r est le rayon, l'expression générale du moment ε devient

$$\varepsilon = 2\mathrm{E}\int_{-r}^{r} du \int_{0}^{\sqrt{r^2-u^2}} dv.v^2 = 2\mathrm{E}\int_{-r}^{r} du.\frac{1}{3}(r^2-u^2)^{\frac{3}{2}}$$

$$= 2\mathrm{E}.2\int_{0}^{\frac{1}{2}\pi} dx.\frac{r^4}{3}\sin.^4 x$$

$$= \mathrm{E}\,\frac{\pi r^4}{4}.$$

On conclut de ce qui précède, que les résistances à la flexion du quarré et du cercle qui lui est inscrit, sont entre elles dans le rapport de 1 à $\frac{3\pi}{16}$.

85. Le moment de flexion d'un tuyau est la différence des momens de flexion de deux cylindres. r', r'', étant les rayons extérieurs et intérieurs du tuyau, ce moment sera

$$\varepsilon = \mathrm{E}\,\frac{\pi\,(r'^4 - r''^4)}{4}.$$

86. Considérons, comme dans le nº 77, un solide prismatique droit (Fig. 5), encastré horizontalement à une extrémité A, et chargé à l'autre extrémité M d'un poids.

Nommons

- x l'abscisse Ap d'un point m de la courbe du solide, comptée sur l'horizontale AB;
- y l'ordonnée pm;
- ρ le rayon du cercle osculateur de la courbe du solide en m;
- P le poids placé à l'extrémité M du solide;
- a la distance horizontale AB des deux extrémités du solide;
- f l'ordonnée BM de l'extrémité de la courbe;

s la longueur AmM du solide ;

α l'angle formé avec l'horizon par la tangente de la courbe du solide à l'extrémité M ;

ε la valeur du moment de résistance à la flexion du solide, dont l'expression générale est donnée n° 80.

L'équation d'équilibre du n° 79 est

$$\frac{\varepsilon}{\rho}=\mathrm{P}\,(a-x),$$

c'est-à-dire

$$\varepsilon\,\frac{\frac{d^2y}{dx^2}}{\left(1+\frac{dy^2}{dx^2}\right)^{\frac{3}{2}}}=\mathrm{P}\,(a-x);$$

et dans le cas où la flexion est très-petite, ce qui permet de négliger le quarré de $\frac{dy}{dx}$, on a

$$\varepsilon\,\frac{d^2y}{dx^2}=\mathrm{P}\,(a-x),$$

$$\varepsilon\,\frac{dy}{dx}=\mathrm{P}\left(ax-\frac{x^2}{2}\right),$$

$$\varepsilon\,y=\mathrm{P}\left(\frac{ax^2}{2}-\frac{x^3}{6}\right),$$

$$f=\frac{\mathrm{P}}{\varepsilon}\cdot\frac{a^3}{3},$$

$$s=a+\frac{3f^2}{5a},$$

$$\text{tang.}\,\alpha=\frac{3f}{2a}.$$

87. Quand le solide est posé horizontalement sur deux appuis (Fig. 6), les équations précédentes conviennent à la courbe formée par chacune des moitiés. Nommant

f la flèche AC de la courbe du solide ;

$2\mathrm{P}$ le poids suspendu au milieu du solide ;

$2a$ la distance MM' des appuis;

$2s$ la longueur MAM' du solide entre les appuis;

α l'inclinaison de la courbe à l'extrémité M.

On a, en supposant la courbure du solide très-petite,

$$f = \frac{P}{\varepsilon} \cdot \frac{a^3}{3},$$

$$f = \frac{2P}{\varepsilon} \cdot \frac{(2a)^3}{48},$$

$$s = a + \frac{3f^2}{5a},$$

$$\text{tang. } \alpha = \frac{3f}{2a}.$$

La flèche de la courbe est proportionnelle au poids 2P, et au cube de la distance des appuis.

88. En considérant toujours, comme dans le n° 86, un solide prismatique droit (Fig. 7), encastré horizontalement à une extrémité, on peut le supposer chargé, dans tous les points de sa longueur, de poids distribués d'une manière quelconque. Nommant

x, y les coordonnées horizontale et verticale d'un point quelconque m de la courbe du solide;

x' l'abscisse d'un point quelconque m' situé entre m et l'extrémité M;

a la distance AB;

p' la valeur du poids suspendu en m', rapportée à l'unité de longueur de l'abscisse, en sorte que $p'dx'$ est le poids supporté par l'élément dont la projection est dx' (La quantité p' est censée donnée en fonction de x');

f l'ordonnée BM de l'extrémité de la courbe.

On aura

$$\varepsilon \frac{d^2y}{dx^2} = \int_x^a dx'.p'(x'-x),$$

$$\varepsilon \frac{dy}{dx} = \int_0^x dx \int_x^a dx'.p'(x'-x);$$

$$\varepsilon y = \int_0^x dx \int_0^x dx \int_x^a dx'.p'(x'-x).$$

89. Si les poids portés par chacun des élémens de la longueur du solide sont égaux, ce qui comprend le cas où ces poids seraient ceux mêmes des élémens, p' aura une valeur constante p, et l'on aura

$$\varepsilon \frac{d^2y}{dx^2} = p\left(\frac{a^2}{2} - ax + \frac{x^2}{2}\right),$$

$$\varepsilon \frac{dy}{dx} = p\left(\frac{a^2x}{2} - \frac{ax^2}{2} + \frac{x^3}{6}\right),$$

$$\varepsilon y = p\left(\frac{a^2x^2}{4} - \frac{ax^3}{6} + \frac{x^4}{24}\right),$$

$$f = \frac{p}{\varepsilon}.\frac{a^4}{8},$$

$$\text{tang. } \alpha = \frac{4f}{3a}.$$

pa est le poids total réparti sur la longueur du solide. D'après le n° 86, si ce poids était appliqué en M, l'abaissement de ce point serait plus grand, dans le rapport de 8 à 3.

90. Lorsqu'un solide, posé horizontalement sur deux appuis (Fig. 8), est chargé par des poids distribués uniformément sur sa longueur, chaque moitié est dans le même cas que si, étant encastrée horizontalement à une extrémité, elle était fléchie à la fois par des poids distribués uniformément sur sa longueur, et par une force égale à la somme de ces poids, et agissant en sens contraire à l'autre extrémité. On a donc

$$\varepsilon y = pa\left(\frac{ax^2}{2} - \frac{x^3}{6}\right) - p\left(\frac{a^2x^2}{4} - \frac{ax^3}{6} + \frac{x^4}{24}\right),$$

$$f = \frac{p}{\varepsilon}.\frac{5a^4}{24},$$

$$\text{tang.}\ \alpha = \frac{8f}{5a}.$$

D'après le n° 87, si le poids $2pa$ était suspendu au milieu du solide, au lieu d'être réparti uniformément sur toute sa longueur, la flèche serait plus grande dans le rapport de 8 à 5. Ces résultats sont confirmés par l'expérience.

91. Pour appliquer les résultats précédens à un corps donné, il faudra substituer à la place de ε l'expression du moment de flexion qui convient à la figure de la section transversale de ce corps, conformément aux n°s 80 et suivans. On attribuera ensuite à la constante E (n° 77) la valeur qui convient à la nature du corps, et qui doit être déterminée par l'observation.

Les expériences les plus propres à déterminer cette valeur consistent à placer horizontalement un solide prismatique sur deux appuis, à le charger au milieu d'un poids, et à observer la flèche de la courbure produite par ce poids. Si la section transversale du solide est un rectangle (Fig. 2) dont les côtés soient b et c, on a (n° 81), $\varepsilon = \mathrm{E}\frac{bc^3}{12}$, et (n° 87) $f = \frac{2\mathrm{P}}{\varepsilon}.\frac{(2a)^3}{48}$: donc

$$f = \frac{2\mathrm{P}}{\mathrm{E}}\frac{(2a)^3}{4.bc^3},\quad \mathrm{E} = 2\mathrm{P}.\frac{(2a)^3}{4.bc^3.f};$$

$2a$ étant l'intervalle des appuis, et $2\mathrm{P}$ le poids placé au milieu de la longueur du solide.

Si la section transversale est un cercle, on a

$$f = \frac{2\mathrm{P}}{\mathrm{E}}\frac{(2a)^3}{12\pi.r^4},\quad \mathrm{E} = 2\mathrm{P}.\frac{(2a)^3}{12\pi r^4.f};$$

r désignant le rayon du cercle.

92. On doit quelquefois tenir compte de l'action du poids du solide. On y parviendra, d'après le n° 90, en ajoutant à 2P les $\frac{5}{8}$ de ce poids. Ainsi, en le désignant par 2 Π, on a pour le cas d'une section rectangulaire

$$f=\frac{2\,P+\frac{5}{8}(2\,\Pi)}{E}\cdot\frac{(2\,a)^3}{4.\,b c^3},\quad E=\left(2\,P+\frac{5.\,2\,\Pi}{8}\right)\frac{(2\,a)^3}{4b.c^3.f};$$

et pour le cas d'une section circulaire

$$f=\frac{2\,P+\frac{5}{8}(2\,\Pi)}{E}\cdot\frac{(2\,a)^3}{12\,\pi.\,r^4},\quad E=\left(2\,P+\frac{5.\,2\,\Pi}{8}\right)\frac{(2\,a)^3}{12\,\pi.\,r^4 f}.$$

93. On remarquera enfin qu'il n'est pas nécessaire de connaître les valeurs absolues du poids placé au milieu du solide et de la flèche de courbure correspondante, mais seulement l'accroissement *de la flèche de courbure* correspondant à un accroissement donné de ce poids. En effet, nommant P', P'' deux valeurs successives de P, et f', f'' les deux valeurs correspondantes de f, l'une ou l'autre des équations précédentes donne pour une section rectangulaire

$$E=(2\,P''-2\,P')\frac{(2\,a)^3}{4\,b c^3\,(f''-f')}.$$

Nous allons maintenant exposer les résultats des expériences connues, d'après lesquelles on peut déterminer les valeurs de la constante E qui conviennent à divers corps. Ces valeurs ne peuvent être données exactement qu'au moyen d'expériences dans lesquelles la flexion est fort petite. Quand l'extension ou la compression des fibres approchent du terme où la rupture doit avoir lieu, la résistance de ces fibres cesse ordinairement d'être exactement proportionnelle à l'extension ou à la compression, comme on l'a supposé n°s 76 et 77; ce que l'on exprime en disant que l'élasticité est altérée.

Résistance de la pierre à la flexion.

94. Résultats des expériences faites par M. Tredgold sur des barres rectangulaires en marbre et en pierre, posées horizontalement sur deux appuis, et chargées au milieu (*a*).

INDICATION DES PIÈCES.	DISTANCE des appuis.	LARGEUR des pièces.	ÉPAISSEUR des pièces.	CHARGE au milieu.	FLÈCHE de courbure.
	pouces.	pouces.	pouces.	livres.	pouces.
Marbre blanc statuaire, très-pur. Pesanteur spécifique, 2,706. .	30	1,075	1,075	10	0,02
				20	0,045
				30	0,06
Pierre calcaire de Portland, brune. Pesant. spécifique, 2,113 . .	24	2	1,45	10	0,01
				20	0,015
				30	0,02
				40	0,022
Grès blanc siliceux, de Long-Annet. Pesant. spécifique, 2,212 . .	18	1,45	1,525	20	0,015
				30	0,02
				40	0,022
				50	0,025
				60	0,03

Résistance du bois à la flexion.

95. Résultats des expériences faites par Duhamel (*b*), sur des pièces de chêne posées horizontalement sur deux appuis, et chargées au milieu de la longueur. La distance

(*a*) *The philosophical magazine and journal*, vol. 56, p. 290.

(*b*) Mémoires de l'Académie des sciences, 1768.

des appuis est 23 pieds, et le poids placé au milieu de la longueur 7591 livres.

LARGEUR des pièces.	HAUTEUR des pièces.	FLÈCHE de la courbure.
pouces.	pouces.	pouces.
10	9	3 $\frac{1}{3}$
10	11 $\frac{1}{2}$	2 $\frac{1}{2}$
12	13	1

On conclut de ces expériences, au moyen de la formule du nº 92, que la valeur moyenne de la constance E, pour le bois de chêne, est

$$E = 1\,012\,000\,000^{k},$$

le mètre étant l'*unité de longueur, et le kilogramme* l'unité de *poids*.

Il en résulte qu'une pièce de chêne supportant une tension longitudinale de $1^{kil.}$ sur chaque millimètre quarré de la section transversale, s'allonge de $\frac{1}{1012}$.

96. Résultats moyens des expériences faites par M. Aubry (*a*), sur des pièces de bois de chêne posées horizontalement sur deux appuis, et chargées au milieu. On n'a point inséré ici le détail des charges et des flèches de courbure correspondantes, observées par l'auteur; mais seulement les nombres moyens, propres à indiquer les rapports des charges aux flèches, qui résultent de ces observations.

INTERVALLE des appuis.	LARGEUR des pièces.	HAUTEUR des pièces.	CHARGE au milieu.	FLÈCHE de courbure.
pieds.	pouces.	pouces.	livres.	lignes.
12	3	3	169	12
5	1	2,5	35	1

(*a*) Mémoires sur différentes questions de la science des constructions publiques et économiques, pages 55 et 66.

97. Résultats moyens des expériences faites à Corcyre, en 1811, par M. Ch. Dupin (*a*), sur diverses espèces de bois. L'intervalle des appuis était de 2^m.

BOIS SOUMIS A L'EXPÉRIENCE.	LARGEUR des pièces.	HAUTEUR des pièces.	CHARGE au milieu.	FLÈCHE de courbure.
	mètre.	mètre.	kilog.	mètre.
Chêne de démolition, 25 ans de coupe.	0,03	0,03	4	0,00585
Cyprès, un an de coupe. . . .	0,03	0,03	4	0,0072
Hêtre, un an de coupe.	0,03	0,03	4	0,0089
Sapin de démolition, 25 ans de coupe.	0,03	0,02	2	0,016
	0,02	0,03	2	0,0072
	0,02	0,01	0,5	0,047
	0,01	0,02	0,5	0,0112
	0,03	0,01	1	0.0801
	0,01	0,03	1	0,007
	0,05	0,02	10	0,0305
	0,02	0,05	10	0,005

La première expérience, sur le bois de chêne, donne pour la valeur de la constante E,

$$E = 1\,688\,000\,000^k.$$

Les expériences sur le bois de sapin donnent moyennement pour la valeur de la même constante

$$E = 1\,029\,000\,000^k.$$

98. Résultats moyens des expériences faites sur des pièces de bois de chêne et de sapin, par M. Rondelet (*b*). Les pièces avaient un pouce d'équarrissage.

Bois soumis à l'expérience.	INTERVALLE des appuis.	CHARGE au milieu.	FLÈCHE de courbure.
	pouces.	livres.	lignes.
Chêne	42	100	11,5
Sapin.	42	100	11

(*a*) Journal de l'École Polytechnique, 17ᵉ cahier.
(*b*) Art de bâtir, tome IV, page 514.

On déduit de ces expériences, que la valeur de la constante E, pour le chêne et pour le sapin, est environ

$$E = 1\,300\,000\,000^{k}.$$

99. Résultats moyens des expériences de M. Barlow, sur l'élasticité de diverses espèces de bois *(a)*.

Toutes les pièces ont 2 pouces anglais d'équarrissage.

INDICATION DES BOIS.	PESANTEUR spécifique.	DIST. des appuis.	CHARGE au milieu.	FLÈCHE de courbure.	NOMBRES proportionnels à l'élasticité.
		pieds.	liv. avoir-du-poids.	pouces.	
Teak	0,745	7	300	1,151	9658
Poon	0,579	7	150	0,822	6760
Chêne anglais	0,969	7	150	1,590	3495
Idem	0,934	7	200	1,280	5806
Chêne du Canada	0,872	7	225	1,080	8596
Chêne de Dantzick	0,756	7	200	1,590	4766
Chêne de l'Adriatique	0,993	7	150	1,430	3886
Frêne	0,760	7	225	1,266	6581
Hêtre	0,696	7	150	1,026	5417
Orme	0,553	7	125	1,685	2799
Epicea (*Pitch pine*)	0,660	7	150	1,134	4900
Pin rouge	0,657	7	150	0,755	7360
Sapin de la Nouvelle Angleterre	0,553	7	150	0,931	5967
Sapin de Riga	0,753	7	125	0,870	5315
Idem	0,738	6	150	0,883	3963
Sapin de *Mar forest*	0,696	7	125	1,442	2581
Idem	0,693	6	150	1,006	3478
Idem	0,703	6	150	1,006	3478
Larix	0,531	7	125	1,885	2465
Idem	0,5[illegible]2	6	125	0,812	3591
Idem	0,556	6	150	0,831	4211
Idem	0,560	6	150	0,831	4211
Espares de Norwège (en sapin)	0,577	6	200	0,800	5832

Le premier échantillon de chêne anglais était d'une qualité inférieure.

Les nombres de la dernière colonne, multipliés par 175700, donneront les valeurs de la constante E, le mètre étant l'unité de longueur et le kilogramme l'unité de poids. Ainsi, pour le bois de chêne, la plus grande valeur de

(b) *An essay on the strength and stress of timber*, page 180.

cette quantité, donnée par l'expérience sur le chêne du Canada, est $E = 1\,510\,000\,000^k$;

et la plus petite valeur, donnée par l'expérience sur le chêne de l'Adriatique, est

$$E = 683\,000\,000^k;$$

Pour le sapin, la plus grande valeur, donnée par l'expérience sur le pin rouge, est

$$E = 1\,293\,000\,000^k;$$

et la plus petite valeur, conclue du résultat moyen des expériences sur le sapin de la forêt de Mar, en Écosse, est

$$E = 558\,500\,000^k.$$

M. Barlow donne ailleurs (*a*) une suite d'expériences sur des verges de sapin. Le résultat moyen répond à la valeur $E = 934\,000\,000^k$.

100. Résultats moyens des expériences sur la flexion du bois de chêne, faites en Angleterre, par MM. Ebbels et Tredgold (*b*). Les pièces étaient posées horizontalement sur deux appuis, et chargées au milieu. Toutes avaient un pouce d'équarrissage.

ESPÈCE DE CHÊNE.	PESANTEUR spécifique.	INTERVALLE des appuis.	POIDS produisant l'inflexion.	FLÈCHE de courbure.
		pieds anglais.	livres av.-du-poids.	pouces anglais.
Vieux bois de vaisseau . .	0,872	2,5	127	0,5
Jeune chêne, King's Langley, Herts.	0,863	2	237	0,5
Chêne de Beaulieu, Hants .	0,616	2,5	78	0,5
Idem, autre pièce.	0,736	2,5	65	0,5
Chêne d'un vieil arbre . .	0,625	2	103	0.5
Chêne de Riga	0,688	2	233	0,5
Chêne anglais	0,748	2,5	137	0,5
Chêne vert, anglais. . . .	0.763	2,5	96	0.5
Chêne de Dantzick, desséché.	0,755	2,5	148	0,5
Chêne (*quercus sessiliflora*)		2	149	0,35
Chêne (*quercus robur*). . .		2	167	0,35

(*a*) *An essay on the strength and stress of timber*, page 125.

(*b*) *Elementary principles of carpentry*, page 34.

101. Résultats moyen des expériences faites sur la flexion du sapin, par les mêmes auteurs (*a*).

ESPÈCE DE SAPIN.	PESANTEUR spécifique.	INTERVALLE des appuis.	LARGEUR des pièces.	HAUTEUR des pièces.	POIDS produisant l'inflexion.	FLÈCHE de courbure.
		pieds angl.	po. angl.	po. angl.	livres ang.	pouces.
Sapin jaune de Riga.		18	2	7	103	0,25
Sapin jaune de Long Sound, Norwège .	0,640	2	1	1	261	0,5
Sapin jaune de Riga.	0,480	2,5	1	1	123	0,5
Idem.	0,464	2,5	1	1	116	0,5
Sapin jaune de Memel.	0,553	2,5	1	1	143	0,5
Idem.	0,544	2,5	1	1	145	0,5
Pin d'Amérique, présumé le pin de Weymouth	0,460	2	1	1	237	0,5
Idem.	0,407	3	1	1	69	0,5
Sapin blanc de Christiania	0,512	2	1	1	261	0,5
Sapin blanc de Quebec.	0,465	2	1	1	180	0,5
Larix, Blair, en Écosse	0,622	2,5	1	1	93	0,5
Idem, desséché . . .	0,644	2,5	1	1	101	0,5
Idem.	0,554	2,5	1	1	112	0,5
Idem, bois très-jeune.	0,396	2,5	1	1	45	0,5
Sapin d'Écosse . . .	0,529	2,5	1	1	89	0,5
Sapin blanc d'Angleterre	0,555	2,5	1	1	103	0,5

Résistance du fer forgé à la flexion.

102. Le tableau suivant est formé d'après les expériences faites en 1812, à Bordeaux, par M. Duleau (*b*), sur des pièces de fer forgé posées horizontalement sur deux appuis, et chargées au milieu. Les résultats sont ramenés par le calcul à présenter la flèche de la courbure affectée par chaque pièce, sous une charge de $10^{\text{kil.}}$ placée au milieu.

(*a*) *Elementary principles of carpentry*, page 34.

(*b*) Essai théorique et expérimental sur la résistance du fer forgé, page 26.

PIÈCES SOUMISES A L'EXPÉRIENCE.	INTERVALLE des appuis.	LARGEUR des pièces.	HAUTEUR des pièces.	FLÈCHE de courbure.
	metres.	millimètr.	millimètr.	millimètr.
Fer du Périgord. La section transversale est un triangle équilatéral, de $0^m,038$ de côté	3			7,6
(La flèche est la même en posant la pièce sur une face ou une arête.)				
Fer du Périgord	1	61	5,5	12,57
Même pièce	0,5	61	5,5	1,71
Fer d'Angleterre, tel qu'il sort des grosses forges	3,035	34	8,56	136
Même pièce	3,075	8,56	34	13,5
Fer du Périgord	2	30	11	24
Même pièce	1	30	11	3
Fer du Périgord, doux (destiné pour des fers de chevaux)	2	70	11,2	9,5
Fer du Périgord	1	68	11	1,5
Idem (tel qu'on l'a trouvé dans la forge)	2	45	12	12
Fer du Périgord	2	40	11,5	21
Même pièce	1	40	11,5	2,5
Même pièce	2	11,5	40	1,67
Fer du Périgord (tel qu'on l'a trouvé dans la forge)	3	77	14	14,4
Fer d'Angleterre, marqué B (tel qu'on l'a trouvé dans la forge)	1,5	67,8	14,7	2
Fer du Périgord	3	25	15	37
Même pièce	3	15	25	14
Fer du Périgord	1	58	16.3	0,57
Idem	3	39	19,6	10,8
Même pièce	3	19,6	39	2,8
Fer du Périgord	2	60	20	2
Idem	3	60	20	6,6
Même pièce	3	20	60	0,75
Fer du Périgord	5	120	20	15
Fer des Landes	2	120	21	1
Fer du Périgord	3	39	24,5	6
Même pièce	3	24,5	39	2,33
Fer du Périgord (tel qu'on l'a trouvé dans la forge)	3	67	26	2,3
Fer du Périgord	5	108	30	4,75
Même pièce	5	30	108	0,4
Fer du Périgord	2,92	31	31	3
La même pièce posée sur une arête				3,35
		DIAMÈTRE en millimètres.		
Fer rond, de l'Arriège, tel qu'il sort des grosses forges	3,69	21,49		48,25
Idem	2,99	21,51		27,5
Fer rond anglais, *idem*	2,93	23,52		18
Fer rond de l'Arriège, *idem*	2,92	26,82		10
Fer rond de Bilbao, très-doux	2,92	31,8		5

Le résultat général de ces expériences (a) est que la valeur moyenne de la constante E (voyez le n° 77) qui convient au fer forgé, est, en prenant le mètre pour unité de longueur et le kilogramme pour unité de poids,

$$E = 20\,000\,000\,000^{k}.$$

En calculant d'après cette donnée les flèches de courbure, par la formule du n° 92, les plus grandes différences entre le calcul et l'expérience ne dépassent pas $\frac{1}{4}$, en plus ou en moins.

On conclut de ce résultat qu'une pièce de fer forgé supportant une tension d'un kilogramme sur chaque millimètre quarré de la section transversale, s'allonge de $\frac{1}{20000}$.

103. Résultats des expériences faites par M. Tredgold sur des barreaux de fer forgé posés horizontalement sur deux appuis, et chargés au milieu (b). La longueur des pièces était de 6 pieds anglais, et l'intervalle des appuis de 66 $\frac{1}{2}$ pouces.

INDICATION DES PIÈCES.	POIDS sur 6 pieds de longueur.	FLÈCHE DE COURBURE sous		
		58 livres.	114 livres.	170 livres.
	livres.	pouces.	pouces.	pouces.
Fer anglais, barreau quarré de 1,25 pouces.	33	0,0625	0,1	0,1875
Idem, de 1,125 pouce. . .	25	0,125	0,25	0,375
Idem, de 1 pouce.	20	0,15	0,32	0,5
Idem, barreau rond, de 1,25 pouce.	24	0,125	0,25	0,375
Idem, de 1 pouce	17	0,25	0,5	0,8
Fer de Suède, barreau quarré de 1,2 pouce . .	32	0,0625	0,125	0,19
Idem, de 1,125 pouce. . .	27	0,08	0,161	0,25
Idem, de 1 pouce.	33	0,125	0,25	0,375

(a) Essai théorique et expérimental, page 54.

(b) *An essay on the strength of cast iron*, 2e. éd., page 102.

La valeur de E, calculée d'après les expériences sur le fer anglais, diffère très-peu de celle qui est indiquée ci-dessus n° 102. La valeur moyenne de la même quantité, calculée d'après les expériences sur le fer de Suède, est

$$E = 23\,470\,000\,000^{k}.$$

104. Autre expérience sur une barre de 38 pouces de longueur, pesant 10,4 livres, d'un pouce anglais d'équarrissage, posée sur des appuis dont l'intervalle était de 3 pieds.

Charge au milieu.	Flèche de courbure.	
	La barre étant telle que la fabrique l'avait fournie.	La barre ayant été chauffée également, et lentement refroidie.
livres	pouces.	pouces.
126	0,05	0,059
352	0,1	0,117
310	0,12	0,145
330	0,13	0,154

La charge de 330 livres ne produisait pas d'altération, mais 20 livres de plus donnaient une courbure permanente sensible; 10 livres de plus en donnaient également une à la barre adoucie au feu.

105. La même barre ayant été portée à la température de 212° Fahrenheit, puis refroidie à 60°, parut prendre, sous la charge de 300 livres, une flèche de $\frac{1}{20}$ environ plus grande à la première température qu'à la seconde.

Résistance de l'acier à la flexion.

106. Résultats moyens des expériences faites par M. Duleau, sur des pièces d'acier posées horizontalement sur deux appuis, et chargées au milieu. Les flèches de courbure répondent, comme dans le n° 102, à une charge de $10^{kil.}$

PIÈCES SOUMISES A L'EXPÉRIENCE.	INTERVALLE des appuis.	LARGEUR des pièces.	HAUTEUR des pièces.	FLÈCHE de courbure.
	mètres.	millimètr.	millimètr.	millimètres.
Acier fondu d'Angleterre, marqué Huntsman	0,98	13,3	5,9	32,05
Même pièce.	0,98	5,9	13,3	8,4
Acier de cémentation, d'Allemagne, marqué Fortsman, pour des rasoirs	0,68	14,5	7,8	8
Même pièce.	0,68	7,8	14,5	2,1
Acier de même espèce.	1,845	25,7	21,6	2,8
Même pièce.	1,845	21,6	25,7	2,2
Acier de même espèce.	1,845	28,5	21,9	2,6
Même pièce.	1,845	21,9	28,5	1,8
Acier de même espèce.	1,35	54,8	25,5	0,55
Même pièce.	1,35	25,5	54,8	0,27
Acier de même espece.	1,35	52	26,6	0,5
Même pièce.	1,35	26,6	52	0,3

D'après ces expériences, la résistance de l'acier est moindre que celle du fer, et les résultats présentent moins de régularité.

107. Résultats de quelques expériences faites par M. Tredgold sur des barreaux d'acier posés horizontalement, et chargés au milieu (*a*). Les nombres sont donnés en mesures anglaises.

INDICATION DES PIÈCES.	DISTANCE des appuis.	LARGEUR des pièces.	ÉPAISSEUR des pièces.	CHARGE au milieu.	FLÈCHE de courbure.
	pouces.	pouce.	pouce.	livres.	pouce.
1 Acier forgé, passé à la filière, trempé et adouci au degré d'une lime ordinaire.	13	0,95	0,375	54	0,02
				82	0,03
				110	0,04
2. Acier doux, cédant aisément à la lime. . .	24	0,92	0,36	18,6	0,5
				37	0,1
				47	0,127

(*a*) *Repertory of arts and manufactures*, mai 1825.

108. La première barre présenta les mêmes flexions sous les mêmes charges, 1° lorsque sa trempe eut été abaissée à un rouge de paille intense; 2° lorsque sa trempe eut été abaissée au bleu d'acier; 3° lorsqu'elle eut été chauffée au rouge et refroidie très-lentement, la charge de 110 livres ne produisant pas alors de courbure permanente; 4° lorsque la pièce eut été durcie de nouveau, et rendue très-dure. Dans ce dernier état une charge de 350 livres produisit une flèche permanente de $0^{po},005$, qui augmenta de $0^{po},005$ par une addition de 10 livres. La barre rompit sous une charge de 580 liv.

La deuxième barre présenta également les mêmes flexions sous les mêmes charges, 1° lorsqu'elle eut été durcie, de manière que la lime n'y faisait pas d'impression; 2° après que la trempe eut été abaissée jusqu'à la couleur de paille uniforme. Dans cet état une charge de 130 livres ne produisit pas de courbure permanente, mais la charge de 150 liv. en produisit une. La barre rompit sous 385 livres.

Résistance du fer fondu à la flexion.

109. Résultats moyens des expériences faites par M. Rondelet, sur des barres de fer fondu posées horizontalement sur deux appuis, et chargées au milieu (*a*). Toutes ces barres ont un pouce d'équarrissage.

PIÈCES SOUMISES A L'EXPÉRIENCE.	INTERVALLE des appuis.	CHARGE au milieu.	FLÈCHE de courbure.
	pouces.	livres.	lignes.
Fonte grise.	42	312	5,5
Fonte douce	42	312	4,6
Fonte grise.	21	450	1
Fonte douce..	21	450	0,875

(*a*) Art de bâtir, tome IV, page 514.

La valeur moyenne de la constante E, donnée par les expériences sur la fonte grise, est

$$E = 9\,029\,000\,000^k;$$

et celle qui est donnée par les expériences sur la fonte douce,

$$E = 10\,653\,000\,000^k.$$

110. Résultats moyens des expériences faites par M. Tredgold, sur des barreaux de fer fondu posés horizontalement sur deux appuis, et chargés au milieu (*a*).

PIÈCES soumises A L'EXPÉRIENCE.	INTERVALLE des appuis.	LARGEUR des pièces.	HAUTEUR des pièces.	CHARGE au milieu.	FLÈCHE de courbure.
	pouces.	pouces.	pouces.	livres.	pouces.
Fonte grise douce, cédant aisément à la lime, un peu au marteau	34	1	1	20	0,01
Fondue par M. Dowson.	77	1,5	3	440	0,075
Même pièce	77	3	1,5	360	0,25
Fondue par M. Bramah (fonte moins douce que la précédente).	36	0,9	0,9	180	0,183
Idem	36	0,9	0,9	180	0,189
Idem	36	0,75	0,975	180	0,255

La règle adoptée par l'auteur, comme résultat moyen des expériencecs (*b*), revient à attribuer à la constante E la valeur $E = 12\,144\,000\,000^k$.

111. Résultats moyens de nouvelles expériences faites par M. Tredgold sur des barres de fer fondu posées ho-

(*a*) *A practical essay on the strength of cast iron*, page 45.

(*b*) *Idem*, page 40. Les nombres représentés par *a* par l'auteur sont réciproques à la résistance à la flexion. On doit diviser le nombre 12144000 par le nombre *a*, pour avoir la valeur correspondante de E, le mètre et le kilogramme étant pris pour unités de longueur et de poids.

rizontalement sur deux appuis et chargées au milieu (*a*). Les nombres sont donnés en mesures anglaises.

PIÈCES soumises A L'EXPÉRIENCE.	INTERVALLE des appuis.	LARGEUR des pièces.	HAUTEUR des pièces.	CHARGE au milieu.	FLÈCHE de courbure.
	pouces.	pouce.	pouce.	livres.	pouce.
1. Trois pièces fournies par M. Bramah	36	0,9	0,9	40	0,041
2. Deux pièces de vieux fer de Park	33	1,3	0,65	60	0,1
3. Deux pièces de fer d'Adelphi	33	1,3	0,65	60	0,1
4. Deux pièces de fer d'Alfreton.	33	1,3	0,65	60	0,1
5. Deux pièces provenant de vieille fonte. .	33	1,3	0,65	60	0,09
6. Mélange de vieux fer de Park et de bonne vieille fonte, en parties égales.	33	1,3	0,65	72	0,1
7. Mélange de fer avec $\frac{1}{16}$ de cuivre	33	1,25	0,675	60	0,1

Une charge de 180 livres agissant pendant plusieurs heures ne fit prendre aux trois pièces sous le n° 1 qu'une courbure presque insensible.

Les pièces sous les n°s 2, 3 et 4 n'ont pas été altérées sous des charges de 162 livres, et ont conservé de très-petites courbures après avoir supporté des charges de 182 livres.

Les pièces sous le n° 5 n'ont pas été altérées sous 180 livres, et l'ont été à peine sous 190 livres.

Les pièces sous les n°s 6 et 7 ne l'ont pas été sous 182 livres, et l'ont été un peu sous 202 livres.

Les expériences sous les n°s 1, 2, 3 et 4 donnent pour la valeur moyenne de la constante E, E = 11 530 000 000k.

(*a*) *A practical essay on the strength of cast iron*, 2e. édit page 76 et suivantes.

ARTICLE IV.

De la résistance d'un solide prismatique a la rupture produite par un effort dirigé perpendiculairement a la longueur de ce solide.

112. Les fibres des corps, quand on les soumet à des extensions ou à des accourcissemens très-petits, s'étendent ou s'accourcissent de la même quantité sous un même poids, comme on l'a dit nos 76 et 77. Alors, si la section transversale est rectangulaire, les fibres dont la longueur ne varie pas lors de la flexion du corps sont au milieu *de la hauteur de cette section.* Quand les variations de longueur des fibres sont plus considérables, ces fibres peuvent, sous le même effort, s'étendre plus ou moins qu'elles ne s'accourcissent. Alors les fibres invariables s'éloignent ou s'approchent de la face qui devient convexe lors de la flexion. La rupture a lieu quand les fibres étendues ne peuvent plus l'être davantage sans se séparer, ou quand les fibres comprimées ne peuvent plus l'être davantage sans s'écraser. La rupture s'opère d'une manière différente selon les corps. Dans les pierres, le verre, les métaux fondus, il se fait une séparation brusque et totale sur toute la hauteur de la section. Dans les bois, les fibres sont écrasées vers la face concave, et arrachées irrégulièrement vers la face convexe. Dans les métaux forgés, la rupture n'est pas toujours accompagnée d'une séparation totale ou partielle. Les molécules, sans cesser d'être adhérentes, paraissent avoir pris près de la section de rupture de nouvelles positions d'équilibre, en vertu desquelles la figure du solide a changé.

Les conditions de la rupture dépendent de l'équilibre

qui s'établit entre les forces qui tendent à rompre le corps, et les résistances dues aux forces développées, par l'effet des extensions et compressions des fibres, dans la section transversale où la rupture va s'opérer. Pour évaluer exactement ces résistances, il faudrait connaître 1° l'axe d'équilibre où sont placées les fibres invariables; 2° la valeur de la force produite dans une fibre par une extension ou une compression données. A défaut de ces connaissances, que l'on ne pourrait acquérir que par des expériences délicates, on est obligé, pour obtenir au moins des évaluations approximatives, de recourir à des hypothèses.

113. L'hypothèse le plus simple, et généralement le moins éloignée de la vérité, consiste à admettre que les résistances des fibres, à l'instant où la rupture va s'opérer, sont encore proportionnelles aux extensions ou compressions de ces fibres, comme elles le sont dans le cas d'une flexion très-petite. Alors l'état de la section transversale du corps, à l'instant où la rupture va s'opérer, ne diffère point de l'état considéré dans les n°s 77 et suivans. Seulement il faut concevoir que la fibre placée à la face convexe qui est le plus étendue, ou la fibre placée à la face concave qui est le plus accourcie, subissent le degré d'allongement ou d'accourcissement qui est immédiatement suivi de la rupture.

La situation de l'axe d'équilibre, où sont placées les fibres invariables, se déterminera toujours par la même condition géométrique énoncée n° 78. Supposons cet axe ainsi déterminé, et conservons les dénominations du n° 77, qui se rapportent à la Fig. 1; appelons de plus:

v' la distance à l'axe d'équilibre aa' de la fibre extrême située à la face convexe ou à la face concave du solide, qui est prête à rompre;

R une constante exprimant la force nécessaire pour rompre un prisme dont la section transversale est l'unité superficielle, tiré dans le sens de la longueur.

En remarquant que la résistance des fibres situées à la distance v' de l'axe aa' est $du\,dv.\mathrm{R}$, et que la résistance des fibres situées à la distance v du même axe est $du\,dv.\frac{\mathrm{R}v}{v'}$, on aura pour l'expression de la somme des momens de ces résistances, pris par rapport à l'axe aa',

$$\frac{\mathrm{R}}{v'}\left(\int_0^b du\int_0^{f_1 u} dv.v^2+\int_0^b du\int_0^{f_2 u} dv.v^2\right).$$

Nous nommerons cette expression *moment de rupture* du corps, et nous la désignerons par la lettre ρ.

114. Si la section transversale peut être partagée en deux parties symétriques, par une ligne perpendiculaire à la direction de la force qui agit sur le corps, l'axe d'équilibre est placé dans cette ligne. Les deux intégrales sont égales, et l'on a

$$\rho=\frac{2\mathrm{R}}{v'}\int_0^b du\int_0^{f_1 u} dv.v^2$$

pour l'expression du moment de rupture.

En comparant ces formules à celles qui ont été trouvées n° 80 pour représenter le moment de flexion, on reconnaît que l'expression du moment de rupture peut être déduite de celle du moment de flexion en écrivant R à la place de E, et en divisant par v', c'est-à-dire par la distance à l'axe d'équilibre contenant les fibres invariables, de la fibre qui en est le plus éloignée. D'après cela, les expressions des nos 81 et suivans donneront immédiatement les résultats énoncés ci-après.

115. La section étant un rectangle (Fig. 2) dont b et c sont la largeur et l'épaisseur, $v' = \frac{c}{2}$, et l'expression du moment de rupture est

$$\rho = \frac{2R}{c} \cdot \frac{bc^3}{12} = R\frac{bc^2}{6}.$$

116. La figure de la section étant formée de deux triangles égaux (Fig. 3), dont les côtés sont p et q, le moment de la résistance à la rupture est

$$\rho = \frac{R}{q} \cdot \frac{pq^3}{6} = R\frac{pq^2}{6}.$$

117. La figure de la section étant un rectangle dont les côtés sont b, c, et l'axe contenant les fibres invariables formant l'angle φ avec le côté b, le moment de rupture est

$$\rho = R\frac{b^3c \sin.^2\varphi + bc^3 \cos.^2\varphi}{6(b\sin.\varphi + c\cos.\varphi)}.$$

Quand la section est un quarré cette expression se réduit à

$$\rho = R\frac{b^3}{6(\sin.\varphi + \cos.\varphi)};$$

et si la pièce est fléchie dans le sens d'une des diagonales du quarré, l'on a

$$\rho = R\frac{b^3}{6\sqrt{2}}.$$

Ainsi une pièce à base quarrée fléchie dans le sens des diagonales de la base résiste moins à la rupture qu'elle ne le fait quand elle est fléchie dans le sens des côtés de cette base, dans le rapport de 1 à $\frac{1}{\sqrt{2}}$.

118. La figure de la section transversale étant un cercle (Fig. 4) dont r est le rayon, l'expression du moment de la résistance à la rupture est

$$\rho = \frac{R}{r} \cdot \frac{\pi r^4}{4} = R \frac{\pi r^3}{4}.$$

Les momens de rupture, pour le quarré et le cercle inscrit, sont entre eux dans le rapport de 1 à $\frac{3\pi}{16}$, le même qui a lieu pour le cas de la flexion.

119. A l'égard d'un tuyau, r' et r'' étant les rayons des cylindres extérieurs et intérieurs, remarquant que le moment de rupture du vide intérieur supposé plein, est

$$\frac{R}{r'} \cdot \frac{\pi r''^4}{4},$$

on a pour le moment cherché

$$\rho = R \frac{\pi (r'^4 - r''^4)}{4r'}.$$

A sections transversales égales, un cylindre plein et un tuyau offrent des résistances à la rupture qui sont entre elles dans le rapport de

$$(r'^2 - r''^2)^{\frac{3}{2}} \text{ à } \frac{r'^4 - r''^4}{r'}.$$

A résistances égales, les sections transversales du cylindre et du tuyau sont entre elles dans le rapport de

$$\left(\frac{r'^4 - r''^4}{r'}\right)^{\frac{2}{3}} \text{ à } r'^2 - r''^2.$$

120. Connaissant l'expression du moment de rupture pour une base de fracture rectangulaire, on peut se proposer d'inscrire dans un cercle un rectangle déterminé par la condition de rendre cette expression un maximum.

Le diamètre du cercle étant 1, les côtés de ce rectangle seront respectivement $\frac{1}{\sqrt{3}}$ et $\frac{\sqrt{2}}{\sqrt{3}}$.

121. Considérons un solide prismatique (Fig. 9) encastré horizontalement à l'extrémité A, et chargé à l'autre extrémité M d'un poids. Nommons

- ρ le moment de rupture, évalué conformément aux nos 113 et suivans, d'après la figure de la section transversale du solide;
- P le poids suspendu à l'extrémité M du corps;
- a la distance horizontale de la section A à la direction du poids P;
- s la longueur AM du solide;
- f la flèche de courbure CM.

La rupture tend à se faire dans la section A, et les conditions de l'équilibre sont exprimées par

$$\rho = \mathrm{P}a, \text{ d'où } \mathrm{P} = \frac{\rho}{a};$$

ou à peu près, en supposant que la courbure du solide est l'élastique du n° 86, ce qui donne $s = a + \frac{3f^2}{5a}$,

$$\mathrm{P} = \frac{\rho}{s - \frac{3f^2}{5a}}.$$

122. Considérons présentement un solide prismatique (Fig. 10), posé horizontalement sur deux appuis, et chargé au milieu. Nommons

- 2P le poids suspendu au milieu A du solide;
- a la moitié CM de la distance des appuis;
- f la flèche de courbure AC;
- α l'angle de la tangente à la courbe en M, M' avec l'horizontale MM'.

La rupture du corps tend à s'effectuer au milieu A:

L'effort exercé contre l'appui M (abstraction faite de la considération du frottement sur cet appui) est une force normale à la courbe du solide, dont la composante verticale est P, et la composante horizontale P $tang.\alpha$. Par conséquent, en supposant que la courbe du solide est l'élastique du n° 86, d'où $tang.\alpha=\frac{3f}{2a}$, les conditions de l'équilibre s'expriment en posant

$$\rho=P.a+P.f\,tang.\alpha,\ \text{ou}\ \rho=Pa\left(1+\frac{3f^2}{2a^2}\right);$$

d'où

$$2P=\frac{2\rho}{a+f\,tang.\alpha},\ \text{ou}\ 2P=\frac{2\rho}{a\left(1+\frac{3f^2}{2a^2}\right)}.$$

123. Considérant un solide prismatique droit encastré horizontalement à une extrémité, comme celui qui est représenté Fig. 9, et chargé de poids distribués arbitrairement sur la longueur AM. Nommant

x la distance horizontale d'un point quelconque du solide à l'extrémité A;

p la valeur du poids suspendu en ce point, rapportée à l'unité de longueur, et donnée en fonction de x;

a la distance AC.

On aura pour exprimer l'équilibre,

$$\rho=\int_0^a dx.px.$$

124. Si les poids portés par chacun des élémens de la longueur du solide sont égaux entre eux, p est constante, et l'on a

$$\rho=\frac{pa^2}{2},\ pa=\frac{2\rho}{a}.$$

Ainsi le solide serait également rompu par un poids distribué uniformément sur sa longueur, ou par un poids moitié moindre, suspendu à l'extrémité B.

125. Lorsqu'un solide posé horizontalement sur deux appuis, comme on l'a supposé n° 122, est chargé par des poids distribués uniformément sur sa longueur, p représentant la charge correspondante à l'unité linéaire, on a pa et $pa.\,\text{tang.}\,\alpha$ pour les composantes verticale et horizontale de la pression supportée par les appuis. Par conséquent, en supposant que la courbe du solide est l'élastique du n° 90, d'où $\text{tang.}\,\alpha = \frac{8f}{5a}$, les conditions de l'équilibre sont exprimées par l'équation

$$\rho = pa.a + pa.f\,\text{tang.}\alpha - pa.\frac{a}{2},$$

ou

$$\rho = pa\left(\frac{a}{2} + f\,\text{tang.}\alpha\right), \quad \text{ou} \quad \rho = \frac{pa^2}{2}\left(1 + \frac{16f^2}{5a^2}\right);$$

d'où

$$2pa = \frac{4\rho}{a + 2f\,\text{tang.}\,\alpha}, \quad \text{ou} \quad 2pa = \frac{4\rho}{a\left(1 + \frac{16f^2}{5a^2}\right)}.$$

Ainsi $\left(\text{en négligeant le quarré de } \frac{f}{a}\right)$ le solide est également rompu par un poids distribué uniformément sur sa longueur, ou par la moitié de ce poids placée au milieu.

126. Lorsque le solide prismatique, posé horizontalement sur deux appuis, est chargé à la fois du poids 2P' placé au milieu, et du poids constant p sur chaque unité de longueur, l'équilibre est exprimé par l'équation

$$\rho = (P + pa)\,a + (P + pa)\,f\,\text{tang.}\,\alpha - pa.\frac{a}{2},$$

ou

$$\rho=(P+pa)\,(a+f\,\text{tang.}\,\alpha)-\frac{pa^2}{2};$$

d'où

$$2\,P=\frac{2\,\rho-pa\,(a+2f\,\text{tang.}\,\alpha)}{a+f\,\text{tang.}\,\alpha}.$$

Dans le cas dont il s'agit, en supposant la courbure du solide déterminée conformément à ce qui a été fait n° 90, on a $\text{tang.}\,\alpha=\frac{3P+2pa}{8P+5pa}\cdot\frac{4f}{a}$: cette valeur doit être substituée dans les équations précédentes.

127. Pour appliquer les résultats précédens à un corps donné, il faudra substituer à la place de ρ l'expression du moment de rupture qui convient à la figure de la section transversale de ce corps, conformément aux n°s 113 et suivans. On donnera ensuite à la constante R la valeur qui convient à la nature du corps, et qui doit être déterminée par l'observation.

Les observations au moyen desquelles on détermine la valeur de cette constante consistent à placer horizontalement un solide prismatique sur deux appuis, à le charger au milieu par des poids de plus en plus grands, et à observer simultanément le poids qui cause la rupture, et la flèche de courbure qui a lieu à l'instant où cette rupture est prête à s'opérer. La section transversale du solide étant un rectangle (Fig. 2) dont les côtés sont b et c, on a (n° 115) $\rho=R\frac{bc^2}{6}$, et (n° 122) $2P=\frac{2\rho}{a\left(1+\frac{3f^2}{2a^2}\right)}$, en faisant abstraction du poids du solide. Donc

$$2\,P=R\,\frac{bc^2}{3a\left(1+\frac{3f^2}{2a^2}\right)},\ \text{d'où}\ R=\frac{2\,P.\,3a\left(1+\frac{3f^2}{a^2}\right)}{bc^2},$$

$2a$ étant l'intervalle des appuis, $2P$ le poids placé au milieu de la longueur du solide, f la flèche de courbure.

128. Si l'on a égard au poids du solide, il faut employer l'expression de $2P$ du n° 126. En nommant 2Π ce poids, cette expression devient

$$2P = \frac{Rbc^2 - 3\Pi(a + 2f \text{ tang. } \alpha)}{3(a + f \text{ tang. } \alpha)},$$

d'où

$$R = \frac{3\left[(2P + 2\Pi)(a + f \text{ tang. } \alpha) - \Pi a\right]}{bc^2},$$

et l'on a

$$\text{tang. } \alpha = \frac{3P + 2\Pi}{8P + 5\Pi} \cdot \frac{4f}{a}.$$

129. Lorsque les solides ont une petite longueur, ou ne prennent qu'une faible courbure à l'instant de la rupture, on peut négliger les termes du second ordre introduits par la considération de cette courbure : on a alors, en faisant abstraction du poids du solide,

$$2P = R\frac{bc^2}{3a}, \text{ d'où } R = 2P.\frac{3a}{bc^2};$$

et en tenant compte de ce poids,

$$2P = R\frac{bc^2}{3a} - \Pi, \text{ d'où } R = (2P + \Pi)\frac{3a}{bc^2}.$$

On va maintenant rapporter les expériences faites pour évaluer la résistance à la rupture de divers corps, et au moyen desquelles on peut déterminer les valeurs de la constante R.

Résistance de la pierre et de la brique à la rupture.

130. D'après les expériences de M. Gauthey (*a*), un prisme en pierre calcaire dure de Givry, ayant 18 lig. de largeur et 8 lig. d'épaisseur, posé sur deux appuis distans de 18 lig., est rompu sous une charge de 143 livres placée au milieu. La resistance, pour la pierre tendre de Givry, n'est que le $\frac{1}{5}$ de la précédente.

131. D'après les expériences de M. Barlow (*b*), un prisme en brique de 4 pouces anglais de largeur et 2 pouces d'épaisseur, posé sur deux appuis distans de 3 pouces, rompt sous une charge au milieu de

343 liv. av.-du-*poids* pour la *vieille brique* commune.
403 . . . . nouv. brique commune.
444 . . . . très-bonne brique.

132. Résultats des expériences faites par M. Tredgold sur des barres rectangulaires en marbre et en pierre, posées horizontalement sur deux appuis et chargées au milieu (*c*). Les nombres sont donnés en mesures anglaises.

(*a*) Mémoire sur la charge que peuvent porter les pierres; Journal de physique, 1774.

(*b*) *An essay on the strength and stress timber*, page 250.

(*c*) *The philosophical magasine and Journal*, vol. 56, p. 200.

INDICATION DES PIÈCES.	DISTANCE des appuis.	LARGEUR des pièces.	ÉPAISSEUR des pièces.	CHARGE qui rompt.
	pouces.	pouces.	pouces.	livres.
Marbre blanc statuaire, très-pur. Pesanteur spécifique, 2,706.	30	1,075	1,075	50
	15	1,08	1,05	110
	14	1,075	1,076	130
Pierre de Portland, brune. Pesanteur spécifique, 2,113.	24	2	1,45	100
Grès blanc siliceux. Pesanteur spécifique, 2,212.	18	1,45	1,525	92
Pierre de Dundee. Pesanteur spécifique, 2,621.	14	1,45	1,5	414
Grès de Craigleith. Pesanteur spécifique, 2,362.	14	1,55	1,55	137
Grès de la carrière de Hailes.	14	1,55	1,5	123
Grès de Long-Annet.	9	1,525	1,45	160
Idem	7	1,55	1,55	233
Pierre calcaire de Portland	12	2,07	1,55	270
Pierre de Bath.	5,5	1	1	58

Résistance du mortier à la rupture.

133. Voyez dans les Recherches sur les chaux de construction, de M. Vicat, la détermination de la résistance à la rupture de diverses espèces de mortiers.

Résistance du bois à la rupture.

134. Il a été publié sur la rupture des bois un grand nombre d'expériences, parmi lesquelles on doit distinguer celles de Buffon, sur le bois de chêne nouvellement abattu (*a*). Les résultats moyens de ces expériences sont contenus dans le tableau suivant.

L'intervalle des appuis, représenté ci-dessus par $2a$,

(*a*) Histoire naturelle, partie expérimentale, XIe. Mémoire.

était de $\frac{1}{12}$ plus petit que les longueurs des pièces indiquées dans ce tableau.

Équarrissage des pièces.	Longueur des pièces.	Poids des pièces.	Charge au milieu qui a rompu.	Flèche à l'instant de la rupture.	
pouces.	pieds.	livres.	livres.	po.	lig.
4	7	58	5312	4	0
	8	66	4550	4	2
	9	74	4025	5	2
	10	83	3612	6	2
	12	99	2987	7	0
5	7	92	11525	2	6
	8	101	9787	2	9
	9	116	3308	3	3
	10	130	7125	3	10
	12	155	6075	5	8
	14	177	5300	8	1
	16	207	4350	8	1
	18	232	3700	8	1
	20	261	3225	9	5
	22	281	2975	11	3
	24	309	2162	12	3
	28	362	1775	20	0
6	7	127	18950		
	8	148	15525	2	5
	9	165	13150	2	8
	10	187	11250	3	3
	12	223	9100	4	1
	14	255	7475	4	4
	16	293	6362	5	8
	18	333	5562	7	11
	20	376	4950	9	2
7	8	203	26050	2	8
	9	226	22350	3	0
	10	253	19475	2	10
	12	302	16175	3	2
	14	351	13225	3	11
	16	405	11000	5	0
	18	452	9245	5	8
	20	503	8375	8	2
8	10	331	27750	2	8
	12	396	23450	3	0
	14	460	19775	3	6
	16	526	16375	4	6
	18	594	13200	4	3
	20	662	1148	6	3

En calculant la valeur de R par la formule du n° 128, au moyen des données de l'expérience faite sur une pièce de 6 pouces d'équarrissage et 10 pieds de longueur, on trouve

$$R = 5\,862\,000^{k}.$$

L'expérience faite sur une pièce de 8 pouces d'équarrissage et 14 pieds de longueur, donne

$$R = 5\,920\,200^{k}.$$

Si l'on cherche les valeurs de R données par toutes ces expériences, on ne trouvera dans ces valeurs que des différences qui peuvent être attribuées à la diversité des qualités des bois, ou aux erreurs des observations. Mais il n'en serait pas de même si l'on n'avait pas égard au poids des pièces et à la courbure, comme on l'a fait en établissant la formule du n° 128.

135. Expériences faites par Bélidor, sur des barreaux en bois de chêne (*a*).

Largeur des pièces.	Épaisseur.	Distance des appuis.	Charge au milieu qui rompt.	OBSERVATIONS.
1 pouces.	1 pouces.	18 pouces.	406 livres.	Non encastrée aux extrémités.
1	1	18	608	Encastrée aux deux extrémités.
2	1	18	805	Non encastrée.
1	2	18	1580	*Idem.*
1	1	36	187	*Idem*
1	1	36	283	*Idem.*
2	2	36	1585	*Idem.*
20 lignes.	28 lignes.	36	1660	*Idem.*

(*a*) Science des ingénieurs, page 318.

136. Expériences faites par M. Rondelet, sur des barreaux en bois de chêne et de sapin (*a*).

INDICATION des bois.	LARGEUR des pièces.	ÉPAISSEUR des pièces.	INTERVALLE des appuis.	CHARGE au milieu qui rompt.	FLÈCHE à l'instant de la rupture.
	pouces.	ponces.	pouces.	livres.	lignes.
Chêne. . .	2	2	24	2304	
	2	2	18	3105	[illegible]
	2	3	24	5123	
	3	2	24	3475	
	1	1	42	312	22
	1	1	21	585	7
Sapin . . .	1	1	42	281	22

137. Résultats moyens des expériences du colonel Beaufoy (*b*). Les barreaux ont 2 pouces anglais d'équarrissage, 4 pieds de distance entre les appuis.

INDICATION DES BOIS.	PESANTEUR spécifique.	CHARGE au milieu qui rompt.
		livres avoir-du-poids.
Chêne de Dantzick. . .	0,854	167
Sapin de Riga.	0,537	202
Épicea (*Pich pine*). . .		272
Chêne anglais	0,922	258
Idem		211

L'angle désigné par α, dans les n°s 122 et suivans, est, à l'instant de la rupture, d'environ 6°.

(*a*) Art de bâtir, tome IV, page 71 et 514.
(*b*) *An essay on the strength and stress of timber*, page 47.

138. Résultats moyens des expériences de MM. J. Peake et Baraillier (*a*). Les barreaux ont 2 pouces anglais d'équarrissage. Ils sont encastrés à l'une des extrémités, et le poids qui cause la rupture agit à 5 pieds de distance du point d'encastrement.

INDICATION DES BOIS.	PESANTEUR spécifique.	CHARGE qui rompt.
		livres avoir-du-poids.
Sapin de Riga, sec. . .	0,633	153
. . . . humide.		172
Pin jaune de Virginie .	0,558	189
Épicea (*Pich pine*). . .	0,777	256
Pin blanc du Canada. .	0,678	109
Larix	0,540	150
Larix de Dantzick. . .	0,648	156
Frêne	0,782	217
Teak	6,309	264

Les flèches, à l'instant de la rupture, sont d'environ 14 pouces anglais.

139. Le tableau suivant est extrait de la table donnée par M. Barlow (*b*), comme offrant les résultats moyens des expériences faites sur diverses espèces de bois. Tous les barreaux avaient 2 pouces anglais d'équarrissage.

(*a*) *An essay on the strength and stress of timber*, page 49.
(*b*) *Idem*, page 178.

INDICATION DES BOIS.	DISTANCE des appuis.	PESANTEUR spécifique.	CHARGE au milieu qui rompt.	FLÈCHE à l'instant de la rupture.	NOMBRE proportion à la résistance. à la rupture.
	pieds anglais.		livres avoir du poids.	pouces anglais.	
Teak	7	0,745	938	4,32	2488
Poon	7	0,579	846	5,92	2266
Chêne anglais	7	0,969	450	5,90	1205
Idem	7	0,934	637	8,10	1736
Chêne du Canada	7	0,872	673	6,00	1803
Chêne de Dantzick	7	0,756	560	4,86	1477
Chêne de l'Adriatique	7	0,993	526	5,73	1409
Frêne	7	0,760	772	8,92	2124
Hêtre	7	0,696	593	5,73	1586
Orme	7	0,553	386	6,93	1042
Épicea (*Pitch pine*)	7	0,660	622	6,00	1666
Pin rouge	7	0,657	511	5,83	1368
Sapin de la Nouvelle-Angleterre	7	0,553	420	4,66	1116
Sapin de Riga	7	0,753	422	6,00	1131
Idem	6	0,738	467	6,00	1081
Sapin de la forêt de Mar.	7	0,696	436	6,00	1168
Idem	6	0,693	561	6,42	1310
Idem	6	0,703	561	6,42	1310
Larix	7	0,531	325	8,58	890
Idem	6	0,522	370	5,00	850
Idem	6	0,556	501	5,00	1149
Idem	6	0,560	510	5,00	1172
Esparès de Norwège	6	0,577	655	4,00	1492

Nota. Le premier échantillon de chêne anglais était d'une qualité inférieure.

Les nombres de la dernière colonne, multipliés par 4217, donneront à fort peu près les valeurs de la constante R, le mètre étant l'unité de longueur, et le kilogramme l'unité de poids. La moyenne des expériences faites sur le chêne donne

$$R = 6\,435\,000^k;$$

et la moyenne des expériences faites sur le sapin,

$$R = 5\,111\,000^k.$$

140. Expériences de MM. Tredgold et Ebbels, sur des barreaux de diverses espèces de bois, posés horizontalement sur deux appuis, et chargés au milieu (*a*). Ces barreaux avaient 1 pouce anglais d'équarrissage.

(*a*) *Elementary principles of carpentry*, page 44.

INDICATION DES BOIS.	PESANTEUR spécifique.	INTERVALLE des appuis.	CHARGE au milieu qui rompt.	FLÈCHE à l'instant de la rupture.	NOMBRE proportionnel à la resistance à la rupture.
		pieds anglais.	livres av.-du-poids.	pouces anglais.	
Chêne anglais, jeune arbre.	0,863	2	482	1,87	964
Idem, vieux bois de vaisseau.	0,872	2,5	264	1,5	660
Idem, d'un vieil arbre.	0,625	2	218	1,38	436
Id., de qual. moyenne.	0,748	2,5	284		710
Idem, vert	0,763	2,5	219		547
Idem, de Riga.	0,688	2	357	1,25	714
Hêtre, de qual. moyenne.	0,690	2,5	271		677
Aune	0,555	2,5	212		530
Platane	0,648	2,5	243		607
Sycomore	0,590	2,5	214		535
Chataignier vert. . . .	0,875	2,5	180		450
Frêne, d'un jeune arbre.	0,811	2,5	324	2,5	810
Id., de qual. moyenne.	0,690	2,5	254		635
Frêne	0,753	2,5	314	2,38	785
Orme commun.	0,544	2,5	216		540
Orme, *wich*, vert. . .	0,763	2,5	192		480
Acacia vert	0,820	2,5	249		622
Mahogany d'Espagne, sec	0,852	2,5	170		425
Id., de Honduras, sec	0,560	2,5	255		637
Noyer vert.	0,920	2,5	195		487
Peuplier d'Italie. . . .	0,374	2,5	131		327
Peuplier blanc.	0,511	2,5	228	1,5	570
Saule	0,405	2,5	146	3	365
Bouleau.	0,720	2,5	207		517
Cèdre du Liban, sec. .	0,486	2,5	165	2,75	412
Sapin de Riga.	0,480	2,5	212	1,3	530
Sapin de Memel. . . .	0,553	2,5	218	1,15	545
Sapin de Norwège, de Longsonnd.. . . .	0,639	2	396	1,125	792
Sapin d'Écosse.	0,529	2,5	233	1,75	582
Idem	0,460	2,5	157		392
Sapin blanc de Christiania.	0,512	2	343	0,937	686
Sapin blanc d'Amérique.	0,465	2	285	1,312	570
Sapin blanc d'Angleterre	0,555	2,5	186		465
Pin d'Amérique, de Weymouh.	0,460	2	329	1,125	658
Larix, échantillon choisi.	0,640	2,5	253	3	632
Id., qualité moyenne.	0,622	2,5	223		557
Id., bois très-jeune . .	0,396	2,5	129	1,75	322

Les nombres de la dernière colonne, multipliés par 12651, donneront les valeurs de la constante R déduites des données de chaque expérience, le mètre et le kilogramme étant les unités de longueur et de poids. Ces valeurs se trouveront calculées sans avoir égard à l'action du poids des pièces et à la courbure.

Le résultat moyen des expériences sur le bois de chêne donne $R = 8\,501\,000^k$;
et le résultat moyen des expériences sur le bois de sapin donne $R = 7\,097\,000^k$.

141. Expériences de M. George Buchanan (*a*), sur la flexion et la rupture du sapin (*Memel fir*). La distance entre les appuis est de 5 pieds anglais.

LARGEUR.	HAUTEUR.	CHARGE au milieu.	FLÈCHE de courbure.	
pouces anglais.	pouces anglais.	livres avoir-du-poids	pouce anglais.	
2	2	170	0,5	
		357	1	déchargée, reprend la ligne droite.
		442	1,5	déchargée, reprend la ligne droite à $\frac{1}{8}$ po. près.
		510	1,7	
		595		rompue.
2	2	170	0,5	
		344	1	comme ci-dessus.
		450	1,5	comme ci-dessus.
		510		rompue.
3	2	255	0,5	
		527	1	
		680		commence à rompre.
		850		rompue.
2	3	357	0,5	
		722	1	déchargée, reprend la ligne droite.
		1045	1,5	déchargée, reprend la ligne droite à $\frac{1}{15}$ po. près.
		1190	2	rompue.
4	2	340	0,5	
		654	1	
		1037	1,5	rompue.
2	3	1020		rompue.

(*a*) *The Edinburg philosophical journal*, tome XII, 1825

142. Les circonstances de la flexion et de la rupture des bois, telles que les allongemens et accourcissemens des fibres, et la situation de la fibre invariable, ont été étudiées dans des expériences faites par M. Ch. Dupin, mais qui n'ont pas encore été publiées. M. Barlow, dans l'ouvrage déjà cité, a donné quelques recherches sur cet objet. Elles apprennent que, quand un prisme en bois fléchit progressivement, les fibres situées sur la face concave s'accourcissent plus que les fibres situées sur la face convexe ne s'allongent. Le rapport de l'accourcissement des premières à l'allongement des secondes, égal à l'unité quand la flexion commence, croît progressivement jusqu'à devenir égal à 1,7 environ. La fibre invariable s'approche peu à peu de la face convexe. Dans les barreaux éprouvés par M. Barlow, elle a été observée communément, lors de la rupture, aux $\frac{5}{8}$ de la hauteur de la section, à compter de la face concave.

Ces effets sont mis en évidence par une expérience remarquable, imaginée par Duhamel. Elle consiste à scier transversalement une pièce de bois du côté de la face concave, et à remplir le trait de scie par une cale de bois dur. La force de la pièce augmente un peu quand le trait de scie pénètre jusqu'au $\frac{1}{3}$ de l'épaisseur; elle est la même quand il pénètre jusqu'à moitié environ, et elle est peu diminuée quand il pénètre aux $\frac{3}{4}$ de l'épaisseur. Cette expérience a été répétée par M. Barlow, avec les mêmes résultats.

Résistance du fer fondu à la rupture.

143. Le tableau suivant contient les expériences faites par M. Banks (*a*). Les barreaux avaient 1 pouce anglais d'équarrissage. Ils ont pris une flèche de 1 pouce environ lors de la rupture.

DISTANCE des appuis.	CHARGE au milieu qui rompt.	CHARGE moyenne.
pieds anglais.	livres-avoir-du poids.	livres-avoir-du poids.
3	756	756
3	756	
2,5	1008	1008
3	735,5	735,5
3	963	
3	958	972
3	994	
3	864	869
3	874	

Le résultat moyen de ces expériences donne pour la valeur de la constante R qui convient au fer fondu

$$R = 31\,810\,000_k,$$

le mètre et le kilogramme étant toujours les unités de longueur et de poids.

144. Résultats moyens des expériences faites au Creusot, par Ramus (*b*). Les barreaux ont $0^m,0812$ d'équar-

(*a*) *Treatise on the power of machines*, page 96.

(*b*) La Sidérotechnie, par M. Hassenfratz, tome I, page 47.

rissage. Ils sont encastrés à une extrémité. Le poids qui cause la rupture a un bras de levier de $2^m,11$.

FONTE MISE EN EXPÉRIENCE.	CHARGE qui rompt
	kilogrammes.
Fonte blanche du Creusot, 1re fusion.	586
Fonte grise du Creusot, 1re fusion.	895
Résultat moyen donné par des fontes grises de divers pays, 2e fusion.	873
Fonte grise du Creusot, 2e fusion.	911

On calcule la valeur de R résultant de ces observations, en observant que, P étant le poids placé à l'extrémité, Π le poids de la pièce, a le bras de levier du poids P, on a, d'après les nos 115, 121 et 124,

$$\left(P + \frac{\Pi}{2}\right) a = \rho = R\frac{bc^2}{6},$$

d'où

$$R = (2P + \Pi)\frac{3a}{bc^2},$$

Cette formule, appliquée au résultat moyen des expériences sur les fontes grises, donne

$$R = 22\,4600\,000^k;$$

mais cette valeur est un peu incertaine, parce que les expériences ne sont pas décrites avec assez de précision, pour que l'on soit assuré que la longueur du bras de levier est évaluée exactement, et parce qu'on néglige l'effet de la courbure de la pièce.

145. Résultats de diverses expériences faites à l'École des ponts et chaussées, et rapportées par M. Gauthey (*a*).

Équarrissage des pièces.	Intervalle des appuis.	Charge au milieu qui rompt.	Nombre proportionnel à la résistance.
mètre.	mètre.	kilogrammes.	
0,0271	0,122	3143	19,3
0,0271	0,244	1943	23,9
0,0541	0,244	9178	14,1
0,0541	0,353	5752	12,8
0,0541	0,244	13006	20,0
0,0541	0,487	7250	21,2

Les nombres de la dernière colonne, multipliés par 1 500,000, donneront les valeurs de la constante R ; la valeur moyenne déduite de ces expériences est

$$R = 28\,100\,000^{k}.$$

146. Expériences faites par M. Rondelet (*b*). Les barreaux ont un pouce d'équarrissage.

FONTE mise en expérience.	Distance des appuis.	Charge au milieu qui rompt.	Charge moyenne.	Flèche à l'instant de la rupture.
	pouces.	livres.	livres.	lignes.
Fonte grise.	42	450	450	6,25
Idem.		450		6,75
Fonte douce	42	650	656	15,75
Idem.		1062		14
Idem.		350		4,25
Idem.		561		10,5
Fonte grise.	21	540	795	1
Idem.		1050		2
Fonte douce	21	1650	1461	5,25
Idem.		1272		2

(*a*) Traité de la construction des ponts, tome II, page 150.
(*b*) Art de bâtir, tome IV, page 514.

On déduit du résultat moyen des expériences sur la fonte grise, pour la valeur qui convient à la constante R,

$$R = 17\,973\,000^k.$$

Le résultat moyen des expériences sur la fonte douce donne, pour la valeur de la même constante,

$$R = 29\,420\,000^k.$$

147. Expériences faites par M. G. Rennie (*a*), sur des barreaux de fer fondu posés horizontalement sur deux appuis, et chargés au milieu. L'aire de la section transversale de tous ces barreaux est un pouce quarré anglais, à l'exception des deux derniers.

INDICATION DES PIÈCES.	Poids des pièces.		Distance des appuis.		Poids produisant la rupture.
	liv.	onc.	pi.	po.	livres.
Barre d'un pouce quarré	10	9	3		897
Idem.	9	8	2	8	1086
Moitié de cette barre			1	4	2380
Barre d'un pouce quarré, posée diagonalement.	9	8	2	8	851
Moitié de cette barre			1	4	1587
Barre de 2 pouces de hauteur sur ½ po. de largeur.	9	5	2	8	2185
Moitié de cette barre.			1	4	4508
Barre de 3 pouces de hauteur sur ⅓ po. de largeur.	9	15	2	8	3588
Moitié de cette barre.			1	4	6854
Barre de 4 pouces de hauteur sur ¼ po. de largeur	9	7	2	8	3979
Prisme équilatéral, un angle en haut. .	9	11	2	8	1437
Idem, un angle en bas.	9	7	2	8	840
Moitié de la première barre.			1	4	3059
Moitié de la seconde.			1	4	1656
Barre profilée suivant la forme d'un ⊥, contenu dans un quarré de 2 pouces de côté.	10	0	2	8	3105
Barre profilée en demi-ellipse, contenue dans un rectangle de 4 po. de hauteur sur ¼ pouce de largeur	7	0	2	8	4000
Idem, profilée en demi-parabole, le sommet en bas.			2	8	3860

(*a*) *Philosophical transactions*, 1818; ou Annales de chimie et de physique, septembre 1818.

D'après d'autres expériences sur des barreaux encastrés horizontalement à une extrémité, et chargés à l'autre extrémité d'un poids suspendu à 2 pieds 8 pouces du point d'appui, la charge qui cause la rupture est pour une barre d'un pouce quarré. . . . 280 liv.-av.-du-poids.

une barre de 2 pouces sur $\frac{1}{2}$ pouce 539

Le résultat obtenu sur la barre à base quarrée posée diagonalement, est conforme au rapport indiqué n° 117. La valeur moyenne de la constante R donnée par les expériences sur des barres à base quarrée ou rectangulaire, est

$$R = 38\,580\,000^k.$$

148. Le tableau suivant contient les résultats de quelques nouvelles expériences, publiées par M. Tredgold sur des barres de fer fondu maintenues horizontalement par une extrémité, et chargées à l'autre extrémité (*a*). Les poids qui causaient la rupture avaient un bras de levier de 2 pieds anglais.

INDICATION DES PIÈCES.	LARGEUR des pièces.	ÉPAISSEUR des pièces.	CHARGE qui rompt.
	pouce.	pouce.	livres.
Vieux fer de Park.	1,3	0,65	184
Fer d'Adelphi.	1,3	0,65	173
Fer d'Alfreton.	1,3	0,65	153
Pièce provenant de vieilles fontes. . . .	1,3	0,65	168
Mélange de vieux fer de Park, et de bonne vieille fonte, en parties égales.	1,3	0,65	174
Mélange de fer avec un $\frac{1}{16}$ de cuivre. . .	1,25	0,675	194

Les cinq premières expériences donnent moyennement pour le fer fondu

$$R = 31\,740\,000^k.$$

(*a*) *Practical essay on the strength of cast iron*, 2e. édition, page 80 et suivantes.

149. Expériences de M. George Buchanan sur des barreaux de fer fondu posés horizontalement et chargés au milieu (*a*). La distance des supports était de 32 pouces anglais.

LARGEUR.	HAUTEUR.	CHARGE au milieu.	FLÈCHE de courbure.	
pouces anglais.	pouces anglais.	livres av.-du-poids.	pouces anglais.	
1	1	357	0.25	
		765	0,5	déchargée, revint à la ligne droite, à $\frac{1}{16}$ po. près.
		770		rompue.
2	1	714	0,25	
		1062	0,37	déchargée, revint à la ligne droite, à $\frac{1}{15}$ po. près.
		1530		rompue.

On peut juger, d'après ces résultats, que la résistance du fer fondu à la rupture est environ cinq fois plus grande que celle du bois de chêne.

On n'a pas d'expériences concluantes sur la résistance du fer forgé à la rupture produite par un effort exercé perpendiculairement à la longueur des pièces.

Notions sur les théories de la résistance à la rupture proposées par Galilée, et par Mariotte et Léibnitz.

150. La première consistait à placer l'axe horizontal d'équilibre au point inférieur de la section de rupture, (Fig. 11), et à considérer la force intérieure développée en chaque point de cette section comme constante pour tous les points. Nommant

(*a*) *The Edinburg philosophical journal*, tome 12, 1825.

R la résistance pour l'unité de surface;

b la largeur de la section;

$f_1 u, f_2 u$, les valeurs pm, pn de l'ordonnée du contour de la section qui répondent à une même abscisse u;

c la hauteur de la section;

on avait ainsi

$$\mathrm{R}\int_0^b du \int_{f_1 u}^{f_2 u} dv.\, v,$$

pour l'expression du moment de la résistance à la rupture. Cette expression, dans le cas où la section est un rectangle dont les côtés sont b, c, devient

$$\mathrm{R}\,\frac{bc^2}{2}.$$

La théorie attribuée communément à Mariotte et à Léibnitz consistait à placer également l'axe horizontal d'équilibre au point inférieur de la section, et à supposer la force intérieure développée en chaque point proportionnelle à la distance de ce point à l'axe d'équilibre. Le moment de la résistance à la rupture était alors

$$\frac{\mathrm{R}}{c}\int_0^b du \int_{f_1 u}^{f_2 u} dv.\, v^2.$$

Il devenait, dans le cas du rectangle,

$$\mathrm{R}\,\frac{bc^2}{3}$$

Remarque sur la théorie de la résistance à la rupture.

151. La théorie présentée dans les n°s 112 et suivans est fondée sur l'hypothèse que les fibres longitudinales, à l'instant de la rupture, offrent des résistances proportionnelles aux extensions et contractions de ces fibres, et

qui sont égales pour des extensions et contractions égales. La situation de l'axe d'équilibre contenant les fibres invariables est déterminée par la condition énoncée nos 77 et 78, en sorte que cet axe est au milieu de la hauteur de la section, quand la section peut être partagée dans sa hauteur en deux parties symétriques, comme cela a lieu pour le rectangle et le cercle.

Si cette hypothèse était exactement conforme aux effets naturels, les valeurs de la constante R déduites, au moyen des formules précédentes, des expériences sur la rupture rapportées dans les nos 94 et suivans, ne différeraient point des résultats obtenus par les expériences directes sur la rupture des corps produite par extension ou par écrasement. Lorsque cet accord n'a pas lieu, on doit l'attribuer à ce que les fibres des corps n'opposant pas, quand la rupture vient à s'opérer, des résistances égales à l'extension et à la compression, l'axe d'équilibre change de situation, en sorte que les expressions du moment de rupture ne s'accordent pas avec l'état du solide.

On doit remarquer toutefois, 1° que les principaux résultats obtenus précédemment n'en sont pas moins vrais; en sorte que les résistances des bases rectangulaires sont toujours proportionnelles à la largeur et au quarré de l'épaisseur, et que les résistances des bases de figures semblables le sont toujours au cube des dimensions homologues. Les rapports seuls des résistances pour les bases de diverses figures sont changés. 2° Dans les applications, on n'est point dans le cas de calculer les résistances respectives des corps en les considérant dans l'état qui précède la rupture : on les considère au contraire, comme on le verra dans la suite, lorsqu'ils n'ont pu prendre encore qu'une légère flexion, qui n'en a point altéré l'élasticité; et les résultats précédens conviennent alors sensiblement à la manière dont la résistance s'exerce.

De la rupture d'un solide prismatique d'une petite longueur.

152. Les notions précédentes, comme on l'a remarqué n° 79, ne peuvent être appliquées avec exactitude qu'autant que la longueur du solide prismatique est beaucoup plus grande que les dimensions de sa section transversale. C'est effectivement ce qui a lieu dans les cas qui se présentent le plus fréquemment dans les constructions et dont la considération est le plus importante. A l'égard des cas où la longueur du solide surpasse peu les dimensions de la section transversale, ou même est plus petite que ces dimensions, comme ils n'ont pas été suffisamment étudiés par l'expérience, on se bornera à présenter à ce sujet quelques aperçus.

Considérons le solide AM (Fig. 9) encastré horizontalement à une extrémité, et supposons d'abord que le fil auquel est suspendu le poids P soit placé dans le plan de la section A, c'est-à-dire contre la face verticale du corps dans lequel l'extrémité du solide AM est encastrée. L'action du poids P ne tendra pas alors à faire fléchir la portion AM du solide; mais elle tendra à séparer cette portion de celle qui est encastrée, et avant que cette séparation ne s'opère les fibres qui unissent les parties prêtes à se disjoindre se seront alongées d'une certaine quantité. Il est naturel d'admettre que l'effort nécessaire pour produire cet alongement est proportionnel 1° à l'aire de la section transversale du solide, 2° à la grandeur de l'alongement dont il s'agit. Par conséquent, si la section tranversale est un rectangle dont b représente le côté horizontal et c le côté vertical; et si nous désignons par

δ l'alongement dans le sens vertical (supposé très-petit) des parties du solide placées dans la section transversale A;

D un coefficient constant spécifique représentant la résistance du corps à un glissement d'une partie sur l'autre dans le plan de la section transversale;

l'effort dont il s'agit sera représenté par $D\delta.bc$. Nous écrirons donc ici pour équation d'équilibre

$$P=D\delta.bc;$$

et nous concevrons que la rupture aura lieu lorsque l'alongement δ aura pris une valeur telle qu'il entraîne la disjonction des deux parties du corps. Le poids qui causerait la rupture serait donc proportionnel à l'aire de la section transversale.

153. Revenons maintenant à la considération du solide dont la partie à gauche du point A est encastrée fixement, mais dont la partie à droite de ce point est libre, et sollicitée à son extrémité M par le poids P. D'après les remarques faites dans le n° 77, l'équilibre de la partie AM exige que les forces intérieures développées dans la section transversale A par l'action du poids P aient des composantes verticales dont la somme soit égale à ce poids; et il faut de plus que les composantes horizontales de ces mêmes forces fassent équilibre au poids P autour de l'axe horizontal correspondant aux fibres dont la longueur ne varie pas. Nous avons considéré jusqu'ici ce dernier équilibre seul : mais dans le cas dont il s'agit il devient nécessaire de considérer également l'équilibre des forces verticales. Supposant donc ces forces verticales développées dans la section d'une manière conforme à ce qui a été expliqué ci-dessus (ce

qui ne peut être bien éloigné de la vérité, surtout lorsque la longueur du solide est fort petite), nous écrirons d'abord l'équation

$$P = D\delta . bc.$$

Et quant à l'équilibre de rotation, si nous représentons par ρ le rayon du cercle osculateur de la courbe affectée par l'axe longitudinal du solide au point A, nous aurons, conformément à ce qu'on a vu dans l'article précédent, pour exprimer cet équilibre, l'équation

$$P\,a = \frac{E}{\rho}\,\frac{bc^3}{12},$$

a désignant toujours la longueur AM, et E ayant la signification indiquée n° 77.

Lorsque le solide supportera sans rompre l'action du poids P, nous regarderons l'équilibre qui s'établit dans la section transversale A comme étant exprimé par ces deux équations. Si la longueur du solide était presque nulle, on considérerait seulement la première. Si cette longueur était fort grande, on considérerait seulement la seconde. Dans les cas intermédiaires on les considérera toutes deux, et elles donneront respectivement les valeurs des quantités δ et ρ exprimant respectivement le degré d'alongement des parties dans le sens vertical, et le degré de flexion qui ont lieu au point d'encastrement A.

154. A l'égard de la rupture on remarquera que, conformément aux notions présentées dans le n° 112, nous la regardons comme étant déterminée par un certain degré d'extension acquis par les parties du corps qui se trouvent le plus fortement tendues. Or il est visible qu'en supposant ici l'état d'équilibre de la section A conforme aux notions précédentes, les parties placées à la face supérieure du solide dans cette section se seront allongées par

l'effet de l'abaissement vertical de la partie AM et de la flexion de cette partie, d'une fraction de leur longueur x primée par

$$\sqrt{\delta^2+\left(\frac{1}{\rho}\frac{c}{2}\right)^2};$$

ou en mettant pour δ et ω leurs valeurs tirées des équations précédentes,

$$\frac{P}{bc}\sqrt{\frac{1}{D^2}+\frac{36\,a^2}{E^2\,c^2}}.$$

Or la grandeur de cet allongement étant le terme qui détermine la rupture, il s'en suit que le poids qui peut rompre le solide est proportionnel à l'expression

$$\frac{bc}{\sqrt{\frac{1}{D^2}+\frac{36\,a^2}{E^2\,c^2}}}.$$

Cette formule satisfait aux cas extrêmes : si la longueur du solide est fort petite, on négligera le terme affecté du rapport $\frac{a^2}{c^2}$, et la résistance à la rupture sera proportionnelle à bc; si cette longueur est fort grande par rapport à la hauteur c, on négligera au contraire le terme $\frac{1}{D^2}$, et la résistance sera proportionnelle à $\frac{bc^2}{a}$, comme l'indique dans ce cas l'expérience. Il est vraisemblable que, dans les cas intermédiaires, la formule dont il s'agit s'éloignera peu des effets naturels, lorsqu'on déterminera les coefficiens constans $\frac{1}{D^2}$ et $\frac{36}{E^2}$ de manière à satisfaire à des résultats obtenus directement par l'expérience.

155. Lorsqu'au lieu d'une pièce encastrée par une extrémité on considérera une pièce posée horizontalement sur deux appuis et chargée au milieu (Fig. 10), les mêmes considérations pourront être appliquées, en

concevant que a désigne la moitié de la distance des appuis, et P la moitié du poids placé au milieu de la pièce.

ARTICLE V.

De la résistance d'un corps prismatique a la torsion.

156. On peut essayer de former la théorie de ce genre de résistance au moyen de considérations analogues à celles qui ont été employées pour la résistance à la flexion.

Soit (Fig. 12) un solide prismatique encastré horizontalement à l'une des extrémités. Supposons qu'une force P agisse à l'autre extrémité avec le bras de levier Bc pour tordre le solide *autour de l'axe* Cc; imaginons que par l'effet de la torsion, un diamètre bb de la section extrême, sur laquelle agit la force P, se soit transporté en $b'b'$. Le diamètre correspondant AA de l'extrémité encastrée n'aura subi aucun déplacement; et on doit concevoir que tous les diamètres des sections intermédiaires, tels que dd, se sont déplacés proportionnellement à leur distance Ce de l'extrémité encastrée. Par l'effet de ces déplacemens, les molécules qui, dans deux sections transversales consécutives, étaient avant la torsion vis-à-vis les unes des autres, ont été éloignées l'une de l'autre d'une quantité proportionnelle, 1° à la distance de ces molécules à l'axe Cc; 2° à la différence des angles parcourus par chaque diamètre dans deux sections transversales consécutives, différence proportionnelle à l'angle bcb', et réciproque à la longueur Cc du solide. On peut supposer, la torsion étant censée très-petite, que les résistances naissant des déplacemens relatifs sont proportionnelles à ces déplacemens. Le moment de la résistance qui a lieu dans une section quelconque du solide, doit d'ailleurs être égal au moment du poids P. Considérons une section transversale quelconque, et nommons

a la longueur du solide, depuis la section fixe AA jusqu'à la section bb où agit la force P;

θ l'angle bcb' décrit par les diamètres de cette section extrême, angle qui est supposé fort petit;

r la distance d'un point quelconque d'une section transversale au centre e de cette section;

φ l'angle de la ligne r avec un diamètre de la même section;

$r = f(\varphi)$ l'équation de la courbe qui forme le contour de la section;

R le bras de levier Bc avec lequel la force P agit pour produire la torsion;

G un poids constant pour chaque espèce de corps, représentant la résistance spécifique à la torsion.

L'élément de l'aire de la section transversale placé à l'extrémité du rayon r étant $d\varphi dr.\,r$, on aura

$$G\frac{\theta}{c}\,d\varphi\;dr.\,r^2$$

pour la résistance provenant de la torsion qui a lieu dans cet élément; et pour exprimer l'équilibre entre le moment de la force P, et la somme des momens des résistances semblables,

$$PR = \frac{G\theta}{a}\int_0^{2\pi} d\varphi \int_0^{f(\varphi)} dr.\,r^3,$$

ou

$$PR = \frac{G\theta}{a}\int_0^{2\pi} d\varphi.\tfrac{1}{4}\,[f(\varphi)]^4.$$

157. La section transversale étant un cercle dont r est le rayon, on a $f(\varphi) = r$, et la formule précédente donne

$$PR = \frac{G\theta}{a}.\,2\pi\,\frac{r^4}{4} = G\,\frac{\pi r^4\theta}{2a},\ \text{d'où}\ \theta = \frac{P}{G}.\frac{2aR}{\pi r^4}.$$

158. La section transversale étant un quarré dont le côté est b (Fig. 13), on doit chercher à part l'expression de la résistance à la torsion de l'un des huit triangles égaux à ABC. L'équation de AB est $r = \frac{b}{2\cos.\varphi}$. On a d'ailleurs

$$\int d\varphi \frac{1}{\cos.^4\varphi} = \frac{1}{3}.\frac{\sin.\varphi}{\cos.^3\varphi} + \frac{2}{3}.\frac{\sin.\varphi}{\cos.\varphi}.$$

et par conséquent

$$\int_0^{\frac{\pi}{4}} d\varphi \frac{1}{\cos.^4\varphi} = \frac{4}{3}.$$

Ainsi le moment de la résistance du triangle ABC est

$$\frac{G\theta}{a}.\frac{b^4}{4.16}.\frac{4}{3},$$

et par conséquent l'on a pour le moment de la résistance du quarré

$$PR = G\frac{b^4.\theta}{6a},$$

d'où

$$\theta = \frac{P}{G}.\frac{6aR}{b^4}.$$

Le moment de la résistance du quarré est à celui du cercle inscrit dans le rapport de 1 à $\frac{3\pi}{16}$.

159. Quant au cas d'une section rectangulaire, des recherches fondées sur des notions que nous ne pouvons exposer ont montré que l'hypothèse précédente, qui consiste à supposer les résistances qui ont lieu dans chaque élément de la section transversale proportionnelles aux distances de ces élémens au centre de cette section, n'était pas ici exactement conforme aux effets naturels. On doit employer dans ce cas une méthode plus exacte, d'a-

près laquelle on trouve pour l'expression du moment de résistance à la torsion d'une pièce rectangulaire homogène dont b, c représentent la largeur et l'épaisseur (a),

$$PR = G \frac{b^3 c^3 . \theta}{3(b^2+c^2)a};$$

d'où

$$\theta = \frac{P}{G} . \frac{3(b^2+c^2)aR}{b^3 c^3}.$$

(a) Cette expression a été donnée par M. Cauchy, Exercices de mathématiques, 4e année, page 59.

Les équations différentielles qui expriment les conditions de l'équilibre et du mouvement des corps solides, et qui sont la base des recherches dont il s'agit, ont été données en premier lieu par l'auteur, pour le cas d'un corps homogène, dans un mémoire présenté en 1821 à l'Académie des sciences, et imprimé dans le tome 7e de ses Mémoires. Cette matière a été depuis le sujet de recherches très-étendues, qui sont contenues principalement dans un mémoire de MM. Lamé et Clapeyron, présenté à l'Académie des sciences en 1828, et imprimé dans le journal de mathématiques de M. Crelle, dans un mémoire de M. Poisson imprimé dans le tome 8e des Mémoires de l'Académie, et dans les Exercices de mathématiques de M. Cauchy.

Nous remarquerons que toutes les formules présentées dans les articles précédens sont conformes aux résultats qui ont été obtenus au moyen de ces recherches nouvelles. Les corps étant homogènes, et l'effort dû à la pression atmosphérique pouvant être négligé par rapport aux efforts auxquels ces corps sont exposés, on trouvera pour la constante désignée dans le n° 77 par E la même valeur numérique, soit que l'on cherche à la déterminer par des expériences directes faites en tirant une pièce prismatique dans le sens de sa longueur (auquel cas on a $E = \frac{P\delta}{\Omega}$, P désignant le poids qui tend la pièce, Ω l'aire de la section transversale, δ l'allongement divisé par la longueur primitive); soit qu'on détermine cette constante E en faisant fléchir transversalement une pièce rectangulaire ou

160. Les résultats des n^{os} précédens serviront à calculer l'angle de torsion affecté par un corps prismatique sous un effort donné, lorsque la valeur de la constante G aura été déterminée par des expériences préliminaires. Ces expériences consistent à observer simultanément l'angle de torsion d'un corps, le poids qui produit la torsion, et le bras de levier au bout duquel agit ce poids. La valeur de G se calcule par les formules des n°s 156 et suivans (a), qui donnent, si le corps est rond,

$$G = P \frac{2aR}{\pi r^4 . \theta};$$

si le corps est quarré,

$$G = P \frac{6aR}{b^4 . \theta};$$

et s'il est rectangulaire,

$$G = P \frac{3(b^2 + c^2) a R}{b^3 c^3 . \theta}.$$

---

circulaire, conformément à ce qui a été dit dans les n°s 91 et suivans.

Quant à la constante G qui entre dans les formules relatives à la torsion, elle est (en supposant toujours les corps homogènes et négligeant l'effet de la pression atmosphérique qui s'exerce à leur surface) liée à la constante E par la relation $G = \frac{2E}{5}$.

(a) Il est sans doute superflu de remarquer que, dans toutes ces formules, on doit mettre pour θ le nombre exprimant la longueur de l'arc correspondant à l'angle de torsion dans le cercle dont le rayon est l'unité. Par conséquent si l'angle dont il s'agit est exprimé en degrés, il faut multiplier le nombre de degrés par $\frac{\pi}{180}$ lorsque ce sont des degrés sexagésimaux; et par $\frac{\pi}{200}$ lorsque ce sont des degrés centésimaux.

Résistance du fer forgé à la torsion.

161. Le tableau suivant contient les résultats des expériences faites par M. Duleau, sur la résistance du fer forgé à la torsion (*a*). Le poids qui produit la torsion est 10 kilogrammes, et le bras de levier de ce poids est $0^m,32$.

DÉSIGNATION DES FERS.	LONGUEUR.	GROSSEUR.	ANGLE de torsion.	NOMBRES proportionnels à la résistance.
	mètre.	mètre. diamètre.	degrés sexag.	
Fer rond du Périgord. . .	2,81	0,0142	13,4	12,57
Idem.	3,17	0,0197	6	11,47
Fer rond anglais, marqué *Dowlais*.	2,40	0,0198	4	12,41
Fer rond de l'Ariège. . .	3,57	0,0215	4,8	11,16
Idem.	2,89	0,0215	4,5	9,6
Fer rond du Périgord. . .	3,19	0,0221	3,32	11,99
Idem.	2,89	0,0230	3	10,96
Fer rond anglais.	3,24	0,0235	2,34	14,48
Fer rond du Périgord. . .	2,94	0,0265	1,82	10,48
Idem.	3,35	0,0267	1,87	11,23
Idem.	2,92	0,0357	0,625	9,19
Fer rond de l'Ariège. . .	2,77	0,0268	1,65	10,39
		côtés.		
Fer quarré anglais, marqué C 2.	4,12	0,0200	6,5	17,46
Idem.	2,52	0,0200	4	17,36
Fer quarré du Périgord. .	2,52	0,0204	3,08	15,27
Idem.	3,39	0,0326	0,62	15,40
Fer plat anglais.	2,91	{ 0,0340 0,0086 }	11,4	
Idem.	1,55	{ 0,0340 0,0086 }	5,62	
Fer plat du Périgord. . .	2,91	{ 0,0340 0,0105 }	7,2	
Fer plat anglais, marqué B.	1,45	{ 0,0678 0,0147 }	0,85	

Les nombres de la dernière colonne, déduits des expériences sur les fers ronds, étant multipliés par

(*a*) Essai théorique et expérimental sur la résistance du fer forgé, page 49.

583 600 000, donneront les valeurs de la constante G fournies par chaque expérience, le mètre et le kilogramme étant les unités de longueur et de poids. La valeur moyenne de ces nombres est 11,33: et la valeur correspondante de G est

$$G = 6\,612\,300\,000^k.$$

Les nombres de la dernière colonne, déduits des expériences sur les fers quarrés, doivent être multipliés par 343 770 000 pour donner les valeurs de G. La valeur moyenne de ces nombres est 16,03, et la valeur correspondante de G est

$$G = 5\,510\,600\,000^k.$$

La différence des deux résultats tient sans doute en grande partie à la diversité des qualités des fers (*a*).

Résistance de diverses substances à la torsion.

162. Expériences sur la résistance que diverses substances opposent à la torsion, faites par M. Savart (*b*). Les efforts qui opéraient la torsion, dont les valeurs sont données ci-dessous, étaient toujours exercés à une distance de l'axe de la pièce égale à 0^m, 111. L'arc de cercle sur lequel les angles de torsion étaient mesurés était di-

(*a*) D'après ce qui a été dit à la fin de la note (*a*), page 102, en adoptant pour la constante E la valeur 20 000 000 000^k (conformément au n° 102), la valeur de la constante G devrait être les $\frac{2}{5}$ de ce nombre, ou 8 000 000 000^k. Ce résultat est d'ailleurs fondé sur la supposition de l'homogénéité du fer, c'est-à-dire d'une résistance égale dans tous les sens. Les expériences de M. Duleau sur la torsion conduisent à attribuer à la constante G une moindre valeur : nous ne déciderons point si cette discordance doit être atribuée aux différences de qualité des fers, au défaut d'homogénéité, ou à la manière dont les observations ont été faites.

(*b*) Annales de chimie et de physique, août 1829.

visé en degrés décimaux, en sorte que la torsion de 1° répond à un arc égal à $\frac{3,1416}{200}$.

Les expériences ayant montré 1° que les arcs de torsion étaient exactement proportionnels aux efforts exercés (dans des limites telles que la pièce revînt à sa figure primitive quand l'action avait cessé); 2° que les arcs de torsion étaient, à effort égal, exactement proportionnels aux longueurs des pièces, on n'a rapporté ici que les résultats moyens des observations destinées à vérifier ces deux propositions.

SUBSTANCES.	SECTION TRANSVERSALE	LONGUEUR des pièces.	EFFORT produisant une torsion de 1°.
	Les dimensions sont exprimées en millimètres.	mètre.	kilogramme.
Plâtre.	Rectangle. . . . . 27,1 sur 6,98	0,3743	0,120
	17,21 sur 5,19		0,0303
Chêne.	Rectangle. . . . . 46,63 sur 10,59	0.5235	0,355
	23,32 sur 5,295		0,022
	96 sur 5,37	0,5764	0,105
	96 sur 2,54		0,0114
	96 sur 1,7		0,00393
Acier fondu, tiré à la filière.	Quarré. . . . . . 5,72 de côté. . .	1,0000	0,1584
Cuivre laminé,	Rectangle. . . . . 51,87 sur 1,17	0,2194	0,098
tiré à la filière.	Cercle. Diamètre. 2,4	0,649	0,00297
	4,58		0,04117
	6,91		0,207
	9,04		0,58[illegible]
	Quarré, côté. . . 4,68.	0,649	0,0595
	5,66.		0,1275
	9,18.		0,880
	5,66.	0,6567	0,126
	Triangle équilatéral, côté. . . . 4,35	0,6383	0,00835
	. . . 7,8		0,086
	. . . 8,8		0,1415
Laiton,	Cercle, diamètre. 6,72	0,649	0,160
tiré à la filière.	Rectangle. . . . . 3,56 sur 9,2	0,997	0,0555
	Quarré, côté. . . 5,72.	1,302	0,101
Verre à vitre.	Rectangle. . . . . 54,4 sur 1,516	0,63	0,07
		0,315	0,140
	Rectangle. . . . . 25,46 sur 1,516	0,315	0,034

La première observation sur l'acier donne pour la constante G la valeur $G = 6\,273\,400\,000^k$, et la seconde la valeur $G = 5\,490\,000\,000^k$. Ces expériences confirment d'ailleurs l'exactitude des formules données nos 157 et suivans.

163. On trouve encore quelques expériences sur la torsion publiées par M. Bevan dans les *Philosophical transactions*, 1829, 1re partie.

ARTICLE VI.

De la résistance d'un corps prismatique a la rupture causée par la torsion.

164. La torsion d'un solide en cause la rupture quand les molécules qui se trouvent le plus éloignées les unes des autres ne peuvent l'être davantage sans se désunir. En supposant qu'à l'instant où la rupture a lieu, les résistances des élémens du solide ont encore entre elles les rapports admis dans le n° 156, on formera comme il suit l'expression du moment de la résistance à la rupture. Conservant les dénominations du n° 156, et appelant

r' la plus grande valeur de r dans la section transversale du solide;

T un poids exprimant la résistance à la torsion, rapportée à l'unité de surface, à l'instant où la rupture a lieu;

$\frac{Tr}{r'}$ sera la résistance à la torsion, à l'instant de la rupture, pour les points des sections transversales situés à la distance r de l'axe du solide. On aura

$$\frac{T}{r'}\,d\varphi\,.\,dr\,.\,r^3$$

pour la résistance d'un élément de la section transversale; et pour l'équation d'équilibre,

$$PR = \frac{T}{r'} \int_0^{2\pi} d\varphi \int_0^{f(\varphi)} dr . r^3 = \frac{T}{r'} \int_0^{2\pi} d\varphi . \tfrac{1}{4} [f(\varphi)]^4.$$

En comparant cette expression de PR à celle du n° 156, on reconnaît que les valeurs du moment de la résistance à la rupture se déduiront des valeurs trouvées dans les n°s 157 et suivans, en écrivant T au lieu de $\frac{G\theta}{a}$, et divisant par r'.

165. Quand la section transversale est un cercle, la valeur du moment de la résistance à la rupture est donc

$$PR = T\frac{\pi r^3}{2}.$$

166. Quand la section transversale est un quarré, b étant le côté, $r' = \frac{b}{\sqrt{2}}$; la même valeur est

$$PR = T\frac{b^3}{3\sqrt{2}}.$$

Les momens des résistances, pour le quarré et le cercle qui lui est inscrit, sont dans le rapport de 1 à $\frac{3\pi}{8\sqrt{2}}$.

167. A l'égard d'une section rectangulaire, il résulte des recherches dont il a été question n° 159 qu'en désignant par b et c les côtés de la section, on a pour l'expression du moment qui cause la rupture par torsion (*a*)

$$PR = T\frac{b^2 c^2}{3\sqrt{b^2 + c^2}}.$$

(*a*) Cette formule n'a pas été donnée par M. Cauchy, mais on peut la déduire de l'analyse qu'il a employée pour traiter le cas d'une verge rectangulaire sollicitée à se tordre. Les formules que

168. La longueur d'un solide entre les deux extrémités n'influe point sur la résistance à la rupture causée par la torsion; seulement, plus le solide est long, et plus l'angle dont on l'aura tordu pour le rompre sera grand. Les formules précédentes serviront à calculer les efforts nécessaires pour opérer la rupture d'un solide prismatique, lorsque la valeur de la constante T aura été déterminée par l'observation. Cette valeur se conclura des données de chaque expérience, si le corps est rond, par la formule

$$T = P\frac{2R}{\pi r^3},$$

P représentant le poids qui opère la torsion, R le bras de levier de ce poids, et r le rayon du cylindre tordu; et si le corps est quarré ou rectangulaire, par les formules

$$T = P\frac{6R}{\sqrt{2}.b^3}, \text{ ou } T = P\frac{3R\sqrt{b^2+c^2}}{b^2c^2},$$

---

l'on présente ici pour le cas d'une pièce à base circulaire et quarrée sont entièrement exactes.

Nous concevons dans tous les cas la rupture déterminée parce qu'un élément linéaire du corps a reçu un degré d'extension ou de compression plus grand que la nature du corps ne le comporte, et par suite duquel il y a disjonction ou écrasement. D'après cette notion, et en supposant toujours les corps homogènes et résistant également dans tous les sens, il existe nécessairement une relation déterminée entre la constante désignée ici par T et la constante désignée par R dans les n°s 113 et suivans; cette relation est $T = \frac{4R}{5}$. Mais on ne peut s'attendre à ce que les relations de cette nature soit toujours vérifiées par les expériences, soit à raison du défaut d'homogénéité des corps, soit parce qu'à l'instant de la rupture les actions intérieures ne sont pas telles qu'on l'a supposé dans les solutions analytiques, solutions qui sont essentiellement fondées sur la supposition que le changement de figure est très-petit.

b et c étant les côtés de la section transversale. On va exposer les expériences dont la valeur de la constante T peut être déduite.

Résistance du fer fondu à la rupture causée par la torsion.

169. D'après un résultat rapporté par M. Banks, comme offrant une moyenne entre plusieurs expériences (*a*); une barre de fer fondu, de 1 pouce anglais d'équarrissage, est rompue par un poids de 631 livres avoir-du-poids, dont le bras de levier est de 2 pieds anglais.

La valeur de T conclue de ce résultat par la seconde des deux formules du n° précédent est

$$T = 45\,060\,000^{k},$$

le mètre et le kilogramme étant les unités de longueur et de poids.

170. Le tableau suivant contient les résultats des expériences faites par M. Dunlop, à Glasgow (*b*), sur des barres cylindriques. Les poids agissaient avec un bras de levier de 14 pieds 2 pouces anglais.

Longueur des pièces.	Diamètre.	Poids produisant la rupture.
pouces angl.	pouces angl.	livres avoir-du-poids.
2 ¼	2	250
3 ¾	2 ¼	384
3	2 ½	408
3	2 ¾	700
4	3 ¼	1170
5	3 ½	1240
5	3 ¾	1662
5	4	1938
6	4 ¼	2158

(*a*) *On the power of machines.*

(*b*) *D*r *Thomson's annals of philosophy*, tome XIII, page 200.

La valeur moyenne de T, conclue des données de ces expériences, est

$$T = 20\,305\,000^k.$$

171. On trouvera dans le tableau suivant les résultats des expériences sur la torsion du fer fondu et de divers autres métaux, faites par M. G. Rennie (*a*). Les poids agissaient à l'extrémité d'un bras de levier de 2 pieds anglais.

INDICATION des corps SOUMIS A LA TORSION.	LONGUEUR des pièces.	ÉQUARRISSAGE.	POIDS MOYEN produisant la rupture.	
	pouces anglais.	pouces anglais.	livres avoir-du-poids. livres.	onces.
Fer coulé horizontalement. . .	0	$\frac{1}{4}$	9	15
Fer coulé verticalement. . . .		$\frac{1}{4}$	10	10
Fer coulé horizontalement. . .	$\frac{1}{2}$	$\frac{1}{4}$	7	3
Idem.	$\frac{3}{4}$	$\frac{1}{4}$	8	1
Idem.	1	$\frac{1}{4}$	8	8
Fer coulé verticalement. . . .	$\frac{1}{2}$	$\frac{1}{4}$	10	1
Idem.	$\frac{3}{4}$	$\frac{1}{4}$	8	9
Idem.	1	$\frac{1}{4}$	8	5
Idem.	6	$\frac{1}{4}$	9	12
Fer coulé horizontalement. . .	0	$\frac{1}{2}$	93	12
Idem.	0	$\frac{1}{2}$	74	0
Idem.	10	$\frac{1}{2}$	52	0
Acier.	0	$\frac{1}{4}$	17	1
Fer forgé d'Angleterre.	0	$\frac{1}{4}$	10	2
Fer forgé de Suède	0	$\frac{1}{4}$	9	8
Métal de canon dur	0	$\frac{1}{4}$	5	0
Fonte jaune fine	0	$\frac{1}{4}$	4	11
Cuivre coulé	0	$\frac{1}{4}$	4	5
Étain.	0	$\frac{1}{4}$	1	7
Plomb	0	$\frac{1}{4}$	1	0

Le résultat moyen des expériences sur le fer fondu donne pour la valeur de la constante T,

$$T = 41\,360\,000.$$

(*a*) *Philosophical transactions*, 1818; ou Annales de chimie et de physique, septembre 1818.

172. Le tableau suivant contient les résultats des expériences faites par MM. Bramah, sur des barreaux quarrés de fer fondu, encastrés fixement à une extrémité, et tordus par des poids agissant avec un bras de levier de 3 pieds anglais (*a*).

INDICATION DES PIÈCES.	LONGUEUR des pièces.	GROSSEUR des pièces.	POIDS produisant la rupture.
	pieds.	pouce.	livres.
1. Fonte alliée à $\frac{1}{16}$ de cuivre	1	1 $\frac{1}{16}$	215
2. *Idem*	2	1 $\frac{1}{16}$	213
3. Mélange d'égales parties de vieux fer d'Adelphi et d'Alfreton	1	1 $\frac{1}{16}$	330
4. *Idem*	1	1 $\frac{1}{16}$	310
5. *Idem* (la rupture a été causée par le glissement d'un poids)	2	1 $\frac{1}{16}$	280
6. Fer fondu.	1	1	238
7. *Idem*	2	1	218

La valeur moyenne de la constante T, donnée par les expériences 3, 4, 6 et 7, est $T = 25\,860\,000^k$.

ARTICLE VII.

DES PLUS GRANDS EFFORTS AUXQUELS LES MATÉRIAUX EMPLOYÉS DANS LES CONSTRUCTIONS PEUVENT ÊTRE EXPOSÉS AVEC SÉCURITÉ.

173. Les notions présentées dans les articles précédens font connaître les lois de la flexion et de la rupture des corps, c'est-à-dire les degrés de courbure et de torsion qu'un solide prismatique affecte sous un effort donné, et l'effort nécessaire pour rompre ce solide. Ces notions ne suffisent point pour mettre à même de régler les dimensions des pièces employées dans les constructions. Il faut

(*a*) *Practical Essay on the strength of cast iron*, page 97.

en effet que l'on puisse être assuré, non-seulement que les forces agissant sur chaque pièce n'en causeront point immédiatement la rupture; mais même que l'action permanente, ou fréquemment répétée, de ces forces, ne produira point dans les parties des édifices des altérations qui puissent faire avec le temps des progrès, et en amener la destruction. On doit, autant qu'il est possible, disposer les constructions de manière à n'y laisser d'autres causes de dépérissement que celles qui dépendent des altérations chimiques des corps, et s'efforcer de prévenir ces altérations par des procédés de conservation et d'entretien. Les déterminations dont il s'agit ne peuvent pas présenter une aussi grande précision que celles dont on s'est occupé précédemment. Nous allons exposer les principaux résultats que l'expérience a fournis sur ce sujet.

De la pierre exposée à l'écrasement.

174. Les petits cubes de pierre soumis à l'expérience commencent à se fendiller sous des poids qui surpassent un peu la moitié de ceux qui sont marqués dans les tables comme ayant produit l'écrasement. Cet écrasement peut d'ailleurs être produit par une force moindre, lorsque l'action de cette force s'exerce pendant long-temps(*a*). Nous insérons ici l'indication donnée par M. Rondelet (*b*) des pressions exercées sur une surface de 25 centimètres quarrés, dans les constructions regardées comme les plus hardies.

(*a*) M. Rondelet, Art de bâtir, tome III, page 101.

(*b*) Art de bâtir, tome III, page 74.

Piliers du dôme de Saint-Pierre de Rome. . . . 409 kil.
Piliers du dôme de Saint-Paul de Londres . . . 484
Piliers du dôme des Invalides. 369
Piliers du dôme de Saint-Geneviève 736
Colonnes de Saint-Paul hors des murs, à Rome. 494
Piliers de la tour de l'église de Saint-Méry. . . 735
Colonnes de l'église de Toussaint d'Angers (*a*). 1107

175. D'après M. Perronet (*b*), les assises supérieures des piles du pont de Neuilly sont chargées d'un poids d'environ 20000 livres par pied quarré; et, suivant les expériences faites par Soufflot, le poids nécessaire pour écraser la pierre serait de 240 000 livres par pied quarré.

176. D'après MM. Telford et Nimmo (*c*), la pierre porte de 250 000 à 850 000 livres avoir-du-poids par pied quarré anglais, et la brique 300 000 livres. On leur fait porter dans les constructions le $\frac{1}{6}$, et au delà. Le pilier du centre de la salle du chapitre, à Elgin, fait avec un grès rouge, est chargé de plus de 40 000 livres par pied quarré, et a supporté en outre, pendant plusieurs siècles, un pesant comble couvert en plomb. La pression des voussoirs d'une arche peut être portée avec sécurité à 50 000 livres par pied quarré (610 kil. pour une surface de 25 centimètres quarrés).

177. Les piliers qui soutiennent les chaînes du pont suspendu d'Argentat, construit en maçonnerie de moellon

---

(*a*) Elles sont construites avec une pierre calcaire d'un gris roussâtre, coquilleuse et très-dure. Un cube de 5 centimètres de côté s'écrase sous 10940 kil.

(*b*) Mémoire sur la réduction de l'épaisseur des piles. Mémoires de l'Académie des sciences, 1777.

(*c*) *The Edinburgh cyclopœdia*, art. *Bridge*.

de schiste d'une dureté moyenne, ont été chargés lors de l'épreuve du pont de 4kil.,5 par centimètre quarré. La charge permanente est 3kil.,78 (*a*).

178. D'après l'expérience des constructions, on ne doit pas exposer les pierres à une pression surpassant le $\frac{1}{10}$ de celle qui produit l'écrasement dans les essais faits sur de petits cubes. Cette détermination ne donnerait même une entière sécurité, qu'autant que les pierres seraient taillées et posées de manière à être pressées bien également sur toute la surface des joints, et si, d'après leur qualité, elles n'étaient pas sujettes à se fendre et à s'éclater. Autrement il faudrait que l'effort fût moins considérable.

La charge doit être moindre encore lorsqu'il s'agit de colonnes ou de piliers, dont la hauteur est grande par rapport aux dimensions transversales, et qui sont exposés à de légers déversemens dont l'effet est de porter l'action de cette charge sur les arêtes des paremens. Voyez à ce sujet les expériences rapportées n° 8.

Du bois exposé à l'écrasement et à l'extension.

179. D'après les expériences rapportées nos 12 et 13, 30 et 31, les résistances opposées à l'écrasement et à l'extension par les fibres du bois sont très-différentes, la première n'étant pas la moitié de la seconde. Cette circonstance s'accorde avec la remarque du n° 142. La résistance à l'écrasement peut être évaluée à environ 4kil. pour chaque millimètre quarré de la section transversale, pour le bois de chêne ou de sapin; et la force de cohésion à environ

---

(*a*) Description du pont suspendu d'Argentat, par M. Vicat, page 9.

8 kil. On ne doit point exposer les pièces employées dans les constructions à des pressions qui surpassent le $\frac{1}{10}$ de celles qui causeraient l'écrasement. Cette règle peut servir à déterminer les dimensions et l'espacement des pieux de fondation : elle s'accorde avec les indications données par M. Perronet (*a*), et fondées sur l'expérience.

180. Dans le pont à arches en bois sur piles en pierre construit à Ivry sur la Seine, par M. Emmery (*b*), aussi-bien que dans les ponts du même genre construits par l'auteur à Asnière et à Argenteuil, les pièces courbes formant la partie principale des fermes supportent près des naissances, par l'effet seul du poids de la construction, une pression de $0^k,1$ sur chaque millimètre quarré de la section transversale. Comme on sait que ces ponts s'affaissent généralement avant que les bois ne soient entièrement déteriorés, il ne conviendrait pas d'exposer les pièces dont il s'agit à une charge plus grande.

Une surcharge accidentelle de 200^k par mètre quarré de la surface du plancher augmente la pression qui vient d'être indiquée de moitié en sus environ.

Du bois exposé à la flexion transversale.

181. La limite de la charge à laquelle une pièce peut être exposée doit être déterminée par la condition que la flexion causée par cette charge, et les allongemens et accourcissemens des fibres longitudinales qui en résultent, ne soient point capables d'altérer la constitu-

---

(*a*) Œuvres de Perronet, Mémoire sur les pieux et pilotis. Des pieux de $0^m,25$ et de $0^m,32$ de diamètre ne doivent pas être chargés de plus de 25 000 kil. et 50 000 kil.

(*b*) Pont d'Ivry en bois sur piles en pierre, Paris, 1832.

tion physique du bois; en sorte que la pièce, étant déchargée, reprenne sa figure naturelle, et que la courbure de cette pièce n'augmente pas avec le temps. Il n'existe pas d'expériences spéciales qui fassent connaître avec certitude, pour le bois, la limite dont il s'agit.

D'après les résultats rapportés n°s 134 et suivans, la valeur moyenne de la constante R, pour le bois de chêne, est à peu près R = 6 000 000$^{kil.}$. L'expérience des constructions apprend que l'on ne doit pas faire supporter aux bois des charges qui surpassent le $\frac{1}{10}$ de celles qui causeraient la rupture (*a*). Nous désignerons par R′ le plus grand effort que l'on doive faire supporter aux fibres longitudinales d'un corps sur l'unité de surface. On aura donc, pour le bois de chêne, R′ = 600 000$^{kil.}$ On calculera, dans chaque cas, les plus grandes charges auxquelles une pièce puisse être exposée, en mettant la valeur de R′ à la place de celle de R dans les formules des n°s 113 et suivans.

En supposant, conformément aux expériences rapportées n° 95 et suivans, que l'on ait pour le bois de chêne E = 1 000 000 000$^{kil.}$, une charge de 600 000$^{kil.}$ produit dans les fibres une variation de longueur de 0,0006. Cette variation devrait donc être regardée comme la plus grande qu'il fût possible de produire sans altérer l'élasticité naturelle de ce bois. D'après M. Tredgold (*b*), on peut faire supporter aux fibres du chêne un effort de 3960 livres par pouce quarré anglais (2 780 000$^{kil.}$ par mètre quarré) et une extension de $\frac{1}{430}$ = 0,0023. Mais ces résultats ne

---

(*a*) Voyez Rondelet, Art de bâtir, tome IV, page 83.

(*b*) *Practical Essay on the strength of cast iron*, 2e. édition, page 279.

paraissent pas applicables aux constructions qui doivent durer long-temps.

La force du sapin jaune ou rouge est au moins égale à celle du chêne : celle du sapin blanc est un peu moindre.

Du fer forgé exposé à l'extension.

182. Les expériences rapportées dans les n°s 38 et suivans apprennent que les barres de fer forgé, tirées dans le sens de la longueur, sont rompues par une force moyenne de 40$^{kil.}$ par millimètre quarré de la section transversale. D'après un examen attentif des résultats des expériences, et l'exemple des constructions, on ne doit pas faire supporter à ces barres une charge permanente plus grande que 6 à 7 kilogrammes par millimètre quarré; et une charge totale, composée d'une partie permanente et d'une partie accidentelle, plus grande que 8 à 10 kilogrammes par millimètre quarré.

Du fer forgé exposé à la flexion transversale.

183. En supposant, conformément à ce qui vient d'être dit, que la limite des flexions qu'on laissera prendre aux pièces est déterminée par la condition que l'extension des fibres soit due seulement à une charge de 6$^{kil.}$ par millimètre quarré, on devra supposer, pour le forgé, $R' = 6\,000\,000^{kil.}$ (voyez ci-dessus, n° 181); et calculer les plus grandes charges à faire supporter aux pièces par les formules des n°s 113 et suivans, en mettant à la place de R cette valeur de R'.

On a, pour le forgé, $E = 20\,000\,000\,000^{kil.}$ (n° 102): par conséquent la charge de 6 000 000$^{kil.}$ produit dans les fibres une variation de longueur de 0,0003, que l'on regarde ici comme la limite de celles que l'on peut produire sans altérer la constitution du fer. M. Duleau a donné l'expression du plus grand poids dont on puisse charger les pièces de fer, en prenant cette même limite 0,0003 (*a*). Cette fraction répond aux plus petites valeurs indiquées par les expériences de cet ingénieur, valeurs dont la moyenne est à peu près 0,00065. Ce dernier allongement serait produit par une charge de 13kil. par millimètre quarré, égale au $\frac{1}{3}$ de celle qui causerait la rupture. D'après M. Tredgold, le fer peut supporter sans altération une tension de 17800 livres avoir-du-poids par pouce quarré anglais (12kil.,5 par millimètre quarré), et une extension de $\frac{1}{1400} = 0,00071$ (*b*).

Du fer fondu exposé à l'écrasement et à l'extension.

184. Le fer fondu offre une grande résistance à l'écrasement, lorsque les pièces sont trop courtes pour pouvoir plier. D'après les expériences rapportées dans les nos 18 et suivans, la force nécessaire pour produire l'écrasement est environ 100kil. par millimètre quarré. Il n'existe pas d'expériences d'après lesquelles on puisse apprécier exactement la limite des charges auxquelles les pièces peuvent être exposées dans les constructions; mais il est très-vraisemblale que ces charges peuvent être portées au quart de celles qui causeraient l'écrasement.

185. D'après les expériences citées dans les nos 62 et suivans, la force de cohésion du fer fondu est de 13 ou 14kil.

(*a*) Essai théorique et expérimental sur la résistance du fer forgé, page 79.

(*b*) *A Practieal Essai on the strength of cast iron*, 2e. édition, page 104.

par millimètre quarré. Cette force est beaucoup moindre que la résistance à l'écrasement. On peut également porter les charges dans les constructions au quart de celles qui produiraient la rupture. Mais des pièces de fer fondu employées de cette manière présenteraient peu de sécurité, si la construction était exposée à de fortes secousses.

Du fer fondu exposé à la flexion transversale.

186. D'après les expériences citées dans les nos 143 et suivans, la valeur de R qui convient à la fonte de bonne qualité est moyennement $R = 30\,000\,000^{kil.}$. On peut charger les pièces du quart du poids qui causerait la rupture, et supposer $R' = 7\,500\,000^{kil.}$. Les plus grandes charges qu'il soit possible de donner aux pièces se calculeront par les formules des nos 113 et suivans, dans lesquelles on remplacera R par cette valeur de R'.

En supposant que l'on ait, pour la fonte douce, conformément aux expériences citées nos 109 et 110, $E = 11\,000\,000\,000^{kil.}$, une tension de $7\,500\,000^{kil.}$ correspondra à un allongement de 0,000 68, allongement que l'on regarde ici comme la limite de ceux que l'on peut faire supporter au fer fondu sans en altérer la constitution. D'après M. Tredgold (*a*), cette limite est $\frac{1}{1204} = 0{,}000\,83$, et la plus grande tension que cette matière puisse supporter sans altération, et 15300 livres avoir-du-poids sur un pouce quarré anglais ($10^{kil.},7$ par millimètre quarré).

(*a*) *A practical Essay on the strength of cast iron*, page 151.

DEUXIEME SECTION.

DE L'ÉQUILIBRE ET DE LA RÉSISTANCE DES MASSIFS FORMÉS DE MATIÈRES ADHÉRENTES. — DE L'ÉTABLISSEMENT DES MURS DE REVÊTEMENT DES TERRES.

187. Les massifs, dans les constructions, sont formés par des terres, des sables, de la maçonnerie. Pour établir les lois de l'équilibre et de la résistance de ces massifs, on les regarde en premier lieu comme des masses homogènes, dont les parties adhèrent les unes aux autres, et n'ont pas plus de tendance à se séparer dans une direction que dans une autre. On examine ensuite ce qui doit arriver quand les massifs sont formés de matériaux taillés régulièrement, et posés par assises.

ARTICLE PREMIER.

De l'équilibre d'un massif coupé latéralement.

188. Considérant un massif dont la surface supérieure est terminée par un plan horizontal CD (fig. 14), et qui est coupé latéralement par un plan AC, on regarde ce corps comme devant se partager suivant une direction rectiligne inclinée quelconque AT, la partie ACT glissant sur AT. Il s'agit de déterminer l'inclinaison que doit avoir le talus AC, pour qu'il ne se fasse aucune disjonction dans le massif. On nommera

h la hauteur AE de la coupure faite dans le massif;

m le rapport de la base à la hauteur du talus AC, ou la tangente de l'angle EAC;

θ l'angle EAT;

Π le poids de l'unité de volume de la matière du massif;

γ la force, rapportée à l'unité de surface, nécessaire pour séparer deux portions du massif, en les faisant glisser l'une sur l'autre;

f le rapport du frottement à la pression, pour deux portions du massif glissant l'une sur l'autre.

On aura, pour le poids du prisme CAT,

$$\frac{\Pi h^2}{2}(\text{tang. }\beta - m);$$

pour la force qui tend à le faire glisser le long de AT,

$$\frac{\Pi h^2}{2}(\text{tang. }\beta - m)\cos.\beta;$$

et pour la force qui s'oppose à ce glissement,

$$\frac{f\Pi h^2}{2}(\text{tang. }\beta - m)\sin.\beta + \frac{\gamma h}{\cos.\beta}.$$

L'équation qui exprime l'égalité de ces deux forces est

$$(\text{tang. }\beta - m)(1 - f\,\text{tang. }\beta) = \frac{2\gamma}{\Pi h}(1 + \text{tang.}^2\beta),$$

et l'on en déduit

$$m = \text{tang. }\beta - \frac{2\gamma}{\Pi h}\cdot\frac{1 + \text{tang.}^2\beta}{1 - f\,\text{tang.}\beta}.$$

189. Si l'on détermine la valeur de β, qui rend cette expression un maximum, on connaîtra à la fois la plus petite valeur qu'il soit possible de donner à m, et la direction suivant laquelle le massif se romprait, si l'on donnait à m une valeur un peu au-dessous de celle qui convient à l'équilibre.

Cette valeur de 6 est donnée par l'équation

$$\text{tang.}\,6=\frac{1}{f}\left\{1-\sqrt{\left(\frac{\frac{2\gamma}{\Pi h}(1+f^2)}{\frac{2\gamma}{\Pi h}+f}\right)}\right\};$$

et en la substituant dans l'expression de m du n° précédent, on a

$$m=\frac{1}{f}+\frac{2}{f^2}\left[\frac{2\gamma}{\Pi h}-\sqrt{\frac{2\gamma}{\Pi h}\left(\frac{2\gamma}{\Pi h}+f\right)(1+f^2)}\right]$$

pour la limite de l'inclinaison suivant laquelle le massif peut être coupé sans qu'il survienne d'éboulement.

Si l'on résout cette équation par rapport à h, on connaîtra la plus grande hauteur sur laquelle le massif peut se soutenir avec l'inclinaison m.

190. Si h est très-petite, cette formule donnera pour m une valeur négative; en sorte qu'on pourrait alors couper le massif, sans qu'il y eût éboulement, suivant un plan tracé à gauche de la verticale AE, et à plus forte raison suivant un plan vertical. En faisant

$$h=\frac{4\gamma}{\Pi}\left(f+\sqrt{1+f^2}\right),$$

la formule précédente donnera $m=0$: ainsi, sur la hauteur exprimée par cette formule, le massif tranché verticalement se maintiendra encore en équilibre. Mais, en donnant à h des valeurs plus grandes, on aura pour m des valeurs positives croissantes, jusqu'à une limite que l'on trouve en supposant h infinie, et qui est

$$m=\frac{1}{f}.$$

Cette limite répond à l'inclinaison que la surface du massif prendrait d'elle-même, en supposant la cohésion des parties détruites, et admettant qu'elles ne se maintiennent que par l'effet seul du frottement.

191. Si l'on suppose $\gamma=0$, ou que les parties du massif n'aient entre elles aucune cohésion, on a

$$\text{tang.}\,\beta=\frac{1}{f},\qquad m=\frac{1}{f};$$

en sorte que le massif doit alors être coupé suivant l'angle du talus naturel.

Si l'on suppose $f=0$, ou que la force unissant les deux parties du massif soit indépendante de la pression, et seulement proportionnelle à l'étendue des surfaces en contact, on a

$$\text{tang.}\,\beta=\frac{\Pi h}{4\gamma},\qquad m=\frac{\Pi^2 h^2-16\gamma^2}{8\Pi\gamma h}.$$

192. L'expression de h du n° 190, en nommant τ l'angle dont la tangente est $\frac{1}{f}$, peut s'écrire

$$h=\frac{4\gamma}{\Pi.\text{tang.}\,\frac{1}{2}\tau},$$

d'où

$$\gamma=\tfrac{1}{4}\Pi\,h.\,\text{tang.}\,\tfrac{1}{2}\tau.$$

Elle représente la plus grande hauteur sur laquelle la masse puisse être coupée verticalement, sans qu'il survienne d'éboulement. Si $\gamma=0$, cette hauteur est nulle. Si $f=0$, elle est égale à $\frac{4\gamma}{\Pi}$.

La valeur du nombre f se connaît en observant le talus que prend la matière du massif quand la cohésion a été rompue : f est la tangente de l'angle que ce talus fait avec l'horizon, et τ l'angle que ce talus fait avec la verticale. En observant ensuite la hauteur sur laquelle le massif peut être coupé verticalement, sans qu'il y ait éboulement, on connaîtra le poids γ au moyen de l'équation précédente.

193. Reprenant le calcul du n° 188, conservant les mêmes dénominations, et supposant la surface supérieure CD du massif (fig. 15) chargée uniformément par des matières qui doivent se diviser suivant des plans verticaux correspondans aux extrémités supérieures T des plans de rupture; nommant p la pression qui en résulte sur l'unité de surface du plan CD; on aura pour la force qui tend opérer le glissement le long de AT,

$$(ph+\tfrac{1}{2}\,\Pi\,h^2)\,(\text{tang.}\,6-m)\,\text{cos.}\,6\,;$$

pour celle qui tend à l'empêcher

$$f(ph+\tfrac{1}{2}\,\Pi\,h^2)\,(\text{tang.}\,6-m)\,\text{sin.}\,6+\gamma\,\frac{h}{\text{cos.}\,6}.$$

En égalant ces deux quantités, il viendra

$$(\text{tang.}\,6-m)\,(1-f\,\text{tang.}\,6)=\frac{2\gamma\,(1+\text{tang.}^2 6)}{2p+\Pi h}\,;$$

et si l'on compare cette équation à celle du n° 188, on reconnaîtra que les formules trouvées dans le n° 189 s'appliqueront au cas dont il s'agit, en y écrivant $2p+\Pi h$ à la place de Πh.

ARTICLE II.

De l'équilibre d'un massif terminé par deux faces latérales, dont la surface supérieure est chargée d'un poids.

194. On considérera, pour plus de simplicié, un massif compris entre deux plans verticaux parallèles (fig. 16). Supposant que ce massif doit se rompre suivant la direction AT, on nommera

h la hauteur AC du massif;

a l'épaisseur AB ou CD;

α l'inclinaison sur l'horizon de la ligne de rupture AT;

P un poids réparti uniformément sur la surface supérieure CD, pour l'unité de longueur du massif;

Π, f et γ auront les significations indiquées n° 188;

La force qui tend à produire le glissement de la partie supérieure du massif le long de AT est

$$\left(P+\Pi a h-\frac{\Pi a^2}{2}\operatorname{tang.}\alpha\right)\sin.\alpha;$$

celle qui tend à empêcher ce glissement est

$$f\left(P+\Pi a h-\frac{\Pi a^2}{2}\operatorname{tang.}\alpha\right)\cos.\alpha+\frac{\gamma a}{\cos.\alpha}.$$

Si l'on égale ces deux expressions, on aura

$$\left(P+\Pi a h-\frac{\Pi a^2}{2}\operatorname{tang.}\alpha\right)(\operatorname{tang.}\alpha-f)=\gamma a(1+\operatorname{tang.}^2\alpha),$$

d'où l'on déduit

$$P+\Pi a h=\frac{\Pi a^2}{2}\operatorname{tang.}\alpha+\gamma a.\frac{1+\operatorname{tang.}^2\alpha}{\operatorname{tang.}\alpha-f}.$$

195. En faisant varier α, et déterminant la valeur minimum de $P+\Pi a h$, on connaîtra en même temps la direction suivant laquelle le massif se romprait, si la charge surpassait un peu la valeur qui convient à l'équilibre, et la plus grande hauteur qu'il soit possible de donner à ce massif, ou le plus grand poids dont on puisse le charger.

La valeur de tang. α qui répond au minimum du second membre de l'équation précédente est

$$\operatorname{tang.}\alpha=f+\sqrt{\frac{2\gamma(1+f^2)}{\Pi a+2\gamma}};$$

et en la substituant dans ce second membre, on trouve

$$P+\Pi a h=f\left(\frac{\Pi a^2}{2}+2\gamma a\right)+\sqrt{2\gamma a(\Pi a^2+2\gamma a)(1+f^2)}$$

pour l'expression de la plus grande valeur qu'il soit possible de donner à $P + \Pi a h$, sans causer la rupture du massif.

196. Si l'on fait abstraction du poids de la partie supérieure ACDT du massif, ces formules deviennent

$$\text{tang.}\,\alpha = f + \sqrt{1+f^2}, \quad P = 2\gamma a\,(f + \sqrt{1+f^2}).$$

197. Si de plus on suppose $f = 0$, ou que la résistance au glissement soit indépendante de la pression, et proportionnelle à la surface de rupture, on a

$$\text{tang.}\,\alpha = 1, \quad P = 2\gamma a,$$

résultats donnés par Coulomb (*a*). La rupture tend alors à s'opérer suivant un plan incliné d'un demi-angle droit; la valeur de P est proportionnelle à l'épaisseur a du massif. Ces formules peuvent donner les lois de l'écrasement d'un prisme de pierre, par un effort exercé sur la face supérieure.

198. Les résultats précédens supposent la composition du massif homogène, comme le serait celle d'une masse de terre, de béton, ou de petits moellons posés irrégulièrement et unis avec du mortier. Dans ce dernier cas, on doit mettre dans les formules, pour f et γ, les valeurs qui conviennent à la matière du mortier. Mais si le massif est formé en pierres un peu grandes, taillées régulièrement, et posées par assises horizontales, la lézarde inclinée qui a lieu lors de la rupture devra se former dans les pierres mêmes; et par conséquent les valeurs de f et γ devront être celles qui conviennent à la matière de ces pierres. On rend raison de cette manière de la plus grande solidité que l'on obtient en employant le mode de construction dont il s'agit.

(*a*) Mémoires des savans étrangers, 1773.

ARTICLE III.

De l'equilibre d'un massif exposé a un effort exercé contre une des faces latérales.

199. Considérons un massif ABDC (Fig. 17) compris entre deux faces parallèles, soumis à l'action d'une force horizontale appliquée en E. Cette force pourra rompre le massif, en faisant glisser la partie supérieure sur la partie inférieure, ou en renversant la première. Ces deux modes de rupture doivent être examinés à part.

Cas où la rupture du massif s'opère par glissement.

200. La rupture doit s'opérer suivant une direction inclinée quelconque ST dans la partie ABEF du massif, et il s'agit de déterminer la moindre valeur qui puisse être attribuée à la force horizontale appliquée en E, avec la condition d'opérer cette rupture. On nommera

- a l'épaisseur AB du massif;
- H la hauteur AF ou BE du point d'application de la force horizontale;
- P le poids de la partie supérieure CDEF pour une unité de longueur du massif;
- Q la valeur de la force horizontale appliquée en E pour une unité de longueur du massif;
- α l'angle de la ligne de rupture EF avec l'horizon;
- h la distance SF;
- π le poids de l'unité de volume de la matière du massif;
- γ la force, rapportée à l'unité de surface, nécessaire pour séparer deux portions du massif, en les faisant glisser l'une sur l'autre;

f le rapport du frottement à la pression pour deux portions du massif glissant l'une sur l'autre;

σ l'angle dont la tangente est f.

La force qui tend à produire le glissement sur ST est

$$Q\cos.\alpha + (P + \Pi ah - \tfrac{1}{2}\Pi a^2 \operatorname{tang}.\alpha)\sin\alpha;$$

La force qui s'y oppose est

$$-fQ\sin.\alpha + f(P + \Pi ah - \tfrac{1}{2}\Pi a^2 \operatorname{tang}\alpha)\cos.\alpha + \gamma\frac{a}{\cos.\alpha}.$$

En égalant ces deux expressions et tirant la valeur de Q, il vient

$$Q = \frac{1}{2}.\frac{(2P + \Pi ah - \Pi a^2 \operatorname{tang}.\alpha)(f - \operatorname{tang}.\alpha) + 2\gamma a(1 + \operatorname{tang}.^2\alpha)}{1 + f\operatorname{tang}.\alpha}. \quad (l)$$

Cette expression représente la valeur qu'il faudrait attribuer à la force Q pour qu'il y eût équilibre entre les actions qui tendent à faire rompre le massif, et les résistances qui s'opposent à la rupture. Les quantités h et α sont indéterminées : on ne peut exposer le massif à une action horizontale surpassant la plus petite des valeurs que prendra Q dans l'équation (l), quand on y fera varier dans le second membre h et α.

201. Si l'on avait $\gamma = 0$, il suffirait de prendre $\operatorname{tang}.\alpha = f$ pour rendre nulle la valeur de Q. Ainsi lorsque la cohésion est nulle le massif ne peut supporter aucune action horizontale.

202. Nous remarquerons d'ailleurs que le terme qui contient h dans l'expression (l) sera positif ou négatif suivant que $\operatorname{tang}\alpha$ sera $<$ ou $> f$. Par conséquent si l'inclinaison de la ligne de rupture ST sur l'horizon devait être supposée moindre que l'inclinaison du plan sur lequel les parties du massif se tiendraient en équilibre par l'effet du frottement seul (inclinaison désignée par σ et que l'on nomme ordinairement l'*angle du frottement*),

il faudrait prendre h le plus petite possible. Au contraire si l'inclinaison de la ligne de rupture sur l'horizon devait être supposée plus grande que l'angle du frottement, il faudrait prendre h le plus grande possible. On peut donc être obligé d'admettre que la ligne de rupture part du point E, ou bien du point A : ces deux cas doivent être considérés séparément. Quant à l'inclinaison qui doit être attribuée à cette ligne de rupture, on verra tout à l'heure comment elle doit être déterminée.

203. Admettons d'abord que la rupture s'opère suivant la ligne AU partant du point A. On fera $h=\text{H}$ dans l'équation (l), et posant pour abréger

$$\begin{aligned}
\text{A} &= 2(f\text{P}+f\Pi a\text{H}+\gamma a),\\
\text{B} &= f\Pi a^2+2\text{P}+2\Pi a\text{H},\\
\text{C} &= \Pi a^2+2\gamma a,
\end{aligned}$$

elle deviendra

$$\text{Q}=\frac{1}{2}\,\frac{\text{A}-\text{B}\,\text{tang.}\alpha+\text{C}\,\text{tang.}^2\alpha}{1+f\,\text{tang.}\alpha}. \qquad (m)$$

Supposons la force de cohésion nulle, puis croissant progressivement à partir de zéro : il y aura d'abord des valeurs de tang. α qui rendront $\text{Q}=0$. Ces valeurs seront données par l'expression

$$\text{tang.}\,\alpha=\frac{\text{B}\pm\sqrt{\text{B}^2-4\,\text{AC}}}{2\,\text{C}}. \qquad (n)$$

Si γ n'est pas assez grande pour que ces valeurs soient imaginaires, elles seront toutes deux positives, et toute valeur de tang. α comprise entre les valeurs dont il s'agit donnerait pour Q un résultat négatif. Par conséquent le massif ne peut supporter aucune action horizontale, à moins que les valeurs données par l'expression (n) ne soient imaginaires ; ou à moins que, si elles sont réelles, la plus petite de ces valeurs ne surpasse $\frac{\text{H}}{a}$, c'est-à-dire n'indique une ligne de rupture située au-dessus de AE. En effet, toute ligne de rupture tracée dans l'angle BAE peut être admise : mais on ne peut pas supposer que la rupture s'établisse au delà de cette ligne. Si les valeurs données par l'expression (n) sont réelles, et si la plus petite surpasse $\frac{H}{a}$, on fera donc tang.$\alpha = \frac{H}{a}$ dans l'expression (m), et l'on aura dans ce cas la valeur du plus grand effort horizontal que le massif puisse supporter.

204. Si les deux valeurs données par la formule (n) étaient imaginaires, on en conclurait qu'il existe une valeur minimum positive de Q, dont il faudrait faire la recherche. La valeur de tang. α qui rend l'expression (m) la moindre possible est

$$\text{tang.}\,\alpha = -\frac{1}{f} + \frac{1}{f}\sqrt{\frac{f^2 A + f B + C}{C}}, \qquad (o)$$

qui donnera pour tang. α des valeurs de plus en plus petites, à mesure que γ augmentera. Si la valeur de tang. α que l'on en déduit était plus grande que $\frac{H}{a}$, ce qui indiquerait une direction de la ligne de rupture placée au delà de AE, il faudrait évidemment faire tang. $\alpha = \frac{H}{a}$ dans l'expression (m), et l'on aurait alors la valeur cherchée pour Q. Mais si la valeur de tang. α donnée par la formule (o) est $< \frac{H}{a}$, il faudra mettre cette valeur dans l'expression (m).

205. On doit remarquer toutefois que, lorsque γ augmente de plus en plus, la valeur de tang. α donnée par la formule (o) diminuant, cette valeur peut être trouvée $< f$. En effet, si l'on suppose γ infiniment grande la formule (o) donne

$$\text{tang.}\,\alpha = \frac{-1+\sqrt{1+f^2}}{f} \quad \text{ou} \quad \text{tang.}\,\alpha = \tfrac{1}{2}\,\varpi;$$

en sorte que la direction de la ligne de rupture partagerait alors en deux parties égales l'angle du frottement. Mais d'après ce qui a été dit n° 202, il ne faudrait pas admettre ce dernier résultat : car si tang. α est $<f$, il convient de supposer la ligne de rupture le plus haut possible, c'est-à-dire partant du point E : à valeur égale pour α, la formule (m) donnera alors une valeur moindre pour Q. On devra par conséquent, si l'expression (o) donne pour tang. α une valeur $<f$, recourir à d'autres formules, établies dans la supposition que la ligne de rupture part du point E.

206. Admettons donc maintenant que la rupture s'opère suivant la ligne EV partant du point E.

La force qui tend à produire le glissement sera

$$Q \cos.\alpha + (P + \tfrac{1}{2}\Pi a^2 \operatorname{tang}.\alpha)\sin.\alpha;$$

et la force qui s'y oppose

$$-fQ \sin.\alpha + f(P + \tfrac{1}{2}\Pi a^2 \operatorname{tang}.\alpha)\cos.\alpha.$$

Egalant les expressions de ces deux forces, et tirant la valeur de Q, on trouve

$$Q = \frac{1}{2}\,\frac{(2P + \Pi a^2 \operatorname{tang}.\alpha)(f - \operatorname{tang}.\alpha) + 2\gamma a(1 + \operatorname{tang}.^2\alpha)}{1 + f \operatorname{tang}.\alpha}. \qquad (p)$$

En faisant pour abréger

$$A = 2(fP + \gamma a),$$
$$B = f\Pi a^2 - 2P,$$
$$C = \Pi a^2 - 2\gamma a,$$

cette formule deviendra

$$Q = \frac{A + B \operatorname{tang}.\alpha - C \operatorname{tang}.^2\alpha}{1 + f \operatorname{tang}.\alpha};$$

207. Si l'on suppose d'abord γ nulle ou très-petite, il y aura une valeur de tang. α qui rendra Q nulle. Cette valeur de tang. α est représentée par l'expression

$$\operatorname{tang}.\alpha = \frac{B + \sqrt{B^2 + 4AC}}{2C}, \qquad (q)$$

qui donnera pour tang. α la valeur f quand γ sera $= 0$, et des valeurs de plus en plus grandes à mesure que γ augmentera. Si cette valeur donnée par la formule (q) est $< \frac{H}{a}$, c'est-à-dire indique une ligne de rupture comprise dans l'angle BEF, on en conclura évidemment que le massif ne peut supporter aucune action horizontale. Mais si l'expression (q) est $> \frac{H}{a}$, ou est imaginaire, ce massif pourra résister à une semblable action. Ainsi, pour que le massif puisse supporter une action horizontale, il faut et il suffit que la valeur donnée par l'expression (q), et la plus petite des valeurs données par l'expression (n), surpassent toutes deux le rapport $\frac{H}{a}$. Mais comme ici l'on considère des valeurs de tang. α qui sont nécessairement $> f$, l'expression (n) répond au cas le plus défavorable à la résistance du massif, et par conséquent on pourra examiner seulement si la condition dont il s'agit a lieu pour la plus petite des valeurs données par l'expression (n) : elle aura lieu à plus forte raison pour la valeur donnée par la formule (q).

208. Quand on aura reconnu que le massif peut supporter une action horizontale, il s'agira de rechercher comme ci-dessus la valeur de tang. α, qui répond à la valeur minimum de cette action. Cette valeur est exprimée par la formule

$$\text{tang.}\,\alpha = -\frac{1}{f} + \frac{1}{f}\sqrt{\frac{-f^2 A + f B + C}{C}}, \qquad (r)$$

qui donnera, à mesure que γ augmentera, des valeurs de plus en plus petites. Tant que ces valeurs seront $> \frac{H}{a}$, d'où l'on conclurait que la ligne de rupture EV se trouverait dirigée au-dessous de EA, ce qui ne peut être admis, il faudra faire tang. $\alpha = \frac{H}{a}$ dans l'expression (p) qui donnera la valeur cherchée pour Q. Mais si la valeur (r) est $< \frac{H}{a}$, ce qui indique une direction de la ligne de rupture EV comprise dans l'angle AEF, il faudra substituer cette valeur dans l'expression (p).

Il faut remarquer néanmoins que l'expression (r) qui, si γ était infinie, donnerait comme l'expression (o) tang. α = tang. $\frac{1}{2}\sigma$, peut donner des valeurs de tang. α qui seraient à la fois $< \frac{H}{a}$, et $> f$. Si cela arrivait, on ne devrait plus, conformément à ce qui a été dit ci-dessus, employer l'expression (p) : il faudait recourir à l'expression (l), où l'on substituerait pour tang. α la valeur donnée par la formule (o), et qui donnerait alors pour Q la plus petite valeur possible, qui doit être admise dans les applications.

209. En résumé, lorsque l'on considère la rupture par glissement d'un massif, et que l'on veut déterminer le plus grand effort horizontal Q auquel ce massif peut résister, il faut examiner les valeurs de tang. α exprimées par la formule (n). 1° Si ces valeurs sont réelles et plus petites que $\frac{H}{a}$, le massif ne pourra supporter aucun effort. 2° Si ces valeurs sont réelles et plus grandes que $\frac{H}{a}$, on fera tang. $\alpha = \frac{H}{a}$ dans la formule (m), qui donnera pour Q la valeur cherchée. 3°. Si ces mêmes valeurs sont imaginaires, on calculera la valeur de tang. α par la formule (o), et on la substituera dans la formule (m); on calculera également la valeur de tang. α par la formule (r) et on la substituera dans la formule (p) : on adoptera ensuite la moindre des deux valeurs de Q obtenues de cette manière.

210. Les résultats précédens supposent la composition du massif homogène. On peut les appliquer aux massifs construits en terre, en béton, ou en petits moellons posés irrégulièrement, en attribuant aux constantes f et γ les valeurs qui conviennent au mortier qui unit les matériaux.

A l'égard des massifs construits en grandes pierres taillées régulièrement et posées par assises réglées, il y a quelquefois certaines directions suivant lesquelles le massif peut se rompre plus facilement que suivant toute autre. Par exemple, si le massif est construit par assises horizontales, il doit se rompre dans le joint placé immédiatement au-dessous du point d'application E de la force Q. Dans ce cas l'équilibre exige que

$$Q = fP + \gamma a$$

en mettant pour γ la valeur qui convient au mortier.

Si les pierres étaient disposées de manière qu'il n'y eût pas de joints continus dans les directions suivant lesquelles le glissement peut s'opérer, il faudrait examiner l'étendue de la surface des pierres qui doivent être rompues pour que le glissement ait lieu, et évaluer en conséquence la résistance due à la cohésion.

Cas où la rupture du massif s'opère par renversement.

211. Supposons maintenant que le massif s'étant rompu suivant une direction inclinée AT (Fig. 18), la partie supérieure ACDT se renverse en tournant sur l'arête A. Conservant les dénominations du n° 200, et désignant de plus par

R la cohésion absolue de la matière du massif sur l'unité de surface, ou la force nécessaire pour séparer deux portions du massif, en tirant perpendiculairement au plan de rupture;

on aura pour le moment de la force qui tend à faire renverser la partie supérieure,

$$QH.$$

Le moment des forces qui s'opposent à ce renversement est, en prenant pour le moment de la résistance à la rupture sur AT, une expression conforme à celle qui est donnée par l'hypothèse de Mariotte (voyez n° 150),

$$\frac{P.a}{2}+\frac{\Pi a^2 H}{2}-\frac{\Pi a^3}{3}\operatorname{tang.}\alpha+\frac{Ra^2}{3\cos.^2\alpha}.$$

En égalant ces deux momens, on a

$$QH=\frac{P.a}{2}+\frac{\Pi a^2 H}{2}-\frac{\Pi a^3}{3}\operatorname{tang.}\alpha+\frac{Ra^2}{3}(1+\operatorname{tang.}^2\alpha).$$

212. Si l'on cherche la valeur de tang. α qui rend le second membre un minimum, on connaîtra en même temps la direction suivant laquelle la rupture s'opérerait, si la valeur du moment QH surpassait un peu celle qui convient à l'équilibre, et la plus grande valeur qu'il soit possible de donner à ce moment. La valeur de tang. α qui satisfait à cette condition est

$$\operatorname{tang.}\alpha=\frac{\Pi a}{2R};$$

et en la substituant dans l'équation précédente, on a pour la limite cherchée

$$QH=\frac{P.a}{2}+\frac{\Pi a^2 H}{2}-\frac{\Pi^2 a^4}{12R}+\frac{Ra^2}{3}.$$

En résolvant cette dernière équation par rapport à a, on connaîtra la moindre épaisseur qu'il soit possible de donner au mur, pour qu'il résiste à l'action de la force Q.

213. Si la force de cohésion est très-grande, on a sensiblement

$$\text{tang.}\,\alpha=0,\quad QH=\frac{P.a}{2}+\frac{n\,a^2H}{2}+\frac{R\,a^2}{3}.$$

La rupture s'opère alors sur la base AB. Il est supposé que le massif adhère à cette base avec la force exprimée par R.

214. A mesure que R diminue, α augmente, et la ligne de rupture s'écarte de plus en plus de AB. Mais si la valeur de tang. α du n° (212) était plus grande que $\frac{H}{a}$, c'est-à-dire si la ligne de rupture dépassait AE, on ne pourrait pas appliquer la formule précédente, parce que l'action de la force Q ne peut pas produire une disjonction dans la partie supérieure CDEF du massif.

215. Lorsque l'expression de tang. α du n° 212 est $>\frac{H}{a}$, on en conclut que la rupture du massif tend à s'opérer suivant une ligne brisée telle que AUE. La résistance à la rupture résulte alors simultanément de la cohésion qui a lieu sur les deux parties de cette ligne. Si la cohésion est supposée nulle, comme on doit le faire le plus souvent dans les applications, on doit supposer la ligne AU presque contiguë à la ligne AF, et par conséquent apprécier la valeur qu'il convient d'attribuer à la force Q d'après l'équation

$$QH=\frac{P.a}{2},$$

qui répond à une limite au-dessous de laquelle la résistance du massif ne peut être estimée, du moins tant que l'on regarde les parties de ce massif comme ne pouvant être écrasées.

216. Si le massif n'adhère pas à sa base avec la même force que les parties du massif adhèrent entre elles, en sorte que la valeur de la force de cohésion dans le plan AB ait une valeur R' plus petite que R, on aura, en posant l'équation

$$QH = \frac{P.a}{2} + \frac{\Pi a^2 H}{2} + \frac{R' a^2}{3},$$

une autre limite, que le moment QH ne pourrait dépasser sans causer le renversement du massif.

217. Si le massif est construit en pierres taillées régulièrement, et posées par assises horizontales, les résultats précédens peuvent être appliqués sans modification sensible, en attribuant à R la valeur qui convient à la matière du mortier qui unit les pierres.

Le mode de rupture dont il vient d'être question est celui qui a lieu le plus fréquemment, la rupture par glissement pouvant être prévenue par divers procédés de construction, et exigeant généralement un effort plus considérable que ne le fait la rupture par renversement.

218. Si les paremens du massif étaient inclinés à l'horizon, ou formés par des lignes discontinues, et s'il était sollicité simultanément par plusieurs forces appliquées à divers points, il ne conviendrait pas de chercher à en exprimer la résistance par des formules générales dans la vue d'y appliquer les règles des maxima et minima. On devrait alors, en se guidant par les notions précédentes, évaluer la résistance pour diverses lignes hypothétiques de rupture, afin de distinguer le cas le plus désavantageux, et de s'assurer que dans ce cas même le massif présentera la force nécessaire.

Des pressions exercées sur les parties du massif, et qui tendent à en causer l'écrasement.

219. Considérons le cas traité dans les nᵒˢ 211 et suivans, dans lequel la rupture du massif est supposée s'opérer par renversement, et supposons la construction tellement disposée qu'il y ait simplement équilibre entre l'action de la force horizontale Q (Fig. 18) d'une part, et d'autre part l'action des résistances provenant du poids des parties du massif qui tendent à être soulevées et de la cohésion. La direction de la résultante unique de toutes ces forces rencontrerait l'arête A qui est l'axe fixe autour duquel le mouvement de rotation tend à se produire. Mais cette arête serait alors exposée à s'écraser. Pour qu'aucun écrasement ne puisse avoir lieu, il faut que les efforts exercés sur cette partie du massif, qui est le plus exposée, se trouvent répartis sur une surface d'une certaine étendue.

Cette condition exige qu'il y ait excès de résistance de la part du massif; en sorte que la direction de la résultante de la force horizontale Q, et des actions qui résistent à cette force, doit passer en un point b situé en dedans de la base du massif, à une distance finie Ab de l'arête A. Supposons que l'on ait ainsi disposé la construction de manière à obtenir un excès de résistance, et que l'on veuille vérifier si la pierre présentera la force nécessaire. On déterminera la direction de la résultante commune des actions qui tendent à rompre le massif et des forces qui résistent à ces actions, et le point b où la direction de cette résultante rencontre la base AB. On considérera ensuite que l'effort supporté par la base du massif doit se trouver réparti sur une portion de cette base plus grande que la portion Ab. Donc si l'on regarde cette portion Ab comme supportant seule un effort égal à la résultante dont il s'agit, on connaîtra ainsi une limite que la pression exercée sur la pierre ne peut dépasser.

De la figure d'un massif d'égale résistance à la rupture par renversement.

220. On cherche la courbe BE (Fig. 19), suivant laquelle le massif doit être terminé en dessous, pour que la résistance à la rupture, suivant une direction quelconque AT tracée dans l'angle BAE, soit partout la même. On nommera

M le moment de la force Q, moins le moment de la portion ACDE du massif, ces momens étant pris par rapport au point A;

H la hauteur 6 E du point d'application de la force Q;

c la longueur de la ligne A E;

A l'angle BAE;

α l'angle BAT;

ρ le rayon AT;

Π et R auront les significations indiquées ci-dessus.

Considérant α et ρ comme des coordonnées auxquelles sont rapportés les points de la courbe BE, et nommant α' et ρ' les coordonnées d'un point quelconque T' situé au delà de T, on aura

$$\tfrac{1}{3}\Pi.\, d\alpha'.\cos.\alpha'.\rho'^3$$

pour le moment du poids d'un élément triangulaire de l'aire ATE. Par conséquent, supposant que la rupture s'effectue en AT, l'équation d'équilibre sera

$$\mathrm{M}-\tfrac{1}{3}\Pi\int_{\alpha}^{\mathrm{A}} d\alpha'.\cos.\alpha'.\rho'^3=\frac{\mathrm{R}\rho^2}{3}.$$

Différenciant par rapport à α, on a

$$\Pi\, d\alpha.\cos.\alpha.\rho^3=2\mathrm{R}\rho d\rho,$$

d'où

$$\frac{\Pi}{2R}\sin\alpha = -\frac{1}{\rho} + const.;$$

ou, parce que quand $\alpha = A$, $\rho = c$,

$$\rho = \frac{2R.c}{2R + \Pi(\sin.A - \sin.\alpha)c},$$

ou

$$\rho = \frac{2R.c}{2R + \Pi(H - c\sin.\alpha)},$$

ce qui est l'équation de la courbe cherchée.

221. Si l'on suppose la cohésion extrêmement grande, cette équation se réduit à

$$\rho = c:$$

la courbe devient l'arc de cercle Eb décrit du point A.

222. Lorsque l'on suppose la cohésion très-petite, la courbe se confond sensiblement avec la droite EA. Si, dans ce dernier cas, on avait donné au massif un profil rectangulaire, la partie EAβ serait inutile à la solidité.

Les considérations précédentes trouvent principalement leur application dans l'établissement des contreforts employés dans les édifices du style dit Gothique.

Expériences sur la résistance des massifs de maçonnerie à la rupture par renversement.

223. M. Séguin aîné (a), et surtout M. Vicat (b) ont fait quelques expériences sur ce genre de résistance. Les

---

(a) Des ponts en fil de fer, 2ᵉ. édition, page 110.

(b) Influence du mode d'attache des chaînes, sur la résistance des piliers des ponts suspendus. Annales des Ponts et Chaussées, tome 3.

dernières se rapportent principalement au cas où l'effort est exercé par une chaîne qui enveloppe un massif, et qui le sollicite suivant une direction inclinée. Les notions qui ont été exposées ci-dessus sont d'accord avec les résultats de ces observations.

ARTICLE IV.

De l'établissement des murs de revêtement qui résistent a la poussée des terres et des eaux.

224. Cette question comporte deux parties : 1° la recherche de la pression que les terres exercent contre une paroi plane, par laquelle elles sont revêtues; 2° la recherche des dimensions qu'il convient d'attribuer aux murs qui résistent à ces pressions.

Pression exercée par les terres contre une paroi plane.

225. AB (Fig. 20) étant une paroi plane pressée par un massif de terre, et maintenue par une force Q perpendiculaire à cette paroi, on demande la valeur de la force Q, et le point E de la paroi auquel cette force doit être appliquée.

Supposant que le massif doit se diviser suivant une direction inclinée AT, on nommera

h la hauteur verticale AC du revêtement;

ε l'angle BAC, formé par la paroi avec la verticale;

β l'angle BAT, formé par le plan de rupture avec la paroi;

τ l'angle CAF, formé avec la verticale par le plan sur lequel les terres se tiendraient en équilibre par l'effet seul du frottement; en sorte que $f = \frac{\cos. \tau}{\sin. \tau}$.

ϖ, f et γ auront les significations indiquées n° 188.

La force qui tend à faire glisser le prisme BAT sur AT est

$$\frac{\varpi h^2}{2}[\text{tang.}(6-\varepsilon)+\text{tang.}\,\varepsilon].\cos.(6-\varepsilon).$$

La force qui s'oppose à ce glissement est

$$Q\sin.6+fQ\cos.6+\frac{f\varpi h^2}{2}[\text{tang.}(6-\varepsilon)+\text{tang.}\varepsilon]\sin.(6-\varepsilon)+\frac{\gamma h}{\cos.(6-\varepsilon)}.$$

Égalant ces deux forces, et tirant la valeur de Q, on a

$$Q=\frac{\frac{\varpi h^2}{2}[\text{tang.}(6-\varepsilon)+\text{tang.}\varepsilon][\cos.(6-\varepsilon)-f\sin.(6-\varepsilon)]-\frac{\gamma h}{\cos.(6-\varepsilon)}}{\sin.6+f\cos.6},$$

ou en mettant pour f la valeur $\frac{\cos.\tau}{\sin.\tau}$,

$$Q=\frac{\pi h^2}{2}[\text{tang.}(\tau-6)+\text{tang.}\varepsilon][\text{tang.}(6-\varepsilon)+\text{tang.}\varepsilon]\cos.\varepsilon-\frac{\gamma h\sin.\tau}{\cos(\tau-6)\cos.(6-\varepsilon)}.$$

Si l'on cherche la valeur de 6 qui rend le second membre un maximum, on connaîtra en même temps la direction suivant laquelle le massif se romprait si la force Q était un peu trop petite, et la moindre valeur qu'il soit possible de donner à cette force. Le maximum a lieu lorsque

$$\tau-6=6-\varepsilon,\quad \text{ou}\quad 26=\tau+\varepsilon;$$

d'où il suit que la direction suivant laquelle le massif tend à se disjoindre partage en deux parties égales l'angle BAF compris entre la paroi et le talus naturel des terres lorsque la cohésion est rompue, et qu'elles se soutiennent par l'effet seul du frottement. Le prisme déterminé de cette manière se nomme *prisme de plus grande poussée* (*a*).

(*a*) Le principe d'après lequel on détermine le prisme de plus grande poussée, est dû à Coulomb (Mémoires des savans étrangers,

226. Substituant la valeur de β dans celle de Q, il vient

$$Q=\frac{\varpi h^2}{2}\left[\text{tang.}\tfrac{1}{2}(\tau-\varepsilon)+\text{tang.}\varepsilon\right]^2\cos.\varepsilon-\gamma h\frac{\sin.\tau}{\cos.^2\tfrac{1}{2}(\tau-\varepsilon)}$$

pour l'expression cherchée de la poussée des terres.

227. Si la paroi AB est inclinée du côté du massif (Fig. 21), l'angle ε doit être pris avec un signe contraire. Le prisme de plus grande poussée est déterminé par la condition

$$2\beta=\tau-\varepsilon;$$

la valeur de la poussée est

$$Q=\frac{\varpi h^2}{2}\left[\text{tang.}\tfrac{1}{2}(\tau+\varepsilon)-\text{tang.}\varepsilon\right]^2\cos.\varepsilon-\gamma h\frac{\sin.\tau}{\cos.^2\tfrac{1}{2}(\tau+\varepsilon)}.$$

228. Si la paroi AB est verticale, $\varepsilon=0$ on a, pour déterminer le prisme de plus grande poussée,

$$2\beta=\tau;$$

la valeur de la poussée est

$$Q=\frac{\varpi h^2}{2}\text{tang.}^2\tfrac{1}{2}\tau-2\gamma h\,\text{tang.}\tfrac{1}{2}\tau.$$

229. Supposant pour abréger

$$t=\text{tang.}\tfrac{1}{2}(\tau\mp\varepsilon)\pm\text{tang.}\varepsilon,$$

et dans le cas où la paroi est verticale

$$t=\text{tang.}\tfrac{1}{2}\tau,$$

en sorte que t représente toujours le rapport de la base BT du prisme de plus grande poussée à la hauteur AC; l'expression de la poussée devient

$$Q=\frac{\varpi h^2}{2}t^2\cos.\varepsilon-\gamma h\frac{\sin.\tau}{\cos.^2\tfrac{1}{2}(\tau\mp\varepsilon)},$$

1773). Le théorème précédent a été donné par M. de Prony, pour le cas d'une paroi verticale (*Recherches sur la poussée des terres*, etc., 1802); et par M. Français, pour le cas d'une paroi inclinée (*Mémorial de l'officier du génie*, n°. 4, 1820).

et dans le cas où la paroi est verticale,

$$Q = \frac{\varpi h^2}{2} . t^2 - 2\gamma h . t.$$

Cette expression est nulle quand $h = 0$; lorsque h augmente, elle est d'abord négative, puis redevient nulle quand h atteint une valeur que l'on nommera h', et qui est

$$h' = \frac{2\gamma}{\varpi} . \frac{\sin . \tau}{t^2 \cos .^2 \frac{1}{2} (\tau \mp \varepsilon) \cos . \varepsilon};$$

et dans le cas où la paroi est verticale,

$$h' = \frac{4\gamma}{\varpi . t}, \quad \text{d'où} \quad \gamma = \tfrac{1}{4} \varpi h' . t.$$

Le massif peut donc se soutenir de lui-même sur la hauteur h', ce qui s'accorde avec le résultat du n° 192. Au delà de cette valeur, Q croît indéfiniment avec h.

230. L'expression de Q peut être mise sous la forme

$$Q = \frac{\varpi h}{2} t^2 (h - h') \cos . \varepsilon ;$$

et dans le cas où la paroi est verticale,

$$Q = \frac{\varpi h}{2} t^2 (h - h').$$

231. Pour connaître maintenant le point de la paroi où la force Q doit être appliquée, on remarquera que, sur une portion de la paroi correspondante à la portion z de la hauteur h, la poussée a pour expression

$$\frac{\varpi z}{2} t^2 (z - h') \cos . \varepsilon .$$

Différenciant par rapport à z, il vient

$$\frac{\varpi dz}{2} t^2 (2z - h') \cos . \varepsilon$$

pour la poussée exercée sur la portion de la paroi correspondante à la portion dz de la hauteur h. On aura le moment de cette poussée élémentaire, pris par rapport au point A (Fig. 20 et 21), en multipliant par $\frac{h-z}{\cos.\varepsilon}$. Prenant la somme des momens de ces poussées élémentaires, et la divisant par la poussée totale, on a

$$\frac{\int_0^h dz\,[-2z^2+(2h+h')\,z-hh']}{h\,(h-h')\cos.\varepsilon}=\frac{h}{3\cos.\varepsilon}.\frac{h-\frac{3}{2}h'}{h-h'}$$

pour la distance du point d'application de la force Q au point inférieur A de la paroi (a). Quand la paroi est verticale, cette distance est

$$\tfrac{1}{3}\,h.\frac{h-\frac{3}{2}h'}{h-h'}.$$

232. L'inclinaison du plan de rupture qui donne le prisme de plus grande poussée est indépendante de la valeur de la cohésion. Si l'on suppose la cohésion nulle, $h'=0$: la valeur de la poussée est

$$Q=\frac{\varpi h^2}{2}.\,t^2\cos.\varepsilon\,;$$

et quand la paroi est verticale,

$$Q=\frac{\varpi h^2}{2}.\,t^2.$$

(a) Cette formule diffère de celle qui a été donnée par MM. de Prony et Français, dans les Mémoires cités ci-dessus, ces savans ayant pris l'intégrale du moment de la poussée entre les limites h' et h. On remarquera que, quoique la somme des poussées élémentaires soit nulle sur la hauteur h', il ne s'ensuit pas que la somme des momens de ces poussées soit également nulle. Il paraît donc que l'intégrale doit être prise entre les limites o et h, comme l'a fait Coulomb dans son Mémoire de 1773. En opérant de cette manière, on fait disparaître l'anomalie remarquée par M. de Prony, n° 28 de ses Recherches sur la poussée des terres.

La distance du point d'application de Q à l'extrémité inférieure de la paroi est

$$\frac{h}{3 \cos. \varepsilon};$$

et quand la paroi est verticale,

$$\tfrac{1}{3} h,$$

comme dans les fluides.

233. Si l'on suppose en même temps la force de cohésion et le frottement nuls, $h' = 0$, $\tau = 90°$,

$$t = \text{tang.}\,(45° \mp \tfrac{1}{2}\varepsilon) \pm \text{tang.}\,\varepsilon;$$

et quand le paroi est verticale,

$$t = 1.$$

La valeur de la poussée est dans ce dernier cas

$$Q = \frac{\varpi h^2}{2},$$

conformément aux propriétés connues des fluides.

Pression exercée contre une paroi plane, lorsque la surface supérieure des terres est surchargée.

234. Reprenant le calcul du n° 225, en supposant la surface supérieure des terres chargée uniformément par des matières qui doivent se diviser suivant des plans verticaux correspondans aux extrémités supérieures T des lignes de rupture (Fig. 20 et et 21), et nommant

p le poids porté par l'unité de surface,

on devra, dans les formules de ce n°, écrire $ph + \frac{1}{2} \varpi h^2$ au lieu de $\frac{1}{2} \varpi h^2$. L'angle du prisme de plus grande poussée demeurera toujours le même. La valeur de la poussée du n° 229 deviendra

$$Q = (ph + \tfrac{1}{2} \varpi h^2)\, t^2 . \cos. \varepsilon - \gamma h \frac{\sin. \tau}{\cos.^2 \frac{1}{2} (\tau \mp \varepsilon)};$$

et dans le cas où la paroi est verticale,

$$Q=(ph+\tfrac{1}{2}\varpi h^2)\,t^2-2\gamma h.t.$$

235. En appelant h'' la valeur de h pour laquelle Q est nulle, on aura

$$h''=h'-\frac{2p}{\varpi};$$

les expressions de Q du n° 230, est l'expression trouvée n° 231 pour la distance du point d'application de Q à l'extrémité inférieure de la paroi, conviendront au cas dont il s'agit en écrivant h'' au lieu de h'.

236. En supposant nulle la cohésion des terres, comme au n° 232, la valeur de la poussée sera

$$Q=(ph+\tfrac{1}{2}\varpi h^2)\,t^2\cos.\varepsilon;$$

et si la paroi est verticale,

$$Q=(ph+\tfrac{1}{2}\varpi h^2)\,t^2.$$

La distance du point d'application de Q à l'extrémité inférieure de la paroi sera

$$\frac{h}{3\cos.\varepsilon}.\frac{\varpi h+3p}{\varpi h+p};$$

et si la paroi est verticale,

$$\tfrac{1}{3}h.\frac{\varpi h+3p}{\varpi h+2p}.$$

237. Lorsque les terres se changent en un fluide, les expressions précédentes de Q s'appliquent à ce cas en supposant $\tau=90°$, ce qui donne $t=1$ quand la paroi est verticale. La valeur précédente de la distance du point d'application de la pression convient également aux terres non cohérentes, et aux fluides.

Equilibre d'un mur soutenant la poussée des terres.

238. On regarde le mur ABba (Fig. 22 et 23) comme pouvant se rompre suivant la direction inclinée aS. La rupture peut avoir lieu, soit parce que la partie supérieure SBba glisserait sur le plan de rupture, soit parce que cette partie supérieure serait renversée en tournant sur l'arête a. La rupture par glissement, suivant une direction inclinée tracée dans l'épaisseur du mur, peut être prévenue par divers procédés de construction ; et, abstraction faite de ces procédés, ce genre de rupture n'aura pas lieu, en général, si le mur a l'épaisseur nécessaire pour résister à la rupture par renversement. On considérera seulement ici ce dernier genre de rupture.

Conservant les dénominations des nos 225 et suivans, on nommera

a la largeur Aa de la base du mur;

h la hauteur verticale AC;

m le rapport de la base à la hauteur, pour le talus de la face extérieure ab du mur;

Π le poids de l'unité de volume de la matière du mur;

R la cohésion de la matière du mur sur l'unité de surface (voyez n° 211);

F le rapport du frottement à la pression pour les terres glissant sur la face intérieure AB du mur.

ε représentera, comme ci-dessus, l'angle que le parement intérieur AB forme avec la verticale;

z la hauteur indéterminée SD.

En regardant la pression exercée par la terre contre BS comme une force appliquée en E, perpendiculairement au parement du mur, la valeur de cette force, d'après le n° 230, est

$$\tfrac{1}{2}\varpi z t^2 (z - h') \cos. \varepsilon.$$

La distance SE, d'après le n° 231, est

$$\frac{z}{3\cos.\varepsilon}\cdot\frac{z-\frac{3}{2}h'}{z-h'};$$

d'où il suit que le bras de levier aG de la force dont il s'agit, est

$$\frac{h-z}{\cos.\varepsilon}+\frac{z}{3\cos.\varepsilon}\cdot\frac{z-\frac{3}{2}h'}{z-h'}\mp a\sin.\varepsilon.$$

L'expression du moment de la poussée des terres sur BS, pris par rapport à l'arête a, est donc

$$\tfrac{1}{2}\varpi z t^2 (z-h')\cos.\varepsilon\left[\frac{h-z}{\cos.\varepsilon}+\frac{z}{3\cos.\varepsilon}\cdot\frac{z-\frac{3}{2}h'}{z-h'}\mp a\sin.\varepsilon\right],$$

les signes supérieur et inférieur ayant lieu respectivement pour les cas des figures 22 et 23. La même expression conviendrait au cas où la surface supérieure des terres serait surchargée uniformément, en écrivant h'' au lieu de h', conformément au n° 235.

239. Le moment des forces qui s'opposent au renversement, pris par rapport à l'arête a, se compose du moment du poids du rectangle ACca, qui est

$$\tfrac{1}{2}\Pi a^2 h;$$

moins le moment du poids du triangle abc,

$$\tfrac{1}{6}\Pi m^2 h^3;$$

moins ou plus le moment du poids du triangle ACB,

$$\tfrac{1}{2}\Pi h^2 \tan g.\varepsilon\,(a\mp\tfrac{1}{3}h\tan g.\varepsilon);$$

moins le moment du poids du triangle aRS,

$$\tfrac{1}{3}\Pi (h-z)[a\mp(h-z)\tan g.\varepsilon]^2;$$

moins ou plus le moment du poids du triangle ARS,

$$\tfrac{1}{2}\Pi (h-z)^2 \tan g.\varepsilon\,[a\mp\tfrac{2}{3}(h-z)\tan g.\varepsilon];$$

auxquels il faut ajouter le moment de la résistance à la rupture sur aS, qui est

$$\tfrac{1}{3}\mathrm{R}\left\{(h-z)^2+[a\mp(h-z)\ \mathrm{tang.}\varepsilon]^2\right\};$$

et enfin le moment du frottement et de l'adhérence des terres contre le parement intérieur du mur, qui est

$$\tfrac{1}{2}\mathrm{F}\varpi z t^2\ (z-h')\ \cos.\varepsilon.\ a\cos.\varepsilon.$$

240. La condition de l'équilibre du mur, pour une valeur donnée de z, s'exprimera en égalant cette somme de momens au moment de la poussée des terres sur BS. Si l'on résout ensuite l'équation par rapport à a, et si l'on détermine la valeur de z par la condition de rendre a un maximum, on connaîtra en même temps la direction suivant laquelle le mur se romprait, si l'épaisseur a était un peu trop petite, et la moindre valeur qu'il soit possible de donner à cette épaisseur.

241. Nous supposerons le parement intérieur du mur vertical, la cohésion des terres et celle de la matière du mur nulles, d'où $\varepsilon=0$, $h'=0$, $\mathrm{R}=0$. De plus nous négligerons le frottement exercé par le terrain contre la face intérieure du mur, d'où $\mathrm{F}=0$. Dans ce cas, s'il n'y a point de surcharge sur la surface supérieure des terres, le moment de la poussée sur BS, pris par rapport au point A, est

$$\tfrac{1}{2}\varpi z^2.t^2\ (h-\tfrac{2}{3}z);$$

et le moment de stabilité du mur,

$$\tfrac{1}{2}\Pi a^2 h-\tfrac{1}{3}\Pi a^2\ (h-z)-\tfrac{1}{6}\Pi m^2 h^3.$$

En égalant ces deux quantités, et résolvant par rapport à a, on trouve

$$a=\sqrt{\frac{\varpi z^2 t^2\ (3h-2z)+\Pi m^2 h^3}{\Pi\ (h+2z)}}.$$

Différentiant et égalant à zéro, on aura, pour déterminer la valeur de z qui rendra a le plus grand possible, l'équation

$$8\varpi t^2 \Pi z^3 - 6\varpi t^2 . \Pi h^2 z + 2\Pi^2 m^2 h^3 = 0.$$

Cette valeur, substituée dans l'expression précédente, fera connaître la moindre largeur qu'il soit possible de donner à la base du mur.

242. Si le parement extérieur du mur est vertical, aussi-bien que le parement intérieur, $m=0$; l'expression précédente de a se réduit à

$$a=\sqrt{\frac{\varpi z^2 t^2 (3h-2z)}{\Pi(h+2z)}}.$$

La valeur de z qui rend cette expression un maximum, est

$$z=\tfrac{1}{2}\sqrt{3}.h;$$

et la moindre épaisseur qu'il soit possible de donner au mur, est

$$a=h.t\sqrt{\frac{9\varpi}{(12+8\sqrt{3})\Pi}}.$$

Ainsi la hauteur RS est alors le $\frac{1}{8}$ environ de la hauteur du mur, et la moindre épaisseur est à peu près

$$0{,}59.ht\sqrt{\frac{\varpi}{\Pi}}.$$

Équilibre d'un mur soutenant la poussée des terres, en supposant ce mur renversé en totalité sur l'arête extérieure de sa base.

243. On regarde maintenant le mur comme un corps posé sur une base avec laquelle il n'aurait aucune adhérence, en supposant l'adhérence de la matière de ce mur assez grande pour qu'il ne s'y fasse pas de disjonction,

dans le cas où la poussée des terres le renverserait en le faisant tourner sur l'arête extérieure de sa base. En conservant les dénominations du n°. 238, qui se rapportent aux fig. 22 et 23, l'expression du moment de la poussée des terres sur AB se déduira de celle qui a été trouvée dans ce numéro en supposant $z=h$, et sera

$$\tfrac{1}{2}\varpi t^2 [\tfrac{1}{3} h^2 (h-\tfrac{3}{2}h') \mp ah(h-h') \sin.\varepsilon \cos.\varepsilon].$$

Le moment des forces qui s'opposent au renversement se déduira également de l'expression donnée n° 239, en supposant $z=h$, $R=o$, $F=o$, et sera

$$\tfrac{1}{2}\Pi h [a^2 \mp ah \operatorname{tang}.\varepsilon + \tfrac{1}{3} h^2 (\operatorname{tang}.^2\varepsilon - m^2)].$$

Égalant ces deux expressions, et résolvant l'équation par rapport à a, on trouvera

$$a = \pm \tfrac{1}{2}\left[h \operatorname{tang}.\varepsilon - \frac{\varpi}{\Pi} t^2 (h-h') \sin.\varepsilon \cos.\varepsilon\right]$$
$$+ \sqrt{\left\{\tfrac{1}{4}\left[h \operatorname{tang}.\varepsilon - \frac{\varpi}{\Pi} t^2 (h-h') \sin.\varepsilon \cos.\varepsilon\right]^2 + \frac{\varpi}{3\Pi} t^2 . h (h-\tfrac{3}{2}h') - \tfrac{1}{3} h^2 (\operatorname{tang}.^2\varepsilon - m^2)\right\}}$$

pour l'expression de la largeur à donner à la base du mur.

Cette expression conviendra au cas où la surface supérieure des terres est surchargée, en écrivant h'' au lieu de h', et donnant à h'' la valeur indiquée n° 235.

244. Si le parement intérieur du mur est vertical, $\varepsilon=o$; la valeur de a est

$$a = \sqrt{\frac{\varpi}{3\Pi} t^2 h (h-\tfrac{3}{2}h') + \tfrac{1}{3} m^2 h^2},$$

formule dans laquelle $t = \operatorname{tang}.\tfrac{1}{2}\tau$, conformément au n° 229.

245. Si le parement extérieur du mur est également vertical, $m=0$, et l'on a

$$a=t\sqrt{\frac{\varpi}{3\Pi}.h\left(h-\frac{3}{2}h'\right)}.$$

246. Si, la cohésion des terres étant supposée nulle, il existe une surcharge sur la face supérieure, on doit (conformément au n° 235) écrire $-\frac{2p}{\varpi}$ au lieu de h' dans l'expression générale de a du n° 243, et dans celles des deux n^{os} précédens. Mais s'il n'existe point de surcharge, on doit faire $h'=0$. L'expression du n° 243 devient alors

$$a=\pm\tfrac{1}{2}h\left[\text{tang.}\,\varepsilon-\frac{\varpi}{\Pi}t^2\sin.\varepsilon\cos.\varepsilon\right]$$
$$+h\sqrt{\tfrac{1}{4}\left[\text{tang.}\,\varepsilon-\frac{\varpi}{\Pi}t^2\sin.\varepsilon\cos.\varepsilon\right]^2+\frac{\varpi}{3\Pi}t^2-\tfrac{1}{3}(\text{tang.}^2\varepsilon-m^2)}.$$

247. Si, la cohésion des terres étant nulle, le parement intérieur du mur est vertical, on a

$$a=h\sqrt{\frac{\varpi}{3\Pi}t^2+\tfrac{1}{3}m^2}.$$

248. Enfin si, la cohésion des terres étant nulle, les deux paremens du mur sont verticaux, on a

$$a=h.t\sqrt{\frac{\varpi}{3\Pi}};$$

en sorte que la moindre épaisseur à donner au mur est à peu près $0{,}577.ht\sqrt{\frac{\varpi}{\Pi}}$, résultat qui ne diffère pas sensiblement de celui du n° 242.

249. Les formules des trois n^{os} précédens s'appliqueront au cas où les terres se changent en un fluide, en supposant $\tau=90°$, ce qui donne $t=1$ quand le parement intérieur du mur est vertical.

Equilibre d'un mur soutenant la poussée des terres, en supposant que ce mur peut glisser sur sa fondation.

250. On peut encore regarder le mur comme un corps posé sur une base horizontale, avec laquelle il aurait une faible adhérence, et sur laquelle la poussée des terres le ferait glisser, sans opérer de disjonction dans ce mur. Conservant les dénominations du n° 238, qui se rapportent aux fig. 22 et 23, on nommera

Φ le rapport du frottement à la pression lorsque le mur glisse sur la base A a;

Γ la force de cohésion existant entre la matière du mur et cette base.

La force qui tend à produire le glissement est la composante horizontale de la poussée Q, dont la valeur a été donnée n° 230, c'est-à-dire

$$\tfrac{1}{2}\varpi h t^2 (h-h') \cos.^2 \varepsilon.$$

Le poids du mur étant

$$\Pi \left[ah - \tfrac{1}{2} h^2 (m \pm \text{tang.}\,\varepsilon)\right],$$

on a pour la force qui s'oppose au glissement

$$\pm \tfrac{1}{2} \Phi \varpi h t^2 (h-h') \sin.\varepsilon \cos.\varepsilon + \Phi \Pi \left[ah - \tfrac{1}{2} h^2 (m \pm \text{tang.}\varepsilon)\right] + \Gamma a.$$

En égalant ces deux forces, on exprime la condition de l'équilibre du système, et en résolvant l'équation par rapport à a, on trouve

$$a = \frac{h}{2} \cdot \frac{\varpi t^2 (h-h') \cos.^2\varepsilon \,(1 \mp \Phi\,\text{tang.}\varepsilon) + \Phi \Pi h (m \pm \text{tang.}\,\varepsilon)}{\Phi \Pi h + \Gamma}$$

pour l'expression de la moindre largeur qu'il soit possible de donner à la base du mur.

Cette expression conviendra au cas où la surface supérieure des terres est surchargée, en écrivant h'' au lieu de h', et donnant à h'' la valeur indiquée n° 235.

251. Si le parement intérieur du mur est vertical, $\varepsilon=0$: la valeur de a est

$$a=\frac{h}{2}\cdot\frac{\varpi t^2(h-h')+\Phi\Pi mh}{\Phi\Pi h+\Gamma},$$

formule dans laquelle $t=\text{tang.}\,\frac{1}{2}\tau$, conformément au n° 229.

252. Si le parement extérieur du mur est également vertical, $m=0$, et l'on a

$$a=\frac{h}{2}\cdot\frac{\varpi t^2(h-h')}{\Phi\Pi h+\Gamma}.$$

253. Si, la cohésion des terres étant supposée nulle, il existe une surcharge sur la face supérieure, on doit, conformément au n° 235, écrire $-\frac{2p}{\varpi}$ au lieu de h' dans les deux expressions précédentes. Mais s'il n'existe point de surcharge, on doit alors faire $h'=0$. En supposant également nulle la cohésion entre le mur et la base, l'expression du n° 250 devient

$$a=\frac{h}{2}\left[\frac{\varpi}{\Phi\Pi}t^2\cos.^2\varepsilon\,(1\mp\Phi\,\text{tang.}\,\varepsilon)+m\pm\text{tang.}\,\varepsilon\right].$$

254. Si, la cohésion étant nulle, le parement intérieur du mur est vertical, on a

$$a=\frac{h}{2}\left[\frac{\varpi}{\Phi\Pi}t^2+m\right].$$

255. Enfin si, la cohésion étant nulle, les deux paremens sont verticaux,

$$a=\frac{\varpi h.t^2}{2\Phi\Pi}.$$

256. Les formules des trois numéros précédens s'appliqueront au cas où les terres se changent en un fluide, en supposant $\tau=90°$, ce qui donne $t=1$ quand le parement intérieur du mur est vertical.

Tous les résultats exposés depuis le n° 238 s'appliquent également à un mur formé d'un massif homogène, ou à un mur construit avec des pierres posées par assises horizontales.

ARTICLE V.

De l'établissement des fondations, lorsque les murs sont supportés par des terrains compressibles.

257. Quand on n'a pu établir les fondations d'un mur sur un sol sensiblement incompressible, l'inconvénient qui en résulte est moindre si le mur, par l'effet de la compressibilité du terrain, s'abaisse verticalement, sans pencher d'un côté ou de l'autre. La fondation doit donc être disposée de manière que le mur n'ait aucune tendance à se déverser. Nous supposons le terrain également compressible, dans toute l'étendue de la surface des fondations.

Dans le cas où le mur ne supporte que des actions verticales, on aura satisfait à la condition dont il s'agit si le le centre de gravité du poids du mur, et des poids dont il est chargé, se trouve dans la ligne verticale passant par le centre de gravité de l'aire des fondations.

258. En général, si un mur supporte des efforts verticaux et horizontaux, il n'aura aucune tendance à se déverser si la résultante de ces efforts passe par le centre de gravité de l'aire des fondations; c'est-à-dire si la somme des momens de ces efforts, pris par rapport à ce centre de gravité, est nulle (*a*).

(*a*) Ces notions ont été présentées dans un Mémoire rédigé en 1816, et publié en 1822 par M. Lambel, directeur des fortifications. Elles le sont également dans le Mémoire de M. Français, Mémorial du génie, n° 4.

259. Par exemple, dans le mur représenté fig. 17 et 18, dont les conditions d'équilibre ont été examinées dans les n°s 200 et suivans, en supposant le profil des fondations rectangulaire, conservant les dénominations de ces numéros, et appelant

a' la largeur $\alpha 6$ de la fondation;
h' la hauteur B6;

on aura pour le moment du poids du mur et de la fondation, pris par rapport au milieu de la base $\alpha 6$,

$$\tfrac{1}{2}(\mathrm{P}+\varpi a h)(a'-a);$$

et pour le moment de la force horizontale Q, pris par rapport au même point,

$$\mathrm{Q}(h+h').$$

La largeur a' devra donc être déterminée par l'équation

$$\mathrm{Q}(h+h')=\tfrac{1}{2}(\mathrm{P}+\varpi a h)(a'-a),$$

d'où

$$a'=a+\frac{2\mathrm{Q}(h+h')}{\mathrm{P}+\varpi a h}.$$

260. Dans tout autre cas, et particulièrement lorsque les murs soutiennent la poussée des terres ou des fluides, on ne trouvera aucune difficulté pour régler la largeur des fondations de manière à satisfaire à la condition dont il s'agit, puisque les résultats présentés dans l'article précédent font connaître la grandeur et la direction de la poussée. On fera en sorte que le moment de cette poussée, pris par rapport au milieu de la base des fondations, soit égal au moment du poids du mur, pris par rapport au même point.

ARTICLE VI.

Qualités diverses des terres. Évaluation de la pesanteur spécifique, du frottement et de la cohésion.

261. Les propriétés des terres, dont la nature et les qualités sont très-variables, peuvent être considérées sous divers points de vue. On distinguera ici 1° les terres déblayées, et réduites en petites parties qui n'adhèrent pas sensiblement les unes aux autres; 2° les terres dans l'état naturel, en les supposant sèches, ou légèrement humectées; 3° les terres fortement pénétrées par l'eau.

La pesanteur spécifique des terres et des maçonneries ne peut être connue exactement que par des expériences spéciales. Le tableau suivant offre des résultats moyens.

Terre végétale.	1,4
Terre franche	1,5
Terre argileuse	1,6
Glaise	1,9
Sable terreux.	1,7
Sable pur.	1,9
Maçonnerie de moellon en pierres calcaires et siliceuses, depuis	1,7
jusqu'à.	2,3
Maçonnerie de moellon en granit.	2,3
Maçonnerie de moellon en basalte.	2,5

Ces nombres, étant multipliés par 1000, donneront le poids du mètre cube en kilogrammes.

Des terres déblayées, et réduites en petites parties non cohérentes.

262. Dans cet état, les parties des terres sont regardées comme n'ayant aucune cohésion les unes avec les autres. On doit donc, en appliquant les formules des articles précédens, supposer la cohésion nulle. Il reste à connaître le rapport du frottement à la pression, ou, ce qui est la la même chose, le talus qu'affectent naturellement ces terres, lorsque l'on en forme un remblai (voyez les n°s 192 et 225).

263. Le sable fin et sec est, de toutes les terres, celle qui prend le plus grand talus. D'après une expérience de M. Gadroy (*a*), ce talus est $\frac{5}{3}$; d'où $f = 0{,}6$ et $\tau = 69°$.

264. D'après les expériences de M. Rondelet (*b*), le plan du talus du sable fin bien sec, et du grès pulvérisé, forme avec l'horizon un angle de $34° \frac{1}{2}$; d'où $f = 0{,}69$ et $\tau = 55° \frac{1}{2}$.

D'après les mêmes expériences (*c*), le plan du talus, pour la terre ordinaire, bien sèche et pulvérisée, forme avec l'horizon un angle qui est au moins $46°\ 50'$; d'où $f = 0{,}94$ et $\tau = 43°\ 10'$. Quand la même terre est légèrement humectée, cet angle devient au plus $54°$; ce qui donne $f = 1{,}38$ et $\tau = 36°$.

265. D'après M. Barlow (*d*), le talus de la plus légère espèce de sable est $\frac{5}{4}$; d'où $f = 0{,}8$ et $\tau = 51°$. D'après le même auteur, le talus du sol de l'espèce le plus dense et le plus compacte est $\frac{5}{7}$; d'où $f = 1{,}4$ et $\tau = 35°$.

(*a*) Traité expérimental et analytique de la poussée des terres, par M. Mayniel, page 1.

(*b*) Art de bâtir, tome III, page 135.

(*c*) *Idem*, page 139, 141.

(*d*) *An Essay on the strength and stress of timber*, page 249.

266. D'après le colonel Pasley (*a*), l'espèce de terre non cohérente (*loose shingle*) et parfaitement sèche, employée à ses expériences, prenait un talus de $\frac{6,25}{5}$; d'où $f = 0,8$ et $\tau = 51°$.

267. Nous citerons actuellement les expériences qui ont été faites dans la vue de mesurer directement les pressions exercées par le sable ou d'autres matières non cohérentes (appelées quelquefois *demi-fluides*) contre le fond ou les côtés des capacités qui les contiennent.

D'après les observations de M. Delanges (*b*) les angles des talus avec l'horizon sont pour le

Sable de rivière très-fin.	33°
Millet.	23
Cendrée de plomb.	22 30′
Grains de plomb d'un diamètre triple de ceux de la cendrée. . . .	25

(*a*) *Course of military instruction*, tome III, page 562. Cet ouvrage contient une suite d'expériences sur l'action de la terre contre les revêtemens. On remarquera que des expériences en petit ne sont point propres à donner des notions exactes sur cette action, dont les divers élémens varient suivant des proportions différentes avec les hauteurs des revêtemens. Aucun des résultats obtenus par l'auteur n'est d'ailleurs en contradiction avec les notions présentées dans les articles précédens. Ces résultats indiquent seulement que le frottement et l'adhérence des terres contre le parement intérieur des murs, dont la considération a été négligée dans les calculs des n°s 238 et suivans, produisent des effets sensibles quand la hauteur des revêtemens est très-petite, comme elle l'était dans ces expériences. Les expériences décrites par M. Mayniel, dans ses Recherches sur la poussée des terres, peuvent donner lieu à des remarques semblables.

(*b*) *Statica e mecanica de' semi fluidi, Memorie di matematica e fisica della Societa italiana*, tome IV, 1788. On trouve dans ce mémoire des observations très-curieuses sur la manière dont le sable se meut en s'écoulant hors des vases par un orifice.

Le poids d'un pouce cube est pour le

Sable. . . . . 7,3 dragmes.
Millet. 4,2
Cendrée de plomb. 39,3

268. Pressions exercées sur le fond d'un vase cylindrique dont l'axe est vertical. Le fond était mobile et la pression qu'il supportait était mesurée par une balance.

VASES.	HAUTEUR des demi-fluides.	PRESSIONS SUR LE FOND DU VASE.					
		Sable.		Millet.		Cendrée de plomb.	
	pouces.	drag.	gr.	drag.	gr.	drag.	gr.
Vase cylindrique de 6 po. de hauteur et 2 po. de diamètre.	2	21	15	18	0	177	0
	4	28	0	26	30	220	0
	6	35	0	33	45		
Vase cylindrique de 6 po. de hauteur et 3 po. de diamètre.	2	76	30	49	0		
	6	139	0	88	0		

Les pressions sont moindres que le poids de la matière contenue dans le vase (pour le sable $\frac{1}{3}$, pour le millet et la cendrée de plomb $\frac{1}{2}$ environ), et elles n'augmentent pas proportionnellement aux hauteurs.

Ces expériences ayant été répétées sur des vases coniques, on a trouvé la pression sur le fond moindre que pour les vases cylindriques; en sorte qu'il paraît qu'il y a alors plus d'obstacle à la descente de la colonne verticale portant sur le fond que dans le cas où cette colonne est contenue entre des parois solides.

On a cherché à reconnaître si les demi-fluides exerçaient une pression verticale de bas en haut : on n'a pu observer d'effet sensible.

269. *Pressions exercées contre une paroi verticale.* Les expériences ont été faites au moyen d'une caisse rectangulaire. A l'une des extrémités était une paroi mobile sur un axe placé sur son côté inférieur, et l'on pouvait placer la paroi opposée de manière à faire varier la longueur de la caisse. Elle avait six pouces de largeur et de hauteur. Les poids équivalens aux pressions latérales des demi-fluides exerçaient leur action à 7 po. 7 lig. de distance de l'axe de mouvement de la paroi mobile.

Hauteur du demi-fluide.	Longueur du demi-fluide.	Poids équivalens aux pressions latérales.					
		Sable.		Millet.		Cendrée de plomb.	
pouces.	pouces.	drag.	gr.	drag.	gr.	drag.	gr.
2	4					14	0
2	6	2	22	2	45		
4	6					69	30
4	10	9	30	14	30		
6	2	23	0	27	7	206	0
6	4						
6	6	24	45	27	22		
6	8	24	52	31	30	206	0
6	16	24	45	32	0		

270. Lorsqu'un demi-fluide s'écoule par un orifice existant au fond d'un vase, sa surface supérieure, si la hauteur est suffisante, s'abaisse en demeurant d'abord plane et horizontale jusqu'à un certain niveau, où elle se déprime au milieu, et finit par prendre la figure conique qui répond à l'inclinaison ordinaire des talus. Les vitesses d'écoulement sont beaucoup moins grandes que celles qui auraient lieu pour les fluides.

271. D'après les expériences de M. Huber-Burnand (*a*)

(*a*) Lettre sur l'écoulement et la pression du sable. Bibliothèque universelle rédigée à Genève, sciences et arts, 1829.

sur du sable très-fin, la quantité de sable écoulé dans un temps donné par un orifice existant au fond d'une caisse est absolument la même, en volume et en poids, quelle que soit la hauteur initiale de la surface du sable sur l'orifice. Il en est de même lorsque le sable s'écoule par des ouvertures existant dans les parois latérales. Mais si ces dernières ouvertures sont dirigées horizontalement et n'ont pas un diamètre à peu près égal à l'épaisseur de la paroi, le sable ne s'écoule point par les ouvertures dont il s'agit quelle que soit sa hauteur dans la caisse.

Le sable versé dans un tube deux fois coudé à angles droits ne remonte point comme le ferait un liquide dans le tube opposé : il s'étend à peine dans le tube horizontal à une très-petite distance du coude.

La pression que l'on exerce à la surface supérieure du sable contenu dans une caisse n'influe nullement sur la vitesse d'écoulement du sable par un orifice existant au fond de cette caisse.

272. L'angle du talus du sable a été observé par M. Huber-Burnand de 30 à 33°, rarement de 35°. Des pois ou de la grenaille affectent à peu près le même angle et suivent à tous égards les mêmes lois.

273. A l'égard de la pression exercée sur le fond d'un vase, le même physicien a fait les observations suivantes :

1° Un œuf recouvert de quelques pouces de sable dont la surface est chargée d'un poids de 25k ne s'écrase point. Il en est de même lorsque le sable est en mouvement par l'effet d'un écoulement qui a lieu au fond du vase.

2° Lorsque deux tubes verticaux communiquant entre eux par leurs extrémités inférieures contiennent du mercure, le niveau commun du mercure dans les deux tubes n'est pas altéré lorsqu'on verse du sable sur le mercure dans l'un des tubes. Cette expérience a été faite avec un tube de $0^m,65$ de hauteur et $0^m,035$ de diamètre. On peut exercer une forte pression sur l'extrémité supérieure de la colonne de sable sans changer le résultat.

3° En adaptant un fond mobile au même tube que l'on remplit de sable ou de pois secs, on reconnaît que ce fond ne supporte qu'une partie très-petite et presque insensible du poids de ces matières ($0^k,012$ sur $1^k,5$ à 2^k), et que la presque totalité de ce poids est supportée par le frottement qui s'établit contre la paroi latérale du tube.

Ces expériences ont également réussi avec un tube cylindrique de 4 po. de diamètre, et même avec un tube évasé par le bas.

Lorsque l'on verse de l'eau dans le tube plein de sable elle s'y maintient avec le sable et ne s'écoule pas.

274. Ces observations sont confirmées par celles de M. Moreau, capitaine du génie (*a*). On s'est servi, pour soumettre à l'expérience un sable fin et humide, d'une caisse de 4^m de longueur et 1^m de largeur et de profondeur. Le fond présentait des ouvertures de $2^m,22$ de longueur, $0^m,27$ et $0^m,6$ de largeur, fermées au moyen d'une planche à bascule tournant sur une charnière, soutenue par une corde passant sur une poulie et supportant un plateau chargé de poids. La surface supérieure du sable dans la caisse a été chargée de poids qui ont dépassé 4300^k par mètre carré. D'autres expériences ont été faites sur du sable sec avec une caisse plus petite. L'auteur en conclut que la longueur et la hauteur d'un massif de sable demeurant les mêmes, la pression sur une étendue déterminée du fond, lorsqu'il cède, devient constante,

---

(*a*) Notice sur une nouvelle manière de fonder en mauvais terrain. Mémorial de l'officier du génie, n° 11.

que le sable soit seul, ou qu'il soit chargé à sa surface de poids considérables, et même quelconques. Il paraît néanmoins que la pression primitive, supportée par la partie du fond qui va céder, est plus grande quand la surcharge est plus considérable; mais la pression finale est toujours la même.

En cherchant quelle serait l'inclinaison des faces des prismes de sable, ayant pour base les portions mobiles du fond, d'après la condition que le poids de ces prismes serait égal aux pressions observées, on a trouvé des résultats irréguliers qui répondaient à des angles de talus de 46° à 55° avec l'horizon. Cet angle étant plus grand que l'inclinaison naturelle du sable, les pressions sont plus grandes que le poids des prismes.

275. La théorie exposée ci-dessus, article IV, s'accorde avec ces observations. L'expression donnée n° 229 (en faisant $\gamma = 0$) représentera la pression exercée contre la paroi latérale d'un vase, dans le cas où sa largeur est au moins égale à la base du prisme de plus grande poussée. Il serait facile, en suivant les mêmes principes, de former l'expression qui convient à la pression dont il s'agit, lorsque la largeur du vase est moins grande. On voit que la valeur de cette pression est considérable, et augmente rapidement avec la hauteur du vase. Il est donc aisé de concevoir qu'elle peut donner lieu, lorsque le fond commence à céder, si les parois latérales sont verticales ou peu inclinées en dedans, à un frottement qui détruise la plus grande partie de l'action de la gravité sur la portion du système qui s'appuie contre ces parois. Il paraît d'ailleurs que de nouvelles expériences sont nécessaires pour fixer entièrement les idées sur cet objet.

Des terres dans l'état naturel.

276. La plupart des terres, et même les sables, ont acquis une cohésion assez grande lorsque les parties ont demeuré long-temps en contact, et ont été fortement comprimées. Dans cet état on peut les couper verticalement, sans causer d'éboulement, sur une hauteur de 1 à 2m pour la terre franche, et de 3 à 4m, ou même davantage, pour les terres fortement argileuses. On ne connaît point à ce sujet d'observations précises. La force d'adhésion de la même terre peut varier d'ailleurs avec le degré d'humidité.

La valeur du coefficient γ (voyez n° 188) se conclut de la hauteur sur laquelle la terre peut être coupée verticalement sans s'ébouler, par la formule donnée nos 192 et 229,

$$\gamma = \tfrac{1}{4}\varpi h' \text{tang.} \tfrac{1}{2}\tau,$$

h' étant la hauteur dont il s'agit, ϖ le poids de l'unité de volume des terres, τ l'angle que forme avec la verticale le plan du talus naturel, la cohésion étant supposée détruite.

En supposant pour la terre franche $\varpi = 1500^k$, $\tau = 40^\circ$, $h' = 1^m$, on trouve $\gamma = 136^k$.

En supposant pour les terres les plus fortes $\varpi = 1800^k$, $\tau = 35^\circ$, $h' = 4^m$, on trouve $\gamma = 568^k$.

La valeur du coefficient γ peut être regardée pour les terres comme étant comprise entre ces deux limites; le mètre et le kilogramme étant les unités de longueur et de poids.

277. Lorsque des terres, dans l'état naturel, ont été coupées, et lorsque la surface du talus demeure exposée à l'air, les alternatives de sécheresse et d'humidité, ou

l'effet de la gelée, changent les qualités de ces terres. Les parties voisines de la surface se détachent successivement; et, en général, les terres tendent à prendre d'elles-mêmes, avec le temps, les talus qu'elles auraient affecté d'abord, si la cohésion n'eût pas existé. Mais si la paroi latérale a été revêtue par une construction en maçonnerie, l'altération dont il s'agit n'a pas lieu; et les terres peuvent alors se soutenir sur des talus moindres, ou avec des revêtemens moins épais, qu'elles ne l'eussent fait si la cohésion des parties eût été préliminairement détruite.

Des effets de l'eau pénétrant dans les terres.

278. Le sable, la terre végétale et la terre franche, pénétrés par l'humidité, ne paraissent pas subir d'altération notable. Les terres vaseuses, et les terres dites savonneuses, se délaient et deviennent susceptibles de couler presque comme le ferait un fluide. La poussée des terres de cette espèce doit être calculée par les formules qui conviennent au cas des fluides, en attribuant au poids de l'unité de volume la valeur convenable.

Les terrains argileux, et principalement la glaise pure, sans devenir coulans, ce qui exigerait qu'ils absorbassent une très-grande quantité d'eau, augmentent de volume lorsque l'humidité les pénètre. Un terrain homogène augmentant de volume agit contre un revêtement, de la même manière que le ferait un fluide d'une pesanteur spécifique égale à celle de ce terrain. Aussi, quoique les terrains glaiseux, secs ou légèrement humides, aient une grande cohésion et paraissent exiger des revêtemens peu épais, ces terrains deviennent cependant, à raison de leur grande pesanteur spécifique, les plus dangereux de tous, lorsqu'ils sont dans le cas d'être pénétrés par les eaux.

Des cas où la nature du terrain varie dans la hauteur du revêtement.

279. Les terrains offrent souvent des couches de diverses natures. On pourrait prendre en considération ces variations dans les calculs. La complication qui en résulterait, et les incertitudes qui restent sur l'évaluation des élémens de la résistance des terrains de diverses espèces, s'opposent à ce que ces recherches puissent, quant à présent, être bien utiles. On remarquera seulement, 1° que l'on sera toujours au-dessus de l'équilibre, en attribuant à toute la masse les moindres valeurs du frottement et de la cohésion qui conviennent aux diverses couches; 2° qu'il n'existe aucun cas où l'action des terres puisse surpasser celle d'un fluide ayant la même pesanteur spécifique.

Du frottement et de la cohésion dans les maçonneries.

280. D'après les expériences de M. Rondelet (*a*), une pierre de liais (calcaire d'un grain très-fin), bien équarrie et dressée au grès, glissant sur une pierre semblable, se soutient en équilibre sur un plan incliné d'un peu plus de 30°. On en déduit, pour le rapport du frottement à la pression, 0,58.

281. D'après les expériences de M. Boistard (*b*), le

(*a*) Traité de l'Art de bâtir, tome III, page 243.

(*b*) Recueil d'expériences et d'observations faites sur différens travaux, etc., page 132, édition de 1822.

rapport du frottement à la pression pour une pierre calcaire très-dure, dont la surface est piquée ou bouchardée, est moyennement 0,78.

282. D'après l'observation de M. Regnier (*a*), le même rapport, pour une caisse en bois glissant sur du pavé, est 0,58.

283. Suivant M. Perronet (*b*) les voussoirs en pierre commencent à glisser sur les joints lorsque l'inclinaison sur l'horizon est de 39° à 40° (Rapport du frottement à la pression, environ 0,82).

284. D'après M. G. Rennie (*c*) les voussoirs en granit du nouveau pont de Londres, les lits étant bien dressés, sans mortier, commencent à glisser sous un angle de 33° à 34°. Avec un lit de mortier frais bien corroyé l'angle est de 25° à 26°.

Les voussoirs en grès, les lits étant bien dressés, glissent sous un angle de 35° à 36°; et avec un lit de mortier sous un angle de 33° à 34°.

285. Le tableau suivant contient les résultats des expériences faites par M. Boistard (*d*) sur la force de cohésion qu'offrent les mortiers, lorsque l'on entreprend de séparer deux portions en les faisant glisser l'une sur l'autre. Des prismes ayant 5 po. de hauteur, formés en pierre calcaire bouchardée sur la base, sans ciselure au pourtour, ont été fichés sur une dalle en pierre semblable;

(*a*) Description du dynamomètre, Journal de l'École Polytechnique, 5e cahier, page 171.

(*b*) Mémoire sur le cintrement et le décintrement des ponts.

(*c*) *Experiments on the friction and abrasion of the surface of solids. — Philosophical transactions*, part. 1, 1829.

(*d*) Recueil d'expériences et d'observations faites sur différens travaux, etc., page 125.

les uns avec du mortier composé de $\frac{1}{3}$ de chaux éteinte depuis dix-huit mois, et de $\frac{2}{3}$ de sable de carrière passé au crible et assez sec ; les autres avec du mortier composé de $\frac{1}{3}$ de la même chaux, et de $\frac{2}{3}$ de ciment. Ces prismes, conservés à couvert, ont été détachés au bout de 16 jours, au moyen d'une corde dirigée parallèlement à la surface de rupture à 9 ou 10 lignes au-dessus de la dalle, passant sur une poulie, et dont l'extrémité était chargée de poids.

Surface des bases des prismes.	Poids des prismes.	Poids qui ont détaché les prismes fichés en mortier de chaux et sable.	chaux et ciment.
pouces quarrés.	livres.	livres.	livres.
16	8	159	60*
16	8,37	148	110
32	16,25	340	165*
32	16,12	333	115*
48	24	541	333
48	24,67	580	165*
64	33,75	928	465
64	33,12	300*	549

Les résultats marqués * doivent être rejetés, ou sont incertains.

286. Le tableau suivant contient une autre suite d'expériences faites sur les mêmes prismes, fichés de nouveau et détachés après 18 jours (*a*).

(*a*) *Idem*, page 129. Dans l'édition citée, il est dit que ces prismes ont été détachés après dix-huit *mois*. Il paraît que c'est une faute d'impression : la première édition des Expériences sur la main-d'œuvre, de M. Boistard, publiée en 1804, et son Mémoire sur les voûtes, inséré dans la IIe partie du recueil publié par M. Lesage, en 1810, indiquent dix-huit jours, ainsi que les copies manuscrites de ce Mémoire.

SURFACE des bases des prismes.	POIDS des prismes.	POIDS QUI ONT DÉTACHÉ les prismes fichés en mortier de chaux et sable.	chaux et ciment.
pouces quarrés.	livres.	livres.	livres.
16	8,25	115	52
16	8,25	52	87
32	16,12	350	130
32	16,25	416	203
48	24,37	790	377
48	24,25	794	394
64	33,50	852	515
64	33,37	865	502

D'après ces expériences la force de cohésion du mortier est proportionnelle à la surface, et peut être estimée au moins à 1500 livres par pied quarré, pour le mortier de chaux et sable, et 800 livres pour le mortier de chaux et ciment (6960[k] et 3700[k] par mètre quarré). Après le premier mois l'adhérence est presque aussi grande qu'après plusieurs années. Après un an, l'adhérence du mortier de ciment, séché à l'air, est moitié moindre que celle du mortier de sable.

287. D'après d'autres expériences du même auteur (*a*), deux prismes de 64 pouces quarrés, pesant 33 livres, ont été fichés, l'un en mortier de sable et l'autre en mortier de ciment, plongés immédiatement sous l'eau, et détachés au bout de seize mois. Le mortier du premier était mou comme au moment de l'emploi, et la force de cohésion a été de 115 livres. Le mortier du second était très-dur, et un effort de 1000 livres n'a pu le détacher (*b*).

(*a*) *Idem*, page 131.

(*b*) En rapprochant ces résultats de ceux qui ont été cités n°s 22

288. Ces résultats serviront à apprécier les valeurs du coefficient représenté par γ dans les nos 188 et suivans, lorsqu'il s'agira d'une rupture opérée dans les joints d'un massif en maçonnerie. On ne connaît point d'expériences directes pour l'évaluation du même coefficient lorsque la rupture doit s'opérer dans la pierre. Le coefficient représenté par R, dans les nos 211 et suivans, peut s'évaluer au moyen des résultats rapportés nos 25 et suivants.

TROISIÈME SECTION.

DE L'ÉQUILIBRE ET DE L'ÉTABLISSEMENT DES VOUTES.

289. Il existe plusieurs espèces de voûtes, dont les principales sont les voûtes en berceau; les voûtes d'arête, les voûtes en arc de cloître, les voûtes en dôme. On s'occupera principalement ici des voûtes en berceau.

Une voûte est un assemblage de parties solides juxtaposées. Ces parties nommées *voussoirs*, sont séparées par des *joints*. Dans les voûtes construites en

---

et 23, il paraîtrait que la force de cohésion du mortier est beaucoup moindre lorsque la force est exercée parallèlement au plan de rupture, qu'elle n'est lorque la force est exercée perpendiculairement à ce plan. Il serait nécessaire toutefois, pour fixer les idées à cet égard, que des expériences comparatives eussent été faites sur les mêmes mortiers.

En donnant à γ les valeurs indiquées n° 286, et calculant le poids nécessaire pour écraser un cube de 0m,05 de côté, par les formules des nos 196 et 197, on trouve un résultat fort inférieur à ceux qui ont été rapportés n° 11. Peut-être peut-on attribuer en partie cette différence à la présence des grains de sable ou de ciment, beaucoup plus durs que la matière qui les unit.

pierre, les joints des voussoirs sont ordinairement garnis en mortier. Lorsque les efforts exercés sur chaque voussoir, et la figure de la voûte, sont tels que le système ne se trouve point en équilibre, cette voûte se rompt. La rupture peut avoir lieu, soit parce que les parties de la voûte se séparent en glissant les unes sur les autres, soit parce que ces parties s'écartent en tournant autour des arêtes supérieures on inférieúrses des voussoirs. Le frottement et l'adhérence des mortiers s'opposent à ces mouvemens, et contribuent à maintenir la voûte en équilibre.

ARTICLE PREMIER.

Conditions générales de l'équilibre d'un assemblage de voussoirs.

290. Soit un assemblage de voussoirs ABNM (fig. 24), formant une portion de voûte en berceau, appuyé en AB contre un plan fixe, et maintenu à l'autre extrémité par une force dont les composantes verticale et horizontale sont P, Q. La figure de cet assemblage de voussoirs est donnée par les courbes d'intrados et d'extrados A*m*M et B*n*N, et par les directions des plans de joint. On suppose des forces quelconques appliquées aux voussoirs, et il s'agit de reconnaître si le système se maintiendra en équilibre.

Pour se former une idée nette de la nature de cet équilibre, imaginons d'abord, pour plus de simplicité, que les voussoirs sont simplement sollicités par l'action de la pesanteur, et supposons que l'on mette en place successivement ces voussoirs, en commencant par celui qui est contigu au plan fixe AB. Les premiers voussoirs placés contre ce plan pourront se soutenir par le seul effet du frottement, si l'inclinaison des joints sur l'horizon n'est pas trop grande. Mais bientôt il sera nécessaire, pour les maintenir en place, d'appliquer contre le joint supérieur du dernier voussoir une certaine force, dont nous représentons ici les composantes verticale et horizontale par P et Q. 1° Cette force devra être assez grande pour empêcher la totalité, ou une portion quelconque des voussoirs mis en place, de tomber, soit en glissant sur les joints, soit en tournant sur les arêtes inférieures des joints; 2° elle ne devra pas être assez grande pour causer le soulèvement de la totalité, ou d'une portion quelconque des voussoirs mis en place, soit par un glissement sur les joints, soit par un mouvement de rotation sur les arêtes supérieures des joints. On voit donc en général que, considérant un joint quelconque *mn*, le système des forces appliquées à la portion de voûte ABNM, y compris les forces P, Q appliquées contre le joint supérieur du dernier voussoir, doit être tel que l'action des forces appliquées à la partie supérieure *mn*NM ne puisse pas faire glisser dans un sens ou dans l'autre cette partie sur le plan *mn* supposé fixe, ni la faire tourner autour des arêtes *m* ou *n*. On nommera

x, y les coordonnées horizontale et verticale du point *m*;

x', y', les coordonnées horizontale et verticale du point *n*;

θ l'angle que la direction du joint *mn* forme avec la verticale;

z la longueur *mn* de ce joint;

a, b les coordonnées du point extrême M de la courbe d'intrados;

a', b' les coordonnées du point extrême N de la courbe d'extrados ;

G, H les sommes des composantes verticales et horizontales des forces appliquées aux voussoirs compris dans la portion de voûte mnNM ;

α, β les coordonnées du point d'application C de la résultante des forces G et H ;

T la pression normale exercée contre le joint mn ;

f le rapport du frottement à la pression, lorsque les parties de la voûte glissent sur les plans de joint ;

γ la valeur de la force de cohésion, rapportée à l'unité de surface, qui doit être vaincue pour opérer ce glissement ;

R la valeur de la force de cohésion, rapportée à l'unité de surface, qui est vaincue lorsque deux voussoirs se séparent, en s'écartant perpendiculairement au plan de joint.

291. Pour exprimer les conditions relatives au glissement sur le joint mn, on remarquera en premier lieu que la force qui tend à faire glisser la portion de voûte mnNM dans le sens nm est

$$(P+G)\cos.\theta\,;$$

et la force qui s'oppose à ce glissement,

$$(Q+H)\sin.\theta+f(P+G)\sin.\theta+f(Q+H)\cos.\theta+\gamma z\,:$$

d'où il suit que, pour que le glissement dans le sens nm n'ait pas lieu, on doit avoir

$$\begin{aligned}&P(1-f\,\text{tang}\,\theta)-Q(\text{tang}.\theta+f)\\&\quad<-G(1-f\,\text{tang}.\theta)+H(\text{tang}.\theta+f)+\frac{\gamma z}{\cos.\theta}.\end{aligned}$$

On remarquera, en second lieu, que la force qui tend à faire glisser la même portion de voûte dans le sens mn est

$$(Q+H)\sin.\theta;$$

et la force qui s'oppose à ce glissement,

$$(P+G)\cos.\theta+f(P+G)\sin.\theta+f(Q+H)\cos.\theta+\gamma z:$$

d'où il suit que, pour que le glissement dans le sens mn n'ait pas lieu, on doit avoir

$$-P(1+f\,\text{tang.}\theta)+Q(\text{tang.}\theta-f)$$
$$<G(1+f\,\text{tang.}\theta)-H(\text{tang.}\theta-f)+\frac{\gamma z}{\cos.\theta}.$$

L'équilibre de la portion de voûte ABNM exige que l'on puisse attribuer aux composantes P, Q des valeurs telles que ces conditions soient satisfaites, pour l'un quelconque des joints mn.

292. Pour exprimer maintenant les conditions relatives au mouvement de rotation autour des arêtes supérieure ou inférieure du joint mn, on supposera en premier lieu que la portion de voûte mnNM tend à tourner de haut en bas sur l'arête m, et que les forces P, Q sont appliquées en N, ce qui est le cas où elles ont le moins de tendance possible à favoriser ce mouvement. Le moment des forces qui tendent à faire tourner la portion de voûte est

$$P(a'-x)+G(\alpha-x);$$

et le moment des forces qui s'opposent à ce mouvement, en évaluant le moment de la résistance provenant de la cohésion comme on l'a fait n° 211, est

$$Q(b'-y)+H(6-y)+\tfrac{1}{3}Rz^2.$$

Ainsi, pour que le mouvement de rotation n'ait pas lieu, on doit avoir

$$P(a'-x)-Q(b'-y) < -G(\alpha-x)+H(\beta-y)+\tfrac{1}{3}Rz^2.$$

On supposera en second lieu que la portion de voûte *mn*NM tend à tourner de bas en haut sur l'arête *n*, et que les forces P, Q sont appliquées en M, ce qui est le cas où elles ont le moins de tendance possible à favoriser ce mouvement. Le moment des forces qui tendent à faire tourner la portion de voûte est

$$Q(b-y')+H(\beta-y');$$

et le moment des forces qui s'opposent à ce mouvement,

$$P(a-x')+G(\alpha-x')+\tfrac{1}{3}Rz^2.$$

Ainsi, pour que ce second mouvement de rotation n'ait pas lieu, on doit avoir

$$-P(a-x')+Q(b-y') < G(\alpha-x')-H(\beta-y')+\tfrac{1}{3}Rz^2.$$

L'équilibre de la portion de voûte ABNM exige, outre la condition indiquée dans le n° précédent, que les valeurs attribuées aux composantes P, Q soient telles que ces dernières conditions se trouvent encore satisfaites, pour l'un quelconque des joints *mn*.

Réciproquement, lorsque les conditions précédentes seront satisfaites pour tous les joints, la portion de voûte demeurera nécessairement en équilibre.

293. La valeur de la pression exercée perpendiculairement au joint *mn*, est

$$T=(P+G)\sin.\theta+(Q+H)\cos.\theta.$$

294. Si l'on supposait nulles les résistances provenant du frottement et de la cohésion, les conditions du n° 291,

relatives à l'équilibre de glissement, se réduiraient à une seule équation, qui serait

$$P - Q \text{ tang. } \theta = - G + H \text{ tang. } \theta, \quad \text{ou} \quad \text{tang. } \theta = \frac{P + G}{Q + H},$$

exprimant que la résultante des forces appliquées à la portion de voûte *mn*NM doit être perpendiculaire au joint *mn*. Dans l'hypothèse dont il s'agit, l'inclinaison de chaque joint a une valeur déterminée, lorsque les forces appliquées à la voûte sont données. La force appliquée au dernier joint MN, dont P et Q sont les composantes verticale et horizontale, doit être normale à ce joint.

295. En supposant toujours nulles les résistances provenant du frottement et de la cohésion, les conditions du n° 292, relatives à l'équilibre de rotation, deviennent

$$P(a'-x) - Q(b'-y) < - G(\alpha - x) + H(\beta - y,),$$
$$-P(a-x') + Q(b-y') < G(\alpha - x') - H(\beta - y');$$

elles expriment que la direction de la résultante des forces appliquées à la portion de voûte *mn*NM doit passer entre les points *m* et *n*.

296. On voit par ce qui précède que, pour que l'équilibre existe dans un système de voussoirs, il est nécessaire en général que les deux composantes P, Q satisfassent à quatre inégalités, qui doivent être vérifiées pour tous les joints de la voûte par les valeurs de ces forces. Il en résulte qu'il existe certaines limites, au-dessus et au-dessous desquelles les valeurs de P et Q doivent se trouver. Si les conditions dont il s'agit ne se contredisent pas, et s'il existe des valeurs de P et Q au moyen desquelles on puisse y satisfaire, l'équilibre pourra subsister dans le système de voussoirs proposé. Et si l'on conçoit le dernier joint MN appuyé contre un plan fixe, comme l'est le premier

joint AB, et le système soumis à l'action des forces qui sont appliquées aux voussoirs, on est assuré qu'il n'y surviendra aucun mouvement.

Application à une plate-bande.

297. Soit la portion de voûte dont on cherche les conditions d'équilibre la moitié ABNM (Fig. 25) d'une plate-bande uniformément épaisse. Faisons abstraction des résistances provenant du frottement et de la cohésion, et supposons la plate-bande uniquement sollicitée par l'action de la pesanteur. Conservons les dénominations du n° 290, et nommons

a la demi-largeur AM;
c l'épaisseur MN;
Π le poids de l'unité de volume de la matière des voussoirs.

On aura, dans l'équation du n° 294, $P=0$, $H=0$, $G=\Pi\left[(a-x)c+\frac{1}{2}c^2\ \text{tang.}\,\theta\right]$: cette équation deviendra

$$\text{tang.}\,\theta=\frac{2\Pi(a-x)c}{2Q-\Pi c^2},$$

et donnera, si θ' désigne l'inclinaison du premier joint AB,

$$\text{tang.}\,\theta'=\frac{2\Pi ac}{2Q-\Pi c^2};\quad \text{d'où } Q=\Pi\,\frac{2ac+c^2\ \text{tang.}\,\theta'}{2\ \text{tang.}\,\theta'}.$$

On déduit de là

$$\frac{\text{tang.}\,\theta}{\text{tang.}\,\theta'}=\frac{a-x}{a},$$

Ainsi, l'inclinaison θ' du premier joint AB étant donnée, la valeur de Q est déterminée par l'expression précédente, et l'équilibre exige que les directions de tous les joints se rencontrent en un même point O.

298. Quant aux conditions du n° 295 relatives à l'équilibre de rotation, elles deviennent, en les appliquant au joint AB,

$$Q\,c > \tfrac{1}{2}\,\Pi\, a^2 c - \tfrac{1}{6}\,\Pi\, c^3 \text{tang.}^2\,\theta',$$
$$-Q\,c < \tfrac{1}{2}\,\Pi\, a\, c\,(a + 2\,c\,\text{tang.}\,\theta') + \tfrac{1}{3}\,\Pi\, c^3\,\text{tang.}^2\,\theta'.$$

La seconde inégalité, exprimant que la portion de voûte ABNM ne peut tourner sur l'arête supérieure B de ce joint, est satisfaite, quelle que soit la valeur positive donnée à Q; et on voit effectivement, d'après la figure de la voûte, que ce mouvement est impossible. Quant à la première inégalité, exprimant que la portion de voûte ABNM ne peut tourner sur l'arête inférieure A, elle devient en mettant pour Q la valeur trouvée ci-dessus, n° 297,

$$ac > \tfrac{1}{2}\,(a^2 - c^2)\,\text{tang.}\,\theta' - \tfrac{1}{6}\,c^2\,\text{tang.}^3\,\theta'.$$

On vérifie que cette inégalité est toujours satisfaite, quel que soit l'angle θ', lorsque la demi-largeur a de la voûte ne surpasse pas la valeur que l'on trouverait en faisant tang. $\theta' = 1$ dans l'équation

$$ac - \tfrac{1}{2}\,(a^2 - c^2)\,\text{tang.}\,\theta' + \tfrac{1}{6}\,c^2\,\text{tang.}^3\,\theta' = 0,$$

valeur qui est $a = c\,(1 + \sqrt{\tfrac{2}{3}})$. Si la demi-largeur a surpasse cette valeur, il sera nécessaire, pour que l'inégalité dont il s'agit soit satisfaite, que tang. θ' ne surpasse point la valeur qui serait donnée par l'équation précédente. S'il en était autrement la résultante du poids de la portion de voûte ABNM, et de la force Q qui doit être appliquée horizontalement en N, se trouverait dirigée de manière à rencontrer la ligne AB au-dessous du point A, et tendrait par conséquent à faire tourner la portion de voûte autour de ce point.

299. Si l'épaisseur de la plate-bande était très-petite par rapport à l'ouverture, la limite dont il s'agit serait donnée, à fort peu près, par l'expression

$$\text{tang. } \theta' = \frac{2c}{a};$$

et l'on aurait sensiblement,

$$Q = \frac{\Pi a c}{\text{tang. } \theta'}, \quad \text{ou} \quad Q = \tfrac{1}{2} \Pi a^2.$$

300. En substituant dans la formule du n° 293 les valeurs qui conviennent à la plate-bande, on trouve pour l'expression de la pression normale supportée par le joint AB,

$$T = \Pi \left(\frac{ac}{\sin. \theta'} + \frac{c^2}{2 \cos. \theta'} \right).$$

301. Dans le cas où l'épaisseur de la plate-bande est très-petite par rapport à l'ouverture, cette expression devient

$$T = \frac{\Pi a c}{\sin. \theta'}.$$

302. Si l'on considère deux moitiés égales de plate-bande (Fig. 26), séparées par le joint vertical MN, l'équilibre ne pourra subsister à moins que tous les joints ne soient dirigés suivant des lignes passant par le même point O, et que l'angle θ' formé par le joint extrême avec la verticale ne soit déterminé conformément à ce qui a été dit n° 298. Si cette dernière condition n'était pas satisfaite la plate-bande se romprait, les deux moitiés portant l'une contre l'autre en N, et les arêtes A, A' remontant le long des plans fixes contre lesquels les voussoirs extrê-

mes sont appuyés. L'expression de Q du n° 297, donnera la pression horizontale que les deux moitié de la voûte exercent l'une contre l'autre dans le joint MN; et l'expression de T du n° 300 donnera la pression normale supportée par les joints extrêmes AB, A'B'. Les pieds-droits de la plate-bande devront présenter la stabilité nécessaire pour résister à ces pressions.

Conditions de l'équilibre d'un assemblage de voussoirs, en supposant tous les joints perpendiculaires à la courbe d'intrados.

303. Considérant une portion de voûte ABNM, dans laquelle tous les joints des voussoirs sont perpendiculaires à la courbe d'intrados AmM, appuyée à une extrémité contre un plan fixe AB, et maintenue à l'autre extrémité par une force dont les composantes verticale et horizontale sont P et Q : on nommera

x, y les coordonnées Ap, pm d'un point quelconque m de la courbe d'intrados ;

z la longueur du joint mn;

s la longueur de l'arc Am;

a, b les coordonnées du point extrême M;

S la longueur totale AmM de la courbe d'intrados;

ρ le rayon de courbure de cette courbe, au point m;

F la valeur de la force appliquée aux voussoirs, pour le point m de la courbe d'intrados, cette valeur étant rapportée à l'unité de longueur, et donnée en fonction de l'arc de la courbe.

φ l'angle que la direction de la force F forme avec l'axe horizontal des abscisses, cet angle étant également donné en fonction de l'arc de la courbe.

T la valeur de la pression exercée perpendiculairement

au joint mn, par l'une des parties de la voûte contre l'autre.

Faisant abstraction des résistances provenant du frottement et de la cohésion, et appliquant ici les notions présentées nos 290 et suivans, la première condition de l'équilibre du système est que la pression normale T, supportée par le joint mn, soit égale et directement opposée à la résultante de toutes les forces appliquées à la partie mnNM de la voûte. En remarquant que les composantes verticale et horizontale de la pression T sont respectivement $T\frac{dy}{ds}$ et $T\frac{dx}{ds}$, et que les sommes des composantes verticales et horizontales des forces appliquées à la portion mnNM de la voûte sont respectivement $\int_s^S ds.F\sin.\varphi$ et $\int_s^S ds.F\cos.\varphi$, cette condition donnera les deux équations,

$$T\frac{dy}{ds}=P+\int_s^S ds.\ F\sin.\varphi,$$

$$T\frac{dx}{ds}=Q+\int_s^S ds.\ F\cos.\varphi.$$

304. La seconde condition de l'équilibre du système est que la direction de la résultante de toutes ces forces passe entre les points m et n; mais il est inutile d'y avoir égard. Cette condition est implicitement comprise dans la supposition que les joints des voussoirs sont normaux à la courbe d'intrados, puisqu'alors les directions successives des résultantes dont il s'agit formeront nécessairement une seconde courbe parallèle à la première.

305. Différentiant les deux équations du n° 303, multipliant la première par $\frac{dy}{ds}$, la seconde par $\frac{dx}{ds}$, et ajoutant (en observant que $\frac{dx^2}{ds^2}+\frac{dy^2}{ds^2}=1$, et par conséquent $\frac{dx}{ds}d.\frac{dx}{ds}+\frac{dy}{ds}d.\frac{dy}{ds}=0$), on aura

$$-dT=F\,ds\left(\frac{dy}{ds}\sin.\varphi+\frac{dx}{ds}\cos.\varphi\right),$$

équation d'où l'on déduira la valeur de la pression. Cette pression varie, quand on passe d'un point de la courbe à un autre, d'une quantité égale à l'action de la force F sur l'élément compris entre ces deux points décomposée dans le sens de cet élément.

Cas où les forces appliquées aux voussoirs sont partout normales à la courbe d'intrados.

306. Dans ce cas, $\sin.\varphi=\frac{dx}{ds}$ et $\cos.\varphi=-\frac{dy}{ds}$. L'équation trouvée dans le n° précédent donne

$$dT=0,$$

en sorte que la pression est constante dans toute l'étendue de la voûte.

On aura donc, en différentiant les deux équations du n° 303,

$$T\,d.\frac{dy}{ds}=-F\,ds.\sin.\varphi,\quad T\,d.\frac{dx}{ds}=-F\,ds.\cos.\varphi$$

d'où (en ayant égard aux valeurs de sin. φ et cos. φ) l'on déduit

$$T\,d\varphi=-F\,ds,$$

ou, parce que $d\varphi$ (qui est l'angle de deux normales consécutives) $=-\frac{ds}{\rho}$,

$$T=\rho F,\quad \text{et}\quad F=\frac{T}{\rho}.$$

Ainsi la pression exercée d'un voussoir à l'autre est égale à la force appliquée normalement à chaque point de la courbe d'intrados, multipliée par le rayon de courbure en ce point; et l'équilibre exige que cette dernière force ait, dans toute l'étendue de la courbe, des valeurs réciproques au rayon de courbure.

307. Si la courbe d'intrados était un arc de cercle, la force appliquée aux voussoirs, perpendiculairement à cette courbe, devrait avoir une valeur constante dans toute l'étendue de la voûte. L'équation précédente donne la relation qui existe entre cette force, et la pression qui s'établit entre les voussoirs. On en conclut que, si la courbe d'intrados était un cercle entier, la somme des forces normales appliquées à la voûte dans toute l'étendue de ce cercle, et la pression exercée d'un voussoir à l'autre, seraient entre elles comme la circonférence est au rayon, ou comme 2π est à 1.

308. On a supposé précédemment que les voussoirs pouvaient glisser sur les plans de joint, sans qu'aucune résistance provenant du frottement ou de la cohésion s'opposât à ce mouvement. En admettant l'existence du frottement et de la cohésion, il n'est plus nécessaire, pour que la voûte se maintienne en équilibre, que les forces appliquées perpendiculairement à la courbe d'intrados soient assujetties à loi indiquée n° 306. Mais, quelles que soient les valeurs de ces forces, la pression normale existant entre les voussoirs, qui pourra alors varier d'un point de la voûte à l'autre, se calculera toujours en chaque point au moyen de la formule $T = \rho F$.

Cas où les forces appliquées à la voûte se réduisent en poids des voussoirs.

309. Conservons les dénominations du n° 303, et appelons

Π le poids de l'unité de volume de la matière des voussoirs,

θ l'angle que le joint *mn* forme avec la verticale, ce qui donne $\frac{dy}{ds}=\sin.\theta$, $\frac{dx}{ds}=\cos.\theta$.

Nous avons ici $\varphi=90°$, $F\,ds=\Pi\, z\, ds\left(1+\frac{z}{2\rho}\right)$. Les équations du n° 303 deviendront

$$T\sin.\theta=P+\Pi\int_s^S ds\,.\,z\left(1+\frac{z}{2\rho}\right);$$

$$T\cos.\theta=Q;$$

d'où

$$\text{tang.}\,\theta=\frac{P}{Q}+\frac{\Pi}{Q}\int_s^S ds\,.\,z\left(1+\frac{z}{2\rho}\right).$$

Cette dernière équation devient, en différentiant,

$$\frac{d\theta}{\cos.^2\theta}=-\frac{\Pi}{Q}ds\,.\,z\left(1+\frac{z}{2\rho}\right);$$

ou $\left(\text{parceque } d\theta=-\frac{ds}{\rho}\right)$

$$\frac{2Q}{\Pi\cos.^2\theta}=2\rho z+z^2,$$

équation qui donnera la loi de l'épaisseur des voussoirs, quand la figure de la courbe sera connue, et réciproquement.

Dans le cas dont il s'agit, et en général lorsqu'une voûte est sollicitée seulement par des forces verticales, la composante horizontale de la pression T est constante dans toute l'étendue de la courbe, et égale à la force Q. Cette force est ce qu'on nomme la *poussée horizontale* de la voûte.

310. Lorsque la courbe d'intrados est un arc de cercle, ρ est constant : l'équation du n° précédent donne

$$z = -\rho + \sqrt{\rho^2 + \frac{2Q}{\Pi \cos.^2 \theta}}.$$

Si les joints extrêmes sont horizontaux, la longueur de ces joints est infinie.

Appelant c la longueur du joint placé au sommet de la voûte, où la direction de ce joint est verticale, on a

$$Q = \tfrac{1}{2}\Pi(2\rho c + c^2)$$

pour la valeur de la poussée horizontale.

La pression exercée perpendiculairement au joint mn est

$$T = \frac{Q}{\cos. \theta}.$$

ARTICLE II.

PRINCIPALES EXPÉRIENCES ET OBSERVATIONS RELATIVES A L'ÉQUILIBRE DES VOÛTES.

311. Dans des expériences sur de petits modèles de voûtes en berceau, qu'il faisait rompre en chargeant par des poids les parties supérieures, M. Danisy (*a*) a montré que, lors de la rupture, les parties supérieures s'abaissaient en s'appuyant l'une contre l'autre à la clef, et en

(*a*) Traité de la coupe des pierres, de Frezier, tome III. Ces expériences ont été faites en 1732, devant l'académie de Montpellier.

écartant les parties inférieures, qui se renversaient en tournant sur les arêtes extérieures de leurs bases. Il a fait remarquer que, dans ces mouvemens, les voussoirs ne glissaient point sur les plans de joint; mais s'écartaient les uns des autres en tournant sur les arêtes contiguës. Des expériences semblables ont été faites depuis par MM. Gauthey (*a*) et Rondelet (*b*).

312. M. Boistard, ingénieur en chef des ponts et chaussées, a publié d'autres expériences faites plus en grand, et avec plus de précision (*c*). Les voûtes avaient $2^m,27$ d'ouverture, et étaient construites avec des voussoirs en briques, polis au grès, ayant $0^m,11$ d'épaisseur et de hauteur. On a formé avec ces matériaux des voûtes en plein cintre, en anse de panier surbaissées au tiers et au quart, en arc de cercle dont la flèche était le $\frac{1}{4}$, le $\frac{1}{8}$ et le $\frac{1}{17}$ de l'ouverture, et en plate-bande. Chacune de ces voûtes a été soumise à trois épreuves principales. Dans la première, les voûtes étaient extradossées sur $0^m,11$ d'épaisseur, et cette épaisseur n'étant pas suffisante pour qu'elles pussent se maintenir en équilibre quand on abaissait le cintre, un certain nombre de voussoirs de la partie supérieure s'abaissait en portant sur le sommet du cintre (Fig. 28). Les deux parties inférieures de la voûte formaient des arcs rampans, et se partageaient en deux portions. La rupture tendait à se faire vers le milieu de chacun de ces arcs, où les voussoirs ne touchaient point

---

(*a*) Dissertation sur les dégradations du Panthéon français, page 111. Traité de la construction des ponts, t. I, p. 241, 2ᵉ. éd.

(*b*) Art de bâtir, tome III, page 236 et suiv.

(*c*) Recueil de divers Mémoires, publié par Le Sage, tome II, page 170; ou Recueil d'expériences et d'observations, faites par Boistard, page 95. Ces expériences ont été faites en 1800.

le cintre, et où les joints s'ouvraient à l'extrados aux extrémités supérieure et inférieure de chaque arc.

313. Dans la seconde épreuve, les voûtes étaient encore extradossées. On embrassait de chaque côté un certain nombre de voussoirs de la partie inférieure par une corde qui s'appuyait sur l'extrados, et qui était tendue par un poids. Si la tension de la corde n'était pas suffisante pour maintenir la voûte en équilibre, cette voûte se rompait en s'ouvrant à l'intrados près de la clef et aux naissances, et à l'extrados dans les reins (Fig. 29). Si la tension de la corde était suffisante pour l'équilibre, les mêmes joints s'ouvraient de la même manière, par l'effet du tassement; mais l'action des poids tendant à les faire resserrer, ils s'ouvraient et se fermaient alternativement par une sorte de mouvement d'oscillation, dans lequel les parties de la voûte tournaient alternativement dans les deux sens, et en s'appuyant tantôt sur les arêtes supérieures et tantôt sur les arêtes inférieures des voussoirs. Enfin, si la tension de la corde était augmentée au delà d'une certaine limite, des effets analogues aux premiers se manifestaient en sens contraire (Fig. 30); c'est-à-dire que les parties inférieures de la voûte tendaient à s'abaisser, et les parties supérieures à être soulevées, les joints s'ouvrant à l'extrados près de la clef et aux naissances, et à l'intrados dans les reins.

314. Dans la troisième épreuve on construisait des culées, et l'on remplissait les reins de la voûte en maçonnerie arasée au niveau du sommet, où l'épaisseur était toujours de 0^m, 11. Si l'épaisseur des culées était suffisante, la voûte se maintenait en équilibre, lorsqu'on abaissait le cintre. Dans le cas contraire, ou si l'on chargeait davantage le sommet de la voûte, cette voûte se rompait en quatre parties (Fig. 31), les joints s'ouvrant à l'intrados

à la clef et aux naissances, et à l'extrados dans les reins.

Il résulte de ces expériences que, dans les voûtes en demi-cercle, extradossées d'égale épaisseur ou extradossées de niveau, la rupture tend à se faire vers l'angle de 30° environ, à compter de la naissance du demi-cercle. Dans les voûtes en anse de panier décrites avec trois arcs de cercle de 60° chacun, et surbaissées au tiers ou au quart, la rupture tend à se faire vers l'angle de 45° ou de 55°, à compter de la naissance du petit arc. Dans les voûtes en arc de cercle, le point de rupture est à l'intersection de l'arc et du pied-droit, à moins que la voûte ne soit extradossée sur une très-petite épaisseur, ou que l'amplitude de l'arc ne surpasse 120° environ (*a*).

315. Les observations faites par M. Perronet (*b*), lors de la construction de plusieurs grands ponts, indiquent également la nature des mouvemens qui ont lieu dans les voûtes. D'après ces observations, les premiers cours de voussoirs peuvent être posés sans l'appui du cintre, et ne commencent à glisser qu'autant que l'inclinaison des joints sur l'horizon est de 39° à 40° (*c*). Au delà de cette

---

(*a*) On trouve d'autres expériences relatives à l'équilibre des voûtes dans l'ouvrage intitulé *A dissertation on the construction and properties of arches*, par G. Atwood, 1801. L'auteur considérait les voûtes dans l'hypothèse du glissement des voussoirs, et ses expériences, faites avec des voussoirs en cuivre bien polis, se rapportent spécialement à cette hypothèse.

(*b*) Mémoire sur le cintrement et décintrement des ponts. Voyez aussi le Recueil d'expériences et d'observations, par M. Boistard, et les Etudes relatives à l'art des constructions, par M. Bruyère, premier recueil.

(*c*) Cela suppose que le rapport du frottement à la pression est environ 0,82. Cette observation a déjà été mentionnée ci-dessus, n° 284.

inclinaison, le cintre porte une portion du poids des voussoirs; et, quand on emploie un cintre retroussé, il s'abaisse dans les parties inférieures, et se soulèverait au sommet si l'on ne s'opposait à ce mouvement en plaçant sur ce sommet une charge suffisante.

Ces effets ont été observés à l'arche de Saint-Edme à Nogent-sur-Seine, dont la figure est une anse de panier, ayant 29ᵐ, 24 d'ouverture, et 8ᵐ, 77 de flèche (Fig. 32). L'épaisseur au sommet est de 1ᵐ, 62. Chaque moitié est composée de 47 cours de voussoirs, non compris la clef. Les 20 premiers cours de voussoirs ayant été posés, les 5 derniers se séparèrent à raison du tassement du cintre; le joint s'ouvrit de 0ᵐ, 02 à l'extrados au-dessus du 15ᵉ cours, et il se fit une disjonction verticale entre la voûte et les assises horizontales des culées, dont l'effet était sensible jusqu'au 7ᵉ cours. En continuant la pose, ces joints se refermèrent: le point de rupture se trouva reporté plus haut, et les joints s'ouvrirent de 0ᵐ, 002 à l'extrados, du 26ᵉ au 31ᵉ cours.

La figure des arches du pont de Neuilly est une anse de panier surbaissée au quart, ayant 39ᵐ d'ouverture. Chaque moitié est composée de 56 cours de voussoirs, non compris la clef. Dans les arches adjacentes aux culées, les joints se sont successivement ouverts à l'extrados, en raison de l'avancement de la pose des voussoirs, depuis $\frac{1}{2}$ jusqu'à 5 et 7 millimètres, du 11ᵉ au 36ᵉ cours. Des effets analogues ont été observés dans les autres ponts.

316. D'autres mouvemens ont lieu après la pose des clefs : les cintres sont alors chargés sur le sommet, et tendent à se soulever vers les reins. On avait tracé, avant le décintrement, sur les têtes de l'arche de Nogent (Fig. 32), trois lignes droites, l'une horizontale placée au sommet de la voûte, du dessus d'un 28ᵉ cours à l'autre; et

les deux autres inclinées, depuis les extrémités de la première jusques aux points où le joint du 7e cours rencontre la tangente verticale aux naissances. La position de ces lignes avait été rapportée à des points fixes. Les derniers joints ouverts à l'extrados, dans la partie supérieure de la voûte, se sont resserrés, et la disjonction verticale qui s'était faite entre les voussoirs et les assises des culées a presque entièrement disparu. La ligne horizontale a pris une courbure indiquant un tassement vertical, qui allait en diminuant uniformément depuis le milieu de cette ligne jusqu'aux extrémités. Il s'est formé dans la courbure des deux autres lignes un point d'inflexion, à la rencontre du joint entre le 16e et le 17e cours; ce qui indiquait, outre le tassement vertical et le resserrement des joints dans les cours supérieurs, jusques et compris le 17e, un resserrement semblable dans les joints de la partie inférieure, qui se trouvait reportée vers les culées. Le point de rupture se trouvait donc placé entre le 16e et le 17e cours de voussoirs, et on doit remarquer que la maçonnerie des reins était achevée lors du décintrement.

Au pont de Neuilly, après la pose des clefs, les derniers joints qui s'étaient ouverts à l'extrados se sont refermés; et, de chaque côté, de nouveaux joints se sont ouverts à l'intrados, à partir de la clef. Les joints sont restés ouverts à l'extrados dans les reins; la plus grande ouverture avait lieu entre le 26e et le 27e cours de voussoirs, ce qui a indiqué la position du point de rupture. La maçonnerie des reins n'était pas construite lors du décintrement.

317. Les résultats précédens se rapportent aux voûtes en berceau : les observations faites sur les dégradations du dôme de Saint-Pierre de Rome peuvent fixer les idées sur les mouvemens analogues qui ont lieu dans les

voûtes sphériques. Il résulte de ces observations que cet édifice tendait à s'écrouler de la manière indiquée fig. 33; la maçonnerie, qui offrait un grand nombre de lézardes dans la direction des plans méridiens, s'ouvrant à l'extrados en V, à la naissance de la voûte, et à l'intrados en AD, à la base du tambour sur lequel cette voûte est portée. Dans ce mouvement, les contreforts s'étaient séparés du mur du tambour. Ces dégradations ont été arrêtées au moyen de cercles en fer qui s'opposent à l'agrandissement du diamètre de la partie inférieure du dôme (*a*).

(*a*) Les dégradations survenues au dôme de Saint-Pierre de Rome sont décrites en détail dans l'ouvrage de Poleni, intitulé *Memorie istoriche della gran cupola del tempio Vaticano*, Padoue, 1748. on y trouve l'extrait de tous les écrits faits jusqu'à cette époque sur la coupole du Vatican, parmi lesquels on doit distinguer le *Parere di tre matematici sopra i danni che si sono trovati nella cupola di San Pietro sul fine dell' anno* 1742. Dans ce dernier ouvrage, dû aux PP. Lesueur, Jacquier et Boscowich, la question de l'équilibre des voûtes est traitée avec beaucoup d'exactitude et de sagacité. Les dégradations du dôme y sont présentées comme étant le résultat des mouvemens que nous indiquons ici, et qui seraient produits par la poussée des parties supérieures. Poleni n'est pas d'accord sur ce point avec ces savans : il n'admet pas que la poussée du dôme ait écarté les parties inférieures, et attribue uniquement les dégradations à des tassemens inégaux produits par des défauts de construction. Cependant il propose d'y remédier au moyen de plusieurs ceintures de fer, qui ont été placées sous sa direction par Vanvitelli, en 1748, et auxquelles on en a depuis ajouté d'autres. Ces armatures ne peuvent avoir d'autre objet que de contribuer à détruire l'action horizontale de la poussée.

Les idées des PP. Lesueur, Jacquier et Boscowich ont été adoptées par M. Gauthey, dans sa Dissertation sur les dégradations du Panthéon français, page 117. Elles sont contredites par M. Rondelet, Art de bâtir, tome II, page 69 ; tome III, page 222. Mais

318. Le résultat général des observations et expériences qui viennent d'être indiquées, est 1° que, dans les mouvemens des voûtes, les parties qui se séparent ne glissent pas les unes sur les autres, mais s'écartent en tournant sur les arêtes supérieures ou inférieures des voussoirs; 2° qu'une voûte, en se rompant, se sépare ordinairement en quatre parties principales, les deux parties supérieures s'abaissant, pendant que les deux parties inférieures sont renversées en dehors. On ne doit pas en conclure d'ailleurs qu'une voûte ne puisse rompre par l'effet du glissement des voussoirs; mais seulement que, d'après les proportions qu'on leur donne ordinairement, et les valeurs du frottement et de la cohésion, les voûtes se rompent plus facilement par l'écartement que par le glissement des parties. Il arrive quelquefois que les parties inférieures de la voûte cèdent en glissant sur les joints horizontaux placés au-dessous des naissances, en même temps que les parties supérieures s'abaissent en tournant sur les arêtes des voussoirs.

---

les notions admises par cet architecte, qui a toujours soutenu que les voûtes en dôme n'avaient pas de poussée horizontale, ne sont pas conformes à la vérité.

Il paraît que Christophe Wren, habile géomètre, qui a construit de 1675 à 1710, la cathédrale de Saint-Paul à Londres, avait adopté, sur l'équilibre des voûtes, des notions semblables à celles que nous présentons ici. Voyez *Account of the Family Wren*, pages 356 et suivantes; cité par Robison, *A system of mechanical philosophy*, tom. I, p. 642.

ARTICLE III.

DE L'ÉTABLISSEMENT DES VOUTES.

319. La figure et les dimensions générales d'une voûte sont déterminées par la destination de l'édifice dont cette voûte fait partie. Ainsi l'on regarde ordinairement comme données l'ouverture de la voûte, la courbe d'intrados, la hauteur des pieds-droits, la distribution des poids que la voûte doit supporter. On se donne aussi d'avance, d'après l'exemple des constructions analogues à celle que l'on projette, et regardées comme les plus parfaites, l'épaisseur de la voûte au sommet. Cette épaisseur est conservée la même dans toute l'étendue de la voûte, ou bien on l'augmente progressivement du sommet aux naissances. Quand une voûte est projetée, on doit s'assurer qu'elle demeurera en équilibre lors du décintrement. On établit l'équilibre d'une voûte, soit en chargeant davantage les parties qui tendent à être soulevées, soit en donnant plus d'épaisseur à ces parties. On doit vérifier également que les pressions exercées dans les diverses parties de la voûte ne sont pas assez considérables pour causer l'écrasement de la pierre, ou des autres matériaux dont les voussoirs sont formés. Ces recherches, dans lesquelles consiste proprement l'établissement des voûtes, ne comportent que des applications des notions présentées dans l'article 1er.

De l'équilibre des voûtes en berceau

320. Considérons une voûte en berceau, composée de deux parties égales séparées par un joint vertical. L'action des poids supportés par la voûte produit perpendiculairement à ce joint, entre les deux moitiés, une pression. On pourrait supprimer une des moitiés de la voûte, et la

remplacer par une force horizontale égale à la pression dont il s'agit. Si cette force horizontale est assez grande pour opérer une rupture dans la moitié restante, en la repoussant en dehors en totalité ou en partie, ou si elle n'est pas assez grande pour empêcher cette moitié de tomber en dedans, la voûte ne pourra se maintenir en équilibre. Elle s'y maintiendra dans le cas contraire. La recherche des conditions de cet équilibre comporte divers cas qui doivent être distingués et examinés à part.

ABNM (fig. 34) représentant la moitié d'une voûte en berceau, et mn étant un joint quelconque, dans lequel on suppose que la rupture peut s'effectuer, on nommera

b, b' les distances OM, ON;
x, y les distances Ap, mp;
x', y' les distances Aq, nq;
z la longueur mn du joint;
θ l'angle que ce joint forme avec la verticale;
G le poids de la portion de voûte mnNM pour une unité de longueur de cette voûte;
α la distance AD du point A à la verticale passant par le centre de gravité C de cette portion de voûte;
T la pression normale exercée contre le joint mn, pour l'unité de longueur de la voûte;
f, γ, R auront les significations indiquées n° 290.

321. Supposant d'abord que la rupture de la voûte ne peut s'opérer que par le glissement des voussoirs le long des plans de joint, on voit facilement, d'après le n° 291, que la force horizontale Q appliquée en NM, nécessaire pour empêcher la portion de voûte mnNM de glisser de haut en bas sur nm, a pour expresion

$$Q = \frac{G(\cos.\theta - f\sin.\theta) - \gamma z}{\sin.\theta + f\cos.\theta}. \quad \text{(A)}$$

Les valeurs (A) ayant été calculées pour tous les joints compris dans la demi-voûte, la plus grande de ces valeurs devra être prise pour la pression que les deux moitiés de la voûte excercent l'une contre l'autre à la clef, pression que l'on désigne ordinairement sous le nom de *poussée horizontale* de la voûte.

On remarquera ensuite que la force horizontale Q, appliquée en MN, qui serait assez grande pour repousser la portion de voûte *mn*NM, en la faisant glisser dans le sens *mn*, aurait pour expression

$$Q = \frac{G(\cos.\theta + f\sin.\theta) + \gamma z}{\sin.\theta - f\cos.\theta} \qquad (A_{,})$$

Les valeurs ($A_{,}$) ayant été calculées pour tous les joints compris dans la demi-voûte, on sera assuré que la voûte est en équilibre, si toutes ces valeurs sont plus grandes que la poussée horizontale, déterminée comme on vient de le dire. Dans le cas contraire, l'équilibre ne pourrait subsister.

Ainsi l'équilibre de la voûte exige que le maximum de (A) soit plus petit que le minimum de ($A_{,}$).

322. D'après les formes et les proportions que les voûtes offrent le plus communément, le joint de rupture qui donnera la valeur maximum de l'expression (A) sera placé dans les reins de la voûte. Le joint qui donne la valeur minimum de l'expression ($A_{,}$) est le plus souvent le premier joint horizontal placé au-dessous des naissances. Alors la voûte tend à se rompre de la manière indiquée fig. 35; la partie supérieure s'abaissant, en même temps que les parties inférieures sont, de chaque côté, repoussées en dehors.

Il peut arriver aussi que le joint qui donne le maximum de l'expression (A) soit placé aux naissances, ou près des naissances de la voûte, tandis que le joint qui donne le minimum de l'expression (A_1) est placé près du sommet. Alors la voûte tendrait à rompre de la manière indiquée fig. 36, la partie supérieure s'élevant, en même temps que les parties inférieures glissent en dedans de chaque côté.

323. En admettant présentement que la rupture de la voûte ne peut s'opérer que par l'écartement des voussoirs, tournant sur les arêtes supérieures ou inférieures des joints, on verra, d'après le n° 292, que la force horizontale Q (fig. 34), appliquée au point N, nécessaire pour empêcher la portion de voûte mnNM de tourner de haut en bas sur l'arête m, a pour expression

$$Q = \frac{G(a - x) - \frac{1}{3}Rz^2}{b' - y}. \quad (B)$$

Les valeurs (B) ayant été calculées pour tous les joints compris dans la demi-voûte, la plus grande de ces valeurs devra être prise pour la poussée horizontale de la voûte.

On remarquera ensuite que la force horizontale Q, appliquée en N, qui serait assez grande pour faire tourner la portion de voûte mnNM de bas en haut sur l'arête n, aurait pour expression.

$$Q = \frac{G(a - x') + \frac{1}{3}Rz^2}{b' - y'}. \quad (B_1)$$

Les valeurs (B_1) étant calculées pour tous les joints de la demi-voûte, on sera assuré de l'existence de l'équilibre, si toutes ces valeurs sont plus grandes que la poussée horizontale. Dans le cas contraire, l'équilibre n'aurait pas lieu.

L'équilibre de la voûte exige donc que le maximum de (B) soit plus petit que le mininum de (B_1).

Ce que l'on vient de dire suppose d'ailleurs le maximum de (B) donné par un joint de rupture voisin du sommet, et le minimum de (B_1) donné par un joint de rupture voisin des naissances. Alors la voûte tend à se rompre de la manière indiquée fig. 37, les parties supérieures s'abaissant en s'appuyant l'une contre l'autre par l'arête supérieure du joint placé au sommet, tandis que les parties inférieures, renversées en dehors, tournent sur les arêtes extérieures de leurs bases. Les parties supérieures portent alors contre les parties inférieures par l'arête du joint de rupture placée à l'intrados.

324. Mais la voûte, comme on l'a vu n° 313, peut également se rompre de la manière indiquée fig. 38, les parties inférieures tombant en dedans en tournant sur les arêtes inférieures de leurs bases, tandis que les parties supérieures sont soulevées en portant l'une contre l'autre par l'arête inférieure du joint placé au sommet. Les parties supérieures portent alors contre les parties inférieures par l'arête d'extrados du joint de rupture. Pour vérifier l'équilibre relatif à ce dernier genre de rupture, on doit remarquer que la force Q, appliquée en M (fig. 34), qui empêcherait la portion de voûte *mn*NM de tourner de bas en haut sur l'arête *m*, a pour expression

$$Q = \frac{G(a-x) - \frac{1}{3}Rz^2}{b-y}. \qquad (b)$$

Le maximum de cette expression doit être pris pour la poussée horizontale de la voûte.

On remarquera ensuite que la valeur nécessaire à la force Q appliquée en M, pour soulever la portion de voûte *mn*NM en la faisant tourner sur l'arête *n*, est

$$Q = \frac{G(a-x') + \frac{1}{3}Rz^2}{b-y'}. \qquad (b_1)$$

L'équilibre exige donc ici que le maximum de (b) soit plus petit que le mininum de (b_1)

325. On a supposé, dans le n° 321, que la rupture de la voûte devait s'opérer seulement par glissement, et dans les n°s 323 et 324 que cette rupture devait s'opérer seulement par écartement. La rupture peut aussi avoir lieu en partie par glissement, et en partie par écartement. Le cas le plus ordinaire est celui où la voûte tend à se rompre de la manière indiquée n° 323, fig. 37 ; et il arrive aussi quelquefois que les parties supérieures s'abaissant comme le représente cette figure, les parties inférieures sont repoussées de la manière indiquée fig. 35. Il est évident que, pour prévenir ce mouvement, le maximum de l'expression (B) doit être rendu moindre que le minimum de l'expression (A_1). Les autres cas de rupture se présenteront très-rarement, et il est inutile de vérifier l'équilibre qui leur est relatif pour la plupart des voûtes que l'on peut avoir à construire.

On aura d'ailleurs égard à toutes les combinaisons possibles, en remarquant que l'équilibre exige 1° que les expressions (A) et (B) soient, dans toute l'étendue de la voûte, plus petites que (A_1) et (B_1); 2° que les expressions (A) et (b) soient, dans toute l'étendue de la voûte, plus petites que (A_1) et (b_1).

Si l'on veut négliger les résistances provenant du frottement et de la cohésion, on supposera dans les formules précédentes f, γ, R égaux à zéro. Dans le cas contraire, on évaluera ces quantités d'après les résultats rapportés n°s 25 et suivans, 280 et suivans.

326. Lorsque la voûte est élevée sur des culées ou pieds-droits dont chaque assise est formée d'une seule pierre, tout ce qui vient d'être dit doit être appliqué, en regardant les culées ou pieds-droits comme faisant partie de la voûte.

327. D'après ce qui précède, le procédé que l'on doit suivre pour vérifier l'existence de l'équilibre dans une

voûte, consiste (*a*), dans la presque totalité des cas qui peuvent se présenter, 1° à chercher la valeur de la poussée horizontale Q appliquée en N (Fig. 34), en supposant diverses positions au joint de rupture *mn* dans les reins de la voûte, et s'arrêtant à la position pour laquelle l'expression du n° 323,

$$Q = \frac{G(\alpha - x) - \frac{1}{3}Rz^2}{b' - y},$$

ou simplement (en négligeant l'adhésion des mortiers)

$$Q = G\frac{\alpha - x}{b' - y},$$

donne la plus grande valeur (*b*).

(*a*) Le procédé que l'on indique ici, fondé sur les notions exposées dans les numéros précédens, est conforme à la théorie donnée par Coulomb, dans les Mémoires des savans étrangers présentés à l'Académie des sciences, 1773. M. Audoy a remarqué, dans le n° 4 du Mémorial de l'officier du génie, que les conditions d'équilibre obtenues par ce procédé ne différaient point de celles que l'on trouve par les méthodes moins simples exposées dans le Recueil d'expériences et d'observations de M. Boistard, et dans le Traité de la construction des ponts de M. Gauthey.

(*b*) Lorsqu'on néglige l'adhésion des mortiers, la recherche du joint de rupture *mn* (fig. 34), c'est-à-dire du joint auquel répond la valeur maximum de l'expression $Q = G\frac{\alpha - x}{b' - y}$, peut être facilitée au moyen de la proposition suivante. Admettons que la rupture doit s'opérer, non pas suivant le joint normal *mn*, mais suivant une ligne verticale passant par le point *m*, et désignons par φ l'angle qu'une tangente menée à la courbe d'intrados forme avec la verticale : on aura au point de rupture *m* la relation tang. $\varphi = \frac{\alpha - x}{b' - y}$. Ainsi la tangente menée à la courbe d'intrados au point de

2° A examiner si l'action de la poussée horizontale, ainsi déterminée, est assez grande pour renverser en dehors, en la faisant tourner sur l'arête des voussoirs, une partie de la demi-voûte ABNM, ou la totalité de cette demi-voûte. On reconnaîtra généralement, à la seule inspection, que la poussée horizontale renverserait plus facilement la demi-voûte entière qu'une portion de cette demi-voûte. Ainsi on devra faire la vérification dont il s'agit en supposant la rupture dans le premier joint AB; c'est-à-dire s'assurer que l'expression

$$Q=\frac{G(a-x')+\frac{1}{3}Rz^2}{b'-y'},$$

ou, en négligeant l'adhésion des mortiers,

$$Q=G\frac{a-x'}{b'-y'},$$

calculée pour ce joint, est plus grande que la poussée horizontale.

3° A examiner si la poussée horizontale peut faire glisser sur les plans de joint une partie ou la totalité de la demi-voûte; c'est-à-dire à s'assurer que l'expression

$$Q=\frac{G(\cos.\theta+f\sin.\theta)+\gamma z}{\sin.\theta-f\cos.\theta},$$

ou, en négligeant l'adhésion des mortiers,

$$Q=G\frac{\cos.\theta+f\sin.\theta}{\sin.\theta-f\cos.\theta},$$

---

rupture m, et la verticale CD passant par le centre de gravité du poids G de la partie supérieure de la voûte, doivent se rencontrer en un point de l'horizontale menée par le point N. Cette proposition a été donnée par MM. Lamé et Clapeyron. Mémoire sur la stabilité des voûtes, Annales des Mines, tome 8, 1823.

calculée pour un joint quelconque voisin de la naissance de la voûte, est plus grande que la poussée horizontale. Si ce joint était horizontal, l'expression précédente deviendrait simplement

$$Q=fG+\gamma z,$$

ou, en négligeant l'adhésion des mortiers,

$$Q=fG.$$

On pourra s'aider, pour la recherche de la situation du joint de rupture et de la poussée horizontale, des résultats rapportés n°s 314 et suivans. Dans les voûtes en arc de cercle et en plate-bande, la position du joint de rupture est connue d'avance, et la valeur de la poussée horizontale peut être calculée immédiatement.

Lorsque le résultat du calcul a fait connaître que la voûte projetée ne serait pas en équilibre, on doit augmenter l'épaisseur au sommet, ou la largeur des pieds-droits, ou les poids dont ils sont chargés. Si le défaut d'équilibre provenait de ce que les parties inférieures sont exposées à glisser sur les plans de joint, on pourrait y remédier sans augmenter le volume de la maçonnerie, soit en interrompant les joints par des pierres posées debout, soit en inclinant en dedans les plans de joint, soit enfin en liant les parties de la maçonnerie par des armatures en fer.

328. Lorsque les parties inférieures de la voûte, ou les culées ou pieds-droits sur lesquels elle est établie, ne sont pas formés avec des pierres qui en occupent toute l'épaisseur, il est nécessaire d'avoir égard à la possibilité d'une rupture dans la maçonnerie de ces pieds-droits, conformément à ce qu'on a vu n°s 211 et suivans. Par exemple, dans la voûte dont la fig. 39 représente la moitié, on sait d'avance que la rupture tend à s'opérer suivant *mno*. On

calculera donc la poussée horizontale Q, d'après la condition que cette force, appliquée en N, empêche la partie *mno*NM de tourner sur l'arête *m*. Pour s'assurer ensuite que la poussée Q, ainsi déterminée, ne peut opérer le renversement du pied-droit en le faisant tourner sur l'arête B, on doit regarder ce pied-droit comme pouvant se diviser suivant une ligne inclinée B*t*, et établir les conditions d'équilibre de la masse ABCNM, soumise à l'action de la force horizontale Q qui tend à la faire tourner sur l'arête B, en se conformant à ce qui a été fait dans les n^{os} cités.

Si la force de cohésion du mortier, dans la maçonnerie de la culée, était supposée très-petite ou nulle, on devrait admettre immédiatement (conformément aux n°s 214 et 215) que la rupture du pied-droit aura lieu suivant la direction *Bpm*, et ne tenir aucun compte de la portion de maçonnerie AB*pm*.

329. Lorsque la fondation d'une voûte est établie sur un terrain compressible, on doit avoir égard aux considérations exposées n°s 257 et suivans. Ainsi, pour la voûte dont on vient de parler, la largeur $\alpha\beta$ de la fondation devrait être déterminée par la condition que le moment du poids de la masse de maçonnerie $\alpha\beta$CNM*m*, pris par rapport au milieu de $\alpha\beta$, fût égal au moment de la poussée horizontale Q, pris par rapport au même point.

Des pressions exercées contre les plans de joint dans les voûtes en berceau.

330. Supposant que la valeur de la poussée horizontale Q ait été calculée conformément au n° 327, et conservant les dénominations du n° 320, qui se rapportent à la fig. 34, on aura

$$T = G \sin.\theta + Q \cos.\theta$$

pour la valeur de la pression exercée normalement contre un joint quelconque mn. Cette pression, pour un joint horizontal tel que AB, se réduit à

$$T = G,$$

représentant le poids de ABNM. Pour le joint vertical MN, elle se réduit, comme cela doit être, à

$$T = Q.$$

331. La connaissance de la valeur des pressions exercées perpendiculairement aux plans de joint ne suffit pas pour vérifier que ces pressions ne sont pas assez grandes pour causer l'écrasement de la pierre. Il faudrait connaître de plus la manière dont les pressions peuvent être réparties dans la hauteur mn des plans de joint. Considérons une voûte dans laquelle la rupture tend à s'opérer de la manière indiquée fig. 37, et qui est en équilibre, en sorte que si l'on diminuait un peu la largeur des pieds-droits, la rupture aurait lieu; et regardons les voussoirs comme des corps parfaitement durs appliqués les uns contre les autres. La pression qui s'exerce contre le joint MN (Fig. 34), et qui est la poussée horizontale Q, sera évidemment appliquée contre l'arête supérieure N. Si mn était le joint de rupture, la pression exercée contre ce joint serait aussi évidemment appliquée contre l'arête m. Enfin la pression exercée contre le dernier joint AB le sera évidemment contre l'arête B. Quant aux joints intermédiaires, on doit admettre qu'aux joints voisins de MN et AB, la pression est appliquée contre les arêtes supérieures; et qu'aux joints voisins du joint de rupture, la pression est appliquée contre les arêtes inférieures. On distinguerait les joints intermédiaires entre ceux où la pression est appliquée à l'arête supérieure, et ceux où elle

est appliquée à l'arête inférieure, par la condition que la résultante des deux forces G et Q, qui produisent cette pression, passe à égale distance des arêtes supérieure et inférieure.

332. Dans la réalité les voussoirs n'étant pas des corps parfaitement durs, on ne peut admettre que les pressions s'exercent ainsi contre des arêtes. Cela n'empêche pas que l'on ne puisse calculer, avec une exactitude suffisante, l'équilibre des voûtes d'après les règles énoncées précédemment; mais il paraît nécessaire d'avoir égard à l'élasticité de la matière des voussoirs, pour évaluer les efforts auxquels les parties de la pierre sont exposées. Cette question serait un cas particulier d'une question plus générale, qui consiste à déterminer les effets qui se produisent dans un corps élastique de figure quelconque, soumis à l'action de diverses forces. La solution de ce dernier problème ne pouvant être donnée ici, on cherchera à déterminer les efforts dont il s'agit d'après des suppositions qui paraissent s'éloigner très-peu des effets naturels, et qui sont propres à donner des limites, dont la connaissance est très-utile pour l'établissement des constructions.

Supposons, comme dans le n° précédent, la voûte en équilibre, et la rupture prête à s'opérer de la manière indiquée fig. 37. Les joints pour lesquels il importe le plus de connaître la valeur de la pression supportée par la pierre sont les joints de rupture, savoir les joints extrêmes MN et AB (Fig. 34), et le joint de rupture placé dans les reins, que nous supposerons être *mn*.

En considérant d'abord le joint MN, et remarquant que, la voûte étant prête à se rompre, ce joint tend à s'ouvrir en M, nous admettrons 1° que les deux voussoirs séparés par ce joint ne pressent point l'un contre l'autre par l'arête inférieure M; 2° que, par l'effet de l'élasticité de la matière dont ils sont formés, ils se sont un peu comprimés en s'appuyant l'un contre l'autre, de manière que la compression, qui est nulle à l'arête M, augmente uniformément depuis cette arête jusqu'à l'arête supérieure N; 3° que les élémens de la hauteur du joint résistent avec des forces proportionnelles aux compressions qu'ils subissent, et qui augmentent aussi uniformément, depuis l'arête M où elles sont nulles, jusqu'à l'arête N où elles sont à leur maximum. Cela posé, nommant

K la pression maximum qui s'exerce contre l'arête N, la valeur de cette pression étant rapportée à l'unité de surface;

v la distance d'un point quelconque de MN à l'extrémité inférieure M;

c la hauteur totale MN de ce joint;

on aura $\frac{Kvdv}{c}$ pour la pression qui s'exerce contre l'élément dv de la hauteur du voussoir placé à la distance v de l'arête inférieure. Or les pressions exercées contre tous les élémens doivent être telles que la somme de leurs momens, pris par rapport à l'arête m, soit égale au moment du poids G de la portion de voûte mnNM, pris par rapport à la même arête. Cette somme de momens étant

$$\frac{K}{c}\int_0^c dv.v(b-y+v), \text{ ou } \tfrac{1}{6}K[3(b-y)c+2c^2],$$

on a donc l'équation

$$\tfrac{1}{6}K[3(b-y)c+2c^2]=G(\alpha-x),$$

d'où

$$K=\frac{6G(\alpha-x)}{3(b-y)c+2c^2}.$$

On pourra calculer, au moyen de cette formule, la valeur de la plus grande pression à laquelle la pierre est exposée à la clef d'une voûte sur l'unité de surface, et vérifier, d'après ce qui a été dit nos 174 et suivans, si cette pierre a la force nécessaire pour y résister.

333. Nous remarquerons ici que, dans les hypothèses qui viennent d'être établies, on doit prendre pour la poussée horizontale de la voûte la somme des pressions exercées dans la hauteur du joint MN. En désignant cette somme par Q′, on aura

$$Q' = \frac{K}{c}\int_0^c dv.v = \tfrac{1}{2}Kc;$$

et en mettant pour K la valeur précédente,

$$Q' = \frac{3G(\alpha - x)}{3(b-y)+2c}.$$

Le point d'application de la résultante Q′ est aux $\frac{2}{3}$ de la hauteur du joint, à compter de l'extrémité inférieure M. Cette nouvelle valeur de la poussée horizontale surpasse un peu la valeur désignée ci-dessus par Q, c'est-à-dire

$$Q = \frac{G(\alpha - x)}{b-y+c},$$

et qui est calculée en supposant cette poussée appliquée en N. Il est plus exact, pour vérifier l'équilibre de la voûte, de prendre la force Q pour la poussée horizontale; mais les résultats différeront généralement très-peu de ceux que l'on obtiendrait en regardant cette poussée comme représentée par la force Q, conformément au n° 327.

334. En considérant maintenant le joint de rupture *mn*, on admettra également que la pression est nulle

à l'arête supérieure m, où le joint tend à s'ouvrir, et qu'elle augmente uniformément depuis cette arête jusqu'en n, où cette poussée est à son maximum. z désignant toujours la hauteur mn du joint, K la valeur maximum de la pression, v la distance d'un point quelconque de mn à l'extrémité supérieure n, on aura comme ci-dessus $\frac{Kv\,dv}{z}$ pour la pression supportée par un élément de la hauteur du voussoir. La condition à laquelle les pressions supportées par les divers élémens sont assujetties, est ici que leur somme soit égale à la pression normale exercée contre le joint par le poids G de la portion de voûte mnNM, et par la poussée horizontale Q. Cette somme étant $\frac{K}{z}\int_0^z v\,dv$, ou $\frac{1}{2}Kz$, on a donc l'équation

$$\tfrac{1}{2}Kz = G\sin.\theta + Q'\cos.\theta;$$

d'où

$$K = \frac{2(G\sin.\theta + Q'\cos.\theta)}{z},$$

formule qui fera connaître la valeur de la plus grande pression normale à laquelle la pierre est exposée sur l'unité de surface, dans le joint de rupture. Cette valeur est double de celle qu'on trouverait, en supposant l'effort uniformément réparti dans toute la hauteur du joint.

335. En considérant enfin le joint AB, et admettant les suppositions indiquées dans le n° précédent, on reconnaît que l'expression prédécente de K convient également à ce joint. G représente alors le poids total de la demi-voûte ABNM; et si le joint dont il s'agit est horizontal, on a simplement

$$K = \frac{2G}{z}.$$

336. A l'égard des joints intermédiaires entre les joints de rupture, les hypothèses précédentes ne peuvent pas s'y appliquer généralement avec exactitude; parce que lors même qu'une voûte est prête à se rompre, comme nous le supposons ici, ces joints ne tendent pas toujours à s'ouvrir, en sorte que l'on ne peut supposer nulle la pression exercée contre l'arête inférieure ou contre l'arête supérieure du joint. Pour les joints dont il s'agit, la pression se répartit d'une manière moins inégale dans toute la hauteur du plan de joint. Par conséquent si, en n'ayant point égard à cette remarque, on calculait pour ces joints la valeur de K par la formule du n° 334, le résultat surpasserait la véritable valeur de la pression normale à laquelle la pierre serait exposée. On conçoit d'ailleurs, à moins que la figure de la voûte ne soit très-irrégulière, que si la pierre a une résistance suffisante à la clef, au joint de rupture, et aux joints inférieurs des pieds-droits, elle l'aura à plus forte raison dans toutes les autres parties de la voûte.

337. On a supposé n° 332 que la voûte était en équilibre, ou prête à se rompre, et cette supposition était nécessaire pour que l'on pût regarder les joints de rupture comme prêts à s'ouvrir. Dans la réalité les voûtes ont toujours un excès de stabilité, au moyen duquel aucun joint ne s'ouvre, si ce n'est par l'effet de la compression des mortiers, circonstance dont on fait ici abstraction. La valeur de la poussée horizontale doit toujours se calculer d'après les règles établies précédemment. Les voussoirs se trouvant partout maintenus en contact sur toute la hauteur des plans de joint, on n'est plus assuré d'être d'accord avec les effets naturels en supposant la pression nulle à l'arête inférieure ou à l'arête supérieure

du joint, et l'on doit penser au contraire que la pression s'exerce sur toute la hauteur du joint, quoique moins fortement près de l'arête où le joint s'ouvrirait, si la voûte pouvait se rompre. La valeur totale de la pression exercée contre les plans de joint ne peut jamais surpasser d'ailleurs celle que l'on calculerait par les formules du n° 330. On conclut de ces remarques que, si l'on appliquait à une voûte où il y a excès de stabilité les formules des n°ˢ 332 et 334, les valeurs de K ainsi obtenues surpasseraient toujours celles des pressions exercées, et donneraient des limites dont les véritables pressions seraient d'autant plus éloignées que l'excès de stabilité de la voûte serait plus grand. Les moindres valeurs qu'il soit possible d'attribuer à K sont d'ailleurs celles que l'on obtiendrait en supposant les pressions uniformément réparties dans la hauteur des joints.

338. Lorsque les voussoirs ne sont pas posés immédiatement les uns contre les autres, et lorsque l'on décintre une voûte avant que les couches de mortier interposées dans les joints aient acquis une dureté suffisante, il peut y survenir des tassemens qui fassent ouvrir un certain nombre de joints près des points de rupture. Dans cette circonstance, la pierre peut être exposée à des efforts plus grands que ceux qui seraient calculés d'après les n°ˢ 332 et 334, parce que la pression doit être regardée comme nulle, non-seulement à l'une des extrémités du joint, mais sur une certaine portion de la hauteur de ce joint. Ces effets, que l'on doit tâcher de prévenir, seraient difficilement ramenés à des termes précis, et soumis à un calcul exact.

De l'usage des tirans de fer pour consolider les voûtes en berceau.

339. Lorsque les pieds-droits d'une voûte ont trop peu de largeur pour qu'elle se maintienne en équilibre, cette voûte peut être consolidée au moyen de tirans en fer, placés dans les reins. L'usage de ces tirans est très-commun en Italie, où l'on en voit dans les édifices le plus magnifiques. Supposons que la voûte représentée fig. 40 tend à rompre dans le joint *mn*, les parties supérieures s'abaissant en s'appuyant l'une contre l'autre par l'arête N, et renversant les parties inférieures, contre lesquelles elles portent par les arêtes *m*, et qu'elles tendent à faire tourner sur les arêtes B. On préviendra la rupture de cette voûte en liant les deux moitiés par un tirant horizontal. Il convient de placer ce tirant immédiatement au-dessous du joint de rupture *mn*. En effet, quand la voûte commence à se rompre, les points *m* sont ceux qui parcourent horizontalement le plus grand espace. Or on peut s'opposer à cette rupture au moyen d'une force horizontale, dont le moment, c'est-à-dire le produit de la force et de l'espace parcouru dans le sens de cette force par son point d'application, doit avoir une valeur déterminée, pour rendre nulle la somme des momens des forces qui agissent sur chaque moitié de la voûte. On doit donc appliquer cette force dans la direction *mm*, puisque l'espace parcouru par le point d'application étant alors le plus grand possible, la force sera la moindre possible.

On connaîtra d'ailleurs la tension qui peut s'établir dans le tirant, en remarquant que le moment de cette tension ajouté au moment du poids de la demi-voûte ABMN, doit être égal au moment de la poussée horizontale qui s'exerce en N; tous ces momens étant pris par rapport à l'arête B.

340. Lorsque l'épaisseur d'une voûte et de ses pieds-droits est très-petite par rapport à l'ouverture, il est possible qu'un seul tirant ne suffise pas pour en prévenir la rupture. On s'en assurera en considérant à part les portions de voûte AB*mn*, *mn*NM, et appliquant à chacune les règles énoncées précédemment. Si ces portions de voûte n'étaient pas en équilibre, on devrait y placer de nouveaux tirans, à la hauteur des joints où la rupture tendrait à s'opérer, en déterminant, d'après ce qui vient d'être dit, les efforts auxquels ces tirans se trouveraient exposés.

341. Lorsque des tirans sont employés de cette manière, il peut arriver que, par suite d'une élévation dans la température, le tirant soit détendu, et cesse d'exercer l'effort nécessaire; et que par suite d'un abaissement dans la température ce tirant soit tendu trop fortement, et exposé à se rompre. Pour rechercher les moyens de prévenir ces effets, on nommera

ω l'aire de la section transversale du tirant;

T la plus petite valeur de la tension que ce tirant doit supporter pour faire la fonction à laquelle il est destiné;

t la tension qu'on lui fait supporter quand on le met en place;

R' la plus grande valeur de la tension, rapportée à l'unité de surface, à laquelle le tirant peut être exposé sans risquer de le faire rompre;

V la plus haute température à laquelle le tirant sera exposé, exprimée en degrés du thermomètre;

v la température qui a lieu quand on met le tirant en place;

V′ la plus basse température à laquelle le tirant sera exposé;

δ la dilatation linéaire de la substance du tirant pour un degré du thermomètre.

E aura la signification indiquée n° 77.

Nous rappellerons d'ailleurs que les substances suivantes s'allongent ou s'accourcissent par une variation de température de 100° du thermomètre centigrade, savoir

fer forgé, de	0,00112
fer fondu.	0,00111
bois de sapin.	0,0008
pierre, environ (*a*).	0,0005

Lorsqu'on met le tirant en place, et qu'on lui fait supporter la tension $\frac{t}{\omega}$ sur l'unité de surface de sa section transversale, on l'allonge de la fraction $\frac{t}{E\omega}$ de sa longueur primitive. La température s'élevant de $V-v$ degrés, ce qui produit l'allongement $\delta(V-v)$, il se détend, et l'effort qu'il exerce est réduit à $t-\delta(V-v)\,E\omega$. Ainsi l'on doit avoir

$$t-\delta(V-v).\,E\omega > T.$$

De même la température s'abaissant de v à V′, le tirant subira un accourcissement égal à $\delta(v-V')$, et sa tension deviendra $t+\delta(v-V').\,E\omega$. On doit donc avoir également

$$t+\delta(v-V')E\omega < R'\omega.$$

(*a*) Notice sur la dilatation de la pierre, par M. Destigny. Journal du génie civil, tome 2, page 227.

342. On déduit de ces deux inégalités

$$t > T + \delta(V - v) E\omega,$$
$$t < R'\omega - \delta(v - V') E\omega;$$

d'où

$$R'\omega - \delta(v - V') E\omega > T + \delta(V - v) E\omega,$$

et par conséquent

$$\omega > \frac{T}{R' - \delta(V - V') E}.$$

Lorsque la valeur de ω aura été déterminée conformément à cette condition, les deux inégalités précédentes donneront deux limites entre lesquelles t devra être comprise. On voit que l'on ne pourrait satisfaire à la condition que le fer ne fût pas exposé à rompre, si la différence des températures extrêmes était telle que l'on eût

$$V - V' = \text{ou} > \frac{R'}{\delta E}.$$

Les valeurs qui doivent être attribuées à E et à R' pour le fer forgé ont été indiquées n°s 102 et 182.

343. On a supposé ci-dessus que la distance des deux points où les extrémités du tirant étaient scellées ne variait point par l'effet des changemens de la température. S'il en était autrement, il faudrait mettre dans les formules pour δ non pas la dilatation de la substance du tirant, mais la différence des dilatations respectives du tirant et du corps dans léquel il est scellé.

De l'équilibre des voûtes en dôme.

344. L'équilibre des voûtes en dôme diffère principalement de l'équilibre des voûtes en berceau, en ce que, dans ces dernières, le renversement comporte seulement les disjonctions dans les joints indiquées dans les n^{os} précédens. Il n'est pas nécessaire, pour que la voûte se rompe,

qu'il se forme aucune autre disjonction, suivant des plans perpendiculaires à la longueur de cette voûte. Une voûte sphérique, au contraire, ne peut être renversée, sans que les joints ne s'ouvrent comme dans les voûtes cylindriques, et en outre sans qu'il ne se forme des lézardes dans la direction des plans méridiens. La formation de ces lézardes exige que la cohésion des mortiers soit détruite. La rupture de la voûte exigerait de plus une sorte de désunion et de déplacement relatif des pierres voisines, tels que, si ces pierres étaient grandes, appareillées avec soin, et posées à joints croisés, elles devraient être en parties cassées pour que cette rupture pût avoir lieu. Il est difficile d'évaluer avec une exactitude suffisante l'effet de la cohésion des mortiers, et surtout l'effet de la résistance des pierres. Mais il paraît convenable de n'avoir pas égard à ces deux circonstances lors de l'établissement d'une grande voûte (*a*). Nous regarderons ici une voûte sphérique comme partagée en un grand nombre de parties séparées par les plans méridiens, et n'ayant entre elles aucune liaison.

(*a*) Il résulte des calculs des PP. Lesueur, Jacquier et Boscowich, que, abstraction faite de l'adhésion des mortiers, le moment des forces agissantes pour le renversement de la coupole de Saint-Pierre de Rome, est au moment des forces résistantes, dans le rapport de 3 à 2 environ. (*Parere di tre matematici sopra i danni che si sono trovati nella cupola di S. Pietro al fine dell' anno* 1742.) Cette coupole est presque entièrement construite en brique, avec du mortier du pouzzolane. L'adhésion des matériaux a suffi long-temps pour maintenir l'équilibre. Mais des lézardes, produites par de petits mouvemens imprimés par la chute de la foudre et les tremblemens de terre, s'étant multipliées et ayant augmenté peu à peu, les progrès de ces dégradations ont dû être arrêtés en entourant les parties inférieures du dôme par des cercles en fer.

345. D'après cela, tout ce qu'on a dit ci-dessus sur l'équilibre des voûtes en berceau pourra s'appliquer aux voûtes en dôme, avec cette seule différence qu'au lieu de considérer des portions de voûte comprises entre des plans verticaux parallèles, on devra considérer l'assemblage d'un très-grand nombre de portions de voûte, comprises entre des plans verticaux qui forment entre eux un très-petit angle, et se coupent suivant l'axe du dôme. L'équilibre de chacune de ces portions de voûte devra être vérifié, d'après les règles exposées précédemment. Mais il est indifférent de considérer à part une de ces portions, ou d'établir le calcul en considérant à la fois la totalité du dôme. La fig. 41 représentant le plan d'une voûte sphérique, on peut également vérifier l'équilibre d'une portion BOB' comprise entre deux plans méridiens très-voisins, ou celui de la moitié $bBB'b'$ de cette voûte. En adoptant ce dernier parti, on imaginera que la demi-circonférence $bBB'b'$ a été développée en $\beta BB'\beta'$, et que tous les autres élémens demi-circulaires de la voûte ont été également développés sur les arêtes du cylindre horizontal, qui les toucherait dans la section méridienne projetée en BOB'. Il en résultera une portion de voûte en berceau, comprise entre les plans verticaux $\beta O\beta'$, $\beta O\beta'$, à laquelle on appliquera les règles exposées dans dans les n°s 320 et suivans. On remarquera d'ailleurs, en déterminant le poids et la position du centre de gravité des diverses parties, que cette portion de voûte est contenue entre deux plans verticaux inclinés par rapport à l'axe du cylindre, en sorte que les élémens horizontaux ont d'autant moins de longueur qu'ils sont plus voisins du sommet, où leur longueur est nulle.

Il est évident que s'il existe des portes ou des fenêtres dans les parties inférieures du dôme, on doit supposer des vides correspondans dans la portion de voûte en berceau $\beta O \beta'$, dont les conditions d'équilibre sont les mêmes que celles de ce dôme.

346. Lorsqu'une voûte en dôme est en équilibre, on peut la couper suivant un plan horizontal, et en retrancher la partie supérieure, sans que l'équilibre cesse de subsister. Si, par exemple, on a enlevé la portion *mn*NM (Fig. 34), et que l'on considère la partie restante AB*nm* d'une portion du dôme comprise entre deux plans méridiens très-voisins, il peut arriver, ou que cette portion se soutiendrait d'elle-même, ou qu'il serait nécessaire, pour qu'elle se soutînt, que l'on appliquât une force horizontale en *n*. Dans le dernier cas, il s'établit entre les voussoirs, vers l'extrémité supérieure de la partie restante AB*mn*, et perpendiculairement aux joints verticaux, des pressions horizontales qui n'existent point lorsque la voûte est entière.

347. Si une voûte en dôme était effectivement formée d'un grand nombre de parties séparées par les plans méridiens, et sans liaison entre elles, on ne pourrait la couper suivant ces plans et en supprimer une partie, sans en causer la rupture. Ainsi les grandes niches, ou hémicycles, ne se soutiennent que par l'effet de la liaison des matériaux, ou parce que le mur de face offre une stabilité suffisante pour résister à l'action latérale de la demi-voûte.

De l'usage des ceintures en fer pour consolider les voûtes en dôme.

348. L'utilité de ces armatures est prouvée par un grand nombre d'exemples (*a*). Les considérations qui ont été présentées n° 339 montrent que les cercles doivent être placés de préférence à la hauteur du joint de rupture. En désignant par t la tension d'un cercle, cette tension produit l'effet d'une force horizontale égale à

$$2\pi . t,$$

qui serait distribuée uniformément dans tous les points de la circonférence du cercle, et perpendiculairement à cette circonférence. Par conséquent si, pour calculer l'équilibre d'une voûte en dôme, on la concevait remplacée par une voûte en berceau, de la manière expliquée n° 345, il faudrait concevoir les deux moitiés de cette voûte réunies l'une à l'autre par un ou plusieurs tirans, dont la tension, ou la somme des tensions, serait égale à πt.

La proposition précédente se conclut de ce qui a été dit n° 307. On peut s'en rendre raison directement, en remarquant que, d'après le principe des vitesses virtuelles, l'équilibre des forces appliquées dans le sens des rayons et de la force appliquée dans le sens de la circon-

---

(*a*) Voyez le deuxième livre des *Memorie istoriche della gran cupola del tempio Vaticano*, de Poleni, où l'auteur cite plusieurs dômes réparés et consolidés au moyen de cercles en fer. Le dôme intérieur et le cône qui supporte la lanterne, à Saint-Paul de Londres, sont consolidés de la même manière. On a également employé des cercles en fer pour contenir la voûte intermédiaire du dôme du Panthéon à Paris. Rondelet, Art de bâtir, tome 4, page 527.

férence, exige que les premières soient à la seconde comme une variation très-petite de la circonférence est à une variation correspondante du rayon; c'est-à-dire comme la circonférence est au rayon.

Les considérations exposées nos 340, 341 et suivans, s'appliquent également aux cercles employés pour consolider les dômes.

De l'équibre des voûtes en arc de cloître et des voûtes d'arête.

349. Les figures 42 et 43 représentent le plan d'une voûte en arc de cloître, élevée sur une base polygonale. On peut supposer cette voûte partagée, par des plans verticaux passant par les angles du polygone, en parties qui ne sont pas liées les unes aux autres; et considérer à part deux parties opposées, BOB′, BOB′, comme une portion de voûte en berceau. On appliquera à cette portion de voûte les règles exposées dans les nos 320 et suivans, en ayant toujours égard, dans l'évaluation des volumes et la détermination des centres de gravité, à ce qu'elle est comprise entre des plans inclinés par rapport à l'axe du berceau. Dans la réalité les parties de la voûte sont liées entre elles, soit par l'adhésion des mortiers, soit parce qu'on place ordinairement dans les arêtes des chaînes en pierres plus fortes, qui devraient être désunies et cassées pour que la rupture s'opérât. L'effet de ces liaisons est ici plus sensible qu'il ne l'est dans les dômes, et d'autant plus que la base de la voûte est un polygone d'un moindre nombre de côtés. Mais cet effet n'étant pas de nature à être évalué avec exactitude, il ne paraît pas que l'on doive y avoir égard, surtout dans l'établissement d'une grande voûte.

350. L'équilibre d'une voûte d'arête (Fig. 44) peut

être considéré de la même manière, en la supposant partagée en parties indépendantes l'une de l'autre par les plans verticaux BOB', BOB'. Les portions BOB, B'OB' appartiennent à une même voûte en berceau, et tendent à se rompre, en renversant les piliers sur les arêtes B*b*, B'*b*'. On remarquera qu'ici les élémens horizontaux de ces portions de voûte ont plus de longueur à mesure qu'ils sont plus rapprochés du sommet. La poussée horizontale, par cette raison, est plus grande, à épaisseur égale, qu'elle ne l'est dans les voûtes en arc de cloître, où le contraire a lieu. Mais on voit, d'un autre côté, que les piliers sont chargés du poids des deux autres portions de voûte BOB', BOB', et qu'ils ne peuvent être renversés sans entraîner dans leur mouvement ces portions de voûte, dont le moment, pris par rapport aux arêtes B*b*, B'*b*', doit être réuni au moment de stabilité des moitiés des portions BOB, B'OB', pris par rapport aux mêmes arêtes. Les voûtes dont il s'agit diffèrent en cela des voûtes en arc de cloître, où, dans le cas d'une rupture, les parties seraient renversées séparément, et ne sont pas consolidées les unes par les autres. Les remarques faites ci-dessus sur l'effet des liaisons des parties de la voûte, trouvent également ici leur application.

ARTICLE IV.

DES CALCULS RELATIFS A L'ÉTABLISSEMENT DES VOUTES.

351. Les calculs indiqués dans l'article précédent ont pour objet l'évaluation des volumes des parties des voûtes, et la recherche des situations des centres de gravité de ces parties, ou plutôt des distances horizontales des centres de gravité à un plan donné. Quant il s'agit d'une voûte en berceau comprise entre deux plans verticaux

perpendiculaires à l'axe de cette voûte, le calcul est en général établi pour une unité de longueur de la voûte, et l'on a seulement à considérer les aires des parties de la section transversale. Dans d'autres cas, et spécialement dans les calculs relatifs à l'établisement des dômes, des voûtes en arc de cloître et des voûtes d'arête, on doit considérer les volumes des parties de la voûte.

La figure de la section transversale d'une voûte étant ordinairement formée par des lignes droites, des arcs de cercle ou d'autres courbes dont on a les équations, on peut effectuer rigoureusement les calculs d'après les règles que la géométrie fournit à cet effet (*a*). Mais il sera plus simple, comme l'a remarqué Coulomb (*b*), d'employer des méthodes d'approximation.

La figure dont il s'agit peut toujours être décomposée en parties telles que ABMN (Fig. 45), comprises entre deux lignes verticales et deux lignes courbes ou droites. Si la voûte est terminée par deux plans verticaux perpendiculaires à l'axe, il suffit de considérer l'aire ABNM. Si cette voûte est terminée par deux plans verticaux CQ, C'Q' inclinés sur cet axe, il faudra considérer le volume correspondant à l'aire ABNM, et projeté horizontalement en CC', Q'Q. Cela posé, nommons

x l'abscisse Ap;
y la longueur mn;
z la longueur qq';
X l'abscisse AP;

(*a*) M. Audoy a établi de cette manière les formules relatives aux diverses espèces de voûtes en berceau. Voyez son Mémoire dans le Mémorial du génie, n° 4.

(*b*) Mémoires des savans étrangers, 1773.

et regardons y et z comme des fonctions de x. Si nous considérons seulement l'aire ABNM, nous aurons

$$\int_0^X y dx$$

pour la valeur de cette aire; et

$$\frac{\int_0^X xy dx}{\int_0^X y dx}$$

pour la distance horizontale de son centre de gravité à la ligne AB. Si nous considérons le volume projeté en CC′Q′Q, nous aurons

$$\int_0^X yz dx$$

pour valeur de ce volume; et

$$\frac{\int_0^X xyz dx}{\int_0^X yz dx}$$

pour la distance horizontale de son centre de gravité au plan vertical dont CC′ est la trace.

352. On voit, par ce qui précède, que les calculs dont il s'agit se réduisent toujours à l'évaluation d'intégrales définies, exprimées généralement par

$$\int_0^X dx \, . \, \mathrm{F}x.$$

Or on a, pour exprimer la valeur de ces intégrales, les formules approchées suivantes. Supposant l'intervalle AP ou X partagé en un certain nombre n de parties, dont la longueur est égale à Δx; posant $Fx = u$, et désignant par $u_0, u_1, u_2, \ldots u_n$ les valeurs de u qui répondent aux abscisses $0, \Delta x, 2\Delta x, \ldots n\Delta x$, on aura

$$\int_0^X dx.Fx = \Delta x \left\{ \begin{array}{l} \frac{1}{2} u_0 + u_1 + u_2 + u_3 + \ldots\ldots + u_{n-1} + \frac{1}{2} u_n \\ -\frac{1}{12}(\Delta u_n - \Delta u_0) + \frac{1}{24}(\Delta^2 u_n - \Delta^2 u_0) - \frac{19}{720}(\Delta^3 u_n - \Delta^3 u_0) \\ + \frac{3}{160}(\Delta^4 u_n - \Delta^4 u_0) - \frac{863}{60480}(\Delta^5 u_n - \Delta^5 u_0) + \text{etc.} \end{array} \right\}$$

On a également, n étant un nombre pair,

$$\int_0^X dx.Fx =$$

$$\frac{\Delta x}{3} \left\{ \begin{array}{l} u_0 + 4u_1 + 2u_2 + 4u_3 + 2u_4 + 4u_5 + \ldots\ldots + 2u_{n-2} + 4u_{n-1} + u_n \\ -\frac{1}{30}(\Delta^4 u_0 + \Delta^4 u_2 + \Delta^4 u_4 + \ldots\ldots + \Delta^4 u_{n-6} + \Delta^4 u_{n-4} + \Delta^4 u_{n-2}) \\ + \frac{1}{30}(\Delta^5 u_0 + \Delta^5 u_2 + \Delta^5 u_4 + \ldots\ldots + \Delta^5 u_{n-6} + \Delta^5 u_{n-4} + \Delta^5 u_{n-2}) \\ -\frac{37}{1260}(\Delta^6 u_0 + \Delta^6 u_2 + \Delta^6 u_4 + \ldots\ldots + \Delta^6 u_{n-6} + \Delta^6 u_{n-4} + \Delta^6 u_{n-2}) \\ + \text{etc.} \end{array} \right\}$$

L'usage de ces formules sera plus sûr si l'on opère de manière qu'il ne se trouve pas dans la courbe dont u est l'ordonnée de point d'inflexion entre les points de division de l'axe des abscisses x. Lorsque la courbe présente des points d'inflexion ou des changemens brusques de courbure et de direction, il convient de partager l'intégrale en plusieurs parties séparées par les points dont il s'agit, et d'en calculer à part les valeurs.

On peut, dans les opérations relatives à l'établissement des voûtes, mesurer sur des dessins faits avec exactitude les longueurs des lignes représentées par y et z dans le n° précédent, ce qui abrégera beaucoup ces opérations.

QUATRIÈME SECTION.

DE L'ÉQUILIBRE ET DE L'ÉTABLISSEMENT DES CONSTRUCTIONS EN CHARPENTE.

353. Les constructions en charpente consistent généralement dans un système de pièces assujetties les unes aux autres, aux extrémités seulement, ou dans divers points de leur longueur. Ces constructions offrent des propriétés différentes, suivant qu'elles sont supportées par-dessous, ou suspendues à des points fixes plus élevés que la construction. Il est toujours nécessaire que l'équilibre du système soit stable ; mais, dans le premier cas, cette condition exige que la figure de ce système soit invariable; dans le second cas, l'équilibre sera toujours stable, *lors même que la construction serait parfaitement flexible.*

Le principe le plus général dont on puisse faire dépendre la disposition d'un système de charpente, consiste en ce que les pièces principales doivent être placées suivant des lignes droites tracées des points où s'exercent les efforts aux points d'appui. Dans une construction ainsi disposée, les efforts qu'elle supporte ne tendent point à en changer la figure en faisant tourner les pièces sur les assemblages placés à leurs extrémités. Ce principe est principalement applicable aux constructions soutenues par-dessous.

354. Chaque pièce d'une construction en charpente doit offrir une résistance proportionnée aux efforts qu'elle peut avoir à supporter.

On se formera une idée précise du degré de résistance qu'une pièce doit présenter si l'on remarque que l'effet d'un changement de figure quelconque subi par une pièce, en vertu des actions auxquelles elle est exposée, est toujours d'allonger ou d'accourcir dans une certaine proportion les fibres de cette pièce. Si l'allongement ou l'accourcissement étaient trop considérables, la pièce romprait, ou par une disjonction, ou par un écrasement. Les allongemens ou accourcissemens dont il s'agit doivent toujours être beaucoup moindres que ceux qui amèneraient la rupture; mais on doit, dans tous les cas, les regarder comme donnant la mesure de la fatigue à laquelle la pièce est exposée. D'après cela, dans chaque cas particulier, la question se réduit à examiner, étant donné une pièce et les efforts qu'elle doit supporter, dans quelle proportion les fibres sont le plus allongées ou le plus accourcies. Si cet allongement ou cet accourcissement répond à une tension ou une à compression qui ne dépassent point les limites indiquées dans l'article VII de la première section (nᵒˢ 173 et suivans), on est assuré que la pièce aura la force demandée.

ARTICLE PREMIER.

DE LA RÉSISTANCE D'UNE PIÈCE PRISMATIQUE POSÉE HORIZONTALEMENT, CHARGÉE ET SUPPORTÉE DE DIVERSES MANIÈRES.

355. Les résultats présentés dans les nᵒˢ 86 et suivans font connaître les conditions de l'équilibre pour une pièce prismatique, dans les cas le plus simples. Cette pièce étant encastrée à une extrémité (Fig. 5 et 7), chargée à l'autre extrémité d'un poids P, et sur chaque unité de la longueur d'un poids p, on a (nᵒˢ 86 et 89)

$$f=\frac{P}{\varepsilon}.\frac{a^3}{3}+\frac{p}{\varepsilon}.\frac{a^4}{8} \qquad 15.$$

pour l'abaissement BM de l'extrémité libre; a étant la longueur AM, et ε le moment de résistance à la flexion dont l'expression générale est donnée n° 80.

356. Lorsqu'une pièce est posée librement sur deux appuis (Fig. 6 et 8), chargée au milieu du poids 2P, et sur chaque unité de longueur d'un poids p, on a (n°s 87 et 90)

$$f = \frac{P}{\varepsilon} \cdot \frac{a^3}{3} + \frac{p}{\varepsilon} \cdot \frac{5a^4}{24}$$

pour l'abaissement CA du milieu du solide; a étant la moitié AM de l'intervalle des appuis.

357. Les résultats présentés dans les n°s 121 et suivans font connaître les conditions de l'équilibre pour une pièce prismatique chargée de la même manière, dans le cas de la rupture. D'après les n°s 121 et 122, 124 et 125, lorsqu'un solide est encastré horizontalement à une extrémité, chargé à l'autre d'un poids P, et sur chaque unité de longueur du poids p; ou bien quand un solide est posé horizontalement sur deux appuis, chargé au milieu du poids 2P, et sur chaque unité de longueur du poids p; on a également (en négligeant la considération de la courbure du solide)

$$\rho = Pa + \tfrac{1}{2} pa^2;$$

a représentant la longueur du solide dans le premier cas, ou la moitié de l'intervalle des appuis dans le second. ρ est le moment de résistance à la rupture, dont l'expression générale est donnée n°s 113 et 114.

358. Lorsque la figure que prend un solide prismatique par l'effet de la flexion est connue, on en déduit immédiatement les conditions de l'équilibre relatives au cas de la rupture. Le solide tend à se rompre dans le point où la courbure est le plus grande; et quand il

est prêt à se rompre le moment de la résistance à la flexion, en ce point, est égal au moment de la résistance à la rupture. Ainsi les conditions d'équilibre dont il s'agit s'obtiennent en égalant ρ à la valeur maximum de $\varepsilon \frac{d^2y}{dx^2}$; x et y étant l'abscisse et l'ordonnée de la courbe du solide, ε ayant la signification indiquée n° 80, et ρ la signification indiquée n° 113.

Equilibre d'une pièce posée sur deux appuis, et chargée en un point quelconque de l'intervalle des appuis.

359. On suppose qu'un solide MM′ (Fig. 46), posé sur deux appuis placés sur une même ligne horizontale, est chargée d'un poids 2 P suspendu au point B, qui n'est pas placé au milieu de l'intervalle des appuis. Il s'agit de connaître les conditions d'équilibre du solide par rapport à la flexion et par rapport à la rupture. On nommera

a la moitié CM de l'intervalle des appuis;
z la distance CD;
x l'abscisse Bp;
y l'ordonnée mp;
f l'abaissement BD du point B;
ω l'angle que la tangente à la courbe du solide forme au point B avec l'horizon.
ε aura la signification indiqué n° 80;
ρ aura la signification indiquée n° 113.

Les composantes du poids 2 P, représentant les efforts exercés sur les appuis M et M′, sont respectivement

$$P\frac{a+z}{a} \quad \text{et} \quad P\frac{a-z}{a};$$

et chaque partie BM, BM′ du solide est fléchie de la même manière que si, étant encastrées en B, elles étaient sollicitées aux extrémités M et M′ par ces composantes. On aura donc ici, comme au n° 86, pour la partie BM

$$\frac{d^2y}{dx^2} = \frac{P}{\varepsilon}.\frac{a+z}{a}(a-z-x),$$

$$\frac{dy}{dx} = \frac{P}{\varepsilon}.\frac{a+z}{a}\left[(a-z)x - \frac{x^2}{2}\right] + \text{tang.}\,\omega,$$

$$y = \frac{P}{\varepsilon}.\frac{a+z}{a}\left[(a-z)\frac{x^2}{2} - \frac{x^3}{6}\right] + x\,\text{tang.}\,\omega,$$

$$f = \frac{P}{\varepsilon}.\frac{(a+z)\,(a-z)^3}{3a} + (a-z)\,\text{tang.}\,\omega.$$

On aura également pour la partie BM′

$$\frac{d^2y}{dx^2} = \frac{P}{\varepsilon}.\frac{a-z}{a}(a+z-x),$$

$$\frac{dy}{dx} = \frac{P}{\varepsilon}.\frac{a-z}{a}\left[(a+z)x - \frac{x^2}{2}\right] - \text{tang.}\,\omega.$$

$$y = \frac{P}{\varepsilon}.\frac{a-z}{a}\left[(a+z)\frac{x^2}{2} - \frac{x^3}{6}\right] - x\,\text{tang.}\,\omega,$$

$$f = \frac{P}{\varepsilon}.\frac{(a-z)(a+z)^3}{3a} - (a+z)\,\text{tang.}\,\omega.$$

f et tang.ω devant avoir les mêmes valeurs dans ces équations, on trouvera par l'élimination

$$\text{tang.}\,\omega = \frac{P}{\varepsilon}.\frac{2(a^2-z^2)z}{3a}, \quad f = \frac{P}{\varepsilon}.\frac{(a^2-z^2)^2}{3a}$$

360. Les équations des parties BM et BM′ de la courbe sont respectivement

$$y = \frac{P}{\varepsilon}.\frac{a+z}{a}\left[\tfrac{2}{3}(a-z)zx + \tfrac{1}{2}(a-z)x^2 - \tfrac{1}{6}x^3\right],$$

$$y = \frac{P}{\varepsilon}.\frac{a-z}{a}\left[-\tfrac{2}{3}(a+z)zx + \tfrac{1}{2}(a+z)x^2 - \tfrac{1}{6}x^3\right].$$

On connaîtra l'ordonnée minimum en faisant dans la seconde de ces équations $\frac{dy}{dx}=0$, ce qui donnera

$$x=a+z-\sqrt{a^2+\tfrac{2}{3}az-\tfrac{1}{3}z^2}.$$

En appelant y_1 la valeur de y correspondante à cette valeur de x, la flèche de la courbe du solide sera $f-y_1$. Le point B est celui où la courbure du solide est le plus grande, et où ce solide tend à se rompre : on le nommera *point de rupture.*

361. D'après cette dernière remarque, et conformément au n° 358, les conditions de l'équilibre relatif à la rupture seront exprimées par l'équation

$$\rho=\text{P}.\frac{a^2-z^2}{a}.$$

On le voit aussi en remarquant que ρ doit être égal au moment de l'une ou de l'autre des forces agissant en M, M', pris par rapport au point de rupture B.

Equilibre d'une pièce posée sur deux appuis, et chargée sur une portion de sa longueur.

362. Le solide MM' (Fig. 47), posé sur deux appuis placés sur une même ligne horizontale, étant chargé, dans l'intervalle NN' seulement, d'un poids p sur l'unité de longueur, on demande les conditions de l'équilibre. Supposant que le point B est au milieu de l'intervalle NN', on nommera

z la distance CD;
a la moitié CM de la distance des appuis;
a' la moitié DE de l'intervalle dans lequel est placée la charge;
x, y l'abscisse Bp et l'ordonnée mp;

f l'abaissement BD ou MP du point B;

ω l'angle que la tangente à la courbe au point B forme avec l'horizon;

ε et ρ auront les significations indiquées n° 359.

Les composantes de la charge $2pa'$ représentant les efforts exercés sur les appuis M et M′ sont respectivement

$$p\,a'.\frac{a+z}{a} \quad \text{et} \quad p\,a'.\frac{a-z}{a}.$$

Chaque partie BM, BM′ du solide est fléchie de la même manière que si, étant encastrée en B, elle était sollicitée dans un sens par les poids placés en BN, BN′, et dans l'autre sens par les forces précédentes agissant en M, M′. Par conséquent on aura d'abord, pour tous les points compris entre B et N (voyez les n°s 87, 89 et 90),

$$\frac{d^2y}{dx^2}=\frac{p\,a'}{\varepsilon}.\frac{a+z}{a}(a-z-x)-\frac{p}{\varepsilon}\left(\frac{a'^2}{2}-a'x+\frac{x^2}{2}\right),$$

$$\frac{dy}{dx}=\frac{p\,a'}{\varepsilon}.\frac{a+z}{a}\left[(a-z)x-\frac{x^2}{2}\right]-\frac{p}{\varepsilon}\left(\frac{a'^2x}{2}-\frac{a'x^2}{2}+\frac{x^3}{6}\right)+\text{tang.}\,\omega.$$

$$y=\frac{p\,a'}{\varepsilon}.\frac{a+z}{a}\left[(a-z)\frac{x^2}{2}-\frac{x^3}{6}\right]-\frac{p}{\varepsilon}\left(\frac{a'^2x^2}{4}-\frac{a'x^3}{6}+\frac{x^4}{24}\right)+x\,\text{tang.}\,\omega\,;$$

et les deux dernières équations donneront, pour les valeurs qui conviennent au point N, en y faisant $x=a'$,

$$\frac{dy}{dx}=\frac{p\,a'}{\varepsilon}.\frac{a+z}{a}\left[(a-z)a'-\frac{a'^2}{2}\right]-\frac{p}{\varepsilon}.\frac{a'^3}{6}+\text{tang.}\,\omega,$$

$$y=\frac{p\,a'}{\varepsilon}.\frac{a+z}{a}\left[(a-z)\frac{a'^2}{2}-\frac{a'^3}{6}\right]-\frac{p}{\varepsilon}.\frac{a'^4}{8}+a'\,\text{tang.}\,\omega.$$

On aura ensuite pour tous les points compris entre N et M, en déterminant les constantes de manière que pour $x=a'$ les valeurs de $\frac{dy}{dx}$ et y soient égales aux précédentes,

$$\frac{d^2y}{dx^2}=\frac{pa'}{\varepsilon}\cdot\frac{a+z}{a}(a-z-x),$$

$$\frac{dy}{dx}=\frac{pa'}{\varepsilon}\cdot\frac{a+z}{a}\left[(a-z)x-\frac{x^2}{2}\right]-\frac{p}{\varepsilon}\cdot\frac{a'^3}{6}+\text{tang. }\omega.$$

$$y=\frac{pa'}{\varepsilon}\cdot\frac{a+z}{a}\left[(a-z)\frac{x^2}{2}-\frac{x^3}{6}\right]-\frac{p}{\varepsilon}\left(\frac{a'^3x}{6}-\frac{a'^4}{24}\right)+x\text{ tang. }\omega.$$

La dernière équation, en supposant $x=a-z$, donnera

$$f=\frac{pa'}{\varepsilon}\cdot\frac{(a+z)(a-z)^3}{3a}-\frac{p}{\varepsilon}\left[\frac{a'^3(a-z)}{6}-\frac{a'^4}{24}\right]+(a-z)\text{ tang. }\omega.$$

En répétant les mêmes opérations pour la portion BM′ du solide, on trouvera

$$f=\frac{pa'}{\varepsilon}\cdot\frac{(a-z)(a+z)^3}{3a}-\frac{p}{\varepsilon}\left[\frac{a'^3(a+z)}{6}-\frac{a'^4}{24}\right]-(a+z)\text{ tang. }\omega;$$

et en éliminant entre ces deux équations, il vient

$$\text{tang.}\omega=\frac{pa'}{\varepsilon}\cdot\frac{(4a^2-4z^2-a'^2)z}{6a};$$

$$f=\frac{pa'}{\varepsilon}\left[\frac{(2a^2-2z^2-a'^2)(a^2-z^2)}{6a}+\frac{a'^3}{24}\right].$$

363. On aura les équations des parties BN, NM de la courbe, en substituant dans les expressions précédentes de y qui appartiennent respectivement à ces parties la valeur que l'on vient d'obtenir pour tang. ω. Les expressions de y qui conviennent aux portions BN′, N′M′ de la courbe sont semblables aux expressions qui se rapportent aux portions BN, NM; on les déduit de ces dernières en changeant $a+z$ en $a-z$, et réciproquement. On connaîtra donc également la figure de la portion BM du solide. La flèche de la courbure se trouvera de la manière indiquée n° 360.

364. Le point B est celui dans lequel la courbure est le plus grande, et où le solide tend à se rompre. La con-

dition de l'équilibre relatif à la rupture est exprimée, conformément au n° 358, par l'équation

$$\rho = p a' \left(\frac{a^2 - z^2}{a} - \frac{a'}{2} \right).$$

365. Les exemples précédens suffisent pour indiquer comment on trouve les conditions d'équilibre d'une pièce posée horizontalement sur deux appuis, et chargée d'une manière quelconque. Le point où elle tend à se rompre, et que l'on doit regarder comme le point d'encastrement, est toujours situé dans la verticale contenant le centre de gravité des poids dont cette pièce est chargée. Le point de rupture ayant été déterminé, aussi bien que les efforts exercés sur chaque point d'appui, on doit former autant d'équations différentielles du second ordre qu'il y a, de chaque côté du point de rupture, de parties pour lesquelles les conditions de la flexion ne peuvent s'exprimer par la même formule. Les constantes introduites par l'intégration se déterminent de manière que l'ordonnée et l'inclinaison de la tangente aient les mêmes valeurs dans le point commun à deux parties consécutives.

L'équation exprimant les conditions de l'équilibre à l'instant où la pièce est prête à se rompre, s'obtient en égalant le moment de rupture ρ à la valeur de $\varepsilon \frac{d^2y}{dx^2}$ qui appartient au point de rupture; c'est-à-dire au moment pris par rapport à ce point des forces agissant sur la pièce dans l'une ou l'autre des parties que ce point sépare.

Equilibre d'une pièce chargée d'un poids, dont l'une des extrémités est encastrée et l'autre extrémité posée sur un appui.

366. La pièce AMM' (Fig. 48) encastrée horizontalement à l'extrémité A, supportée à l'extrémité M' sur un appui placé sur la même ligne horizontale que le point A, étant chargée en M du poids Π, on nommera

a la distance AB;
a' la distance AM';
Π' l'effort exercé sur l'appui M';
ε et ρ auront les significations indiquées n° 359.

On aura en premier lieu, pour la portion AM de la pièce,

$$\varepsilon \frac{d^2 y}{dx^2} = \Pi(a-x) - \Pi'(a'-x),$$

$$\varepsilon \frac{dy}{dx} = \Pi\left(ax - \frac{x^2}{2}\right) \quad \Pi'\left(a'x - \frac{x^2}{2}\right),$$

$$\varepsilon y = \Pi\left(\frac{ax^2}{2} - \frac{x^3}{2}\right) - \Pi'\left(\frac{a'x^2}{2} - \frac{x^3}{6}\right),$$

On aura ensuite pour la portion MM', en déterminant les constantes de manière que, pour $x = a$, les valeurs de $\frac{dy}{dx}$ et y soient égales à celles qui seraient données par les équations précédentes,

$$\varepsilon \frac{d^2 y}{dx^2} = -\Pi'(a'-x),$$

$$\varepsilon \frac{dy}{dx} = \Pi\frac{a^2}{2} - \Pi'\left(a'x - \frac{x^2}{2}\right),$$

$$\varepsilon y = \left(\frac{a^2 x}{2} - \frac{a^3}{6}\right) - \Pi'\left(\frac{a'x^2}{2} - \frac{x^3}{6}\right).$$

367. Cette dernière expression de y devant être nulle quand $x=a'$, on aura

$$\Pi' = \Pi \frac{a^2(3a'-a)}{2a'^3}$$

pour l'effort exercé sur le point d'appui M'. En substituant cette valeur dans les équations précédentes, on trouvera pour l'abscisse du point où l'ordonnée y est le plus grande

$$a'\left(1-\sqrt{\frac{a'-a}{3a'-a}}\right);$$

et pour la valeur de cette plus grande ordonnée, ou de la flèche de courbure de la pièce,

$$\frac{\Pi}{\varepsilon}\cdot\frac{a^2}{6}(a'-a)\sqrt{\frac{a'-a}{3a'-a}}.$$

368. La pièce tend nécessairement à se rompre en A ou en M. On a au point A

$$\varepsilon\frac{d^2y}{dx^2} = \Pi a - \Pi' a' = \Pi\frac{a(2a'-a)(a'-a)}{2a'^2};$$

et au point M,

$$\varepsilon\frac{d^2y}{dx^2} = -\Pi'(a'-a) = -\Pi\frac{a^2(3a'-a)(a'-a)}{2a'^3}.$$

L'équilibre est exprimé à l'instant de la rupture par celle des deux équations

$$\rho = \Pi\frac{a(2a'-a)(a'-a)}{2a'^2},$$

$$\rho = \Pi\frac{a^2(3a'-a)(a'-a)}{2a'^3},$$

dont le second membre a la plus grande valeur. Le corps tend à se rompre en A si la distance AB est petite; il tend à se rompre en M si AB diffère peu de AM'.

369. Si l'on suppose le poids Π placé au milieu de l'intervalle AM', on aura $a'=2a$; et en écrivant 2P au lieu de Π, il viendra

$$\Pi'=\tfrac{5}{8}P$$

pour l'effort exercé sur le point d'appui. L'abscisse du point où l'ordonnée est le plus grande sera

$$2a\left(1-\frac{1}{\sqrt{5}}\right);$$

et la valeur de cette ordonnée,

$$\frac{P}{\varepsilon}\cdot\frac{a^3}{3\sqrt{5}}.$$

En comparant ce résultat à celui du n° 87, on voit que la flèche de courbure produite par le même poids est plus petite, dans le rapport de 1 à $\sqrt{5}$, qu'elle ne serait si les deux extrémités de la pièce étaient posées sur des appuis.

L'ordonnée du point milieu, où le poids est placé, est $\frac{P}{\varepsilon}\cdot\frac{7a^3}{48}$, c'est-à-dire les $\frac{7}{16}$ de ce qu'elle serait dans le cas dont on vient de parler.

370. En supposant toujours le poids Π placé au milieu de l'intervalle AM', la pièce tend à se rompre en A, et la première valeur de ρ du n° 368 donne

$$\rho=P\frac{3a}{4}.$$

Si les deux extrémités étaient posées sur deux appuis, on aurait $\rho=Pa$. Par conséquent, lorsque l'une des extrémités est encastrée, la pièce, à force égale, peut supporter un poids plus grand dans le rapport de 4 à 3.

Equilibre d'une pièce dont les deux extrémités sont encastrées, et qui est chargée d'un poids.

371. On suppose la pièce AMM′ (Fig. 49) chargée en M du poids Π, encastrée horizontalement aux deux extrémités A et M′; et l'on remarque que l'effet de l'encastrement en M′ est de rendre horizontale en ce point la direction de la tangente à la courbe. Or on ne changera rien à l'état d'équilibre de la pièce AM′, si l'on suppose cet effet produit au moyen de ce que cette pièce, posée simplement sur un appui en M′, est prolongée en M′M″, et chargée à l'extrémité M″ d'un poids dont la valeur a été convenablement déterminée. Cela posé, on nommera

a la distance AB;
a' la distance AM′;
a'' la distance AB″;
Π' l'effort exercé sur l'appui M′;
Π'' le poids suspendu à l'extrémité M″;
ε et ρ auront les significations indiquées n° 359.

On aura en premier lieu pour la portion AM de la pièce

$$\varepsilon \frac{d^2y}{dx^2} = \Pi(a-x) - \Pi'(a'-x) + \Pi''(a''-x);$$

$$\varepsilon \frac{dy}{dx} = \Pi(ax - \tfrac{1}{2}x^2) - \Pi'(a'x - \tfrac{1}{2}x^2) + \Pi''(a''x - \tfrac{1}{2}x^2),$$

$$\varepsilon y = \Pi(\tfrac{1}{2}ax^2 - \tfrac{1}{6}x^3) - \Pi'(\tfrac{1}{2}a'x^2 - \tfrac{1}{6}x^3) + \Pi''(\tfrac{1}{2}a''x^2 - \tfrac{1}{6}x^3);$$

On a ensuite pour la portion MM′, en déterminant les constantes de manière que, pour $x=a$, les valeurs de $\frac{dy}{dx}$ et y soient égales à celles qui seraient données par les équations précédentes,

$$\varepsilon\frac{d^2y}{dx^2} = -\Pi'(a'-x) + \Pi''(a''-x),$$

$$\varepsilon\frac{dy}{dx} = \Pi\tfrac{1}{2}a^2 - \Pi'(a'x-\tfrac{1}{2}x^2) + \Pi''(a''x-\tfrac{1}{2}x^2),$$

$$\varepsilon y = \Pi(\tfrac{1}{2}a^2x-\tfrac{1}{6}a^3) - \Pi'(\tfrac{1}{2}a'x^2-\tfrac{1}{6}x^3) + \Pi''(\tfrac{1}{2}a''x^2-\tfrac{1}{6}x^3).$$

372. Le coefficient $\frac{dy}{dx}$ et l'ordonnée y devant être nuls au point M', c'est-à-dire quand $x=a'$, on a

$$0 = \Pi\tfrac{1}{2}a^2 - \Pi'\tfrac{1}{2}a'^2 + \Pi''(a'a''-\tfrac{1}{2}a'^2),$$
$$0 = \Pi(\tfrac{1}{2}a^2a'-\tfrac{1}{6}a^3) - \Pi'\tfrac{1}{3}a'^3 + \Pi''(\tfrac{1}{2}a'^2a''-\tfrac{1}{6}a'^3);$$

d'où l'on tire

$$\Pi' = \Pi\frac{a^2(aa'-2aa''-2a'^2+3a'a'')}{a'^3(a''-a')}, \qquad \Pi'' = \Pi\frac{a^2(a'-a)}{a'^2(a''-a')}.$$

En mettant ces valeurs dans les formules précédentes, on connaîtra la figure de la pièce.

373. Si l'on suppose le poids Π placé au milieu de l'intervalle AM', on a $a'=2a$, et

$$\Pi' = \Pi\frac{2a''-3a}{4(a''-2a)}, \quad \Pi'' = \Pi\frac{a}{4(a''-2a)}.$$

En substituant ces valeurs dans les équations précédentes, et écrivant 2P au lieu de Π, on aura pour déterminer la figure de la première moitié de la pièce,

$$\varepsilon\frac{d^2y}{dx^2} = P\left(\frac{a}{2}-x\right),$$
$$\varepsilon\frac{dy}{dx} = P\left(\frac{ax}{2}-\frac{x^2}{2}\right),$$
$$\varepsilon y = P\left(\frac{ax^2}{4}-\frac{x^3}{6}\right).$$

On vérifie que les équations appartenant à la seconde moitié indiquent une figure symétrique à celle de la première moitié. L'ordonnée du milieu de la pièce ou la flèche de courbure, est

$$\frac{P}{\varepsilon} \cdot \frac{a^3}{12};$$

et en comparant ce résultat à celui du n° 87, on voit que cette flèche de courbure est quatre fois moindre lorsque les extrémités sont encastrées que lorsqu'elles sont posées sur des appuis.

374. En supposant toujours le poids Π ou 2P placé au milieu de l'intervalle AM′, la courbure est le plus grande possible aux deux extrémités et au milieu de la pièce, qui tend à se rompre en même temps en ces trois points. L'équilibre relatif à la rupture est exprimé par l'équation.

$$\rho = P\frac{a}{2};$$

en sorte que la pièce peut supporter un poids deux fois plus grand que celui qu'elle supporterait si les extrémités étaient simplement posées sur des appuis (a).

(a) Ce résultat est généralement admis, bien qu'on l'ait établi d'une autre manière; mais il a été contredit par M. Barlow, qui, dans son *Essay on the strength and stress of timber*, page 132, substitue la raison de 3 à 2 à celle de 2 à 1. La proposition sur laquelle M. Barlow fonde son raisonnement, et qui est énoncée page 115 du même ouvrage, est inexacte et contraire à l'expérience. On peut remarquer qu'il est difficile, dans les expériences, de réaliser l'hypothèse de l'encastrement aux deux extrémités. Il faut, pour que l'on y parvienne, que la pièce soit prolongée de chaque côté sur une assez grande longueur. Les expressions de Π' et Π'' indiquent effectivement que les efforts exercés sur les points fixes tendent à devenir infinis quand la longueur sur laquelle la pièce est prolongée devient nulle. On peut voir sur ce sujet les expériences rapportées dans le Traité du mouvement des eaux, Œuvres de Mariotte, tome II, page 466.

Equilibre d'une pièce supportée par trois, ou par un plus grand nombre de points d'appui.

375. Quand une verge rigide chargée de poids est soutenue sur un nombre de points d'appui plus grand que 2, les efforts que chacun de ces points d'appui doit supporter sont indéterminés entre certaines limites. Ces limites peuvent toujours être fixées par les principes de la statique. Mais, si l'on suppose la verge élastique, l'indétermination cesse entièrement. On considérera seulement ici une des questions de ce genre le plus simples qui puissent être proposées.

On supposera la pièce MM′ (Fig. 50) posée horizontalement sur trois points d'appui, placés, l'un au milieu A de la longueur de cette pièce, et les deux autres aux extrémités M, M′. Chaque moitié de la pièce est chargée au milieu N, N′, d'un poids Π, Π'. Il s'agit de déterminer la figure affectée par la pièce, et les efforts exercés sur chaque point d'appui. On nommera

a la moitié AM ou AM′ de la longueur de la pièce;
p, q, q' les efforts exercés en A, M, M′;
ω l'angle que fait avec l'axe Ax la tangente à la courbe au point A;
ε et ρ auront les significations indiquées n° 359.

Les principes de la statique exigeant 1° que la somme des poids Π, Π' soit égale à la somme des efforts exercés sur les points d'appui; 2° que la somme des momens des forces, pris par rapport à un point quelconque, par exemple au point A, soit nulle; on a d'abord les deux équations

$$\Pi+\Pi'=p+q+q', \qquad \Pi-\Pi'=2(q-q').$$

376. En regardant ensuite la pièce comme encastrée en A, on aura pour la portion AN

$$\varepsilon \frac{d^2y}{dx^2} = \Pi\left(\frac{a}{2} - x\right) - q(a-x),$$
$$\varepsilon \frac{dy}{dx} = \Pi\left(\frac{ax}{2} - \frac{x^2}{2}\right) - q\left(ax - \frac{x^2}{2}\right) + \varepsilon \text{ tang. } \omega,$$
$$\varepsilon y = \Pi\left(\frac{ax^2}{4} - \frac{x^3}{6}\right) - q\left(\frac{ax^2}{2} - \frac{x^3}{6}\right) + x.\varepsilon \text{ tang. } \omega.$$

On aura ensuite pour la portion NM, en déterminant les constantes de manière que, pour $x = \frac{a}{2}$, les valeurs de $\frac{dy}{dx}$ et y soient égales à celles qui seraient données par les équations précédentes,

$$\varepsilon \frac{d^2y}{dx^2} = -q(a-x),$$
$$\varepsilon \frac{dy}{dx} = -q\left(ax - \frac{x^2}{2}\right) + \Pi\frac{a^2}{8} + \varepsilon \text{ tang. } \omega.$$
$$\varepsilon y = -q\left(\frac{ax^2}{2} - \frac{x^3}{6}\right) + \left(\Pi\frac{a^2}{8} + \varepsilon \text{ tang. } \omega\right)x - \Pi\frac{a^3}{48}.$$

Les équations qui conviendraient aux parties AN' et N'M' de la pièce se déduiront des précédentes, en y écrivant Π' au lieu de Π, q' au lieu de q, et changeant le signe de tang. ω. En remarquant ensuite que les équations appartenant aux parties NM et N'M' doivent donner $y = 0$ quand on suppose $x = a$, on aura les deux équations

$$0 = -q\frac{a^2}{3} + \Pi\frac{5a^2}{48} + \varepsilon \text{ tang. } \omega,$$
$$0 = -q'\frac{a^2}{3} + \Pi'\frac{5a^2}{48} - \varepsilon \text{ tang. } \omega.$$

377. Au moyen de ces équations, et de celles du nº 375, on trouvera

$$\text{tang. } \omega = \frac{\Pi - \Pi'}{\varepsilon} \cdot \frac{a^2}{32},$$

$$p = \frac{22\,\Pi + 22\,\Pi'}{32},$$

$$q = \frac{13\,\Pi - 3\,\Pi'}{32},$$

$$q' = \frac{-3\,\Pi + 13\,\Pi'}{32};$$

et l'on connaîtra la figure de la pièce en substituant ces valeurs dans les équations précédentes. On voit que le point d'appui A supporte seul les $\frac{2}{3}$ à très-peu près de la somme des poids dont la pièce est chargée. Les efforts exercés sur les points d'appui sont indépendans de ε, en sorte qu'ils demeurent les mêmes pour des pièces plus ou moins flexibles.

378. La pièce tend nécessairement à se rompre dans l'un des points A, N ou N'. On a au point A

$$\varepsilon \frac{d^2 y}{dx^2} = \Pi \frac{a}{2} - qa = \left(3\,\Pi + 3\,\Pi'\right)\frac{a}{32};$$

au point N

$$\varepsilon \frac{d^2 y}{dx^2} = -q \frac{a}{2} = -\left(13\,\Pi - 3\,\Pi'\right)\frac{a}{64};$$

et au point N'

$$\varepsilon \frac{d^2 y}{dx^2} = -q' \frac{a}{2} = -\left(-3\,\Pi + 13\,\Pi'\right)\frac{a}{64}.$$

La condition de la rupture est exprimée par celle des trois équations

$$\rho = \left(3\,\Pi + 3\,\Pi'\right)\frac{a}{32},$$

$$\rho = \left(13\,\Pi - 3\,\Pi'\right)\frac{a}{64},$$

$$\rho = \left(-3\,\Pi + 13\,\Pi'\right)\frac{a}{64},$$

dont le second membre a la plus grande valeur.

379. Si l'on suppose égaux les poids Π et Π', il viendra

$$\text{tang.}\,\omega = 0, \quad p = \frac{22\,\Pi}{16}, \quad q = q' = \frac{5\Pi}{16}.$$

380. En adoptant la même supposition, la pièce tend à se rompre au point A, et l'équilibre relatif à la rupture est exprimé par l'équation

$$\rho = \frac{3\,\Pi}{16}.\,a.$$

Chaque moitié de la pièce est alors dans le même cas que si elle était encastrée horizontalement à une extrémité et supportée à l'autre. Le résultat que l'on vient d'obtenir s'accorde effectivement avec celui du n° 370, en écrivant ici $2P$ au lieu de Π, et $2a$ au lieu de a.

Remarque sur l'usage qu'on doit faire des résultats précédens dans les applications.

381. Les résultats exposés dans cet article serviront à apprécier les flexions des pièces chargées horizontalement. On substituera dans les formules, à la place de ε, les valeurs du moment de résistance à la flexion, données n°s 81 et suivans. Par exemple, si la section de la pièce est rectangulaire, on écrira $E\frac{bc^3}{12}$ à la place de ε. La valeur de E se conclut des expériences rappor-

tées nos 94 et suivans. On connaîtra ainsi le degré de la flexion de la pièce, en raison des dimensions de la section.

382. Ces résultats serviront également à apprécier les charges qui pourraient causer la rupture des pièces, ou les plus grandes charges que l'on puisse faire supporter à ces pièces dans les constructions. On substituera à la place de ρ les valeurs du moment de rupture données dans les nos 115 et suivans. Par exemple, si la section de la pièce est rectangulaire, on écrira $R\frac{bc^2}{6}$ à la place de ρ. Quand on voudra connaître les charges capables de causer la rupture, on attribuera à R les valeurs déduites des expériences rapportées dans les nos 130 et suivans; et quand on voudra connaître les plus grandes charges que l'on puisse faire supporter aux pièces dans les constructions, on emploîra les valeurs de R′ indiquées dans les nos 181, 183 et 186.

ARTICLE II.

DE LA RÉSISTANCE D'UNE PIÈCE PRISMATIQUE POSÉE VERTICALEMENT ET CHARGÉE SUR L'EXTRÉMITÉ SUPÉRIEURE.

383. On considère une pièce AM (Fig. 51) dont l'extrémité inférieure A est posée sur un plan horizontal fixe. L'extrémité supérieure M est placée dans la même verticale que l'extrémité inférieure, et chargée d'un poids Q. Il s'agit de trouver les conditions de la flexion de la pièce causée par l'action de ce poids. On nommera

a la distance AM des extrémités;
s la longueur AmM de la pièce;
ω l'aire de la section transversale de la pièce;

x, y l'abscisse Ap et l'ordonnée pm d'un point quelconque de la courbe formée par l'axe de la pièce;

ε et ρ auront les valeurs indiquées n° 359.

L'équation qui exprime les conditions de l'équilibre est toujours fondée sur ce principe, que le moment de la résistance à la flexion doit être égal, en chaque point de l'axe de la pièce, au moment de la force par laquelle la pièce est sollicitée, pris par rapport à ce point. En remarquant qu'ici la courbe affectée par cet axe présente sa concavité à l'axe des abscisses, cette équation d'équilibre sera

$$-\varepsilon\frac{d^2y}{dx^2}=Qy,$$

dont l'intégrale complète est

$$y=A\sin.\sqrt{\frac{Q}{\varepsilon}}.x+B\cos.\sqrt{\frac{Q}{\varepsilon}}.x,$$

A et B désignant deux constantes arbitraires. Comme on doit avoir $y=0$ quand $x=0$, la constante B est nulle. La constante A représente évidemment la plus grande ordonnée de la courbe, qui est supposée très-petite, et que nous désignerons par f. Ainsi nous écrirons

$$y=f\sin.\sqrt{\frac{Q}{\varepsilon}}.x.$$

384. On doit avoir $y=0$ quand $x=a$. Il est donc nécessaire, si f n'est pas nulle, que

$$\sqrt{\frac{Q}{\varepsilon}}.a=i\pi,\quad \text{d'où}\quad Q=i^2\pi^2.\frac{\varepsilon}{a^2},$$

i étant un nombre entier quelconque, et π le rapport de la circonférence au diamètre; ce qui détermine la valeur du poids Q qui peut maintenir la pièce fléchie. Cette valeur est, toutes choses égales d'ailleurs, réciproque au quarré de la longueur de la pièce.

385. En substituant la valeur de Q dans l'équation précédente, où la flèche f demeure indéterminée, on a

$$y = f \sin. i\pi.\frac{x}{a},$$

$$s = a\left\{1 + \left(\frac{i\pi f}{2a}\right)^2\right\},$$

$$f = \frac{2}{i\pi}\sqrt{a(s-a)}.$$

386. Si l'on donne successivement à i les valeurs entières 1, 2, 3, etc., la courbe représentée par l'équation précédente affectera diverses figures. La fig. 51 répond au cas où $i=1$ et $Q=\pi^2\frac{\varepsilon}{a^2}$. La fig. 52 répond au cas où $i=2$ et $Q=4\pi^2\frac{\varepsilon}{a^2}$: une pièce affecterait cette figure si le milieu N était maintenu dans la ligne verticale qui en contient les deux extrémités. La fig. 53 répond au cas où $i=3$ et $Q=9\pi^2\frac{\varepsilon}{a^2}$: une pièce affecterait cette figure si les points situés au tiers et aux deux tiers de la longueur étaient maintenus dans la verticale qui en contient les extrémités. Et ainsi de suite.

387. Lorsqu'une pièce comprimée dans le sens de sa longueur affecte une flexion très-petite, on doit concevoir 1° que les fibres longitudinales supportent, par l'effet de la pression Q supposée uniformément répartie sur toute la section transversale, un effort $\frac{Q}{\omega}$ sur l'unité de surface, effort qui produit dans ces fibres une diminution de longueur exprimée par la fraction $\frac{Q}{E\omega}$, E ayant la signification indiquée n° 77 ; 2° que par l'effet seul de la flexion les fibres seraient allongées du côté de la face

convexe, et contractées du côté de la face concave d'une quantité exprimée pour une fibre quelconque (conformément à ce qu'on a vu n° 77) par la fraction $v\frac{d^2y}{dx^2}$. Les deux effets dont il s'agit ayant lieu simultanément, la plus grande compression à laquelle les fibres soient exposées est

$$\frac{Q}{E\omega}+v'\frac{d^2y}{dx^2};$$

en désignant par v' la distance à l'axe d'équilibre de la fibre placée du côté de la face concave qui est le plus éloignée de cet axe, et mettant pour $\frac{d^2y}{dx^2}$ la plus grande valeur que ce coefficient différentiel puisse prendre dans toute l'étendue de la courbe.

La limite de la charge que l'on peut faire supporter à une pièce étant déterminée par le degré de compression ou d'extension des fibres qui résulte de l'action de cette charge, conformément à ce qui a été dit n° 354, on voit qu'en désignant (comme on l'a fait n° 181) par R' le plus grand effort auquel les fibres doivent être exposées sur l'unité de surface, on doit écrire

$$\frac{R'}{E}=\frac{Q}{E\omega}+v'\frac{d^2y}{dx^2},$$

équation qui déterminera en général, comme on le verra dans les articles suivans, la valeur du poids dont on peut charger la pièce.

388. Dans le cas particulier dont il s'agit ici cette détermination ne peut être effectuée, parce que la flèche f demeurant indéterminée la solution ne donne aucune relation entre $\frac{d^2y}{dx^2}$ et Q. Cette indétermination subsiste

également pour les cas d'équilibre examinés dans les nos suivans. On indiquera à la fin de l'article la manière dont on peut se rendre compte de la résistance des pièces dans les applications.

Equilibre d'une pièce chargée verticalement, lorsque l'extrémité inférieure est encastrée, et l'extrémité supérieure libre.

389. Dans ce cas (Fig. 54), en conservant les dénominations du n° 383, on a

$$\varepsilon \frac{d^2 y}{dx^2} = Q(f - y),$$

f représentant l'ordonnée BM du point extrême. L'intégrale complète est

$$y = f + A \sin. \sqrt{\frac{Q}{\varepsilon}} . x + B \cos. \sqrt{\frac{Q}{\varepsilon}} . x,$$

A et B désignant toujours les deux constantes arbitraires. Comme l'on doit avoir $y = 0$ et $\frac{dy}{dx} = 0$ lorsque $x = 0$, la constante A est nulle, et $B = -f$. L'équation de la courbe est donc

$$y = f\left(1 - \cos. \sqrt{\frac{Q}{\varepsilon}} . x\right).$$

390. On doit avoir $y = f$ quand $x = a$. Par conséquent

$$\sqrt{\frac{Q}{\varepsilon}} . a = \frac{(2i+1)\pi}{2}; \text{ d'où } Q = \frac{(2i+1)^2 \pi^2}{4} . \frac{\varepsilon}{a^2}.$$

391. L'équation de la courbe devient

$$y = f\left(1 - \cos. \frac{(2i+1)\pi}{2} . \frac{x}{a}\right),$$

et donne

$$s = a\left\{1 + \left(\frac{(2i+1)\pi . f}{2.2a}\right)^2\right\},$$

$$f = \frac{2.2}{(2i+1)\pi} \sqrt{a(s-a)}.$$

392. La fig. 54 répond au cas où $i=0$, et $Q=\frac{\pi^2}{4}\frac{\varepsilon}{a^2}$. La fig. 55 répond au cas où $i=1$, et $Q=\frac{9\pi^2}{4}\frac{\varepsilon}{a^2}$: les ordonnées des points situés au $\frac{1}{3}$ et aux $\frac{2}{3}$ de la longueur de la pièce sont égales à f et $2f$. La fig. 56 répond au cas où $i=2$ et $Q=\frac{25\pi^3}{4}\frac{\varepsilon}{a^2}$: les ordonnées des points situés au $\frac{1}{5}$ et aux $\frac{3}{5}$ de la longueur de la pièce sont égales à f; celle du point situé aux $\frac{2}{5}$ est égale à $2f$, et celle du point situé aux $\frac{4}{5}$ est nulle. Et ainsi de suite.

A longueur égale, le poids qui peut faire fléchir la pièce de la manière indiquée fig. 54, est 4 fois plus petit que celui qui peut la faire fléchir de la manière indiquée fig. 51.

Equilibre d'une pièce chargée verticalement, lorsque l'extrémité inférieure est encastrée et l'extrémité supérieure maintenue dans une même verticale.

393. Dans ce cas l'équation d'équilibre est celle du n° 383; mais on ne peut satisfaire à cette équation avec la condition que l'expression de y donne en même temps $y=0$ et $\frac{dy}{dx}=0$ lorsque $x=0$. Il résulte de là qu'une pièce, dans le cas dont nous parlons, ne peut être maintenue fléchie. Mais si l'on suppose que le poids Q, au lieu d'agir exactement dans le sens de l'axe de la pièce, agisse à une distance f de cet axe, aussi petite que l'on voudra (Fig. 57), l'équation d'équilibre sera celle du n° 389, et la valeur de y sera représentée par l'équation trouvée dans ce n°.

Cette équation devant donner $y=0$ quand $x=a$, on a ici

$$\sqrt{\frac{Q}{\varepsilon}}\cdot a = 2 i\pi, \quad \text{d'où} \quad Q = 4 i^2 \pi^2 \frac{\varepsilon}{a^2}.$$

L'équation de la courbe est

$$y = f\left(1 - \cos. 2i\pi \frac{a}{x}\right);$$

et il est à remarquer que cette équation donne également $\frac{dy}{dx} = 0$ quand $x = a$, en sorte que la tangente de la courbe est nécessairement verticale à l'extrémité supérieure aussi bien qu'à l'extrémité inférieure. La fig. 57 répond au cas où $i = 1$ et $Q = 4\pi^2 \frac{\varepsilon}{a^2}$: l'ordonnée du point milieu, ou la flèche de courbure, est égale à $2f$. La valeur du poids Q est quadruple de celle qui aurait lieu si ce poids agissait dans le sens de l'axe de la pièce, et si les extrémités n'étaient pas encastrées.

La pièce représentée fig. 57 est dans le même état d'équilibre que les $\frac{4}{5}$, à compter du bas, de la pièce représentée fig. 56 : si l'on écrit effectivement $\frac{4}{5}a$, au lieu de a, dans l'expression précédente de Q, on retrouvera la valeur indiquée n° 392 pour le cas de la fig. 56.

Expériences sur la résistance des pièces de bois chargées verticalement.

394. Résultats moyens des expériences faites par M. Aubry (*a*), sur des pièces de bois de chêne posées verticalement et chargées sur l'extrémité supérieure.

Longueur des pièces.	Equarrissage des pièces.	Charge qui a causé la première inflexion.	Charge qui a causé la rupture.
pouces.	pouces.	pouces.	pouces.
18	$\frac{1}{2}$	80	205
36	$\frac{1}{2}$	20	54
18	1	534	638

(*a*) Mémoire sur différentes questions de la science des constructions publiques et économiques, page 33.

395. Résultats des expériences de M. Girard, sur des pièces de bois de chêne posées verticalement et chargées sur l'extrémité supérieure (*a*).

Longueur des pièces.	Largeur des pièces.	Épaisseur des pièces.	Première flèche de courbure observée.	Charge qui a causé la première inflexion.	Charge qui a causé la rupture.
mètres.	mètre.	mètre.	mètre.	kilogrammes.	kilgrammes.
2,6	0,158	0,128	0,0068	17321	
2,6	0,162	0,106	0,0056	11994	42514
2,6	0,158	0,102		11992	
2,6	0,133	0,099	0,0079	11993	
2,6	0,131	0,106	0,0068	11997	22931
2,27	0.156	0,131	0,0028	22939	
2,27	0,158	0,129		17317	
2,27	0,156	0,104	0,0062	17320	33120
2,27	0,158	0,102	0,0068	17322	28626
2,27	0,126	0,102	0,0079	11999	
1,95	0,156	0,133	0,0879	17322	
1,95	0,158	0,102	0,0056	17321	
1,95	0,16	0,102	0,0045	11974	32997
1,95	0,133	0,106	0,0056	17295	
1,95	0,126	0,108	0,0056	11998	
2,27	0,158	0,108	0,0029	11999	
2,6	0,158	0,135	0,0051	11999	37305
2,6	0,158	0,131	0,0045	11997	
2,6	0,187	0,158	0,0023	11998	
2,6	0,189	0,158	0,0023	11998	

Les pièces se courbent généralement sur les deux faces. On a inscrit sur le tableau la plus grande des deux premières flèches de courbure observées.

396. Résultats moyens des expériences faites par M. Lamandé sur des pièces de chêne de Champagne, assez sec, posées verticalement et chargées sur l'extrémité supérieure (*b*).

(*a*) Traité analytique de la résistance des solides, et des solides d'égale résistance, page 138, et table I.

(*b*) Traité de la construction des ponts, par M. Gauthey, tome II, page 48.

Longueur des pièces.	Équarrissage des pièces.	Première flèche de courbure observée.	Charge qui a causé la première inflexion.	Charge qui a causé la rupture.
mètre.	mètre.	mètre.	kilogrammes.	kilogrammes.
0,649	0,054	0,0017	5369	8861
1,298	0,054	0,0037	2863	5693
1,948	0,054	0,0045	1325	3559
0,649	0,081	0,0015	18129	23163
1,298	0,081	0,005	9246	16465
1,948	0,081	0,0042	4793	11619
0,649	0,108	0,0014	27211	40921
1,298	0,108	0,0015	21488	40495
1,948	0,108	0,005	9663	27629

397. Résultats moyens des expériences faites par M. Rondelet (*a*), sur des pièces posées verticalement et chargées sur l'extrémité supérieure. Ces pièces avaient toutes un pouce d'équarrissage.

Espèces de bois.	Longueur des pièces.	Charge qui a causé la rupture.
	pouces	livres.
Chêne	1	6346
	12	5310
	24	2911
	36	2163
Sapin.	1	7490
	12	6355
	24	3429
	36	2575

L'auteur conclut de ces expériences la règle suivante. Prenant pour unité la force nécessaire pour écraser un cube, qui est de 44 livres par ligne quarrée de la section

(*a*) Art de bâtir, tome IV, page 68.

transversale pour le chêne, 52 livres pour le sapin (n° 12), la force nécessaire pour rompre une pièce dont la hauteur est

12 fois l'épaisseur, sera $\frac{5}{6}$.
24. . . . . $\frac{1}{2}$.
36. . . . . [illegible].
48. . . . . $\frac{1}{6}$.
60. . . . . $\frac{1}{12}$.
72. . . . . $\frac{1}{24}$.

D'après le même auteur, une pièce de bois chargée verticalement peut céder en pliant lorsque la longueur surpasse 10 fois l'équarrissage.

Expériences sur la résistance des pièces de fer forgé chargées verticalement.

398. Expériences faites à l'école des ponts et chaussées, sur des pièces de fer forgé, posées verticalement, et chargées sur l'extrémité supérieure (*a*).

LONGUEUR des pièces.	LARGEUR des pièces.	ÉPAISSEUR des pièces.	CHARGE qui a causé la rupture.
mètre.	millimètre.	millimètres.	kilogrammes.
0,244	20,3	20,3	10426
0,325	20,3	20,3	8454
0,258	20,3	20,3	10216
0,325	13,5	13,5	3951

399. D'après un très-grand nombre d'expériences faites par M. Rondelet (*b*), sur des pièces ayant de 6 à

(*a*) Traité de la construction des ponts, par M. Gauthey, tome II, page 152.

(*b*) Art de bâtir, tome IV, page 522.

12 lignes d'équarrissage, et de 1 ½ pouce à 20 pieds de longueur; cet architecte établit que la charge nécessaire pour comprimer un cube de fer forgé étant de 512 livres par ligne quarrée de la section transversale (n° 17), la charge nécessaire pour faire plier et rompre une barre dont la longueur est égale à 27, 54, 81, 108, 135, 162, 189, 216, 243 fois l'équarrissage, est 256, 128, 64, 32, 16, 8, 4, 1 livres, par ligne quarrée de la section transversale.

400. Expériences faites par M. Duleau, sur des pièces de fer forgé posées verticalement et chargées sur l'extrémité supérieure (*a*).

PIÈCES SOUMISES A L'EXPÉRIENCE.	LONGUEUR des pièces.	LARGEUR des pièces.	ÉPAISSEUR des pièces.	CHARGE qui a causé la flexion.
	mètres.	millimètr.	millimètres.	kilogrammes.
Fer du Périgord. La section est un triangle équilatéral, de 0m,038 de côté	3,02			860
Idem	2.01	30	11	190
Idem, doux (destiné pour les fers des chevaux)	2,01	70	11,2	520
Même pièce, fixée au milieu .				1945
Fer du Périgord (tel qu'on l'a trouvé dans la forge) . . .	2,02	45	12	500
Fer du Périgord.	2,01	40	11,5	260
Même pièce, fixée au milieu. .				900
Fer du Périgord (tel qu'on l'a trouvé dans la forge). . . .	2,01	58	15	1000
Idem	3,02	25	15	180
Idem	3,02	39	19,6	780
Idem	2,01	60	20	2400
Idem	3,02	60	20	1200
Idem	3,02	39	24,5	1320
Idem	3,02	31	31	2000
Fer rond, de Bilbao, ayant 0m,0318 de diamètre	3,02			1285

(*a*) Essai théorique et expérimental sur la résistance du fer forgé, page 26.

Le résultat général de ces observations est qu'en calculant les valeurs des charges qui causent la flexion d'après la formule $Q = \pi^2 \frac{\varepsilon}{a^2}$ (dans laquelle on mettrait, à la place de ε, $E\frac{bc^3}{12}$ pour une pièce rectangulaire, et $E\frac{\pi r^4}{4}$ pour une pièce cylindrique, en faisant $E = 20\,000\,000\,000^k$), on trouve des valeurs plus petites que celles qui ont été données par l'expérience, dans le rapport de 7 à 8 environ (*a*). L'auteur attribue en partie cette différence au frottement du levier employé pour transmettre la pression.

Expériences sur la résistance des pièces de fer fondu, pressées dans le sens de la longueur.

401. On peut voir sur ce sujet les expériences de M. G. Rennie, rapportées ci-dessus, n° 19.

D'après d'autres expériences de M. Reynolds (*b*), faites sur de la fonte très-douce, deux barres d'un pouce anglais quarré et de 3 pieds de longueur, ayant une extrémité posée sur une barre horizontale, avec laquelle elles formaient un angle de 45°, et s'appuyant l'une contre l'autre par les extrémités supérieures, ont supporté sur ces extrémités une charge de 15680 livres avoir-du-poids, produisant dans le sens de chaque barre un effort de 11087 livres.

Dans un autre essai, deux barres semblables, mais

(*a*) Essai théorique et expérimental sur la résistance du fer forgé, page 24.

(*b*) *Bank's on the power of machines*, page 89.

posées de manière à former avec la barre horizontale des angles de 22° $\frac{1}{2}$, ont supporté sur les extrémités supérieures une charge de 8960 livres, produisant dans le sens de chaque barre un effort de 11709 livres.

Remarques sur l'usage que l'on doit faire des résultats précédens dans les applications.

402. Les résultats exposés dans les nos 383 et suivans supposent essentiellement la force représentée par Q dirigée dans le sens de l'axe de la pièce, ou du moins dans le plan vertical passant par cet axe, perpendiculairement auquel la flexion s'opère. Dans la réalité, lorsqu'une pièce est chargée verticalement, le poids est ordinairement réparti sur toute l'étendue de la section transversale. Il faudrait donc, pour que l'expérience s'accordât exactement avec ces résultats, que les pièces fussent terminées aux extrémités par une pointe ou par une arête.

En exposant les résultats dont il s'agit, on a supposé le sens de la flexion de la pièce déterminé, et on a représenté par ε la valeur du moment de résistance à la flexion qui devait avoir lieu en conséquence, et qui se calculerait d'après la figure de la pièce par les règles des nos 80 et suivans. Quand une pièce est chargée sur l'extrémité supérieure, le sens de la flexion, en général, n'est pas déterminé. Il est naturel d'admettre que la pièce fléchira dans la direction pour laquelle la valeur du moment ε est la moindre possible. Si la section transversale est circulaire, cette valeur est la même dans toutes les directions. Il en est de même si la section transversale est un quarré, comme on l'a vu n° 83. Dans le cas d'une section rectangulaire, la moindre valeur du moment de résistance à la flexion répond au cas où la pièce fléchit dans le sens du plus petit côté. Dans les expériences, les pièces à base quarrée fléchissent indifféremment dans le sens de la diagonale ou des côtés. Les pièces à base rectangulaire mêmes, à moins que les deux côtés de la section ne soient très-différens, ne fléchissent pas toujours exactement dans le sens du plus petit côté, la direction de la flexion étant ordinairement déterminée par quelque défaut d'homogénéité dans la pièce, ou par la manière dont la pression s'exerce aux extrémités.

Ces remarques indiquent par quelles raisons les expériences connues ne donnent pas toujours, pour le poids qui peut faire fléchir une pièce à base rectangulaire chargée verticalement, une valeur conforme à celle que l'on calculerait par la formule $Q = \pi^2 \frac{\varepsilon}{a^2}$, en supposant que la flexion ait lieu dans le sens du petit côté de la section transversale. Mais, lorsqu'on prend les précautions convenables pour accorder les circonstances de l'expérience avec les hypothèses sur lesquelles les formules sont fondées, le résultat est alors représenté exactement par cette formule.

403. A l'égard de la charge qu'on peut faire supporter aux pièces comprimées dans le sens de leur longueur, on remarquera en premier lieu que la pièce cédera nécessairement sous une charge Q donnée par l'expression

$$Q = \frac{\pi^2 \varepsilon}{a^2},$$

qui, pour le cas d'une section rectangulaire, devient

$$Q = E \frac{\pi^2 . bc^3}{12 . a^2}.$$

Mais cette expression augmente rapidement à mesure que la longueur a de la pièce diminue. En général les pièces employées de cette manière dans les constructions sont trop courtes, eu égard à leur grosseur, pour présenter le genre de flexion auquel s'appliquent les résultats des nos 383 et suivans. En supposant $E = 1\,000\,000\,000^k$ pour le bois de chêne, $E = 20\,000\,000\,000^k$ pour le fer forgé ; et comparant les valeurs données par cette formule avec les résultats rapportés d'après M. Rondelet dans les nos 397 et 399, on trouvera que la formule précédente donne des valeurs plus grandes que ces résultats lorsque l'épaisseur c de la pièce surpasse le $\frac{1}{20}$ environ de la longueur a. Par conséquent, pour les pièces dont la longueur n'est pas égale à 20 fois l'épaisseur, c'est-à-dire dans la plupart des cas qui se présentent dans les constructions, la résistance ne doit pas être déterminée d'après la formule précédente, mais par la considération du poids qui pourrait écraser la pièce.

Le poids qui doit écraser ou comprimer une pièce dont la longueur est égale à une ou deux fois l'épaisseur, peut être estimé, pour chaque millimètre quarré de la section transversale, à

3 kil. pour le bois de chêne et de sapin,
40 fer forgé,
100 fer fondu.

On conclut des expériences rapportées ci-dessus :

1° Que pour les bois l'évaluation précédente doit être réduite aux $\frac{5}{6}$ lorsque la longueur de la pièce est égale à 12 fois l'épaisseur, et à moitié quand cette longueur est égale à 24 fois l'épaisseur ;

2° Que pour le fer forgé l'évaluation précédente doit être réduite aux $\frac{5}{8}$ quand la longueur est égale à 12 fois l'épaisseur, et à moitié quand la longueur est égale à 24 fois l'épaisseur ;

3°. Que pour le fer fondu l'évaluation précédente doit être réduite aux $\frac{2}{3}$ à peu près, quand la longueur est égale à 4 fois l'épaisseur, à moitié environ quand la longueur est égale à 8 fois l'épaisseur, et au $\frac{1}{15}$ lorsque la longueur est égale à 36 fois l'épaisseur.

Les expériences connues ne donnent pas les moyens d'évaluer avec exactitude la résistance dans les cas intermédiaires différens de ceux que l'on vient de spécifier.

404. Quant aux pièces dont la longueur surpasserait 20 fois environ l'épaisseur, on peut en évaluer la résistance par les formules des n°s 386 et suivans, avec la certitude que cette évaluation ne dépassera pas les résultats donnés par les expériences.

405. Lorsque dans les applications on aura évalué, conformément aux deux n°s précédens, la résistance qu'une pièce *comprimée verticalement* peut présenter, on devra, pour en conclure le plus grand poids dont cette pièce puisse être chargée avec sécurité dans les constructions, réduire les résultats au $\frac{1}{10}$ environ pour le bois, au $\frac{1}{4}$ ou au $\frac{1}{5}$ pour le fer forgé ou fondu.

ARTICLE III.

DE LA RÉSISTANCE D'UNE PIÈCE PRISMATIQUE CHARGÉE VERTICALEMENT, LORSQUE LA DIRECTION DU POIDS EST DISTANTE DE L'AXE DE LA PIÈCE.

406. Soit une pièce verticale AM (Fig. 58), encastrée à l'extrémité inférieure, et supportant le poids Π suspendu à l'extrémité de la traverse MC assujettie de manière à former toujours un angle droit avec la pièce AM. L'action du poids comprime la pièce verticale dans le sens MA, et tend à la faire plier et rompre. On nommera

a la distance AB;
l la distance MC;
ω l'aire de la section transversale de la pièce;
x, y l'abscisse Ap, et l'ordonnée mp d'un point quelconque m de la courbe affectée par la pièce;
f l'ordonnée MB du point extrême.
ε aura la signification indiquée n° 80.

L'équation d'équilibre sera

$$\varepsilon \frac{d^2 y}{dx^2} = \Pi (l + f - y);$$

et l'intégrale de cette équation (qui doit donner $y = 0$ et $\frac{dy}{dx} = 0$ quand $x = 0$),

$$y = (l + f)\left(1 - \cos.\, x \sqrt{\frac{\Pi}{\varepsilon}}\right).$$

On doit avoir $y = f$ quand $x = a$: donc

$$\frac{l}{l + f} = \cos.\, a \sqrt{\frac{\Pi}{\varepsilon}},$$

d'où

$$f = l \left(\frac{1}{\cos.\, a \sqrt{\frac{\Pi}{\varepsilon}}} - 1\right)$$

et

$$\Pi = \varepsilon \left\{ \frac{\text{arc}\left(\cos. = \frac{l}{l + f}\right)}{a} \right\}^2.$$

L'équation de la courbe est

$$y = l.\ \frac{1 - \cos.\, x \sqrt{\frac{\Pi}{\varepsilon}}}{\cos.\, a \sqrt{\frac{\Pi}{\varepsilon}}}.$$

On doit mettre dans l'expression de Π le plus petit des arcs dont le cosinus est égal à $\frac{l}{l+f}$, à moins qu'il n'y ait certains points de la pièce AB maintenus fixes. La flèche de courbure produite par un poids donné est proportionnelle à la distance MC. Le poids capable de faire prendre à la pièce une flèche de courbure donnée, est réciproque au quarré de la longueur de cette pièce.

407. La question précédente diffère de celles qui ont été traitées dans les n°s 383 et suivans, en ce que l'on obtient ici une relation entre le poids Π dont la pièce est chargée, et la flèche de courbure f produite par l'action de ce poids; ce qui permet de déterminer, conformément à ce qui a été dit n° 387, la limite des efforts auxquels on peut exposer la pièce dans une construction.

E ayant la signification indiquée n° 77, on aura $\frac{\Pi}{E\omega}$ pour la compression des fibres résultant de l'action de Π. Désignant de plus, comme au n° 113, par v' la distance à l'axe d'équilibre de la fibre extrême qui subit la plus grande compression, la plus grande compression des fibres résultant de la flexion de la pièce sera exprimée pour un point quelconque, comme on le voit d'après le n° 77, par $v'\frac{d^2y}{dx^2}$, quantité dont la plus grande valeur, qui a lieu au point A, est $\frac{v'\Pi l}{\varepsilon\cos.a\sqrt{\frac{\Pi}{\varepsilon}}}$. Le plus grand accourcissement des fibres est donc ici

$$\Pi\left(\frac{1}{E\omega}+\frac{v'l}{\varepsilon\cos.a\sqrt{\frac{\Pi}{\varepsilon}}}\right).$$

Par conséquent, si l'on veut que le plus grand effort auquel les fibres sont exposées sur l'unité de surface ne dépasse pas une certaine limite, représentée comme au n° 181 par R′, il ne faudra pas que ce plus grand accroissement surpasse la fraction $\frac{R'}{E}$. La valeur de Π ne devra donc point dépasser celle qui satisfait à l'équation

$$\frac{R'}{E} = \Pi\left(\frac{1}{E\omega} + \frac{v'l}{\varepsilon \cos. a\sqrt{\frac{\Pi}{\varepsilon}}}\right).$$

Les valeurs qu'il convient d'attribuer au poids R′, pour les divers matériaux, ont été indiquées nos 181 et suivans.

408. Si la section transversale de la pièce est un rectangle dont b soit la largeur et c la hauteur, on a $\omega = bc$, $\varepsilon = E\frac{bc^3}{12}$, $v' = \frac{c}{2}$. L'équation précédente devient

$$R' = \frac{\Pi}{bc^2}\left(c + \frac{6l}{\cos. a\sqrt{\frac{12\Pi}{Ebc^3}}}\right).$$

La fraction $\frac{12\Pi}{Ebc^3}$ sera ordinairement fort petite, et par conséquent cette équation différera très-peu de

$$R' = \frac{\Pi}{bc^2}(c + 6l), \quad \text{d'où} \quad \Pi = \frac{R'bc^2}{c + 6l}.$$

409. On supposera maintenant que l'extrémité supérieure de la pièce est fixée et encastrée (Fig. 59), et que le poids Π fait supporter à cette pièce une tension longitudinale, en même temps qu'il la fait plier. Dans ce cas, en conservant les dénominations du n° 406, l'équation d'équilibre sera

$$\varepsilon\frac{d^2y}{dx^2} = \Pi\,(l - f + y);$$

et supposant pour abréger $\frac{\Pi}{\varepsilon} = r^2$, on aura pour l'intégrale

$$l-f+y=Ae^{rx}+Be^{-rx},$$

e représentant la base des logarithmes hyperboliques, A et B deux constantes arbitraires.

Cette équation devant au point A donner $x=0$, $y=0$, $\frac{dy}{dx}=0$; et au point M, $x=a$, $y=f$, on a

$$l-f=A+B,$$
$$0=A-B,$$
$$l=Ae^{ra}+Be^{-ra};$$

d'où l'on déduit

$$A=B=\frac{l}{e^{ra}+e^{-ra}},$$

$$f=l\left(1-\frac{2}{e^{ra}+e^{-ra}}\right).$$

L'équation de la courbe est

$$y=l.\frac{e^{rx}+e^{-rx}-2}{e^{ra}+e^{-ra}}.$$

410. On obtient ici, comme dans le cas précédent, une relation entre le poids Π et la flèche de courbure f que ce poids fait prendre à la pièce. Le plus grand poids Π dont la pièce puisse être chargée se déterminera donc également par la condition de ne pas faire supporter aux fibres une tension qui dépasse une limite donnée. En conservant les dénomination du n° 407, on aura $\frac{\Pi}{E\omega}$ pour l'extension des fibres résultant de l'action de Π, et $\frac{\Pi v' l}{\varepsilon}$ pour la plus grande extension des fibres provenant de la courbure de la pièce, qui a lieu au point M où cette pièce

tend à se rompre. Par conséquent, si l'on veut que la plus grande tension ne dépasse pas R', on posera l'équation

$$\frac{R'}{E}=\Pi\left(\frac{1}{E\omega}+\frac{v'l}{\varepsilon}\right),$$

d'où l'on déduira la valeur de Π.

411. Si la section transversale de la pièce est un rectangle dont b soit la largeur et c la hauteur, on a $\omega=bc$, $\varepsilon=\frac{Ebc^3}{12}$, $v'=\frac{c}{2}$. L'équation précédente devient

$$R'=\frac{\Pi(c+6l)}{bc^2},\quad \text{d'où}\quad \Pi=R'\frac{bc^2}{c+6l}.$$

ARTICLE IV.

DE LA RÉSISTANCE D'UNE PIÈCE PRISMATIQUE CHARGÉE OBLIQUEMENT.

412. On suppose une pièce AM (Fig. 60) posée obliquement, dont l'extrémité inférieure A est encastrée, et dont l'extrémité supérieure M est chargée d'un poids Π. Soit nommé

- α l'angle formé par la direction AB de la pièce avec la verticale;
- a la distance AB;
- ω l'aire de la section transversale de la pièce;
- x, y l'abscisse Ap et l'ordonnée mp d'un point quelconque m de la courbe affectée par la pièce;
- f l'ordonnée MB du point extrême;
- P, Q les composantes perpendiculaire et parallèle à AB du poids Π suspendu au point M, d'où $P=\Pi \sin. \alpha$, $Q=\Pi \cos. \alpha$;
- ε ayant la signification indiquée n° 80.

L'équation d'équilibre sera

$$\varepsilon \frac{d^2y}{dx^2} = P(a-x) + Q(f-y);$$

et faisant pour abréger $p^2 = \frac{P}{\varepsilon}$, $q^2 = \frac{Q}{\varepsilon}$, on aura pour l'intégrale de cette équation

$$f - y = A \sin. q(x+B) - \frac{p^2}{q^2}(a-x),$$

A et B étant deux constantes arbitraires.

On a au point A, $x=0, y=0, \frac{dy}{dx}=0$; et au point M, $x=a, y=f$; ce qui donne les trois conditions

$$f = A \sin. q B - \frac{p^2 a}{q^2},$$
$$0 = q A \cos. q B + \frac{p^2}{q^2},$$
$$0 = \sin. q(a+B).$$

On en déduit

$$\sin. q B = \sin. q a, \quad \cos. q B = -\cos. q a,$$
$$A = \frac{p^2}{q^3 \cos. q a},$$
$$f = \frac{p^2}{q^3}(\text{tang}. q a - q a).$$

D'après les valeurs précédentes, l'équation de la courbe sera

$$y = \frac{p^2}{q^3}\left(\frac{\sin. q a - \sin. q(a-x)}{\cos. q a} - q x\right).$$

l'expression de f donnera la valeur de la flèche de courbure en fonction des forces P, Q. Cette flèche devant demeurer très-petite, il est nécessaire que tang. $qa - qa$ soit une très-petite quantité. Donc, $0, \mu_1, \mu_2, \mu_3$, etc., étant la suite des arcs dont la longueur est respectivement égale à celle de leur tangente, on ne peut attribuer à la composante Q que des valeurs qui surpassent peu les nombres $\frac{\mu_1{}^2\varepsilon}{a^2}, \frac{\mu_2{}^2\varepsilon}{a^2}, \frac{\mu^{32}\varepsilon}{a^2}$, etc. En adoptant la première de ces valeurs, la pièce se courbera de la manière indiquée fig. 60. Les valeurs suivantes répondent à des courbes offrant un nombre de points d'inflexion de plus en plus grand, et dont l'existence supposerait que certains points de ces courbes ont été maintenus fixement dans la ligne AB. Si tous les points sont libres dans l'intervalle AB, les poids Π que la pièce pourra supporter sont donc assujettis à la condition que le nombre $a\sqrt{\frac{Q}{\varepsilon}}$ soit compris entre o et μ', et que la valeur précédente de f soit fort petite. Cette valeur de f indiquera le déplacement du point M causé par l'action du poids Π.

413. La limite des poids dont la pièce peut être chargée se détermine ici de la même manière que pour la pièce considérée n° 406. ω et υ' ayant ici les mêmes significations qu'au n° 407, on aura $\frac{Q}{E.\omega}$ pour l'accourcissement des fibres résultant de l'action de la force Q dirigée parallèlement à l'axe de la pièce; et $\upsilon'\frac{d^2y}{dx^2}$ pour l'accourcissement des fibres placées à la face concave produit par la flexion. La plus grande valeur de cette dernière quantité, qui a lieu au point A, étant ici $\upsilon'\frac{p^2}{q}$ tang. qa, le plus grand accourcissement total des fibres est

$$\frac{Q}{E\omega}+\frac{\upsilon' P \text{ tang. } a\sqrt{\frac{Q}{\varepsilon}}}{\sqrt{Q\varepsilon}}.$$

Par conséquent, si l'on ne veut pas que le plus grand effort exercé pour comprimer les fibres, rapporté à l'unité de surface, surpasse R′, on posera l'équation

$$\frac{R'}{E}=\frac{Q}{E\omega}+\frac{v' \text{ P tang. } a\sqrt{\frac{Q}{\varepsilon}}}{\sqrt{Q\varepsilon}};$$

c'est-à-dire

$$\frac{R'}{E}=\Pi\left\{\frac{\cos\alpha}{E\omega}+\frac{v' \sin.\alpha.\ \text{tang. } a\sqrt{\frac{\Pi\cos.\alpha}{\varepsilon}}}{\sqrt{\Pi\cos.\alpha.\varepsilon}}\right\}.$$

En déterminant le poids Π de manière que cette équation soit satisfaite, on connaîtra la limite cherchée.

414. Si la section transversale de la pièce est un rectangle ayant b pour largeur et c pour hauteur, $\omega=bc$, $\varepsilon=E\frac{bc^3}{12}$, $v'=\frac{c}{2}$: l'équation obtenue ci-dessus devient

$$R'=\frac{\Pi}{bc^2}\left\{c\cos.\alpha+\frac{6\sin.\alpha.\ \text{tang.}\, a\sqrt{\frac{12.\Pi\cos.\alpha}{Ebc^3}}}{\sqrt{\frac{12.\Pi\cos.\alpha}{Ebc^3}}}\right\}.$$

La quantité $\frac{12.\Pi\cos.\alpha}{Ebc^3}$ sera le plus souvent fort petite, et par conséquent cette équation différera très-peu de

$$R'=\frac{\Pi}{bc^2}\left(c\cos.\alpha+6a\sin.\alpha\right)$$

qui donne

$$\Pi=\frac{R'bc^2}{c\cos.\alpha+6a\sin.\alpha}.$$

Les valeurs qu'il convient d'attribuer à R′ pour les divers matériaux, ont été indiquées nos 181 et suivans.

415. On suppose maintenant la pièce AM (Fig. 61) fixée et encastrée à l'extrémité supérieure A, et chargée à l'extrémité inférieure, de manière que le poids Π tend à l'étendre et non à la contracter. En conservant les dénominations du n° 412, on aura ici pour l'équation d'équilibre

$$\varepsilon \frac{d^2 y}{dx^2} = \mathrm{P}(a-x) - \mathrm{Q}(f-y),$$

ou

$$\frac{d^2 y}{dx^2} = p^2 (a-x) - q^2 (f-y).$$

L'intégrale de cette équation est

$$f - y = \mathrm{A}\, e^{q(a-x)} + \mathrm{B}\, e^{-q(a-x)} + \frac{p^2}{q^2}(a-x),$$

e étant la base des logarithmes hyperboliques, A et B deux constantes arbitraires.

On a, au point A, $x=0$, $y=0$, $\frac{dy}{dx}=0$; et au point M, $x=a$, $y=f$: donc

$$f = \mathrm{A}\, e^{qa} + \mathrm{B}\, e^{-qa} + \frac{p^2 a}{q^2},$$

$$0 = q\left(\mathrm{A}\, e^{qa} - \mathrm{B}\, e^{-qa}\right) + \frac{p^2}{q^2},$$

$$0 = \mathrm{A} + \mathrm{B};$$

d'où l'on déduit

$$\mathrm{B} = -\mathrm{A},$$

$$\mathrm{A} = -\frac{p^2}{q^3\left(e^{qa} + e^{-qa}\right)}$$

$$f = \frac{p^2}{q^3}\left(qa - \frac{e^{qa} - e^{-qa}}{e^{qa} + e^{-qa}}\right).$$

Le poids Π doit être tel que cette formule donne pour f une valeur très-petite.

L'équation de la courbe est

$$y = \frac{p^2}{q^3}\left(qx - \frac{e^{qa} - e^{-qa} - e^{q(a-x)} + e^{-q(a-x)}}{e^{qa} + e^{-qa}}\right).$$

416. Les considérations employées n° 407 peuvent s'appliquer ici. Les fibres de la pièce sont d'abord éten-

dues également, par l'action de la composante Q, de la quantité $\frac{Q}{E.\omega}$. Les fibres situées aux faces convexe et concave sont ensuite étendues et comprimées au point A, par l'effet de la courbure, de la quantité $\frac{v' p^2}{q} \cdot \frac{e^{qa} - e^{-qa}}{e^{qa} + e^{-qa}}$. Par conséquent, si la plus grande tension des fibres ne doit pas surpasser R', on posera l'équation

$$\frac{R'}{E} = \frac{Q}{E.\omega} + \frac{v' P}{\sqrt{Q\varepsilon}} \cdot \frac{e^{a\sqrt{\frac{Q}{\varepsilon}}} - e^{-a\sqrt{\frac{Q}{\varepsilon}}}}{e^{a\sqrt{\frac{Q}{\varepsilon}}} + e^{-a\sqrt{\frac{Q}{\varepsilon}}}}.$$

La plus grande valeur qu'on puisse attribuer au poids Π est déterminée par la condition que les composantes P, Q de ce poids satisfassent à cette équation.

417. Si la section transversale de la pièce est un rectangle ayant b pour largeur et c pour hauteur, $\omega = bc$, $\varepsilon = E\frac{bc^3}{12}$, $v' = \frac{c}{2}$. L'équation précédente devient

$$R' = \frac{1}{bc^2}\left\{Qc + \frac{6P}{\sqrt{\frac{12Q}{Ebc^3}}} \cdot \frac{e^{a\sqrt{\frac{12Q}{Ebc^3}}} - e^{-a\sqrt{\frac{12Q}{Ebc^3}}}}{e^{a\sqrt{\frac{12Q}{Ebc^3}}} + e^{-a\sqrt{\frac{12Q}{Ebc^3}}}}\right\};$$

c'est-à-dire

$$R' = \frac{\Pi}{bc^2}\left\{c\cos.\alpha + \frac{6\sin.\alpha}{\sqrt{\frac{12.\Pi\cos.\alpha}{Eab^3}}} \cdot \frac{e^{a\sqrt{\frac{12\Pi\cos.\alpha}{Eab^3}}} - e^{-a\sqrt{\frac{12.\Pi\cos.\alpha}{Eab^3}}}}{e^{a\sqrt{\frac{12.\Pi\cos.\alpha}{Eab^3}}} + e^{-a\sqrt{\frac{12.\Pi\cos.\alpha}{Eab^3}}}}\right\}$$

Lorsque la fraction $\frac{12 . \Pi \cos. \alpha}{E a b^3}$ sera très-petite, ce qui aura lieu dans la plupart des applications, cette équation différera très-peu de

$$R' = \frac{\Pi (c \cos. \alpha + 6 a \sin. \alpha)}{b c^2};$$

d'où l'on tire

$$\Pi = R' \frac{b c^2}{c \cos. \alpha + 6 a \sin. \alpha},$$

comme dans le cas précédent.

Equilibre d'une pièce inclinée chargée entre les extrémités.

418. Le cas le plus simple est celui d'une pièce inclinée AB (Fig. 62), chargée en C du poids Π, et supportée aux extrémités par des portions de plans horizontaux. Cette pièce ne tend pas à glisser, parce que le glissement ne produirait pas l'abaissement du poids Π. En désignant par a, a' les longueurs AC, BC, on aura $\Pi \frac{a'}{a+a'}$ et $\Pi \frac{a}{a+a'}$ pour les efforts verticaux exercés en A et en B. Chaque portion AC, BC de la pièce peut être regardée comme encastrée en C, et sollicitée à l'extrémité A ou B par ces efforts. Par conséquent la partie AC, qui est comprimée dans le sens de sa longueur, est dans le même cas que la pièce considérée n° 412, la force désignée par Π dans ce numéro étant ici $\Pi \frac{a'}{a+a'}$; et la partie BC, qui est étendue dans le sens de sa longueur, est dans le même cas que la pièce considérée n° 415, la force désignée par Π dans ce numéro étant ici $\Pi \frac{a}{a+a'}$.

419. La pièce AB (Fig. 63), supportée dans une direction inclinée par le point d'appui C sur lequel elle ne peut glisser, et chargée aux extrémités de poids qui se font mutuellement équilibre, est sollicitée de la même manière que la pièce précédente. La partie BC, qui est comprimée, est dans le même cas que la pièce considérée n° 412; et la partie AC, qui est étendue, est dans le même cas que la pièce considérée n° 415.

420. La pièce inclinée AB (Fig. 64), chargée en C du poids Π, est souvent supportée d'une manière différente de celle que l'on a supposée dans le n° 418. L'extrémité supérieure B est appuyée contre un plan vertical, et l'extrémité inférieure A sur un plan horizontal : mais comme cette dernière extrémité tend alors à glisser, elle doit butter contre un appui, ou être retenue par un tirant. Le poids Π est ici entièrement supporté par l'appui A. La pièce exerce en B une pression horizontale, déterminée par la condition de faire équilibre autour du point A, avec le bras de levier AE, au poids Π agissant avec le bras de levier AD ; et cette même pression horizontale se reporte contre l'appui placé en A. Nommant a, a' les longueurs AC, BC, et α l'angle ACD, on aura donc

$$\Pi \frac{a \operatorname{tang.} \alpha}{a+a'}.$$

pour la pression horizontale dont il s'agit. Chaque partie AC et BC de la pièce est dans le même cas que si elle était encastrée en C, et sollicitée à l'autre extrémité par les forces qui viennent d'être indiquées. Par conséquent : 1°. la partie AC, qui est comprimée, doit être assimilée à la pièce considérée n° 412, les forces désignées par P, Q, Π dans ce numéro étant ici respectivement égales à $\Pi \sin. \alpha \left(1 - \frac{a}{a+a'}\right)$, $\Pi \cos. \alpha \left(1 + \frac{a \tang.^2 \alpha}{a+a'}\right)$, $\Pi \sqrt{1 + \frac{a^2 \tang.^2 \alpha}{(a+a')^2}}$. 2° La partie BC, qui est également comprimée, doit être assimilée à la même pièce, les forces désignées par P, Q, Π dans le n° 412 étant ici respectivement $\Pi \frac{a \sin. \alpha}{a+a'}$, $\Pi \frac{a \sin. \alpha \tang. \alpha}{a+a'}$, $\Pi \frac{a \tang. \alpha}{a+a'}$.

ARTICLE V.

DE LA RÉSISTANCE D'UNE PIÈCE PRISMATIQUE FLÉCHIE, POSÉE HORIZONTALEMENT ENTRE DEUX APPUIS, ET CHARGÉE AU MILIEU.

421. On suppose qu'une pièce prismatique MAM' (Fig. 65), ayant été fléchie, est posée horizontalement entre deux appuis dont l'intervalle est un peu moindre que la longueur de cette pièce, de manière que la convexité est tournée en haut. Un poids 2P étant suspendu au milieu A de la longueur de la pièce, il s'agit de trouver les conditions de l'équilibre de ce système. Chaque moitié de la pièce est dans le même cas que si, étant encastrée horizontalement en A, elle était sollicitée à l'extrémité M ou M' par une certaine force dont la composante verticale est P. Ainsi nommant

Q la composante horizontale de l'effort exercé contre les appuis M ou M';

x, y les coordonnées Ap, mp d'un point quelconque de la courbe;

a la moitié AB de l'intervalle des appuis;

s la moitié AmM de la longueur de la pièce;

f l'ordonnée BM du point extrême de la courbe;

ε ayant la signification indiquée n° 80 :

l'équation d'équilibre sera

$$\varepsilon \frac{d^2 y}{dx^2} = -P(a-x) + Q(f-y);$$

ou, faisant pour abréger $p^2 = \frac{P}{\varepsilon}$, $q^2 = \frac{Q}{\varepsilon}$,

$$\frac{d^2 y}{dx^2} = -p^2(a-x) + q^2(f-y).$$

L'intégrale de cette équation est

$$f-y = A \sin. q(x+B) + \frac{p^2}{q^2}(a-x),$$

A et B étant deux constantes arbitraires.

422. On a, au point A, $x=0, y=0, \frac{dy}{dx}=0$; et au point M, $x=a, y=f$; ce qui donne les trois conditions

$$f = A \sin. qB + \frac{p^2}{q^2} a,$$

$$0 = qA \cos. qB - \frac{p^2}{q^2},$$

$$0 = \sin. q(a+B), \quad \text{d'où} \quad q(a+B) = i\pi,$$

π étant le rapport de la circonférence au diamètre, et i un nombre entier quelconque. On en déduit

$$A = -\frac{p^2}{q^3 \cos. qa};$$

et il reste l'équation de condition

$$\text{tang. } qa = qa - \frac{q^3 f}{p^2} \quad \text{ou} \quad f = \frac{p^2}{q^3}(qa - \text{tang. } qa).$$

Ainsi la valeur de la force Q est déterminée par la condition que la tangente de l'arc $a\sqrt{\frac{Q}{\varepsilon}}$ soit moindre que cet arc de la quantité $f\frac{Q}{P}\sqrt{\frac{Q}{\varepsilon}}$; quantité qui doit être fort petite, parce que la courbure de la pièce eſt supposée très-petite.

423. D'après les valeurs précédentes, l'équation de la courbe devient

$$y=\frac{p^2}{q^3}\left(q\,x-\frac{\sin.\,q\,a-\sin.\,q\,(a-x)}{\cos.\,q\,a}\right),$$

et l'on en déduit, à fort peu près,

$$s=a+\frac{p^4 a}{4q^4}\left(3-\frac{3\,\text{tang.}\,q\,a}{q\,a}+\text{tang.}^2\,q\,a\right),$$

$$s=a+\frac{p^4\,a^3}{4q^2}+\left(\frac{3\,p^2}{4q^2}-\frac{p^2\,a^2}{2}\right)f.$$

Représentant par o, μ_1, μ_2, μ_3, etc. la suite de arcs dont la longueur est égale à celle de leur tangente, on satisfera à la condition précédente en donnant successivement à la force Q des valeurs un peu plus petites que $\frac{\mu_1^2\varepsilon}{a^2}$, $\frac{\mu_2^2\varepsilon}{a^2}$, $\frac{\mu_3^2\varepsilon}{a^2}$, etc. Il résultera de ces suppositions des courbes présentant un nombre de points d'inflexion de plus en plus grand.

En admettant la première de ces valeurs, la question proposée se trouvera résolue : les dernières équations des nos 422 et 423 feront connaître Q et f lorsqu'on se sera donné a, s et P. La forme de la courbe est représentée fig. 65.

424. Si l'on suppose $f=0$, l'équation de condition trouvée no 422 devient

$$\text{tang.}\,q\,a=q\,a,\quad \text{d'où}\quad Q=\frac{\mu_1^2\,\varepsilon}{a^2}=(4,4934)^2\,\frac{\varepsilon}{a^2};$$

On a

$$s = a + \frac{p^4 a^3}{4 q^2};$$

d'où

$$Q = \frac{P^2}{4 \varepsilon} \cdot \frac{a^3}{s-a}, \quad \text{et} \quad 2P = \frac{4 \mu_1 \varepsilon}{a^2} \sqrt{\frac{s-a}{a}}$$

pour l'expression du poids 2P qui, étant suspendu au milieu de la pièce, peut faire abaisser ce point au niveau des appuis. Ce poids doit être regardé comme le plus grand que la pièce puisse supporter. Si l'on supposait, en effet, le point A placé au-dessous du point C (Fig. 66), l'équation d'équilibre devrait être écrite, en supposant les y positives comptées de bas en haut,

$$\varepsilon \frac{d^2 y}{dx^2} = P(a-x) + Q(f-y).$$

On aurait pour l'équation de condition

$$\text{tang.}\, qa = qa + \frac{q^3 f}{p^2}, \quad \text{ou} \quad f = \frac{p^2}{q^3} (\text{tang.}\, qa - qa);$$

et l'équation de la courbe serait

$$y = \frac{p^2}{q^3} \left(\frac{\sin.\, qa - \sin.\, q(a-x)}{\cos.\, qa} - qx \right).$$

La force Q devrait être supposée un peu plus grande que 0, $\frac{\mu_1^2 \varepsilon}{a^2}$, $\frac{\mu_2^2 \varepsilon}{a^2}$, $\frac{\mu_3^2 \varepsilon}{a^2}$, etc. La première de ces suppositions doit être ici adoptée, et il en résultera que la force Q, ainsi que le poids 2P, prendront des valeurs beaucoup moindres que celles qu'ils avaient lorsque le milieu de la pièce était au-dessus de la ligne passant par les extrémités. La courbe, qui n'offre plus de point d'inflexion, est représentée par la fig. 66.

Les résultats précédens expliquent l'excès de résistance que peut présenter une pièce lorsque, ayant été courbée, ses extrémités sont placées entre des obstacles fixes. On voit que cette résistance a une limite que l'on ne peut dépasser sans obliger la pièce à changer aussitôt de figure. Après ce changement la pièce ne supporte qu'un poids beaucoup plus petit, et plus petit même que celui qu'elle supporterait, à courbure égale, si les extrémités étaient simplement posées sur des appuis.

ARTICLE VI.

DE LA RÉSISTANCE DES PIÈCES PRISMATIQUES DONT L'AXE EST COURBE.

425. On s'est occupé dans l'article précédent d'une pièce dont la figure naturelle est rectiligne, et que l'on maintient courbée pour en augmenter la résistance. Il s'agit ici des pièces dont la figure naturelle est courbe, tels que les arcs en bois ou en fer employés à la construction des ponts.

Dans les pièces de ce genre, il peut exister entre la distribution de la charge et la figure de la courbe une telle relation, que la pièce se trouve simplement comprimée ou étendue, et ne tende point à changer de figure : on dit alors que la pièce est tracée suivant la *courbe d'équilibre.* Dans d'autres cas, la pièce tend à fléchir par l'action des poids dont elle est chargée.

Des pièces dont la figure est celle de la courbe d'équilibre.

426. La recherche de la courbe d'équilibre relative à une distribution donnée de la charge, dépend des principes déjà émis en traitant des voûtes. Considérons une pièce dont la figure naturelle est la courbe plane AM

(Fig. 67), à chaque point de laquelle est appliquée une force dirigée dans le plan de la courbe. Cette pièce sera en équilibre, et ne tendra nullement à fléchir, si la pression qui a lieu au point quelconque m dans le sens de la courbe, est égale et directement opposée à la résultante des forces appliquée à la partie mM de la pièce. On suppose d'ailleurs l'extrémité A appuyée contre un plan fixe perpendiculaire à la courbe. Par conséquent en désignant, comme au n° 303, par

x, y les coordonnées horizontale et verticale Ap, pm d'un point m de la courbe;

s la longueur de l'arc Am;

a, b les coordonnées du point extrême M;

S la longueur totale AmM de la courbe;

ρ le rayon de courbure de la courbe au point m;

α l'angle que la tangente de la courbe au point A forme avec l'horizontale Ax;

F la valeur de la force appliquée au point m, pour une unité de longueur mesurée sur l'arc de la courbe;

φ l'angle que la direction de la force F forme avec l'axe horizontal Ax;

T la pression exercée au point m, dans le sens de la courbe;

P et Q les forces verticale et horizontale appliquées au point extrême M;

on aura généralement

$$\mathrm{T}\frac{dy}{ds} = \mathrm{P} + \int_s^{\mathrm{S}} ds.\,\mathrm{F}\sin.\varphi,$$

$$\mathrm{T}\frac{dx}{ds} = \mathrm{Q} + \int_s^{\mathrm{S}} ds.\,\mathrm{F}\cos.\varphi,$$

pour l'expression des conditions qui doivent être satisfaites pour que la pièce ne tende point à fléchir.

427. On en déduira, comme au n° 305,

$$-dT = F\,ds\left(\frac{dy}{ds}\sin.\varphi + \frac{dx}{ds}\cos.\varphi\right),$$

pour l'équation qui donnera la valeur de la pression exercée suivant la longueur de la pièce.

Cas où les forces appliquées à la pièce sont partout normales à la courbe.

428. On trouvera dans ce cas, comme au n° 306, que la pression doit être constante dans toute l'étendue de la courbe, dont la figure est déterminée par la condition

$$\rho = \frac{T}{F}, \text{ d'où } T = \rho F;$$

c'est-à-dire que le rayon de courbure doit être partout égal à la pression T divisée par la valeur de la pression normale rapportée à l'unité de longueur.

429. Si la pression normale est constante, la figure de la courbe doit être un arc de cercle.

Cas où les forces appliquées à la pièce sont partout verticales.

430. Dans ce cas, nommant p le poids dont est chargé le point m, la valeur de ce poids étant rapportée à l'unité de longueur, et donnée en fonction de l'arc de la courbe, les équations du n° 426 deviendront

$$T\frac{dy}{ds} = P + \int_s^S ds\,.\,p,$$

$$T\frac{dx}{ds} = Q.$$

La composante horizontale de la pression T est constante dans toute l'étendue de la courbe, et égale à la force Q.

431. L'équation du n° 427 est ici

$$-dT = p\, ds.\, \frac{dy}{ds}, \quad \text{ou} \quad -dT = p\, dy.$$

432. Au lieu de supposer la force F et le poids p donnés en fonction de l'arc s, on peut les supposer donnés en fonction de l'abscisse x : alors les équations du n° 430 se changent en

$$T\frac{dy}{ds} = P + \int_x^a dx \cdot p$$

$$T\frac{dx}{ds} = Q.$$

On a, au lieu de l'équation du n° 451,

$$-dT = p\, dx.\, \frac{dy}{ds}.$$

433. Le cas le plus simple est celui où l'on supposerait p constant, c'est-à-dire la pièce chargée de telle manière que des poids égaux répondent à des parties égales de l'axe horizontal Ax. Dans ce cas, on a

$$T\frac{dy}{ds} = P + p(a-x),$$

$$T\frac{dx}{ds} = Q,$$

d'où

$$\frac{dy}{dx} = \frac{P + p(a-x)}{Q},$$

$$y = \frac{1}{Q}\left[Px + p\left(ax - \frac{1}{2}x^2\right)\right].$$

434. La valeur de la pression est

$$T = Q\frac{ds}{dx}, \quad \text{ou} \quad T = Q\sqrt{1 + \left(\frac{dy}{dx}\right)^2}.$$

435. Considérons une pièce courbe AM (Fig. 68), chargée de la manière qui vient d'être indiquée, et supposons qu'outre la position du point extrême M, on donne l'ordonnée DN menée au milieu de l'intervalle AB. Nommant g la flèche verticale NG, l'équation précédente devra donner $y=\frac{b}{2}+g$ quand $x=\frac{a}{2}$, et $y=b$ quand $x=a$; d'où l'on déduit

$$P=\frac{pab}{8g}-\frac{pa}{2},$$

$$Q=\frac{pa^2}{8g};$$

et pour l'équation de la courbe, qui est une portion de parabole,

$$y=\frac{(b+4g)\,x}{a}-\frac{4gx^2}{a^2}.$$

436. L'inclinaison de la courbe au point A est donnée par l'équation

$$\text{tang.}\,\alpha=\frac{P+pa}{Q},\quad \text{ou}\quad \text{tang.}\,\alpha=\frac{b+4g}{a}.$$

La formule du n° 434 donne pour la pression exercée en un point quelconque

$$T=\frac{pa^2}{8g}\sqrt{1+\left(\frac{b+4g}{a}-\frac{8gx}{a^2}\right)^2},$$

et pour les pressions qui ont lieu respectivement aux points A et M,

$$T=\frac{pa^2}{8g}\sqrt{1+\left(\frac{b+4g}{a}\right)^2},$$

et

$$T=\frac{pa^2}{8g}\sqrt{1+\left(\frac{b-4g}{a}\right)^2},$$

437. Supposons maintenant, la pièce courbe étant toujours chargée de la manière indiquée n° 433, qu'outre la position du point extrême M (Fig. 69), on donne l'abscisse AC du point O, qui est le sommet de la courbe, et où la tangente est horizontale. Appelant a' cette abscisse, on devra avoir $\frac{dy}{dx}=0$ quand $x=a'$. On en déduit

$$P=-p(a-a'),$$
$$Q=\frac{pa(2a'-a)}{2b};$$

et pour l'équation de la courbe,

$$y=\frac{b}{a}\cdot\frac{2a'x-x^2}{2a'-a}.$$

438. Si, au lieu de donner l'abscisse AC ou a' du point O, on donnait l'ordonnée CO de ce point, que nous désignerons par b', on aurait

$$P=-\frac{pa\sqrt{b'^2-bb'}}{b'+\sqrt{b'^2-bb'}},$$
$$Q=\frac{pa^2}{2b}\cdot\frac{b'-\sqrt{b'^2-bb'}}{b'+\sqrt{b'^2-bb'}},$$
$$a'=\frac{a}{b}\cdot(b'-\sqrt{b'^2-bb'});$$

et pour l'équation de la courbe,

$$y=\frac{b}{a^2}\cdot\frac{2ab'x-(b'+\sqrt{b'^2-bb'})x^2}{b'-\sqrt{b'^2-bb'}}.$$

439. On a dans le cas du n° 437

$$\text{tang. } \alpha=\frac{2ba'}{a(2a'-a)};$$

et dans celui du n° 438,

$$\text{tang. } \alpha=\frac{2}{a}(b'+\sqrt{b'^2-bb'}).$$

La valeur de la pression, calculée par la formule du n° 434, est

$$T = Q\sqrt{1 + \left(\text{tang.}\,\alpha - \frac{px}{Q}\right)^2};$$

et devient aux points extrêmes A et M,

$$T = Q\sqrt{1 + \text{tang.}^2\,\alpha} = \frac{Q}{\cos.\,\alpha}$$

et

$$T = Q\sqrt{1 + \left(\text{tang.}\,\alpha - \frac{pa}{Q}\right)^2}.$$

440. On considérera encore le cas où la courbe étant appuyée en A (Fig. 70) contre un plan vertical, la tangente de cette courbe doit se confondre en ce point avec l'axe horizontal Ax. Les y positives étant supposées maintenant comptées de haut en bas, et remarquant que les équations du n° 433 doivent donner $\frac{dy}{dx}=0$, $y=0$ quand $x=0$; et $y=b$ quand $x=a$, en désignant toujours par a et b l'abscisse AB et l'ordonnée BM du point extrême M : on aura

$$P = -pa, \quad Q = \frac{pa^2}{2b};$$

et pour l'équation de la courbe,

$$y = \frac{bx^2}{a^2}.$$

441. La valeur de la pression sera

$$T = Q\sqrt{1 + \frac{p^2x^2}{Q^2}}, \quad \text{ou} \quad T = \frac{pa^2}{2b}\sqrt{1 + \frac{4b^2x^2}{a^4}}.$$

Au point extrême M, la tangente de la courbe forme avec l'axe des abscisses un angle dont la tangente est $\frac{2b}{a}$. La valeur de la pression est dans ce point

$$\frac{pa}{2b}\sqrt{a^2 + 4b^2}.$$

442. On pourrait supposer qu'au lieu du plan fixe placé en A, il existe de l'autre côté de ce point une autre portion de courbe AM′ (Fig. 71) égale à la première, et chargée de la même manière. Il suit de là que la parabole ordinaire, représentée par l'équation du n° 440, est la figure qu'il convient de donner à une pièce courbe MAM′ posée sur deux appuis aux points M, M′, et chargée par des poids uniformément répartis sur l'horizontale BB′, pour que cette pièce ne tende point à fléchir sous la charge. Les valeurs précédentes de P et Q représentent les efforts verticaux et horizontaux supportés par les deux appuis. Les valeurs de T du n° 461 donnent la pression supportée par les diverses parties de la courbe, pression qui, au sommet A, est égale à Q.

443. Si, au lieu d'une charge distribuée uniformément sur la ligne AB (Fig. 70), la pièce courbe supportait une charge augmentant uniformément du point A au point B, les équations du n° 432 deviendraient, en désignant par k une quantité constante,

$$-\mathrm{T}\frac{dy}{ds}=\mathrm{P}+\int_x^a dx\,(p+kx),$$

$$\mathrm{T}\frac{dx}{ds}=\mathrm{Q};$$

d'où

$$-\frac{dy}{dx}=\frac{1}{\mathrm{Q}}\left[\mathrm{P}+p\,(a-x)+\tfrac{1}{2}k\,(a^2-x^2)\right],$$

$$-y=\frac{1}{\mathrm{Q}}\left[\mathrm{P}x-p\,(ax-\tfrac{1}{2}x^2)+\tfrac{1}{2}k\,(a^2x-\tfrac{1}{3}x^3)\right].$$

On doit avoir au point A, $x=0$, $y=0$, $\frac{dy}{dx}=0$; et au point B, $x=a$, $y=b$: d'où l'on déduit pour les forces qui doivent être appliquées au point extrême,

$$-P = pa + \tfrac{1}{2} ka^2,$$

$$Q = \frac{3pa^2 + ka^3}{6b};$$

et pour l'équation de la courbe d'équilibre,

$$y = \frac{b(3px^2 + kx^3)}{3pa^2 + ka^3}.$$

444. La valeur de la pression, calculée par la formule du n° 434, serait ici

$$T = Q\sqrt{1 + \left(\frac{3b(2px + kx^2)}{3pa^2 + ka^3}\right)^2};$$

et deviendrait, au point extrême M,

$$T = Q\sqrt{1 + \left(\frac{3b(2p + ka)}{3pa + ka^2}\right)^2}.$$

La courbe forme en ce point avec l'horizon un angle dont la tangente trigonométrique est

$$\frac{3b(2p + ka)}{3pa + ka^2}.$$

445. Si l'on supposait la charge distribuée uniformément sur la longueur de la pièce courbe, la figure qui conviendrait à l'état d'équilibre serait la courbe connue sous le nom de chaînette. La pression supportée dans les diverses parties de la pièce se calculerait comme on calcule la tension dans cette courbe. On peut donc recourir, dans ce cas, aux formules données dans les traités de statique (*a*).

(*a*) On peut aussi voir l'ouvrage intitulé : *Rapport et Mémoire sur les ponts suspendus.*

De la flexion des pièces courbes.

446. On considérera une pièce courbe AmM (Fig. 72) encastrée horizontalement à l'extrémité A, et l'on supposera que deux forces verticale et horizontale P et Q, ayant été appliquées à l'extrémité M de de cette pièce, elle ait été fléchie suivant la courbe Am'M'. Il s'agit, la figure de la courbe AM étant donnée, ainsi que le moment de résistance à la flexion de la pièce et les forces P et Q, de connaître la figure de la courbe AM'. On nommera

- x, y les coordonnées horizontale et verticale Ap, mp d'un point quelconque de la courbe AM;
- s la longueur de l'arc Am;
- x', y' les coordonnées du point m' de la courbe AM' dans lequel se transporte le point m;
- a, b les cordonnées AB, MB du point extrême M;
- a', b' les coordonnées AB', M'B' du point M', dans lequel se transporte le point M;
- φ l'angle que la normale de la courbe AM menée au point m forme avec la verticale;
- φ' l'angle que la normale de la courbe AM' menée au point m' forme avec la verticale;
- ε le moment de résistance à la flexion de la pièce courbe AM, dont l'expression générale est donnée n° 80.

Reprenons les considérations exposées n° 77, en désignant, comme dans ce numéro, par v la distance d'un point quelconque de la section transversale de la pièce à l'axe d'équilibre. Avant la flexion, la longueur d'une portion infiniment petite d'une fibre placée à la distance v de cet axe est $ds + vd\varphi$, parce que l'angle de deux normales consécutives est $d\varphi$. Après la flexion, et en faisant abstraction du changement qui peut être survenu dans la longueur de l'élément ds, la longueur de la même portion de fibre sera devenue $ds+\nu d\varphi'$. La proportion suivant laquelle cette portion de fibre s'est allongée est donc

$$\frac{(d\varphi'-d\varphi)\,\nu}{ds+\nu d\varphi},\quad \text{ou simplement}\quad \frac{d\varphi'-d\varphi}{ds}\,\nu,$$

en négligeant $\nu d\varphi$ à l'égard de ds, ce que l'on peut faire dans les cas ordinaires des applications, l'épaisseur de la pièce étant fort petite par rapport au rayon de courbure. On conclut de là, que les conditions de l'équilibre d'une pièce courbe s'expriment de la même manière que celles d'une pièce droite, en remplaçant la fonction $\frac{1}{\rho}$, ou $\frac{d^2y}{dx^2}$, par $\frac{d\varphi'-d\varphi}{ds}$.

447. L'équation exprimant les conditions de l'état d'équilibre de la pièce courbe AM sera donc

$$\varepsilon\frac{d\varphi'-d\varphi}{ds}=\mathrm{P}\,(a-x)+\mathrm{Q}\,(b-y),$$

d'où l'on déduit

$$\varphi'-\varphi=\frac{1}{\varepsilon}\int dx\sqrt{1+\left(\frac{dy}{dx}\right)^2}\,[\mathrm{P}\,(a-x)+\mathrm{Q}\,(b-y)].$$

La flexion de la pièce étant toujours supposée très-petite, les angles φ' et φ doivent différer très-peu l'un de l'autre. Le second membre peut donc être regardé comme un angle très-petit, qui ne diffère pas de son sinus, et dont le cosinus est égal à l'unité. Ainsi l'équation précédente donnera

$$\cos.\varphi'-\cos.\varphi=-\frac{1}{\varepsilon}\sin.\varphi\int dx\sqrt{1+\left(\frac{dy}{dx}\right)^2}\,[P(a-x)+Q(b-y)],$$

$$\sin.\varphi'-\sin.\varphi=\frac{1}{\varepsilon}\cos.\varphi\int dx\sqrt{1+\left(\frac{dy}{dx}\right)^2}\,[P(a-x)+Q(b-y)].$$

Mais on a $\cos.\varphi=\frac{dx}{ds}$, $\sin.\varphi=\frac{dy}{ds}$; $\cos.\varphi'=\frac{dx'}{ds}$, $\sin.\varphi'=\frac{dy'}{ds}$; en supposant toujours que les parties de la pièce ne changent pas de longueur quand elle fléchit. Donc

$$dx'-dx=-\frac{1}{\varepsilon}dy\int dx\sqrt{1+\left(\frac{dy}{dx}\right)^2}\,[P(a-x)+Q(b-y)],$$

$$dy'-dy=\frac{1}{\varepsilon}dx\int dx\sqrt{1+\left(\frac{dy}{dx}\right)^2}\,[P(a-x)+Q(b-y)],$$

équations qui, étant intégrées, feront connaître les déplacemens de chacun des points de la pièce courbe, quand la figure de cette pièce sera donnée.

448. En développant le radical en série, les expressions précédentes deviendront

$$dx'-dx=-\frac{1}{\varepsilon}dy\int dx\left[1+\frac{1}{2}\left(\frac{dy}{dx}\right)^2-\text{etc.}\right][P(a-x)+Q(b-y)],$$

$$dy'-dy=\frac{1}{\varepsilon}dx\int dx\left[1+\frac{1}{2}\left(\frac{dy}{dx}\right)^2-\text{etc.}\right][P(a-x)+Q(b-y)].$$

On pourra presque toujours dans les applications, à raison du peu d'amplitude de la courbe des pièces, se borner au deuxième terme de la série. On ne commettrait même dans beaucoup de cas que de très-faibles erreurs en négligeant ce terme.

449. Dans une pièce courbe sollicitée de la manière indiquée n° 446, les parties sont tendues dans le sens de la longueur de la pièce par l'action de la force P, et com-

primées par l'action de la force Q. La tension ou compression produite par chacune de ces forces, en un point quelconque de la courbe, est égale à la force décomposée parallèlement à la direction de la courbe en ce point. Ainsi T désignant comme ci-dessus une pression, on a ici

$$T=-P\frac{dy}{ds}+Q\frac{dx}{ds},$$

ou

$$T=\frac{-P\frac{dy}{dx}+Q}{\sqrt{1+\left(\frac{dy}{dx}\right)^2}}$$

Application au cas où la figure de la pièce courbe est une portion de parabole.

450. On a dans ce cas $y=\frac{bx^2}{a^2}$, $\frac{dy}{dx}=\frac{2bx}{a^2}$; et en substituant dans les formules du n° 468,

$$dx'-dx=-\frac{1}{\varepsilon}dx\left\{\frac{2b}{a^2}\left[P\left(ax^2-\frac{x^3}{2}\right)+Q\left(bx^2-\frac{bx^4}{3a^2}\right)\right]\right.$$
$$\left.+\frac{4b^3}{a^6}\left[P\left(\frac{ax^4}{3}-\frac{x^5}{4}\right)+Q\left(\frac{bx^4}{3}-\frac{bx^6}{5a^2}\right)\right]-\text{etc.}\right\},$$

$$dy'-dy=\frac{1}{\varepsilon}dx\left\{P\left(ax-\frac{x^2}{2}\right)+Q\left(bx-\frac{bx^3}{3a^2}\right)\right.$$
$$\left.+\frac{2b^2}{a^4}\left[P\left(\frac{ax^3}{3}-\frac{x^4}{4}\right)+Q\left(\frac{bx^3}{3}-\frac{bx^5}{5a^2}\right)\right]-\text{etc.}\right\};$$

d'où l'on tire en intégrant

$$x'-x=-\frac{1}{\varepsilon}\left\{\frac{2b}{a^2}\left[P\left(\frac{ax^3}{3}-\frac{x^4}{8}\right)+Q\left(\frac{bx^3}{3}-\frac{bx^5}{15a^2}\right)\right]\right.$$
$$\left.+\frac{4b^3}{a^6}\left[P\left(\frac{ax^5}{15}-\frac{x^6}{24}\right)+Q\left(\frac{bx^5}{15}-\frac{bx^7}{35a^2}\right)\right]-\text{etc.}\right\};$$

$$y'-y=\frac{1}{\varepsilon}\left\{P\left(\frac{ax^2}{2}-\frac{x^3}{6}\right)+Q\left(\frac{bx^2}{2}-\frac{bx^4}{12a^2}\right)\right.$$
$$\left.+\frac{2b^2}{a^4}\left[P\left(\frac{ax^4}{12}-\frac{x^5}{20}\right)+Q\left(\frac{bx^4}{12}-\frac{bx^6}{30a^2}\right)\right]-\text{etc.}\right\}.$$

Si l'on désigne par h et f les quantités dont le point extrême M est déplacé horizontalement et verticalement, ces formules donneront, en y faisant $x=a$,

$$-h=\frac{P}{\varepsilon}\left(\frac{5a^2b}{12}+\frac{b^3}{10}-\text{etc.}\right)+\frac{Q}{\varepsilon}\left(\frac{8ab^2}{15}+\frac{16b^4}{105a}-\text{etc.}\right)$$
$$f=\frac{P}{\varepsilon}\left(\frac{a^3}{3}+\frac{ab^2}{15}-\text{etc.}\right)+\frac{Q}{\varepsilon}\left(\frac{5a^2b}{12}+\frac{b^3}{10}-\text{etc.}\right)$$

451. Considérons une pièce courbe MAM′ (Fig. 73) formée de deux parties égales, supportée verticalement sur deux portions d'un plan horizontal, et chargée au milieu A du poids 2Π. La pièce cédera à l'action de ce poids, et le sommet s'abaissera en même temps que les extrémités s'écarteront l'une de l'autre. La moitié AM de la pièce est dans le même état d'équilibre que si, étant encastrée horizontalement en A, elle se trouvait sollicitée à l'extrémité M par une seule force verticale Π agissant de bas en haut. Par conséquent, faisant $P=-\Pi$ et $Q=0$ dans les équations précédentes, et se bornant aux deux premiers termes des séries, les valeurs

$$h=\frac{\Pi}{\varepsilon}\left(\frac{5a^2b}{12}+\frac{b^3}{10}\right),$$
$$-f=\frac{\Pi}{\varepsilon}\left(\frac{a^3}{3}+\frac{ab^2}{15}\right),$$

exprimeront respectivement la quantité dont chaque point M ou M′ se déplace horizontalement, et l'abaissement du sommet A de la pièce. Cet abaissement est un peu plus grand qu'il ne le serait pour une pièce rectiligne, à distance égale des points d'appui.

452. La formule du n° 449 donnera à fort peu près, pour la pression exercée dans le sens de la courbe au point dont l'abscisse est x,

$$T=\Pi\left(\frac{2bx}{a^2}-\frac{4b^3x^3}{a^6}\right).$$

Comme on suppose ici b petit par rapport à a, la plus grande valeur de cette pression aura lieu aux points extrêmes M ou M', dans lesquels $x=a$.

453. Considérons maintenant la même pièce courbe MAM' (Fig. 74), chargée de la même manière, mais en supposant que les appuis ne permettent pas aux extrémités M et M' de s'écarter l'une de l'autre. Chaque moitié de la pièce est dans le même état d'équilibre que si cette moitié, encastrée horizontalement en A, se trouvait sollicitée à l'extrémité M ou M' par une force verticale Π agissant de bas en haut, et par une certaine force horizontale Q. Cette force horizontale doit être déterminée par la condition que les points M ou M' ne se déplacent pas horizontalement. Il suit de là qu'en mettant $-\Pi$ à la place de P dans les deux dernières équations du n° 450, et faisant $h=0$, les valeurs qui s'en déduisent, et qui sont, en se bornant aux deux premiers termes des séries,

$$Q=\Pi\left(\frac{25a}{32b}-\frac{b}{28a}\right),$$

$$f=-\frac{\Pi}{\varepsilon}\left(\frac{a^3}{128}-\frac{23ab^2}{6720}\right),$$

expriment respectivement la pression horizontale que la pièce courbe MAM' exerce contre les appuis, par suite de l'action du poids 2Π, et la quantité dont cette action fait abaisser le sommet A de la pièce. Ainsi, dans une pièce courbe qui a peu d'amplitude, l'abaissement du sommet est à peu près indépendant de la flèche b de cette pièce; et en le comparant à la valeur de f du n° 86, on voit qu'il n'est pas le $\frac{1}{40}$ de l'abaissement qui aurait lieu pour une pièce rectiligne des mêmes dimensions. Mais il ne faut pas oublier que la valeur précédente est calculée sans avoir égard à la contraction que doit produire la pression exercée dans le sens de l'axe de la pièce, et qui contribue avec la flexion à faire abaisser le sommet de la courbe.

454. Dans le cas dont il s'agit, les actions exercées sur la pièce ne tendent qu'à la contracter. La formule du n° 449, en remplaçant P par $-\Pi$, Q par $\Pi\left(\frac{25a}{32b}-\frac{b}{28a}\right)$, et en ne conservant que les termes de l'ordre $\frac{b^2}{a^2}$, donne pour la pression supportée dans le point dont l'abscisse est x

$$T=\Pi\left(\frac{25a}{32b}-\frac{b}{28a}+\frac{2bx}{a^2}-\frac{25bx^2}{16a^3}\right).$$

La plus grande valeur de cette pression a lieu dans le point dont l'abscisse est $\frac{16a}{25}$, et cette valeur maximum est

$$T=\Pi\left(\frac{25a}{32b}+\frac{423b}{700a}\right).$$

Application au cas où la figure de la pièce courbe est un arc de cercle.

455. Nous conserverons les dénominations du n° 466 qui se rapportent à la figure 72, et nous désignerons de plus par

A le rayon de l'arc de cercle suivant lequel la pièce est courbée;

Φ la valeur de l'angle φ qui convient au point extrême M de la pièce courbe.

D'après cela, considérant, comme dans ce numéro, le cas d'une pièce encastrée horizontalement à une extrémité, et sollicitée à l'extrémité opposée par deux forces verticale et horizontale P et Q; remarquant que

$$x=A\sin.\varphi,\quad a=A\sin.\Phi\quad ds=A\,d\varphi;$$
$$y=A(1-\cos.\varphi),\quad b=A(1-\cos.\Phi),$$

l'équation du n° 447 qui exprime les conditions de l'état d'équilibre de la pièce courbe, s'écrira

$$\varepsilon(d\varphi' - d\varphi) = A^2 . d\varphi \, [P(\sin.\Phi - \sin.\varphi) + Q(\cos.\varphi - \cos.\Phi)];$$

d'où l'on déduit par l'intégration

$$\varepsilon(\varphi' - \varphi) = A^2 \, [P(\varphi \sin.\Phi + \cos.\varphi - 1) + Q(\sin.\varphi - \varphi \cos.\Phi)].$$

Opérant sur cette expression comme sur celle qui est dans le numéro cité, on en tirera de la même manière

$$\varepsilon(dx' - dx) =$$
$$-A^3 d\varphi . \sin.\varphi \, [P(\varphi . \sin.\Phi + \cos.\varphi - 1) + Q(\sin.\varphi - \varphi . \cos.\Phi)],$$

$$\varepsilon(dy' - dy) =$$
$$A^3 d\varphi . \cos.\varphi \, [P(\varphi . \sin.\Phi + \cos.\varphi - 1) + Q(\sin.\varphi - \varphi . \cos.\Phi)];$$

et en intégrant

$$\varepsilon(x' - x) =$$
$$-A^3 \left\{ \begin{array}{l} P[\sin.\Phi(\sin.\varphi - \varphi\cos.\varphi) + \tfrac{1}{2}\sin.^2\varphi + \cos.\varphi - 1] \\ Q[\tfrac{1}{2}\varphi - \tfrac{1}{2}\sin.\varphi\cos.\varphi - \cos.\Phi(\sin.\varphi - \varphi\cos.\varphi)] \end{array} \right\}$$

$$\varepsilon(y' - y) =$$
$$A^3 \left\{ \begin{array}{l} P[\sin.\varphi(\varphi\sin.\Phi + \cos.\varphi - 1) + \tfrac{1}{2}\sin.\varphi\cos.\varphi + \tfrac{1}{2}\varphi - \sin.\varphi] \\ Q[\tfrac{1}{2}\sin.^2\varphi - \cos.\Phi(\varphi\sin.\varphi + \cos.\varphi - 1)] \end{array} \right\}$$

Ces expressions donnent, en fonction de l'angle φ appartenant au point quelconque m de la courbe, les déplacemens horizontal et vertical de ce point. En y supposant $\varphi = \Phi$, on aura pour les déplacemens horizontal et vertical du point extrême M, désignés par h et f:

$$-\varepsilon h = A^3 \left\{ \begin{array}{l} P(\tfrac{3}{2}\sin.^2\Phi - \Phi\sin.\Phi.\cos.\Phi + \cos.\Phi - 1) \\ Q(\tfrac{1}{2}\Phi - \tfrac{3}{2}\sin.\Phi.\cos.\Phi + \Phi.\cos.^2\Phi) \end{array} \right\},$$

$$\varepsilon f = A^3 \left\{ \begin{array}{l} P(\Phi\sin.^2\Phi + \tfrac{3}{2}\sin.\Phi\cos.\Phi - 2\sin.\Phi + \tfrac{1}{2}\Phi) \\ Q(\tfrac{1}{2}\sin.^2\Phi - \Phi.\sin.\Phi.\cos.\Phi + \cos.\Phi - 1) \end{array} \right\}.$$

456. La contraction T supportée par un élément quelconque de la courbe est exprimée par la formule

$$T = -P\sin.\varphi + Q\cos.\varphi.$$

457. En considérant d'abord le cas où l'angle ϕ serait peu considérable, on trouverait, en négligeant les puissances de ϕ supérieures à la cinquième,

$$-h = \frac{PA^3}{\varepsilon}\,\frac{5\,\phi^4}{24} + \frac{QA^3}{\varepsilon}\,\frac{2\,\phi}{15},$$

$$f = \frac{PA^3}{\varepsilon}\left(\frac{\phi^3}{3} - \frac{3\,\phi^5}{20}\right) + \frac{QA^3}{\varepsilon}\,\frac{5\,\phi^4}{24};$$

formules qui peuvent s'écrire

$$-h = \frac{Pa^3}{\varepsilon}\,\frac{5\,a}{24\,A} + \frac{Q\,a^3}{\varepsilon}\,\frac{a^2}{30\,A^2},$$

$$f = \frac{Pa^3}{\varepsilon}\left(\frac{1}{3} + \frac{a^2}{60\,A^2}\right) + \frac{Q\,a^3}{\varepsilon}\,\frac{5\,a}{24\,A},$$

a représentant la distance horizontale des deux extrémités de la courbe. Ces formules s'accordent avec celles qui ont été données dans les n°s 450 et suivans, en sorte que, pour le dégré d'approximation dont il s'agit, il est indifférent de considérer un arc de cercle ou un arc de parabole.

458. Supposons maintenant que la pièce courbe ait la figure d'un quart de cercle. En faisant $\Phi = \frac{\pi}{2}$ dans les expressions du n° 455, il viendra

$$-h = \frac{PA^3}{\varepsilon}\,\frac{1}{2} + \frac{QA^3}{\varepsilon}\,\frac{\pi}{4},$$

$$f = \frac{PA^3}{\varepsilon}\,\frac{3\pi - 8}{4} + \frac{QA^3}{\varepsilon}\,\frac{1}{2}.$$

S'il s'agit d'un demi-cercle posé sur deux appuis qui ne permettent pas aux extrémités de s'écarter l'une de l'autre, et chargé au sommet du poids 2Π, on supposera, comme dans le n° 453, $h=0$ et $P = -\Pi$, ce qui donnera

$$Q = \frac{2\Pi}{\pi},$$

$$-f = \frac{\Pi A^3}{\varepsilon}\,\frac{3\,\pi^2 - 8\,\pi - 4}{4\pi}.$$

Ainsi la force avec laquelle les extrémités de la pièce tendent à s'écarter l'une de l'autre, ou ce qu'on nomme ordinairement la poussée horizontale, est un peu moins du tiers du poids 2Π suspendu au sommet du demi-cercle.

459. La formule du n° 456 donne

$$T = \Pi \left(\sin.\varphi + \frac{2\cos.\varphi}{\pi} \right)$$

pour la compression longitudinale supportée par un élément quelconque du demi-cercle.

De la flexion d'une pièce courbe dont tous les points supportent des poids.

460. Considérons la pièce courbe AM (Fig. 75), encastrée horizontalement à l'extrémité A, et chargée dans tous ses points par des poids dont l'action oblige cette pièce à prendre la position AM′. En conservant les dénominations du n° 446, et appelant

p le poids placé au point m dont l'abscisse est x, la valeur de ce poids étant rapportée à l'unité de longueur, et donnée en fonction de l'abcisse x;

x_1 l'abcisse Aq d'un point quelconque n compris entre m et M.

p_1 la valeur de p dans le point n;

on aura pour exprimer les conditions de l'équilibre, au lieu de l'équation du n° 447,

$$\varepsilon \frac{d\varphi' - d\varphi}{ds} = \int_x^a dx_1 p_1 (x_1 - x),$$

d'où l'on déduira, comme dans ce numéro,

$$dx' - dx = -\frac{1}{\varepsilon}\, dy \int dx \sqrt{1 + \left(\frac{dy}{dx}\right)^2} \int_x^a dx_1\, p_1\, (x_1 - x),$$

$$dy' - dy = \frac{1}{\varepsilon}\, dx \int dx \sqrt{1 + \left(\frac{dy}{dx}\right)^2} \int_x^a dx_1\, p_1\, (x_1 - x),$$

formules qui feront connaître le déplacement de chacun des points de la courbe.

461. En développant le radical en série, ces formules deviendront

$$dx' - dx = -\frac{1}{\varepsilon}\, dy \int dx \left[1 + \frac{1}{2}\left(\frac{dy}{dx}\right)^2 - \text{etc.}\right] \int_x^a dx_1\, p_1\, (x_1 - x),$$

$$dy' - dy = \frac{1}{\varepsilon}\, dx \int dx \left[1 + \frac{1}{2}\left(\frac{dy}{dx}\right)^2 - \text{etc.}\right] \int_x^a dx_1\, p_1\, (x_1 - x),$$

462. La pression qui a lieu au point m est égale à la somme des poids dont la partie mM est chargée, décomposés parallèlement à la direction de la courbe en m. Cette pression est donc

$$\text{T} = -\frac{dy}{ds} \int_x^a dx_1\, p_1, \quad \text{ou} \quad \text{T} = -\frac{\frac{dy}{dx}\int_x^a dx_1\, p_1}{\sqrt{1 + \left(\frac{dy}{dx}\right)^2}}.$$

Cette valeur est négative lorsque $\frac{dy}{dx}$ est positif : alors la courbe n'est pas comprimée, mais tendue dans le sens de sa longueur.

Application au cas où la charge est uniformément distribuée, et où la figure de la pièce courbe est une portion de parabole.

463. Lorsque la charge est distribuée de manière que des poids égaux répondent à des parties égales de

l'axe horizontal Ax, p est constante, et les formules du n° 461 deviennent

$$dx' - dx = -\frac{p}{\varepsilon}\,dy \int dx \left\{1 + \frac{1}{2}\left(\frac{dy}{dx}\right)^2 - \text{etc.}\right\}\left(\frac{a^2}{2} - ax + \frac{x^2}{2}\right),$$

$$dy' - dy = \frac{p}{\varepsilon}\,dx \int dx \left\{1 + \frac{1}{2}\left(\frac{dy}{dx}\right)^2 - \text{etc.}\right\}\left(\frac{a^2}{2} - ax + \frac{x^2}{2}\right).$$

L'équation de la courbe étant d'ailleurs $y = \frac{bx^2}{a^2}$, d'où $\frac{dy}{dx} = \frac{2bx}{a^2}$, ces formules donnent

$$x' - x = -\frac{p}{\varepsilon}\left\{\frac{bx^3}{3} - \frac{bx^4}{4a} + \frac{bx^5}{15a^2} + \frac{2b^3}{a^6}\left(\frac{a^2x^5}{15} - \frac{ax^6}{12} + \frac{x^7}{35}\right) - \text{etc.}\right\}$$

$$y' - y = \frac{p}{\varepsilon}\left\{\frac{a^2x^2}{4} - \frac{ax^3}{6} + \frac{x^4}{24} + \frac{b^2}{a^4}\left(\frac{a^2x^4}{12} - \frac{ax^5}{10} + \frac{x^6}{30}\right) - \text{etc.}\right\}$$

En supposant $x = a$, et désignant toujours par h, f les déplacemens horizontaux et verticaux du point extrême M, on aura, en se bornant aux deux premiers termes des séries,

$$-h = \frac{p}{\varepsilon}\left(\frac{3a^3b}{20} + \frac{ab^3}{42}\right),$$

$$f = \frac{p}{\varepsilon}\left(\frac{a^4}{8} + \frac{a^2b^2}{60}\right).$$

464. La formule du n° 462 donnera ici, à très-peu près, pour la tension exercée en un point quelconque de la courbe,

$$\text{T} = 2pb\,\frac{ax - x^2}{a^2}\left(1 - \frac{2b^2x^2}{a^4}\right).$$

465. Considérons une portion de courbe MAM′ (Fig. 76), formée de deux parties égales de figure parabolique, supportée verticalement sur deux appuis qui ne permettent pas aux extrémités de s'écarter, et chargée de poids répartis de la manière indquée n° 463. Chaque moitié

de la pièce est dans le même état d'équilibre que si cette moitié, étant encastrée horizontalement en A, était sollicitée par les poids distribués sur l'intervalle AM ou AM'; et de plus par une force verticale pa agissant de bas en haut au point extrême M ou M', et par une certaine force horizontale Q agissant au même point. Or en supposant une pièce courbe sollicitée à la fois par des poids répartis sur sa longueur, et par des forces appliquées à l'extrémité, on connaîtra les déplacemens des points de cette pièce en ajoutant les résultats obtenus n°s 448 et 461. Par conséquent, ajoutant ici les résultats des n°s 450 et 463, on aurait pour les déplacemens des points extrêmes :

$$-h=\frac{P}{\varepsilon}\left(\frac{5a^2b}{12}+\frac{b^3}{10}\right)+\frac{Q}{\varepsilon}\left(\frac{8ab^2}{15}+\frac{16\,b^4}{105\,a}\right)+\frac{p}{\varepsilon}\left(\frac{3a^3b}{20}+\frac{ab^3}{42}\right),$$

$$f=\frac{P}{\varepsilon}\left(\frac{a^3}{3}+\frac{ab^2}{15}\right)+\frac{Q}{\varepsilon}\left(\frac{5a^2b}{12}+\frac{b^3}{10}\right)+\frac{p}{\varepsilon}\left(\frac{a^4}{8}+\frac{a^2b^2}{60}\right).$$

Mais dans le cas dont il s'agit on a $P=-pa$, et Q est déterminée par la condition $h=0$. Les pressions horizontales exercées contre les appuis sont donc

$$Q=\frac{pa^2}{2b};$$

et en mettant cette valeur dans l'expression de f, on trouve $f=0$. Ces résultats s'accordent avec ceux des n°s 440 et 442. La figure attribuée à la pièce courbe étant ici celle qui convient à l'équlibre, on doit trouver une valeur nulle pour l'abaissement du sommet.

466. Si la pièce MAM' (Fig. 76), supposée toujours de figure parabolique, était chargée à la fois du poids $2pa$, réparti sur sa longueur comme on vient de le supposer, et du poids 2Π suspendu au sommet A, la

poussée ou pression horizontale exercée contre les appuis serait la somme de la valeur précédente de Q, et de la valeur trouvée n° 453, c'est-à-dire

$$Q = \frac{pa^2}{2b} + \Pi\left(\frac{25a}{32b} - \frac{b}{28a}\right).$$

L'abaissement du sommet serait exprimé par la valeur de f du n° 453.

467. La pression supportée par les différentes parties de la pièce, dans le sens de la longueur, est représentée ici par la somme des valeurs de T données n°s 441 et 454, qui est

$$T = \frac{pa^2}{2b} + \frac{pbx^2}{a^2} + \Pi\left(\frac{25a}{32b} - \frac{b}{28a} + \frac{2bx}{a^2} - \frac{25bx^2}{16a^3}\right).$$

Si la quantité $64pa - 25\Pi$ est positive, la plus grande valeur de la pression a lieu aux extrémités M ou M'; elle est

$$\frac{pa^2}{2b} + 4pb + \Pi\left(\frac{25a}{32b} + \frac{45b}{112a}\right).$$

Si cette quantité est négative, la plus grande valeur de la pression a lieu au point dont l'abcisse est

$$x = a\,\frac{16\,\Pi}{25\,\Pi - 64\,pa}.$$

Application au cas où la charge est uniformément distribuée, et où la figure de la pièce courbe est un arc de cercle.

468. En supposant la charge distribuée uniformément sur la longueur de la courbe, et nommant p la valeur du poids placé au point quelconque m (fig. 75), cette valeur étant rapportée à l'unité de longueur mesurée sur l'arc de la courbe, nous aurons, au lieu de l'équation du n° 460,

$$\varepsilon(d\varphi' - d\varphi) = pA^3 d\varphi \int_{\varphi}^{\Phi} d\varphi_{,} (\sin.\varphi_{,} - \sin.\varphi),$$

ou

$$\varepsilon(d\varphi' - d\varphi) = pA^3 d\varphi \left[\cos.\varphi - \cos.\Phi - (\Phi - \varphi)\sin.\varphi\right];$$

et en intégrant,

$$\varepsilon(\varphi' - \varphi) = pA^3 \left[2\sin.\varphi - \varphi(\cos.\Phi + \cos.\varphi) - \Phi(1 - \cos.\varphi)\right].$$

On déduit de cette équation, comme dans le n° cité,

$$\varepsilon(dx' - dx) = -pA^4 d\varphi.\sin.\varphi\left[2\sin.\varphi - \varphi(\cos.\Phi + \cos.\varphi) - \Phi(1 - \cos.\varphi)\right],$$

$$\varepsilon(dy' - dy) = pA^4 d\varphi.\cos.\varphi\left[2\sin.\varphi - \varphi(\cos.\Phi + \cos.\varphi) - \Phi(1 - \cos.\varphi)\right];$$

et l'on trouve en intégrant, la charge p étant supposée constante,

$$\varepsilon(x' - x) = -pA^4 \left\{\begin{array}{l} \frac{5}{4}\varphi - \frac{5}{4}\sin.\varphi\cos.\varphi - \cos.\Phi(\sin.\varphi - \varphi\cos.\varphi) \\ - \frac{1}{2}\varphi\sin.^2\varphi + \Phi(\frac{1}{2}\sin.^2\varphi + \cos.\varphi - 1) \end{array}\right\},$$

$$\varepsilon(y' - y) = pA^4 \left\{\begin{array}{l} \frac{5}{4}\sin.^2\varphi - \frac{1}{2}\varphi\sin.\varphi\cos.\varphi - \frac{1}{4}\varphi^2 \\ -\cos.\Phi(\varphi\sin.\varphi + \cos.\varphi - 1) + \Phi(\frac{1}{2}\varphi + \frac{1}{2}\sin.\varphi\cos.\varphi - \sin.\varphi), \end{array}\right\}.$$

expressions qui donnent les déplacemens d'un point quelconque de la courbe. En faisant $\varphi = \Phi$, on aura pour les déplacemens du point extrême

$$-h = \frac{pA^4}{\varepsilon}\left[\Phi(\tfrac{1}{4} + \cos.\Phi + \cos.^2\Phi) - \tfrac{9}{4}\sin.\Phi\cos.\Phi\right],$$

$$f = \frac{pA^4}{\varepsilon}\left[\cos.\Phi - \cos.^2\Phi + \tfrac{1}{4}\Phi^2 - \Phi(\sin.\Phi + \sin.\Phi\cos.\Phi) + \tfrac{5}{4}\sin.^2\Phi\right].$$

469. La tension longitudinale exercée en un point quelconque de la courbe est

$$T = pA(\Phi - \varphi)\sin.\varphi.$$

470. Si l'on considère un arc d'une petite amplitude, les formules du n° 468 donneront, en ne conservant comme ci-dessus que la cinquième puissance de φ,

$$-h=\frac{pA^4}{\varepsilon}\,\frac{3\varphi^5}{40},\qquad \text{ou}\qquad -h=\frac{pa^4}{\varepsilon}\,\frac{3a}{40A},$$

$$f=\frac{pA^4}{\varepsilon}\,\frac{\varphi^4}{8},\qquad\qquad f=\frac{pa^4}{\varepsilon.8},$$

qui s'accordent avec les expressions du n° 463, en sorte qu'il est indifférent, lorsqu'on peut se borner à ce degré d'approximation, de considérer un arc de cercle chargé uniformément sur sa longueur, ou un arc de parabole portant une charge répartie uniformément sur la projection horizontale de cet arc.

471. Si la pièce courbe est un quart de circonférence, on fera dans les formules du n° 468 $\varphi=\frac{\pi}{2}$, ce qui donnera pour les déplacemens du point extrême

$$-h=\frac{pA^4}{\varepsilon}\,\frac{\pi}{8},$$

$$f=\frac{pA^4}{\varepsilon}\,\frac{\pi^2-8\pi+20}{16}.$$

472. Dans le cas où la pièce courbée en arc de cercle serait chargée d'un poids distribué uniformément sur sa longueur, et sollicitée en même temps par les deux forces verticale et horizontale P, Q, appliquées au point extrême, il faudrait ajouter les expressions de h et f des n°s 455 et 468 pour avoir les déplacemens horizontal et vertical de ce point. D'après cela, si nous considérons une pièce courbée suivant un quart de circonférence, nous aurons

$$-h=\frac{pA^4}{\varepsilon}\,\frac{\pi}{8}+\frac{PA^3}{\varepsilon}\,\frac{1}{2}+\frac{QA^3}{\varepsilon}\,\frac{\pi}{4},$$

$$f=\frac{pA^4}{\varepsilon}\,\frac{\pi^2-8\pi+20}{16}+\frac{PA^3}{\varepsilon}\,\frac{3\pi-8}{4}+\frac{QA^3}{\varepsilon}\,\frac{1}{2};$$

et si nous supposons qu'une pièce formant une demi-circonférence, chargée de la manière qui vient d'être indiquée, est posée sur deux appuis qui ne permettent pas aux extrémités de s'écarter, il faudra faire $P = -pA\frac{\pi}{2}$ (puisque cette quantité représente le poids dont chaque appui est chargé), et $h = 0$, ce qui donnera

$$Q = \frac{pA}{2},$$

$$-f = \frac{pA^4}{\varepsilon} \cdot \frac{5\pi^2 - 8\pi - 24}{16}.$$

Ainsi la poussée horizontale d'une pièce courbée en demi-cercle, posée sur deux appuis qui ne permettent pas aux extrémités de s'écarter, est égale au poids dont chaque moitié de la pièce est chargée, multiplié par la fraction $\frac{1}{\pi}$; c'est-à-dire est un peu moins du tiers de ce poids : cette poussée est la moitié de celle qui aurait lieu si le poids total du demi-cercle était suspendu au sommet. La valeur *précédente de f représente la quantité* dont s'abaisse le sommet du demi-cercle. Cette quantité est moindre que celle qui aurait lieu si le poids total du demi-cercle était suspendu au sommet dans le rapport de $5\pi^2 - 8\pi - 24$ à $6\pi^2 - 16\pi - 8$.

473. La compression longitudinale en un point quelconque de la pièce sera représentée par

$$T = -pA(\Phi - \varphi)\sin.\varphi - P\sin.\varphi + Q\cos.\varphi;$$

Cette formule, en supposant $\Phi = \frac{\pi}{2}$, mettant pour P sa valeur $-pA\frac{\pi}{2}$ et pour Q la valeur $\frac{pA}{2}$, donne

$$T = pA\left(\varphi\sin.\varphi + \frac{\cos.\varphi}{2}\right).$$

Usage des résultats précédens dans les applications.

474. Les résultats précédens donnent les moyens de déterminer la limite des poids dont on peut charger une pièce courbe dans les divers cas d'équilibre que l'on a considérés.

Lorsque la figure de la pièce est celle qui convient à l'équilibre des poids dont elle est chargée, cette pièce est simplement pressée dans le sens de sa longueur; et les dimensions de la section transversale étant ordinairement fort petites par rapport à la longueur, on peut supposer cette pression répartie également sur toute l'étendue de la section transversale. Par conséquent, ayant calculé la plus grande valeur de la pression, représentée par T dans les nos 426 et suivans, désignant par ω l'aire de la section transversale de la pièce, et (comme dans les nos 181 et suivans) par R′ le plus grand effort que l'on veut faire supporter aux fibres sur une étendue égale à l'unité de surface, on posera l'équation

$$R' = \frac{T}{\omega},$$

d'après laquelle on pourra établir le rapport convenable entre la charge qui produit la pression et les dimensions de la pièce.

475. Lorsque la figure de la pièce n'étant point celle qui convient à l'équilibre, cette pièce fléchit par l'action des poids dont elle est chargée, on peut déterminer la limite de ces poids conformément à ce qui a été exposé dans le n° 387. Représentons par ω la section transversale de la pièce, et par v' la distance à l'axe d'équilibre des fibres qui subissent la plus grande compression. En vertu de la pression T, dont les valeurs ont

été données dans les n°s 449 et suivans, les fibres sont d'abord comprimées, dans toute l'étendue de la section, d'une fraction de leur longueur égale à $\frac{T}{E\omega}$. De plus, par l'effet de la flexion, les fibres extrêmes sont comprimées d'une fraction de leur longueur égale à $v'\frac{d\varphi'-d\varphi}{ds}$, comme on le voit facilement par les n°s 77 et 446. Par conséquent, R' désignant le plus grand effort que l'on veut faire supporter aux fibres sur l'unité desurface, on posera l'équation

$$\frac{R'}{E}=\frac{T}{E\omega}+v'\frac{d\varphi'-d\varphi}{ds}$$

qui fera connaître la limite cherchée. On doit remarquer que la valeur de la quantité $v'\frac{d\varphi'-d\varphi}{ds}$, donnée par les formules précédentes, se trouvera positive ou négative suivant que, dans le point auquel cette valeur appartient, la flexion aura augmenté ou diminué l'angle formé par la normale de la courbe avec l'axe verticale des y. Mais on ne doit pas avoir égard ici au signe de cette quantité, et on doit en ajouter la valeur absolue à la valeur absolue de $\frac{T}{E\omega}$. On se rappellera d'ailleurs que T a été supposé positif quand il représente une pression; et par conséquent, lorsque sa valeur se trouvera négative, cela indiquera que la pièce est étendue, et non comprimée. Si la section transversale de cette pièce ne peut être partagée en deux parties symétriques par un axe perpendiculaire au plan de la flexion, v' doit représenter la distance à l'axe d'équilibre (déterminé conformément au n° 78) de la fibre qui est le plus comprimée, si T est positif; et de la fibre qui est le plus étendue, si T est négatif. Enfin la somme des valeurs absolues des quantités $\frac{T}{E\omega}$ et $\nu' \frac{d'-d\varphi}{ds}$ sera donnée en fonction de l'abcisse x ; et il est évident que l'on doit attribuer à x dans cette fonction la valeur qui la rendra le plus grande possible dans toute l'étendue de la courbe.

476. Considérons, par exemple, le cas du n° 473, où une pièce courbe de figure parabolique, posée verticalement sur deux appuis qui ne permettent pas aux extrémités de s'écarter l'une de l'autre, est chargée du poids 2Π suspendu au sommet. On a, par le n° 454,

$$\frac{T}{E\omega} = \frac{\Pi}{E\omega}\left(\frac{25a}{32b} - \frac{b}{28a} + \frac{2bx}{a^2} - \frac{25bx^2}{16a^3}\right).$$

Le n° 447 donne

$$\frac{d\varphi'-d\varphi}{ds} = \frac{P}{\varepsilon}(a-x) + \frac{Q}{\varepsilon}\left(b - \frac{bx^2}{a^2}\right),$$

où l'on doit remplacer P par $-\Pi$, et Q par la valeur donnée n° 453 : on aura donc

$$\nu' \frac{d\varphi'-d\varphi}{ds} = \frac{\nu'\Pi}{\varepsilon}\left\{-\frac{7a}{32} - \frac{b^2}{28a} + x - \left(\frac{25}{32a} - \frac{b^2}{28a^3}\right)x^2\right\}.$$

La valeur de T est positive dans toute l'étendue de la courbe, en sorte que la pièce est partout comprimée dans le sens de sa longueur. La valeur de $\nu' \frac{d\varphi'-d\varphi}{ds}$ est d'abord négative, devient ensuite positive, et se réduit à zéro quand $x = a$. Sans avoir égard au signe de cette quantité, on en ajoutera la valeur à celle de $\frac{T}{E\omega}$; et réglant les valeurs de ν' et de ε conformément à ce qui a été dit n° 475, on déterminera Π de manière que, pour toutes les valeurs de x comprises entre o et a, la somme des valeurs de $\nu'\frac{d\varphi'-d\varphi}{ds}$ et de $\frac{T}{E\omega}$ ne surpasse point $\frac{R'}{E}$.

477. Le cas du n° 465, où une pièce courbe semblable est chargée du poids $2pa$, réparti sur la longueur de cette pièce de la manière indiquée n° 463, est un des cas d'équilibre mentionnés n° 474.

478. En considérant comme dans le n° 455 une pièce courbée en arc de cercle, encastrée horizontalement à l'extrémité supérieure, et sollicitée à l'autre extrémité par les forces verticale et horizontale P et Q, on a, d'après le n° 456,

$$\frac{T}{E\omega}=\frac{1}{E\omega}\left(-P\sin.\varphi+Q\cos.\varphi\right);$$

et d'après le n° 455,

$$\nu'\frac{d\varphi'-d\varphi}{ds}=\frac{\nu'A}{\varepsilon}\left\{P(\sin.\Phi-\sin.\varphi)+Q(\cos.\varphi-\cos.\Phi)\right\}.$$

479. Si l'on suppose, comme dans le n° 458, qu'il s'agit d'un demi-cercle posé sur deux appuis qui ne permettent pas aux extrémités de s'écarter l'une de l'autre, et dont le sommet est chargé du poids 2Π, on aura $\Phi=\frac{\pi}{2}$, $P=-\Pi$, $Q=\frac{2\Pi}{\pi}$, ce qui donnera

$$\frac{T}{E\omega}=\frac{\Pi}{E\omega}\left(\sin.\varphi+\frac{2\cos.\varphi}{\pi}\right)$$

$$\nu'\frac{d\varphi'-d\varphi}{ds}=\frac{\nu'\Pi a}{\varepsilon}\left(\sin.\varphi-1+\frac{2\cos.\varphi}{\pi}\right).$$

Ces expressions doivent être employées conformément à ce qui a été dit n° 475.

480. Si, comme on l'a supposé n° 466, une pièce de figure parabolique, outre le poids $2pa$ réparti sur sa longueur, supportait encore le poids 2Π placé au som-

met, il faudrait employer la valeur de T donnée dans le n° 467, et l'on aurait

$$\frac{T}{E\omega}=\frac{1}{E\omega}\left\{\frac{pa^2}{2b}+\frac{pbx^2}{a^2}+\Pi\left(\frac{25a}{32b}-\frac{b}{28a}+\frac{2bx}{a^2}-\frac{25bx^2}{16a^3}\right)\right\}.$$

Mais comme le poids 2Π produit seul la flexion de la pièce, la valeur de $\nu'\dfrac{d\varphi'-d\varphi}{ds}$ serait la même qu'au n° 476, et devrait être employée de la même manière.

481. S'il s'agit, comme dans le n° 472, d'une pièce courbée en arc de cercle encastrée horizontalement à l'extrémité supérieure, chargée uniformément du poids p sur l'unité de longueur, et sollicitée à l'extrémité opposée par les forces verticale et horizontale P, Q, la valeur de T sera la somme des valeurs données dans les n.os 456 et 469, en sorte qu'on aura pour la proportion suivant laquelle un élément quelconque de la courbe est contracté

$$\frac{T}{E\omega}=\frac{1}{E\omega}\left\{-pA(\Phi-\varphi)\sin.\varphi-P\sin.\varphi+Q\cos.\varphi\right\}.$$

L'expression de $\dfrac{d\varphi'-d\varphi}{ds}$ sera également la somme des expressions données dans les n.os 455 et 468, en sorte que l'on a

$$\nu'\frac{d\varphi'-d\varphi}{ds}=\frac{\nu'pA^2}{\varepsilon}\left\{\cos.\varphi-\cos.\Phi-(\Phi-\varphi)\sin.\varphi\right\}$$
$$+\frac{\nu'A}{\varepsilon}\left\{P(\sin.\Phi-\sin.\varphi)+Q(\cos.\varphi-\cos.\Phi)\right\}.$$

482. En considérant donc, comme dans le n° 462, un demi-cercle posé sur deux appuis qui ne permettent pas aux extrémités de s'écarter, et portant le poids πpA distribué uniformément sur la longueur de ce demi-

cercle, on fera $\Phi = \frac{\pi}{2}$, $P = -\frac{\pi p A}{2}$, $Q = \frac{pA}{2}$, ce qui donne

$$\frac{T}{E\omega} = \frac{pA}{E\omega}\left(\varphi \sin.\varphi + \tfrac{1}{2}\cos.\varphi\right),$$

$$\nu' \frac{d\varphi' - d\varphi}{ds} = \frac{\nu' p A^2}{\varepsilon}\left(\varphi \sin.\varphi + \tfrac{3}{2}\cos.\varphi - \frac{\pi}{2}\right).$$

Ces expressions doivent être employées conformément à ce qui a été dit n° 465.

De l'effet des pressions ou des tensions exercées dans le sens de la longueur des pièces courbes, pour les accourcir ou les allonger, et des changemens de figure qui en résultent.

483. On a indiqué, dans les divers cas d'équilibre considérés ci-dessus, les valeurs des pressions exercées dans le sens de la longueur des élémens des pièces courbes. Ces pressions causent une diminution dans la longueur de ces élémens, longueur supposée invariable dans le n° 446 dans les numéros suivans; et cette diminution de longueur concourt avec la flexibilité de la pièce à en changer la figure. Comme il ne s'agit ici que de changemens très-petits, on peut les considérer successivement, calculer à part l'effet de chaque changement, et prendre la somme des résultats que l'on aura obtenus.

En conservant les dénominations du n° 446, et nommant s' la longueur de l'arc Am' (Fig. 73), que l'on suppose maintenant différente de la longueur de l'arc Am, on aura $ds - ds'$ pour l'accourcissement de l'élément placé au point m, résultant de l'effort exercé dans le sens de cet élément; et $\frac{ds - ds'}{ds}$ pour la fraction exprimant la proportion de cet accourcissement. Par conséquent,

ω désignant l'aire de la section transversale de la pièce, et T représentant, comme ci-dessus, la pression exercée dans le sens de la longueur de cette pièce au point m, on a

$$E\omega \frac{ds - ds'}{ds} = T;$$

d'où

$$s - s' = \frac{1}{E\omega} \int dx . T \sqrt{1 + \left(\frac{dy}{dx}\right)^2},$$

équation qui fera connaître les changemens de longueur des parties de la pièce courbe. La figure de cette pièce demeurant d'ailleurs à fort peu près la même, il sera facile d'en conclure les déplacemens des points qui résultent de ces changemens.

484. Considérons, par exemple, le cas du n° 453, où une pièce courbe de figure parabolique, posée verticalement sur deux appuis qui ne permettent pas aux extrémités de s'écarter l'une de l'autre, est chargée du poids 2Π suspendu au sommet. En remplaçant $\frac{dy}{dx}$ par $\frac{2bx}{a^2}$, T par sa valeur du n° 454, et se bornant aux termes de l'ordre $\frac{b^2}{a^2}$, l'équation précédente deviendra

$$s - s' = \frac{\Pi}{E\omega} \int dx \left(\frac{25a}{32b} - \frac{b}{28a} + \frac{2bx^2}{a^2}\right),$$

ou

$$s - s' = \frac{\Pi}{E\omega} \left(\frac{25ax}{32b} - \frac{bx}{28a} + \frac{bx^3}{a^3}\right).$$

Si l'on désigne par c la longueur totale des portions de courbe AM ou AM' (Fig. 74), et par c' la longueur que ces portions de courbe acquièrent par l'effet de la pression, on aura, en faisant dans l'équation précédente $x = a$,

$$c - c' = \frac{\Pi}{E\omega} \frac{25\,a^2}{32\,b} \left(1 + \frac{216\,b^2}{175\,a^2} \right)$$

pour l'accourcissement résultant de l'action du poids 2Π.

485. Si la même pièce courbe, chargée du poids $2pa$ réparti sur sa longueur, est dans l'état d'équilibre considéré n° 442, on doit remplacer T par l'expression du n° 441. L'équation du n° 483 devient alors

$$s - s' = \frac{p}{E\omega} \frac{a^2}{2b} \int dx \left(1 + \frac{4\,b^2\,x^2}{a^4} \right),$$

ou

$$s - s' = \frac{p}{E\omega} \frac{a^2}{2b} \left(x + \frac{4\,b^2\,x^3}{3\,a^4} \right);$$

d'où l'on tire

$$c - c' = \frac{p}{E\omega} \frac{a^3}{2b} \left(1 + \frac{4\,b^2}{3\,a^2} \right),$$

pour l'accourcissement total de chaque moitié de la pièce.

486. Supposant enfin, comme dans le n° 466, la même pièce chargée à la fois du poids $2pa$ réparti sur sa longueur, et du poids 2Π suspendu au sommet, l'accourcissement sera la somme de ceux qui viennent d'être calculés. On aura donc

$$s - s' = \frac{p}{E\omega} \frac{a^2}{2b} \left(x + \frac{4b^2\,x^3}{3\,a^4} \right) + \frac{\Pi}{E\omega} \left(\frac{25\,a\,x}{32\,b} - \frac{b\,x}{28\,a} + \frac{b\,x^2}{a^2} \right),$$

$$c - c' = \frac{p}{E\omega} \frac{a^3}{2b} \left(1 + \frac{4\,b^2}{3\,a^2} \right) + \frac{\Pi}{E\omega} \frac{25\,a^2}{32\,b} \left(1 + \frac{216\,b^2}{175\,a^2} \right).$$

487. L'abaissement du sommet de la courbe résultant des accourcissemens, se calculera de la manière suivante. Considérant toujours une pièce de figure parabolique, on a (a)

(a) Mémoire sur les ponts suspendus, page 73.

$$c = a\left[1 + \frac{1}{3.2}\left(\frac{2b}{a}\right)^2 - \frac{1}{5.8}\left(\frac{2b}{a}\right)^4 + \frac{1}{7.16}\left(\frac{2b}{a}\right)^6 - \text{etc.}\right],$$

$$\left(\frac{2b}{a}\right)^2 = 6\left[\frac{c-a}{a} + \frac{9}{10}\left(\frac{c-a}{a}\right)^2 - \frac{54}{175}\left(\frac{c-a}{a}\right)^3 + \text{etc.}\right].$$

On déduit de la seconde équation

$$\frac{db}{dc} = \frac{3a}{4b}\left[1 + \frac{2.9}{10}.\ \frac{c-a}{a} - \frac{3.54}{175}\left(\frac{c-a}{a}\right)^2 + \text{etc.}\right];$$

d'où il suit que $c-c'$ étant une petite variation de la longueur c de la moitié de la courbe, et $b-b'$ la variation correspondante de la flèche b, on a, à fort peu près, en se bornant toujours aux termes de l'ordre du quarré de $\frac{b}{a}$,

$$b - b' = \frac{3a}{4b}\,(c-c').$$

488. Pour une pièce dont la figure naturelle est un arc de cercle, l'équation du n° 483 doit s'écrire

$$s - s' = \frac{\text{A}}{\text{E}\omega}\int d\varphi.\,\text{T},$$

où l'on substituera l'expression de T en fonction de l'angle φ, conformément à ce qui a été exposé précédemment.

489. Pour calculer ensuite l'abaissement du sommet correspondant à un accourcissement donné de la longueur de la courbe, on remarquera que

$$c = \text{A}\Phi = \text{A. arc sin.}\frac{a}{\text{A}},$$

$$b = \text{A}\cos.\Phi = \text{A}\left(1 - \sqrt{1 - \frac{a^2}{\text{A}^2}}\right);$$

d'où l'on déduit en différentiant par rapport à A seul, puis remettant pour $\frac{a}{\text{A}}$ sa valeur sin. Φ,

$$\frac{db}{dc} = \frac{1 - \cos.\Phi}{\sin.\Phi - \Phi\cos.\Phi};$$

et par conséquent,

$$b - b' = \frac{1 - \cos.\Phi}{\sin.\Phi - \Phi\cos.\Phi}(c - c').$$

Cette formule s'accorde avec celle du n° 487, lorsque l'angle Φ est très-petit.

Expériences sur la résistance des pièces courbes.

490. D'après les expériences de M. Duleau (*a*), une pièce de fer forgé ayant 0m,06 de largeur et 0m,02 de hauteur, a été courbée à froid, suivant un arc de cercle de 6m,32 de corde et 0m,7 de flèche. Cette pièce étant posée verticalement entre deux appuis qui ne permettaient pas aux extrémités de s'écarter (Fig. 77), l'action de son propre poids n'en changeait pas sensiblement la figure. La flèche de l'arc étant de 0m,709, et la pièce étant successivement chargée au milieu (Fig. 75) de 20, 120, 220, 260 et 280 kil., ce milieu s'est abaissé successivement de 4, 34, 68, 89 et 112 millimètres. La pièce a totalement fléchi sous un poids de 288 kil.

Dans une autre expérience, la flèche de l'arc étant de 0m,694, et la pièce étant successivement chargée au milieu de 50, 100, 150, 200 et 250 kil., ce milieu s'est abaissé successivement de 10, 22, 39, 57 et 92 millimètres. Les poids étant ôtés, le sommet de la courbe est resté de 0m,024 plus bas qu'il n'était avant l'expérience. La pièce a fléchi sous un poids de 270 kil. qui n'avait pas été mis tout-à-fait au milieu.

(*a*) Essai théorique et expérimental sur la résistance du fer forgé, page 44.

La même pièce était prête à fléchir sous deux poids de 280 et 285 kil., placés de chaque côté au $\frac{1}{6}$ de la longueur à compter des extrémités.

La même pièce ayant été chargée successivement au $\frac{1}{4}$ de la longueur, à partir de l'une des extrémités, d'un poids de 20 et de 100 kil., et la flèche primitive étant de $0^m,696$, le point chargé s'est abaissé de 8 et de 45 millimètres. Le sommet de la courbe s'est d'abord un peu soulevé, puis s'est abaissé quand la charge a atteint 150 kil. La pièce a fléchi sous un poids de 177 kil.

491. Dans les cintres en charpente qui supportent le toit du manége de la caserne de Libourne, exécutés d'après les projets de M. le colonel Emy, la pièce principale de chaque ferme est un arc en demi-cercle de $10^m,6$ de rayon. Ces arcs supportent un poids de 9333 kil. (*a*). Ils sont formés de cinq cours de madriers en sapin, courbés et maintenus à plat les uns sur les autres, ayant chacun $0^m,135$ de largeur sur $0^m,054$ d'épaisseur, et présentant ensemble une section transversale de 36450 millimètres quarrés. Ainsi près des naissances du cintre, où la pression est la plus forte, chaque millimètre quarré de la section transversale supporte un effort de $\frac{4667}{36450} = 0^k,12$.

(*a*) Mémorial du génie, n° 10, page 42. Voyez aussi l'ouvrage de M. Emy, intitulé : Description d'un nouveau système d'arcs pour les grandes charpentes. L'auteur paraît attribuer au système de charpente dont il s'agit la propriété de ne donner lieu à aucune poussée horizontale. Mais cette opinion ne pourrait être admise, bien que, dans certaines circonstances, la poussée étant très-faible, elle n'ait pas produit d'effet sensible.

ARTICLE VII.

DES PIÈCES DE DIVERSES FIGURES EMPLOYÉES DANS LES CONSTRUCTIONS. DES PIÈCES FORMÉES DE PLUSIEURS PARTIES ASSUJETTIES ENTRE ELLES.

492. On a supposé jusqu'ici la figure des pièces prismatique. La plupart des pièces employées dans les constructions en bois ont effectivement cette figure; mais dans les constructions en fer, et surtout lorsqu'on emploie du fer fondu, on adopte des figures appropriées à la nature des efforts que les pièces supportent. On obtient de cette manière une résistance égale avec un moindre volume de matière, et par conséquent avec une moindre dépense.

C'est principalement d'après la considération de la résistance à la rupture que la figure d'une pièce doit être déterminée. En effet il convient de régler la force des pièces de manière que les extensions et compressions auxquelles les parties sont exposées ne puissent dépasser une limite donnée. Les formules relatives à la résistance à la rupture s'appliquent à cette détermination : il suffit de fixer convenablement, conformément à ce qu'on a vu dans l'article VII de la Ire section, la valeur de la constante qui représente le plus grand effort que les fibres doivent supporter sur l'unité de surface.

Le prisme rectangulaire est la figure la plus simple que l'on puisse donner à une pièce. Cette figure peut être modifiée, soit en changeant la section transversale sans que la pièce cesse d'être prismatique, soit en donnant à la section des dimensions différentes dans les divers points de la longueur de la pièce.

De la figure de la section transversale.

493. Considérons d'abord une pièce soumise à des efforts qui s'exercent perpendiculairement à sa longueur, de manière que le sens dans lequel cette pièce tend à fléchir soit déterminé ; par exemple, une pièce posée horizontalement, et supportant des poids. En donnant à la section transversale la figure d'un rectangle dont les côtés sont horizontaux et verticaux ; nommant

b la largeur,

c la hauteur de la section,

E et R ayant les significations indiquées nos 77 et 113 ;

le moment de résistance à la flexion sera, d'après le n° 81,

$$\varepsilon = \mathrm{E}\frac{bc^3}{12};$$

et le moment de la résistance à la rupture, d'après le n° 115,

$$\rho = \mathrm{R}\frac{bc^2}{6}.$$

L'aire de la section transversale demeurant la même, la résistance à la rupture augmente proportionnellement à la hauteur c. Mais on ne peut, en général, augmenter c et diminuer b au delà d'un certain terme, parce que la pièce n'aurait pas de stabilité, et parce qu'elle présenterait trop peu de résistance dans le sens horizontal.

494. L'aire de la section transversale et la résistance demeurant les mêmes, on procure à la pièce plus de stabilité, et plus de résistance dans le sens horizontal, en donnant à la section la forme d'un tuyau rectangulaire (Fig. 77), ou celle de deux T opposés l'un à l'autre (Fig. 78). Nommant

b la largeur extérieure AB ;

b' la largeur intérieure DE (Fig. 77), ou la somme des largeurs DE, *de* (Fig. 78) ;

c la hauteur extérieure AC ;

c' la hauteur intérieure DF ;

le moment de la résistance à la flexion sera

$$\varepsilon = \mathrm{E}\frac{bc^3 - b\,c'^3}{12};$$

et le moment de la résistance à la rupture,

$$\rho = \mathrm{R}\frac{b\,c^3 - b'\,c'^3}{6b}.$$

Pour qu'une section rectangulaire offrît, à surface égale, la même résistance à la rupture, la largeur et la hauteur devraient être respectivement

$$\frac{(bc - b'c')^2\,b}{bc^3 - b'c'^3} \quad \text{et} \quad \frac{bc^3 - b'c'^3}{(bc - b'c')\,b}.$$

Les sections représentées fig. 77 et 78 paraissent être, dans le cas dont il s'agit, les plus convenables qu'il soit possible d'adopter. La première semble devoir offrir plus de solidité que la seconde ; mais, lorsque les pièces sont faites en fer fondu, il est difficile d'obtenir sans défauts les tuyaux rectangulaires ou circulaires (*a*).

495. Lorsqu'une pièce placée horizontalement et supportant des poids doit présenter successivement ses différentes faces à l'action de la charge, ce qui a lieu, par exemple, pour les axes horizontaux dans les machines

---

(*a*) Dans des pièces semblables en fer fondu, il faut donner des dimensions peu différentes aux diverses parties, afin que, refroidissant en même temps, elles ne tendent pas à se désunir par l'effet de la contraction de la fonte.

de rotation, il est convenable que la figure de la section transversale soit telle que la résistance de la pièce à la flexion soit la même dans tous les sens. Un cylindre plein et un tuyau circulaire offrent évidemment cette propriété. D'après le n° 83 un prisme plein à base quarrée, et un tuyau quarré, l'offrent également (*a*). Il en est de même des sections représentées figures 79 et 80. En appelant dans la première

b la dimension extérieure AB ou CD,

β l'épaisseur Aa, Cc de chacun des rectangles qui se croisent à angles droits,

le moment de résistance à la flexion est, dans toutes les directions,

$$\varepsilon = E\frac{b^3\beta + b\beta^3 - \beta^4}{12}.$$

(*a*) Il est question de la figure la plus convenable des axes de rotation dans les *Practical essays on mill work*, par Buchanan, avec notes de M. T. Tredgold, 1823, tome I, page 262; et dans le *Practical essay on the strength of cast iron*, 1824, p. 59. M. Tredgold paraît penser que le cercle est la seule figure qui donne aux axes la propriété d'offrir dans tous les sens la même résistance à la flexion. L'erreur de cet ingénieur provient de ce qu'il regarde la résistance à la flexion comme étant mesurée par l'expression qui mesure la résistance à la rupture. On avait déjà remarqué qu'une section quarrée donnait la même résistance à la flexion dans le sens des côtés et dans le sens des diagonales. Mais de plus cette section donne une résistance égale dans tous les sens, et il en est de même d'un grand nombre de figures, que l'on peut former en combinant d'une manière symétrique le cercle et le quarré. Il en résulte que si les axes renforcés par des côtes saillantes, que les Anglais nomment axes *emplumés* (*feathered shafts*), réussissent moins bien que les axes quarrés ou cylindriques pleins, cela provient probablement de ce qu'ils ne sont pas aussi bien disposés pour résister à la torsion, et non pas des inégalités de la flexion de ces axes.

Le moment de rupture, si la pièce fléchissait dans le sens des côtés des rectangles, serait

$$\rho = E\frac{b^3 6 + b 6^3 - 6^4}{6b};$$

et si la pièce fléchissait dans le sens de la diagonale du quarré dans lequel elle est inscrite,

$$\rho = R\frac{\sqrt{2}\,(b^3 6 + b 6^3 - 6^4)}{6(b+6)}.$$

496. En appelant dans la fig. 80

b la dimension extérieure AB ou CD;

b' la dimension A'B' ou A'C';

6 l'épaisseur Aa, Cc des rectangles placés en saillie sur le quarré;

le moment de résistance à la flexion est, dans toutes les directions,

$$\varepsilon = E\frac{b'^4 + (b^3 - b'^3)\,6 + (b - b')\,6^3}{12}.$$

Le moment de rupture, si la pièce fléchissait dans le sens des côtés, serait

$$\rho = R\frac{b'^4 + (b^3 - b'^3)\,6 + (b - b')\,6^3}{6b};$$

et si la pièce fléchissait dans le sens de la diagonale,

$$\rho = R\frac{\sqrt{2}\,[b'^4 + (b^3 - b'^3)\,6 + (b - b')\,6^3]}{6(b+6)}.$$

497. Considérons maintenant une pièce posée verticalement, et chargée sur l'extrémité supérieure. Le sens de la flexion étant ici indéterminé, il convient de donner à la section transversale la figure d'un tuyau rond ou quarré, ou bien l'une des figures symétriques indiquées n° 495. Cela suppose toutefois que l'on soit assuré que

l'effort s'exercera toujours exactement dans la direction de l'axe de la pièce. Il arrive quelquefois, par exemple pour les pièces inclinées servant d'arcs-boutans, que l'effort tend à s'exercer sur une des faces de la pièce, et non pas dans la direction de l'axe. Dans ce cas on peut adopter l'une des sections représentées fig. 81 et 82, dont la première a été fréquemment employée.

Nommons

b la largeur AB du rectangle dans lequel la figure est inscrite;

c la hauteur CD de ce rectangle;

β l'épaisseur CF de la côte;

γ l'épaisseur AE de la face;

z la distance DM à la face AB de l'axe d'équilibre contenant les fibres dont la longueur ne varie pas lors de la flexion.

Pour connaître la valeur du moment de résistance à la flexion de la section dont il s'agit, il faut d'abord déterminer la situation de l'axe d'équilibre, conformément aux nos 78 et 80. La condition énoncée dans le n° 78 donnera ici

$$bz^2-(b-\beta)(z-\gamma)^2=\beta(c-z)^2,$$

d'où

$$z=\frac{1}{2}\cdot\frac{b\gamma^2-\beta\gamma^2+\beta c^2}{b\gamma-\beta\gamma+\beta c}.$$

L'expression du moment de résistance à la flexion, d'après la formule du n° 80, sera

$$\varepsilon=\frac{E}{3}[bz^3-(b-\beta)(z-\gamma)^3+\beta(c-z)^3],$$

formule où l'on devra substituer pour z la valeur précédente.

D'après le n° 113, et en remarquant que la distance désignée par v' dans ce n° est ici CM ou $c - z$, on aura pour l'expression du moment de rupture

$$\rho = \frac{R}{3} \cdot \frac{b z^3 - (b - \beta)(z - \gamma)^3 + \beta (c - z)^3}{c - z}.$$

De la figure de la section longitudinale.

498. Lorsqu'une pièce est prismatique, il y généralement un des points de la longueur de cette pièce dans lequel elle est plus exposée à rompre que dans tout autre. Si la résistance est suffisante dans ce point, la pièce est partout ailleurs plus forte qu'il n'est nécessaire. On peut déterminer la figure d'une pièce de manière qu'elle présente partout une force suffisante, et nulle part une force excédante : les pièces dont la figure est déterminée de cette manière ont été nommées *solides d'égale résistance*. Il suffit de donner quelques exemples des recherches de ce genre, qui n'offrent aucune difficulté.

Considérons un solide encastré horizontalement à une extrémité (Fig. 83), chargé à l'autre du poids P, dont les faces latérales sont formées par deux plans verticaux parallèles, et la face supérieure par un plan horizontal. Nommant

a la longueur AB du solide;
b la largeur du solide;
c la hauteur AM à l'extrémité encastrée;
x et v l'abscisse Bp et l'ordonnée pm de la courbe BM formant la face inférieure du solide;
R ayant la signification indiquée n° 113;

on aura d'abord pour déterminer la hauteur du solide en AM,

$$R\frac{bc^2}{6}=Pa,\quad \text{d'où}\quad c=\sqrt{\frac{6\,Pa}{R\,b}}.$$

On aura ensuite pour déterminer la figure de la courbe BmM,

$$R\frac{bv^2}{6}=Px,\quad \text{d'où}\quad v^2=\frac{c^2x}{a}:$$

cette courbe est une parabole dont l'axe est BA.

499. On peut demander la figure affectée par le solide ABM fléchissant sous l'action du poids P. On a ici pour la valeur du moment de résistance à la flexion appartenant à l'une quelconque des sections pm, $\varepsilon=E\frac{bv^3}{12}=E\frac{bc^3x^{\frac{3}{2}}}{12\,a^{\frac{3}{2}}}$.
L'équation d'équilibre est donc, en désignant comme au n° 85 par y l'ordonnée de la courbe affectée par le solide,

$$E\frac{bc^3x^{\frac{3}{2}}}{12\,a^{\frac{3}{2}}}\cdot\frac{d^2y}{dx^2}=Px,$$

d'où l'on tire

$$\frac{d^2y}{dx^2}=\frac{P}{E}\,\frac{12\,a^{\frac{3}{2}}}{bc^3x^{\frac{1}{2}}},$$

$$\frac{dy}{dx}=\frac{P}{E}\,\frac{24\,a^{\frac{3}{2}}}{bc^3}\left(x^{\frac{1}{2}}-a^{\frac{1}{2}}\right),$$

$$y=\frac{P}{E}\,\frac{24\,a^{\frac{3}{2}}}{bc^3}\left(\frac{2}{3}x^{\frac{3}{2}}-a^{\frac{1}{2}}x+\frac{1}{3}a^{\frac{3}{2}}\right),$$

$$f=\frac{P}{E}\,\frac{8a^3}{bc^3}.$$

Cette valeur de f, ou de l'abaissement du point extrême B, est double de celle qui aurait lieu si toutes les sections du solide avaient une hauteur égale à b.

500. En supposant le solide chargé d'un poids distribué uniformément sur sa longueur (Fig. 84), conservant les dénominations précédentes, et appelant

p le poids porté par l'unité de longueur,

on a

$$R\frac{bc^2}{6} = pa.\frac{a}{2}, \quad \text{d'où} \quad c = a\sqrt{\frac{3p}{Rb}};$$

puis

$$R\frac{bv^2}{6} = px.\frac{x}{2}, \quad \text{d'où} \quad v = \frac{cx}{a}.$$

La face inférieure du solide est plane.

501. Le solide étant seulement chargé de son propre poids (Fig. 85), et nommant

p le poids de l'unité de volume du solide;
x l'abscisse Bp, à laquelle répond l'ordonnée v;
x' l'abscisse Bp' d'un point quelconque m', compris entre B et m, à laquelle répond l'ordonnée v';

on aura

$$p\int_0^x dx'(x-x')v' = R.\frac{v^2}{6}.$$

Différentiant deux fois de suite par rapport à x, il vient

$$p\int_0^x dx'.v' = \frac{R}{6}.\frac{d.v^2}{dx}, \quad pv = \frac{R}{6}.\frac{d^2.v^2}{dx^2},$$

équation dont l'intégrale est

$$v = \frac{px^2}{2R}:$$

la courbe BM est une parabole dont l'axe est Bv.

On résout facilement les mêmes questions dans le cas où les sections transversales du solide sont toutes des cercles ayant leurs centres sur une même droite horizontale; quand ces sections sont toutes des rectangles semblables; quand la loi de leurs largeurs ou hauteurs est donnée; etc.

502. Considérons un solide posé horizontalement sur deux appuis, et chargé en M d'un poids 2P (Fig. 86). Nommant

b la largeur du solide;

c la hauteur AM au point où le poids est suspendu;

a la moitié CB de l'intervalle des appuis;

z la distance AC;

on aura

$$R\frac{bc^2}{6} = P\frac{a^2 - z^2}{a}, \quad \text{d'où } c = \sqrt{\frac{6P(a^2 - z^2)}{Rab}};$$

et les deux portions de courbe BM, B'M appartiendront à deux paraboles dont l'axe se confond avec la ligne BB'.

503. Si l'on suppose que le poids 2P peut être placé en un point quelconque de l'intervalle BB', et si l'on veut que le solide résiste toujours à l'action de ce poids, l'ordonnée de la courbe de la face supérieure devra satisfaire à l'expression précédente de c. Cette expression représente une ellipse, ayant pour demi-petit axe $\sqrt{\frac{6Pa}{Rb}}$; et comme l'ellipse enveloppe les courbes paraboliques qui terminent le solide lorsque l'on donne au poids des situations déterminées, ce solide, si l'on adopte cette courbe, offrira un excès de résistance partout ailleurs qu'au point de suspension du poids.

504. Considérons un solide posé horizontalement sur deux appuis, et chargé de poids distribués uniformément sur sa longueur (Fig. 87).

En nommant

p le poids placé sur l'unité de longueur;
a la moitié BC de l'intervalle des appuis;
b la largeur constante du solide;
c la hauteur CM du solide au milieu de l'intervalle des appuis;
x, v l'abscisse Cp et l'ordonnée pm de la courbe BM formant la face supérieure du solide;

et remarquant (comme on l'a fait n° 90) que chaque moitié du solide résiste comme une pièce encastrée horizontalement à une extrémité, sollicitée à l'autre extrémité par une force verticale pa, et de plus par une force pa agissant en sens contraire et distribuée dans toute la longueur de la pièce, on aura

$$R\frac{bc^2}{6} = \tfrac{1}{2}pa^2, \qquad \text{d'où } c = a\sqrt{\frac{3p}{Rb}};$$

$$R\frac{bv^2}{6} = pa(a-x) - \tfrac{1}{2}p(a-x)^2, \qquad v = c\sqrt{1-\frac{x^2}{a^2}}.$$

La figure de la courbe BMB′ doit être une demi-ellipse.

505. Si le solide supporte en même temps un poids distribué uniformément sur sa longueur et un poids 2P placé au milieu de l'intervalle des appuis (Fig. 88), on aura, en conservant les dénominations précédentes,

$$R\frac{bc^2}{6} = \tfrac{1}{2}pa^2 + Pa,$$

$$R\frac{bv^2}{6} = (pa+P)(a-x) - \tfrac{1}{2}p(a-x)^2,$$

d'ou

$$c = \sqrt{\frac{3a(pa+2P)}{Rb}},$$

$$v = c\sqrt{\frac{[p(a+x)+2P](a-x)}{(pa+2P)a}}.$$

506. Considérons encore un solide posé verticalement (Fig. 89), et chargé d'un poids Q sur l'extrémité supérieure, en admettant que toutes les sections transversales de ce solide soient des cercles. Nommons

a la demi-longueur AC ou BC du solide;

x, y l'abscisse Cp et l'ordonnée mp de la courbe affectée par l'axe du solide;

f la flèche CM de cette courbe;

r le rayon de la section transversale en m.

Supposant que le solide ne prenne qu'une petite courbure à l'instant où il est prêt à se rompre, on peut simplifier la question en admettant que cette courbure se confond avec un arc de parabole, ayant pour équation

$$y = f\left(1 - \frac{x^2}{a^2}\right).$$

L'équation d'équilibre sera

$$R\frac{\pi r^3}{4} = Qy, \quad \text{ou} \quad r^3 = \frac{4Qf}{\pi R}\left(1 - \frac{x^2}{a^2}\right).$$

Ainsi le solide est d'égale résistance si r est proportionnel à $(a^2 - x^2)^{\frac{1}{3}}$. Le diamètre des sections diminue du milieu aux extrémités, qui sont terminées en pointe.

507. Il est souvent utile dans les constructions, en consolidant convenablement les extrémités des pièces, de se rapprocher des formes qui rendent les solides d'égale résistance : ces formes conviennent principalement au fer fondu, et aux pièces soumises à des efforts dirigés perpendiculairement à la longueur. Quant aux pièces comprimées dans le sens de la longueur, il est utile, quand la longueur est considérable par rapport à l'épaisseur, d'augmenter cette épaisseur vers le milieu ; mais on doit

toujours conserver aux extrémités des dimensions telles, que la pression ne puisse les écraser. Il est même avantageux dans beaucoup de cas de donner à ces extrémités la forme d'une embase, qui s'applique contre les plans entre lesquels le solide est contenu. Cette disposition tend à procurer au solide l'excédant de résistance qu'il présenterait si les extrémités étaient encastrées, conformément à ce qu'on a vu n° 393.

Des pièces formées de plusieurs parties assujetties entre elles.

508. Lorsqu'une pièce est composée de plusieurs parties, la résistance qu'elle peut présenter s'évalue différemment suivant la manière dont ces parties sont assujetties les unes aux autres.

Considérons en premier lieu un assemblage de plusieurs pièces superposées (Fig. 90), en supposant ces pièces assujetties par des brides qui les maintiennent en contact, mais qui ne s'opposent pas à ce que les points correspondans des faces contiguës ne se déplacent les uns par rapport aux autres lorsque l'assemblage vient à fléchir. La résistance de ce système sera la somme des résistances que chacune des pièces offrirait séparément. Ainsi, la section transversale des pièces étant rectangulaire, et nommant

b la largeur commune des pièces superposées;
c la hauteur de chacune;
n le nombre de ces pièces;
ε et ρ ayant les significations indiquées n°s 80 et 113;
E et R ayant les significations indiquées n°s 77 et 113;

l'expression du moment de résistance à la flexion sera (n° 81),

$$\varepsilon = n\mathrm{E}\frac{bc^3}{12};$$

et l'expression du moment de rupture (nº 115),

$$\rho = n\mathrm{R}\frac{bc^2}{6}.$$

On fait ici abstraction de l'effet dû frottement provenant de la force avec laquelle les pièces sont serrées les unes contre les autres. La résistance du système est la même, soit qu'on place les pièces les unes sur les autres dans le sens où la flexion doit s'opérer, soit qu'on les place les unes à côté des autres.

509. Si un assemblage semblable à celui dont on vient de parler était formé de pièces partagées en plusieurs parties dans le sens de la longueur (Fig. 91), on devrait regarder le moment de résistance à la flexion comme ayant des valeurs différentes dans les diverses parties. Dans la partie *mm*, le moment de résistance à la flexion est la somme des momens des trois pièces superposées; dans la partie *nn*, il est seulement la somme des momens de deux de ces pièces. On doit, autant qu'il est possible, disposer les joints de manière qu'ils ne se rencontrent point vis-à-vis les uns des autres; et d'après cette condition on pourra regarder la résistance du système à la flexion ou à la rupture, comme étant égale à la somme des résistances des pièces superposées, moins une.

On peut même, dans quelques cas, si les joints sont placés convenablement, regarder la résistance du système comme étant égale à la somme des résistances des pièces superposées. Par exemple, dans le solide représenté fig. 92, encastré à une extrémité, chargé à l'autre, et composé de trois pièces superposées, la résistance est au point d'encastrement la somme des résistances des trois pièces. Aux points m, n, que l'on suppose placés au $\frac{1}{3}$ et aux $\frac{2}{3}$ de la longueur, la résistance est seulement les $\frac{2}{3}$ et le $\frac{1}{3}$ de la précédente : mais comme l'action du poids P pour causer la flexion ou la rupture en ces points est également les $\frac{2}{3}$ et le $\frac{1}{3}$ de l'action de ce poids au point d'encastrement, l'assemblage offre partout une résistance au moins égale à celle qui a lieu dans ce dernier point. On pourrait évidemment supprimer ici les portions des pièces supérieure et inférieure qui sont au delà du point n, sans altérer la résistance du système à la rupture.

510. Considérons maintenant un assemblage formé de pièces superposées (Fig. 93), dont les faces en contact sont entaillées en crémaillère, ou unies par des clefs, et qui sont fortement serrées par des brides. La résistance de cet assemblage à la flexion ou à la rupture ne différera pas sensiblement de celle qu'offrirait une seule pièce des mêmes dimensions.

511. Si un assemblage (*Fig. 94*) était formé de deux pièces séparées, mais assujetties entre elles de manière qu'une ligne tracée avant la flexion perpendiculairement à la longueur, devînt nécessairement après la flexion une normale commune aux deux courbes formées par les deux pièces, la résistance à la flexion s'estimerait en retranchant du moment de résistance à la flexion du solide, regardé comme plein, le moment d'un solide compris entre les deux pièces. Ainsi nommant

b la largeur commune des deux pièces;

c' la hauteur de l'assemblage;

c'' la hauteur de l'intervalle compris entre les deux pièces;

on aurait pour le moment de résistance à la flexion

$$\varepsilon = \mathrm{E}\,\frac{b\,(c'^3 - c''^3)}{12}.$$

Le moment de rupture serait

$$\rho = R\frac{b\,(c'^3 - c''^3)}{6c'}.$$

L'hypothèse sur laquelle ces formules sont fondées ne peut être réalisée, lorsque les pièces sont placées parallèlement, qu'autant que ces pièces sont assujetties l'une à l'autre par un système de traverses et de croix, ou par des clefs pénétrant dans des entailles, comme on l'a représenté fig. 94. Mais si l'une des pièces est courbée (Fig. 95), ou si elles le sont toutes les deux, et si ces pièces sont assujetties aux extrémités, de manière à ne pouvoir glisser l'une sur l'autre, il suffit qu'elles soient réunies par des traverses pour que l'on puisse évaluer la résistance du système d'après les formules précédentes. Il conviendra, dans chaque cas particulier, de régler la courbure des pièces de manière à rendre le système d'égale résistance, conformément aux principes exposés dans l'article précédent.

512. Dans les systèmes représentés fig. 94 et 95, la pièce placée du côté qui devient concave lors de la flexion résistant seulement à une compression exercée dans le sens de sa longueur, peut être formée de plusieurs parties posées *bout à bout*, maintenues dans le prolongement les unes des autres. De même, la pièce placée du côté qui devient convexe lors de la flexion résistant seulement à une tension exercée dans le sens de sa longueur, peut être formée de plusieurs parties, pourvu que ces parties soient attachées les unes aux autres par des assemblages offrant à la tension une résistance égale à celle de la pièce. Une division semblable des pièces supérieure et inférieure n'altérera pas sensiblement la force du système.

513. Connaissant la nature des efforts auxquels les pièces sont exposées dans les assemblages de ce genre, on peut choisir pour chacune la matière qui convient le mieux. Ce choix est déterminé par la condition d'obtenir une résistance donnée avec la moindre dépense possible. En comparant les résistances respectives du fer fondu et du fer forgé à la compression et à l'extension avec les prix de ces matières, on reconnaîtra qu'il est toujours avantageux d'employer le fer fondu pour les pièces comprimées, et le fer forgé pour les pièces tendues. Cette disposition présente aussi plus de sécurité lorsque la construction est exposée à des secousses, parce que le fer forgé peut souvent se prêter sans rompre à une extension subite, qualité dont le fer fondu est presque entièrement dépourvu.

Le bois de chêne ou de sapin, comprimé ou tendu, coûte beaucoup moins, à résistance égale, que le fer forgé ou fondu, et il est moins exposé à se rompre par l'effet des chocs : mais il n'offre pas la même durée lorsqu'il peut être atteint par l'humidité.

514. On a souvent proposé de consolider des pièces en bois avec des armatures en fer. Lorsqu'une pièce est soumise à un effort dirigé perpendiculairement à sa longueur, la meilleure disposition consiste à encastrer dans les faces latérales de cette pièce un assemblage formé d'une pièce courbe et d'un tirant rectiligne, dont les extrémités sont assujetties l'une à l'autre (Fig. 96). On peut aussi encastrer un semblable assemblage entre deux pièces de bois posées l'une à côté de l'autre, et serrées par des boulons. Si l'on suppose que le contact établi entre les points du fer et du bois se maintienne exactement lors de la flexion ; ou si, pour plus de sûreté, on a

consolidé l'assemblage en fer par des traverses, comme on le voit fig. 95, la résistance du système est égale à celle de la pièce de bois, plus celle de l'assemblage en fer évaluée conformément au n° 511. Le tirant rectiligne doit toujours être en fer forgé; mais il est avantageux d'employer le fer fondu pour la courbe.

Expériences sur la résistance des pièces formées de plusieurs parties assujetties entre elles.

515. D'après une expérience de M. Aubry (*a*), un barreau de bois de chêne ayant 1 pouce de largeur, 2 $\frac{1}{2}$ pouces de hauteur, posé horizontalement sur deux appuis distans de 5 pieds, et chargé au milieu, a rompu sous un poids de 755 livres produisant une flèche de 2 pouces.

Un autre barreau du même bois, ayant 1 pouce de largeur et 2 pouces de hauteur, formé de trois pièces entaillées de 3 lignes, de 6 en 6 pouces, et serrées par deux boulons de 1 $\frac{1}{4}$ ligne de diamètre; posé et chargé comme le précédent, a rompu sous un poids de 475 liv. produisant une flèche de 3 pouces 2 lignes.

D'après cette expérience, le second barreau était à peu près aussi fort que s'il eût été d'une seule pièce.

516. Les expériences de M. Duleau sur des pièces de fer forgé (*b*) présentent les résultats suivans. Les pièces étaient posées horizontalement sur deux appuis, et chargées au milieu : toutes avaient $0^m,06$ de largeur. Les

---

(*a*) Mémoire sur différentes questions de la science des constructions publiques et économiques, page 65.

(*b*) Essai théorique et expérimental sur la résistance du fer forgé, page 40.

boulons de $0^m,02$ de diamètre, au moyen desquels ces pièces étaient assemblées, étaient espacés de $0^m,4$. Les résultats sont ramenés par le calcul à présenter la flèche de la courbure affectée par chaque pièce sous une charge de 10 kil.

INDICATION DES PIÈCES.	INTERVALLE des appuis.	HAUTEUR totale.	HAUTEUR du vide.	FLÈCHE de courbure.
	mètres.	millimètres.	millimètres.	millimètres.
Deux pièces de fer du Périgord, posées à plat, et superposées sans boulons.	2	21,1	0	7
Les mêmes posées à plat, serrées par des boulons. . . .	4	21	0	11,5
Les mêmes écartées de $0^m,011$, au moyen de cales serrées par des boulons.	4	32	11	4,57
Les mêmes écartées de $0^m,021$ par le même moyen.	4	42	21	2,6
Les mêmes écartées de $0^m,032$ par le même moyen.	4	53	32	1,8
Les mêmes écartées de $0^m,153$ au moyen de pièces en croix.	5,8	174	153.	0,275
Deux pièces de fer du Périgord serrées l'une sur l'autre par des boulons, ...	4	40	0	2,2

La résistance à la flexion du système formé par des pièces en croix diffère peu de celle que l'on calculerait par la formule du n° 511. Quant aux pièces simplement serrées par des boulons, la résistance est moindre, et d'autant plus que l'intervalle des pièces est plus grand; ce qui doit être attribué à la flexion des boulons (*a*).

(*a*) On trouve quelques expériences analogues aux précédentes dans le tome IV de l'Art de bâtir, page 529. M. Barlow a aussi donné quelques expériences sur des modèles de poutres armées. *Essay on the strength and stress of timber*, page 196.

Des armatures servant à prolonger les pièces, ou à assujettir entre elles des pièces placées dans le prolongement l'une de l'autre.

517. Considérons en premier lieu des pièces exposées à des efforts dirigés perpendiculairement à leur longueur. On peut les prolonger, ou assujettir deux pièces dans le prolongement l'une de l'autre, d'une manière parfaitement solide, en employant une portion de tuyau dans lequel les extrémités des pièces seraient contenues et fortement serrées. Mais comme la paroi intérieure du tuyau ne serait pas pressée dans toute son étendue, on peut en supprimer une partie, et employer des dispositions plus simples, quoique fondées sur le même principe.

Par exemple, une pièce de bois qui doit être encastrée horizontalement peut être prolongée dans l'encastrement au moyen de deux armatures en fer fondu (Fig. 97), appliquées contre les faces latérales, et réunies en *m*, *n* par des traverses. Les faces supérieure et inférieure de la pièce doivent être serrées fortement contre ces traverses, avec des cales ou des vis de pression. Par cette disposition, la pièce ne peut céder à un effort exercé verticalement de haut en bas qu'en rompant au-dessus de la traverse *n*.

L'armature représentée figure 98 pourrait être employée pour prolonger une pièce, à l'extrémité de laquelle un poids devrait être suspendu; et en renversant la même armature, on pourrait en former les extrémités d'une poutre, ce qui est quelquefois utile quand il s'agit de réparer des poutres dont on trouve les portées détériorées.

Enfin on pourrait, au moyen de l'armature représentée fig. 99, assujettir l'une au bout de l'autre deux pièces pour en former une, ou consolider une poutre que la charge aurait fait rompre. Mais on n'est pas assuré de réussir aussi bien dans ce dernier cas que dans le précédent, parce que l'armature se trouvant ici placée dans la partie de la pièce où elle tendrait à prendre la plus grande courbure, il faudrait un contact beaucoup plus parfait entre la pièce et l'armature pour qu'il n'y eût pas de flexion sensible (*a*).

Dans ces appareils, la résistance des armatures peut être évaluée d'après le n° 511. Il est nécessaire que les portions de surface sur lesquelles la pression s'établit soient assez grandes pour que le bois ne s'y comprime pas sensiblement. La valeur de la pression se calculera toujours facilement. Dans le cas de la figure 97, par exemple, la pression en m doit faire équilibre autour du point n aux poids dont la pièce est chargée; la pression en n est égale à la somme de ces poids et de la pression qui a lieu en m.

518. Les deux parties d'une pièce exposée à fléchir transversalement de haut en bas peuvent encore être réunies de la manière indiquée fig. 100, au moyen d'une pièce juxtaposée en dessous, assujettie par des clefs de bois dur insérées dans des entailles, et serrées par des brides. En effet les fibres, lors de la flexion, sont comprimées dans la partie supérieure am de la section trans-

---

(*a*) On peut voir un procédé pour consolider les extrémités pourries des poutres dans les *Transactions of the society of arts and manufactures*, 1802. Voyez aussi la même collection, 1824; ou le Bulletin de la société d'encouragement, juin 1825.

versale, et étendues dans la partie inférieure *an*. Le joint *mn* ne nuit pas à la résistance des fibres comprimées (n° 142), et la résistance des fibres étendues qui se trouvent coupées est suppléée par celle de la pièce appliquée en dessous. On peut déterminer la force de cette pièce par la condition que le moment de la résistance de ses fibres, pris par rapport à l'axe d'équilibre *a*, soit égal au moment des fibres coupées dans l'intervalle *an*, pris par rapport au même axe.

519. A l'égard des pièces placées dans le prolongement l'une de l'autre, et exposées à une tension longitudinale, on peut les assembler de la manière indiquée fig. 101, au moyen de pièces juxtaposées, assujetties par des clefs et des brides. On peut aussi employer des tirans de fer, soit en les encastrant dans le bois, comme l'indique la fig. 102, soit en les plaçant en dehors, et les fixant à des traverses. Dans tous les cas, les pièces réunies sont nécessairement affaiblies au point de jonction, la section transversale étant diminuée par l'effet des entailles. On doit donner aux tirans une force égale à celle qui reste au bois; et il faut que la surface de bois sur laquelle ces tirans prennent un appui soit assez grande pour qu'il n'y ait pas écrasement, et que l'adhésion latérale des fibres qui tendent à se détacher ne puisse être rompue.

ARTICLE VIII.

DES APPAREILS DE CHARPENTE LE PLUS SIMPLES, DESTINÉS À SUPPORTER OU À ÉLEVER DES POIDS.

520. Les pièces de charpente sont exposées à divers genres d'effort, et peuvent être sollicitées à fléchir et à rompre d'une infinité de manières. On a considéré dans

les articles précédens les cas le plus simples de l'équilibre d'une seule pièce : on se propose d'examiner, dans cet article et dans les suivans, les conditions de l'équilibre des assemblages formés de plusieurs pièces, en se bornant aux systèmes qui se présentent le plus fréquemment dans les constructions.

521. La manière le plus simple de supporter un poids au moyen d'une seule pièce, consiste à poser ce poids sur l'extrémité supérieure de cette pièce placée verticalement. Les conditions de l'équilibre ont été recherchées pour ce cas dans le n° 383. Un semblable appareil n'a pas de stabilité, à moins que la pièce verticale n'ait l'extrémité inférieure encastrée. On peut maintenir cette pièce, soit par des contrefiches ou autres appuis fixes, soit en empêchant, au moyen de cordages attachés à des points fixes, l'extrémité supérieure de se déplacer. Ces cordages n'ayant d'autre objet que d'empêcher la pièce verticale de sortir de la position d'équilibre non stable où elle se trouve placée, le degré de résistance qu'on doit leur procurer ne peut, en général, être évalué avec exactitude.

522. On peut aussi supporter un poids au moyen d'une seule pièce verticale, en suspendant ce poids à quelque distance de l'axe de la pièce. C'est ce qu'on est obligé de faire quand il s'agit, non-seulement de supporter le poids, mais de le soulever. On a traité dans le n° 406 le cas où la pièce est encastrée à l'extrémité inférieure, et où le poids est simplement supporté. Quand on veut élever le poids, on place ordinairement une poulie en C (Fig. 103), une autre en D, et l'on agit sur la corde en F. La pièce AB est alors sollicitée, non-seulement par le poids Π, mais par la tension de la corde DF. Si les distances BC, CD, étaient égales, et si les tensions

des cordes CΠ, DF ne différaient pas l'une de l'autre, la pièce AB se trouverait dans le même cas que si l'extrémité supérieure B était chargée d'un poids égal à la somme de ces tensions. Dans la réalité, la tension de la corde DF surpasse celle de la corde CΠ, et la pièce AB est sollicitée à plier du côté de la première. On doit prendre la résultante des deux tensions, et appliquer les résultats des nos 406 et suivans, en mettant cette résultante à la place de la force désignée par Π dans ces numéros, et en remplaçant la distance désignée par l par la distance de la direction de la résultante à l'axe de la pièce.

La stabilité de l'équilibre tient uniquement ici à la résistance de la pièce à la flexion, et le déplacement de l'extrémité supérieure augmente le bras de levier des forces qui la sollicitent. Il est absolument nécessaire de maintenir cette extrémité par des cordages. Mais, aussi bien que dans le cas précédent, le degré de résistance de ces cordages ne peut pas être évalué exactement d'avance.

523. Les appareils de ce genre sont quelquefois disposés de manière que l'on agit sur la corde DF (Fig. 104) au moyen d'un treuil fixé en E à la pièce AB, et près de l'extrémité inférieure de cette pièce. Dans ce cas les deux parties AE, BE se trouvent dans des états d'équilibre différens. La partie AE est uniquement sollicitée à fléchir par l'action du poids Π, et on peut lui appliquer les résultats des nos 406 et suivans. La partie BE est soumise à l'action du poids Π et de la tension de la corde DF. On peut, en négligeant la flexion de la partie AE, appliquer à la partie BE ce qui a été dit dans le numéro précédent.

524. Dans l'appareil représenté fig. 105, la pièce horizontale BB', chargée au milieu C du poids Π, est dans l'état

d'équilibre considéré dans les nos 356 et 357. Les pièces verticales AB, A'B' supportent chacune la moitié du poids Π, et sont dans les états d'équilibre considérés dans les nos 383 ou 389, suivant que les extrémités inférieures de ces pièces sont simplement supportées, ou sont encastrées dans leurs appuis. Abstraction faite de la résistance des assemblages aux points B et B', l'équilibre n'est pas stable, et on doit maintenir l'appareil par des pièces inclinées ou par des cordages.

Si le poids Π n'était pas simplement suspendu au point C, mais devait être élevé au moyen d'une corde passant dans une ou plusieurs poulies fixes attachées à ce point, il est évident qu'il faudrait regarder le point C comme étant chargé du poids Π augmenté de la tension de la corde sur laquelle on agirait pour soulever ce poids.

525. L'appareil représenté fig. 106, si la pièce horizontale BB'' était formée de deux parties séparées par un joint placé en B', présenterait simplement la réunion de deux systèmes semblables à celui que l'on vient de considérer. Les pièces verticales AB, A''B'' supporteraient chacune la moitié de l'un des poids Π, que l'on suppose égaux, et la pièce A'B' supporterait un effort égal à l'un de ces poids. Mais si la poutre horizontale BB'' est d'une seule pièce, chacune des moitiés BB', B'B'' résiste comme une pièce horizontale encastrée à une extrémité et supportée à l'autre. Par conséquent en regardant les pièces AB, A'B', A''B'' comme des appuis inflexibles, on appliquera ici les résultats obtenus dans les nos 366 et suivans, résultats qui s'accordent avec ceux de la solution exposée dans les nos 375 et suivans. On en conclura que l'effort vertical supporté par chacune des pièces extrêmes AB, A''B'' est égal à $\frac{5}{16}\Pi$, et par conséquent que

l'effort supporté par la pièce intermédiaire A′B′ est égal à $\frac{22}{16}\Pi$. L'effet de la liaison des deux parties de la pièce BB″ est donc d'augmenter sensiblement la charge du poteau A′B′, en diminuant celle des deux autres.

526. Considérons encore l'appareil représenté fig. 107, où la poutre horizontale BB‴, chargée des trois poids égaux Π, supportée par quatre pièces verticales également espacées, est supposée d'une seule pièce. Si l'on regarde les pièces verticales comme des appuis inflexibles, on peut apprécier la résistance que doit présenter la pièce BB‴, et les efforts exercés sur chacune des pièces verticales, au moyen d'un calcul semblable à celui des n°s 371 et suivans. En effet, l'une des moitiés BC′ de la poutre peut être regardée comme une pièce encastrée horizontalement à l'extrémité C′, et sollicitée par trois forces verticales, agissant de bas en haut aux points B, B′, et de haut en bas au point C. Nous remarquerons d'abord que dans la pièce AMM′ (Fig. 49), considérée n° 371, on aurait pour la troisième partie M′M″ de cette pièce, en conservant les dénominations indiquées dans ce numéro, et déterminant les constantes de manière que, pour $x = a'$, les valeurs de $\frac{dy}{dx}$ et y fussent égales aux valeurs données par les équations appartenant à la partie MM′, les équations suivantes :

$$\varepsilon \frac{d^2y}{dx^2} = \Pi''(a'' - x),$$

$$\varepsilon \frac{dy}{dx} = \Pi \tfrac{1}{2}a^2 - \Pi' \tfrac{1}{2}a'^2 + \Pi''(a''x - \tfrac{1}{2}x^2),$$

$$\varepsilon y = \Pi(\tfrac{1}{2}a^2x - \tfrac{1}{6}a^3) - \Pi'(\tfrac{1}{2}a'^2x - \tfrac{1}{6}a'^3) + \Pi''(\tfrac{1}{2}a''x^2 - \tfrac{1}{6}x^3).$$

Appliquons maintenant ces équations, aussi bien que celles qui ont été données dans les numéros cités, à la moitié BC′ (Fig. 107) de la pièce BB‴. Désignant par

a la moitié de l'un des intervalles égaux BB′, B′B″;
Q l'effort exercé sur le poteau AB;
Q′ l'effort exercé sur le poteau A′B′;

les équations conviendront au cas dont il s'agit en écrivant Q′ au lieu de Π, Π au lieu de Π′, Q au lieu de Π″, $2a$ et $3a$ au lieu de a' et a''. Par conséquent on aura respectivement pour les parties B′C′, CB′ et BC, les équations

$$\varepsilon y = Q'\left(\tfrac{1}{2}ax^2 - \tfrac{1}{6}x^3\right) - \Pi\left(ax^2 - \tfrac{1}{6}x^3\right) + Q\left(\tfrac{3}{2}ax^2 - \tfrac{1}{6}x^3\right),$$
$$\varepsilon y = Q'\left(\tfrac{1}{2}a^2x - \tfrac{1}{6}a^3\right) - \Pi\left(ax^2 - \tfrac{1}{6}x^3\right) + Q\left(\tfrac{3}{2}ax^2 - \tfrac{1}{6}x^3\right),$$
$$\varepsilon y = Q'\left(\tfrac{1}{2}a^2x - \tfrac{1}{6}a^3\right) - \Pi\left(2a^2x - \tfrac{4}{3}a^3\right) + Q\left(\tfrac{3}{2}ax^2 - \tfrac{1}{6}x^3\right).$$

On en déduit, en faisant successivement $x = a$, $x = 2a$, $x = 3a$, pour les ordonnées des points B′, C et B comptées à partir de la ligne horizontale passant par le point C′,

$$\varepsilon y = (2Q' - 5\Pi + 8Q)\tfrac{1}{6}a^3,$$
$$\varepsilon y = (5Q' - 16\Pi + 28Q)\tfrac{1}{6}a^3,$$
$$\varepsilon y = (8Q' - 28\Pi + 54Q)\tfrac{1}{6}a^3.$$

Les ordonnées des points B et B′ devant être égales entre elles, on a

$$6Q' - 23\Pi + 46Q = 0.$$

Les conditions de l'équilibre entre les poids Π et les efforts exercés sur les poteaux donnent de plus

$$2Q' - 3\Pi + 2Q = 0.$$

On déduit de ces deux équations $Q = \frac{7}{20}\Pi$ pour l'effort exercé sur les poteaux extrêmes AB, A‴B‴; et $Q' = \frac{23}{20}\Pi$ pour les efforts exercés sur les poteaux intermédiaires A′B′ et A″B″. L'effet de la liaison des parties de la pièce BB‴ est encore ici d'augmenter la charge des poteaux intermédiaires, en diminuant celle des poteaux extrêmes.

527. Quant au degré de résistance que doit présenter la pièce BB‴, on remarquera que l'on a respectivement pour les parties B′C′, B′C et CB de cette pièce,

$$\varepsilon \frac{d^2y}{dx^2} = Q'(a-x) - \Pi(2a-x) + Q(3a-x),$$

$$\varepsilon \frac{d^2y}{dx^2} = -\Pi(2a-x) + Q(3a-x),$$

$$\varepsilon \frac{d^2y}{dx^2} = Q(3a-x);$$

ou, en remplaçant Q et Q′ par les valeurs qui viennent d'être obtenues,

$$\varepsilon \frac{d^2y}{dx^2} = \frac{\Pi}{20}(4a-10x),$$

$$\varepsilon \frac{d^2y}{dx^2} = \frac{\Pi}{20}(-19a+13x),$$

$$\varepsilon \frac{d^2y}{dx^2} = \frac{\Pi}{20}(21a-7x).$$

Les points de maxima pour la courbure sont C, B′ et C′ : elle est la plus grande dans le premier, où l'on a $\varepsilon \frac{d^2y}{dx^2} = \Pi \frac{7a}{20}$, et où la pièce tend à se rompre. Les conditions de la rupture de cette pièce sont donc exprimées, conformément au n° 358, par l'équation

$$\rho = \Pi \frac{7a}{20}.$$

On regarde ici les pièces verticales comme des appuis inflexibles. La question serait différente, et plus compliquée, si ces pièces étaient supposées flexibles ou compressibles. Mais il n'est pas nécessaire pour les applications de traiter la question de cette manière, et on n'aura point d'erreur dangereuse à craindre, en donnant aux pièces verticales des résistances proportionnées aux efforts dont les valeurs ont été trouvées ci-dessus.

528. On peut soutenir un poids au moyen d'une seule pièce inclinée, lorsque l'extrémité inférieure de cette pièce est encastrée. On a traité ce cas d'équilibre dans les n°s 412 et suivans. La fig. 108 représente un poids Π soutenu par deux pièces inclinées, dont on suppose les extrémités inférieures simplement supportées sur des appuis. En désignant par α, β les angles que les pièces AC, BC forment avec la corde verticale CΠ, les efforts résultant dans les directions des deux pièces de l'action du poids Π, sont exprimés respectivement par

$$\Pi\frac{\sin.\beta}{\sin.(\alpha+\beta)},\quad \Pi\frac{\sin.\alpha}{\sin.(\alpha+\beta)}.$$

Ces pièces s'appuient l'une contre l'autre en C, et la pression horizontale qui a lieu dans ce point est

$$\Pi\frac{\sin.\alpha.\sin.\beta}{\sin.(\alpha+\beta)}.$$

Elles tendent à s'écarter l'une de l'autre en A et B, et cette même expression représente la pression horizontale qu'elles exercent contre les appuis qui les retiennent, ou la tension d'un lien AB, par le moyen duquel ces pièces seraient maintenues.

529. Si les deux pièces AC, BC forment avec la verticale des angles égaux désignés par α, les efforts exercés dans la direction de ces pièces sont exprimés par

$$\frac{\Pi}{2\cos.\alpha},$$

et la pression horizontale par

$$\frac{1}{2}\Pi \text{ tang. } \alpha.$$

Dans les appareils dont il s'agit, les pièces inclinées sont dans l'état d'équilibre considéré n° 383, les efforts exercés dans la direction de ces pièces remplaçant la force désignée par Q dans ce numéro.

530. Dans l'appareil représenté fig. 109, la pièce AC est comprimée, et la pièce BC est étendue. La pression exercée suivant AC doit être la résultante des tensions des cordes BC et CΠ. Par conséquent, α et 6 désignant les angles formés par AC et BC avec la corde verticale CΠ, on aura respectivement

$$\Pi \frac{\sin. 6}{\sin. (6-\alpha)} \quad \text{et} \quad \Pi \frac{\sin. \alpha}{\sin. (6-\alpha)}$$

pour la pression exercée suivant AC, et pour la tension de la corde BC. La pièce AC tend à glisser en A sur son appui, et la pression horizontale qu'elle exerce contre l'obstacle qui doit la retenir est

$$\Pi \frac{\sin. \alpha. \sin. 6}{\sin. (6-\alpha)}.$$

Les appareils que l'on vient de considérer présentent un équilibre stable, quant aux *déplacemens qui pourraient avoir lieu dans le plan vertical qui contient les* pièces inclinées, et la corde à laquelle le poids est suspendu; mais il est nécessaire de les maintenir dans ce plan par des cordages.

531. Pour donner plus de stabilité au système, on remplace la pièce unique AC par deux pièces inclinées aC, $a'C$ (Fig. 110), ce qui forme l'appareil connu sous le nom de *chèvre*. La ligne AC étant l'intersection du plan vertical qui contient les cordes BC, CΠ avec le

plan aCa', qui est perpendiculaire au premier, on désignera par α, β les angles $BC\Pi$, $AC\Pi$, et par γ les angles égaux aCA, $a'Ca$. L'action du poids Π produira dans le sens de chacune des pièces aC, $a'C$ une pression exprimée par

$$\Pi \frac{\sin.\beta}{\sin.(\beta-\alpha).\ 2\cos.\gamma}.$$

La force avec laquelle le lien aa' est tendu est

$$\Pi \frac{\sin.\beta.\ \text{tang}.\gamma}{2\sin.(\beta-\alpha)}.$$

La tension de la corde BC, et la force horizontale avec laquelle les extrémités inférieures a, a' des pièces inclinées tendent à glisser parallèlement à AB, sont exprimées par les formules données dans le numéro précédent.

532. Si, dans les appareils dont il vient d'être question, le poids Π n'était pas seulement suspendu au point C, *mais soulevé au moyen d'une corde* passant dans une ou plusieurs poulies fixées à ce point, on devrait, pour déterminer les efforts exercés dans la direction des pièces, considérer au lieu du poids Π la résultante de ce poids et de la tension de la corde à laquelle la force serait appliquée. Il faut d'ailleurs distinguer le cas représenté fig. 111, où la corde CD qui soulève le poids Π s'enroule sur un treuil fixé en D, près de l'extrémité inférieure de la pièce AC. Dans ce cas, la partie AD de cette pièce est simplement comprimée avec l'effort résultant de l'action du poids Π, et exprimé par les formules des numéros précédens. La tension de la corde BC conserve également la valeur donnée dans ces numéros. Mais la partie CD de la pièce principale est comprimée dans le sens de sa longueur avec l'effort résultant de l'action du poids Π, augmenté de la tension de la corde CD. L'état

d'équilibre de cette partie CD peut être assimilé sans erreur dangereuse à celui de la pièce considérée n° 383.

533. Lorsqu'un poids est supporté par plus de deux pièces inclinées contenues dans un même plan vertical, ou par plus de trois pièces inclinées non contenues dans un même plan, les conditions de l'équilibre laissent indéterminés, entre certaines limites, les efforts exercés suivant la direction de chacune des pièces. En effet quoique le poids paraisse devoir être soutenu par toutes les pièces, rien n'empêche de supposer qu'il est simplement porté dans le premier cas par deux d'entre elles, et dans le second cas par trois d'entre elles seulement. Parmi ces pièces, celles qui sont comprimées se trouvent dans l'état d'équilibre considéré n° 383; et l'on est conduit, par les résultats de la solution exposée dans ce numéro, à les assimiler à des appuis qui ne cèdent pas, tant que l'effort qu'ils supportent ne dépasse point une limite déterminée. En considérant le système de cette manière, il faut, pour que la construction donne une entière sécurité, que le plus grand effort auquel chaque pièce soit exposée, d'après les divers modes de décomposition du poids qui peuvent avoir lieu, soit au-dessous de la limite dont on vient de parler. Mais il est important de remarquer que la solution du n° 383, qui apprend qu'une pièce comprimée dans le sens de sa longueur ne cède point lorsque l'effort est au-dessous d'une limite donnée, prend uniquement en considération la disposition de la pièce à céder par l'effet d'une flexion. Dans la réalité, la pièce, avant de fléchir, se comprime de plus en plus par l'effet de l'élasticité de sa substance. Il convient d'avoir égard à cette circonstance, dans les questions dont il s'agit, et alors il n'y a plus rien d'indéterminé dans la manière dont l'action du poids se distribue sur les appuis.

Pour en donner un exemple, on supposera le poids Π (Fig. 112) supporté par les trois pièces inclinées AC, A'C, A''C contenues dans le même plan vertical, et l'on nommera

$\alpha, \alpha', \alpha''$ les angles formés par la direction des trois pièces avec la corde verticale $C\Pi$;

p, p', p'' les efforts exercés, par suite de l'action du poids Π, dans la direction de chacune des pièces;

F, F', F'' les forces d'élasticité des trois pièces;

a la hauteur du point C au-dessus de la ligne horizontale AA'';

h, f les quantités dont le point C se déplace horizontalement et verticalement, par l'effet de la compression simultanée des trois pièces.

(En désignant par F la force d'élasticité de la pièce AC, on entend qu'il faudrait un poids égal à F pour allonger ou accourcir cette pièce d'une *quantité égale* à sa longueur actuelle, et ainsi des autres.)

Cela posé, les conditions de l'équilibre entre le poids Π et les trois pressions exercées suivant les pièces donneront d'abord

$$p\cos.\alpha + p'\cos.\alpha' + p''\cos.\alpha'' = \Pi,$$
$$p\sin.\alpha + p'\sin.\alpha' + p''\sin.\alpha'' = 0.$$

De plus, le déplacement du point C étant supposé très-petit, les quantités dont les pièces AC, A'C, A''C se trouvent comprimées seront, à fort peu près, $f\cos.\alpha - h\sin.\alpha$, $f\cos.\alpha' - h\sin.\alpha'$, $f\cos.\alpha'' - h\sin.\alpha''$; et comme les longueurs de ces pièces sont respectivement $\frac{a}{\cos.\alpha}$, $\frac{a}{\cos.\alpha'}$, $\frac{a''}{\cos.\alpha''}$, on aura

$$\frac{f\cos.^2\alpha - h\sin.\alpha\cos.\alpha}{a}, \quad \frac{f\cos.^2\alpha' - h\sin.\alpha'\cos.\alpha'}{a},$$
$$\frac{f\cos.^2\alpha'' - h\sin.\alpha''\cos.\alpha''}{a},$$

pour les fractions de ces longueurs représentant leurs accourcissemens respectifs. On en conclut les trois équations

$$p = \mathrm{F}\,.\frac{f\cos.^2\alpha - h\sin.\alpha\cos.\alpha}{a},$$

$$p' = \mathrm{F}'\,.\frac{f\cos.^2\alpha' - h\sin.\alpha'\cos.\alpha'}{a},$$

$$p'' = \mathrm{F}''\,.\frac{f\cos.^2\alpha'' - h\sin.\alpha''\cos.\alpha''}{a},$$

qui, réunies avec les deux précédentes, donneront les valeurs des déplacemens h et f, et des efforts p, p' et p''.

534. Supposons, par exemple, les forces d'élasticité des trois pièces égales entre elles, la pièce intermédiaire A'C verticale, et les angles α, α'' égaux à 45°. Le déplacement horizontal h du point C sera nul, et l'on pourra supprimer la seconde des deux équations d'équilibre. On aura $\cos.\alpha' = 1$, $\cos.\alpha = \cos.\alpha'' = \frac{1}{\sqrt{2}}$, et

$$f = \frac{\sqrt{2}.\Pi a}{\mathrm{F}(1+\sqrt{2})},\ p = p'' = \frac{\Pi}{\sqrt{2}(1+\sqrt{2})},\ p' = \frac{\sqrt{2}.\Pi}{1+\sqrt{2}};$$

l'effort supporté par la pièce verticale est double des efforts supportés par les deux autres.

535. Si les trois pièces étaient placées d'un même côté par rapport à la corde verticale CΠ (Fig. 112), la première AC serait seule comprimée, et les deux autres seraient étendues. Les équations du numéro 533 conviendraient également à ce cas, en y changeant les signes de p' et p''.

536. Dans l'appareil représenté fig. 113, où les pièces inclinées AB, A'B', contenues dans un même plan ver-

tical avec la corde CΠ, supportent le poids Π au moyen de la pièce horizontale BB', il est nécessaire pour que le système soit en équilibre, abstraction faite de la résistance des assemblages, que les pièces AB, A'B' soient également inclinées. α étant l'angle qu'elles forment avec la verticale, ces pièces sont comprimées suivant leur longueur avec la force $\frac{\Pi}{2 \cos. \alpha}$, et sont dans le même état d'équilibre que la pièce considérée n° 383. Les extrémités A, A' tendent à s'écarter l'une de l'autre avec une force horizontale exprimée par $\frac{1}{2}\,\Pi$ tang. α.

Quant à la pièce horizontale BB', chaque moitié BC ou B'C' est dans le même cas que si elle était encastrée horizontalement en C, et sollicitée à l'extrémité B ou B' par la force dirigée suivant AB ou A'B'. Ces moitiés se trouvent donc dans le même état d'équilibre que la pièce considérée n° 412, les forces désignées par P, Q, Π dans ce numéro étant ici respectivement $\frac{1}{2}\Pi$, $\frac{1}{2}\,\Pi$ tang. α, et $\frac{\Pi}{2 \cos. \alpha}$.

537. On a considéré n° 528 le cas d'un poids Π soutenu par deux pièces inclinées, et l'on a remarqué la nécessité de retenir les extrémités inférieures de ces pièces, qui tendent à s'écarter l'une de l'autre. On peut aussi former un appareil du même genre, en laissant les extrémités A, B (Fig. 114) libres de glisser sur le plan horizontal qui les supporte, et en plaçant à une certaine hauteur un lien horizontal EF.

Nommons

α l'angle formée par les pièces AC, BC avec la corde verticale CΠ;

a la longueur des parties CE, CF;

a' la longueur des parties AE, BF.

Les points d'appui A et B supportent chacun un effort vertical égal à $\frac{\Pi}{2}$. Chaque pièce AC, BC peut être regardée comme sollicitée par cet effort à tourner autour de son extrémité supérieure, et il doit s'établir dans le lien EF la tension nécessaire pour prévenir ce mouvement. Cette tension est donc déterminée par la condition que son moment, pris par rapport au point C, soit égal au moment de l'effort vertical $\frac{\Pi}{2}$ agissant en A ou en B, pris par rapport au même point. Par conséquent la valeur de la tension dont il s'agit est

$$\Pi \frac{a+a'}{2a} \text{tang.} \alpha ;$$

et cette formule représente aussi la pression horizontale qu'exercent l'une contre l'autre en C les deux pièces CA, CB. On voit d'après cela que les parties de ces pièces sont dans le même cas que la pièce considérée dans les nos 412 et suivans. La partie AE doit être regardée comme encastrée en E, et sollicitée en A par l'effort vertical $\frac{\Pi}{2}$ qui tend à la contracter. La partie CE doit également être regardée comme encastrée en E, et sollicitée en A par l'effort vertical $\frac{\Pi}{2}$ et par l'effort horizontal $\Pi \frac{a+a'}{2a}$ tang. α qui tendent tous deux à la contracter.

538. On peut supposer que dans le système considéré n° 528, et représenté fig. 108, on place, outre le lien AB, un autre lien horizontal EF, comme l'indique la fig. 114. Dans ce cas l'effort horizontal $\frac{1}{2}\Pi$ tang. α,

avec lequel les pièces tendent à s'écarter l'une de l'autre, est encore entièrement supporté par les obstacles placés en A et B, ou par le lien AB. On doit assimiler la pièce AC à celle que l'on a considérée n° 383, mais en admettant qu'un des points de cette pièce a été rendu fixe. Il résulte de l'analyse exposée dans ce numéro, où les pièces sont regardées comme des verges flexibles et non compressibles, que si le point fixe E est placé à l'un des points de division de la pièce en 2, 3, etc. parties égales, la valeur de l'effort capable de faire fléchir cette pièce deviendra 4 fois, 9 fois, etc. plus grande que s'il n'existait aucun point fixe. On doit d'ailleurs avoir égard aux notions exposées n° 403, pour apprécier le plus grand effort auquel la pièce puisse être exposée.

Le lien EF, placé dans un des points de division de la pièce AC en parties égales, ne supporte aucune tension longitudinale. En effet, quoique l'existence d'un point fixe placé de cette manière détermine dans cette pièce un mode de flexion particulier, aucun effort n'est exercé sur ce point.

Les remarques qui viennent d'être faites peuvent être appliquées à l'appareil considéré n° 536, et représenté figure 113, si l'on suppose qu'un lien horizontal soit placé à une certaine hauteur entre les pièces AB, A'B'.

539. L'appareil représenté figure 115 est formé du poids Π, suspendu à l'extrémité C de la pièce horizontale BC, qui est consolidée par la contrefiche AD. Les points A, B sont fixes, mais on suppose les pièces libres de tourner sur ces points. On nommera :

l, l' les distances BD, CD ;

α l'angle BAD.

Le point fixe B soutient de bas en haut un effort vertical $\Pi \frac{l'}{l}$ qui fait équilibre au poids Π autour du point D. Le point D est chargé de la somme du poids Π et de cet effort, qui est $\Pi \frac{l+l'}{l}$. Cette charge devant être supportée par la pièce AD, il s'établit dans le sens de cette pièce la pression $\Pi \frac{l+l'}{l.\cos.\alpha}$, et en même temps dans la direction BD la tension $\Pi \frac{l+l'}{l}$ tang. α, qui est détruite par la résistance du point fixe B. Par conséquent, pour s'assurer que l'appareil est suffisamment fort pour porter le poids Π, il faut d'abord examiner si la contrefiche AD, assimilée à la pièce considérée n° 383, peut supporter la pression longitudinale $\Pi \frac{l+l'}{l \cos.\alpha}$. La pièce BC doit ensuite être regardée comme étant assujettie à passer en B et D dans des points fixes, comme étant tendue dans la partie BD par la force $\Pi \frac{l+l'}{l}$ tang. α, et sollicitée à rompre en D par une force dont le moment est $\Pi l'$, et qui tend à produire en ce point une courbure dont le rayon a pour valeur inverse $\frac{\Pi l'}{\varepsilon}$. D'après cela, si, comme au n° 387, on veut que le plus grand effort exercé sur l'unité de surface ne dépasse pas R', on posera l'équation

$$\frac{R'}{E} = \Pi \left(\frac{(l+l') \text{ tang. } \alpha}{E\omega . l} + \frac{v' l'}{\varepsilon} \right);$$

qui devient, lorsque la section transversale est un rectangle dont b et c représentent la largeur et la hauteur,

$$R' = \frac{\Pi}{b c^2} \left(\frac{c (l+l') \text{ tang. } \alpha}{l} + 6 l' \right).$$

et qui donnera la plus grande valeur du poids Π dont on puisse charger l'appareil.

540. On supposera maintenant que la pièce horizontale BC, et la contrefiche DE (Fig. 116) sont assemblées avec une pièce verticale AB, encastrée à l'extrémité inférieure A. Ce qui a été dit ci-dessus pourra s'appliquer aux pièces BC, DE. Quant à la pièce AB, elle est sollicitée en E par la force $\Pi \frac{l+l'}{l \cos. \alpha}$ dirigée suivant DE, et équivalente à une force horizontale $\Pi \frac{l+l'}{l} \text{tang.} \alpha$, et une force verticale $\Pi \frac{l+l'}{l}$. La même pièce est sollicitée, en B, par la force horizontale $\Pi \frac{l+l'}{l} \text{tang.} \alpha$ dirigée dans le sens BD, et par la force verticale $\Pi \frac{l'}{l}$ dirigée de bas en haut. Pour plus de simplicité, on supposera la courbure de la pièce AB extrêmement petite, en sorte que l'on puisse négliger les déplacemens des points B, E par rapport aux longueurs des parties de la pièce (ce que l'on peut faire dans les cas ordinaires des applications). On verra alors 1° que cette pièce, comprimée longitudinalement dans l'intervalle AE par l'effort Π, est sollicitée à rompre en un point quelconque de cet intervalle par une force dont le moment est $\Pi (l+l')$, et qui tend par conséquent à produire une courbure dont le rayon a pour valeur inverse $\frac{\Pi (l+l')}{\varepsilon}$. La limite des valeurs de Π, pour que les fibres ne supportent pas sur l'unité de surface une pression dépassant R', sera donc, conformément à ce qu'on a vu n° 387, donnée par l'équation

$$R' = \Pi \left(\frac{1}{E\omega} + \frac{v'(l+l')}{\varepsilon} \right),$$

qui devient, lorsque la section de la pièce est rectangulaire,

$$R' = \frac{\Pi}{bc^2}\left[c + 6(l + l')\right].$$

2° Que la même pièce AB, tendue longitudinalement dans l'intervalle BE par l'effort $\Pi\frac{l'}{l}$, est sollicitée à rompre en E par une force dont le moment est $\Pi(l+l')$. La limite des valeurs de Π, pour que les fibres ne supportent pas en ce point sur l'unité de surface une tension dépassant R', sera donc donnée par l'équation

$$\frac{R'}{E} = \Pi\left(\frac{l'}{E\omega . l} + \frac{\nu'(l+l')}{\varepsilon}\right),$$

qui devient lorsque la section de la pièce est rectangulaire

$$R' = \frac{\Pi}{bc^2}\left\{\frac{cl'}{l} + 6(l+l')\right\};$$

Si le point D est au milieu de BC, la pièce AB tend également à rompre dans un point quelconque de l'intervalle AE, et en E. La pièce tend à rompre dans l'intervalle AE plutôt qu'en E si BD est <CD. L'état d'équilibre de la pièce ne dépend pas de l'inclinaison de la contrefiche DE.

541. Par suite de la courbure qu'affecte la pièce, et dont les formules précédentes ne tiennent point de compte, les valeurs du poids Π données par ces formules seront un peu trop grandes; et la pièce tend à rompre en A plutôt qu'en tout autre point de l'intervalle AE. D'après cela nous examinerons d'une manière complète l'état d'équilibre de la pièce verticale AB. Nous désignerons par

a la longueur de la partie AE;

a' la longueur de la partie BE;

x, y l'abscisse verticale et l'ordonnée horizontale de la courbe affectée par l'axe de la pièce, ces coordonnées étant comptées du point A.

f l'ordonnée du point E;

f' l'ordonnée du point extrême B.

En remarquant que $a' = \frac{l}{\text{tang.}\,\alpha}$, on voit d'après ce qui précède que la pièce AB est sollicitée 1° en E par la force $\Pi \frac{l+l'}{a'}$ agissant horizontalement de droite à gauche, et par la force $\Pi \frac{l+l'}{l}$ agissant verticalement de haut en bas; 2° en B par la force $\Pi \frac{l+l'}{a'}$ agissant horizontalement de gauche à droite, et par la force $\Pi \frac{l'}{l}$ agissant verticalement de bas en haut. Par conséquent 1° l'équation exprimant les conditions de l'équilibre de la partie AE de la pièce sera

$$\varepsilon \frac{d^2y}{dx^2} = -\Pi \frac{l+l'}{a'}(a-x) + \Pi \frac{l+l'}{l}(f-y)$$
$$+ \Pi \frac{l+l'}{a'}(a+a'-x) - \Pi \frac{l'}{l}(f'-y),$$

ou bien

$$\frac{d^2y}{dx^2} = \frac{\Pi}{\varepsilon}\left(l+l'+\frac{(l+l')f-l'f'}{l}-y\right). \qquad (\alpha)$$

2° l'équation exprimant les conditions de l'équilibre de la partie BE sera

$$\frac{d^2y}{dx^2} = \frac{\Pi}{\varepsilon}\left(\frac{l+l'}{a'}(a+a'-x) - \frac{l'}{l}(f'-y)\right). \qquad (6)$$

En opérant comme dans le n° 406, on a pour l'intégrale de l'équation (α), ou pour l'équation de la courbe affectée par la partie AE de la pièce,

$$y=\left\{l+l'+\frac{(l+l')f-l'f'}{l}\right\}\left\{1-\cos.x\sqrt{\frac{\Pi}{\varepsilon}}\right\}. \quad (\gamma)$$

Appelons φ l'inclinaison de la tangente de la courbe dans le point qui répond au point E : cette équation devra donner, quand $x=a$, $y=f$ et $\frac{dy}{dx}=\text{tang.}\,\varphi$. Donc

$$f=\left\{l+l'+\frac{(l+l')f-l'f'}{l}\right\}\left\{1-\cos.a\sqrt{\frac{\Pi}{\varepsilon}}\right\},$$

$$\text{tang.}\,\varphi=\left\{l+l'+\frac{(l+l')f-l'f'}{l}\right\}\sqrt{\frac{\Pi}{\varepsilon}}.\sin.a\sqrt{\frac{\Pi}{\varepsilon}}.$$

En opérant également comme dans le n° 415, on a pour l'intégrale de l'équation (6), ou pour l'équation de la courbe affectée par la partie BE de la pièce,

$$f'-y=\text{A}\left(e^{\sqrt{\frac{\Pi l'}{\varepsilon l}}(a+a'-x)}-e^{-\sqrt{\frac{\Pi l'}{\varepsilon l}}(a+a'-x)}\right)$$
$$+\frac{l(l+l')}{a'l'}(a+a'-x), \quad (\delta)$$

A étant un coefficient arbitraire. Cette équation devant donner comme la précédente $y=f$ et $\frac{dy}{dx}=\text{tang.}\,\varphi$ quand $x=a$, il vient

$$f'-f=\text{A}\left(e^{a'\sqrt{\frac{\Pi l'}{\varepsilon l}}}-e^{-a'\sqrt{\frac{\Pi l'}{\varepsilon l}}}\right)+\frac{l(l+l')}{l'},$$

$$\text{tang.}\,\varphi=\text{A}\sqrt{\frac{\Pi l'}{\varepsilon l}}\left(e^{a'\sqrt{\frac{\Pi l'}{\varepsilon l}}}+e^{-a'\sqrt{\frac{\Pi l'}{\varepsilon l}}}\right)+\frac{l(l+l')}{a'l'},$$

Ayant donc quatre équations linéaires entre les quantités f, f', tang. φ et A, on éliminera facilement les deux dernières, et l'on déterminera les valeurs de f et f'. Ces valeurs étant substituées dans les équations (γ) et (δ), on connaîtra les équations des deux parties de la courbe affectée par la pièce.

542. Comme on ne considère ici que des flexions très-petites, il y aura très-peu d'erreur à négliger f et f' dans le second membre des deux premières des quatre équations dont il s'agit, ce qui les réduit à

$$f=(l+l')\left\{1-\cos.a\sqrt{\frac{\Pi}{\varepsilon}}\right\},$$

$$\text{tang.}\ \varphi=(l+l')\sqrt{\frac{\Pi}{\varepsilon}}\sin.a\sqrt{\frac{\Pi}{\varepsilon}};$$

d'où

$$A=(l+l')\frac{\sqrt{\frac{\Pi}{\varepsilon}}.\sin.a\sqrt{\frac{\Pi}{\varepsilon}}-\frac{l}{a'l'}}{\sqrt{\frac{\Pi l'}{\varepsilon l}}\left(e^{a'\sqrt{\frac{\Pi l'}{\varepsilon l}}}+e^{-a'\sqrt{\frac{\Pi l'}{\varepsilon l}}}\right)}.$$

L'équation (γ) donne pour le point A, qui est celui où la courbure est la plus grande dans la partie AE de la pièce,

$$\frac{d^2y}{dx^2}=\frac{\Pi}{\varepsilon}(l+l').$$

L'équation (δ) donne pour le point E, où la courbure est la plus grande dans la partie EB de la pièce,

$$-\frac{d^2y}{dx^2}=A.\frac{\Pi l'}{\varepsilon l}\left(e^{a'\sqrt{\frac{\Pi l'}{\varepsilon l}}}-e^{-a'\sqrt{\frac{\Pi l'}{\varepsilon l}}}\right),$$

ou en mettant pour A la valeur précédente

$$\frac{d^2y}{dx^2}=\sqrt{\frac{\Pi l'}{\varepsilon l}}.(l+l')\left(\frac{l}{a'l'}-\sqrt{\frac{\Pi}{\varepsilon}}\sin.a\sqrt{\frac{\Pi}{\varepsilon}}\right).\frac{e^{a'\sqrt{\frac{\Pi l'}{\varepsilon l}}}-e^{-a'\sqrt{\frac{\Pi l'}{\varepsilon l}}}}{e^{a'\sqrt{\frac{\Pi l'}{\varepsilon l}}}+e^{-a'\sqrt{\frac{\Pi l'}{\varepsilon l}}}}.$$

En multipliant ces expressions par v', elles donneront la plus grande extension subie par les fibres en raison de la courbure, et serviront à déterminer les dimensions qu'il est nécessaire de donner à la pièce pour qu'elle résiste à un effort déterminé, comme on l'a vu dans les articles précédens.

La quantité $\frac{\Pi}{\varepsilon}$ sera fort petite dans la plupart des applications, et l'on pourra réduire la valeur de $\frac{d^2y}{dx^2}$ au point E, en ne négligeant que des quantités de l'ordre de $\frac{\Pi l'}{\varepsilon l}$, à

$$\frac{d^2y}{dx^2} = \frac{\Pi}{\varepsilon}(l+l').$$

Ces derniers résultats s'accordent avec ceux qui ont été présentés n° 540.

543. Quelquefois la pièce AB n'est point encastrée à l'extrémité inférieure : elle est consolidée par une pièce inclinée AF (*Fig.* 117). Dans ce cas, tout ce qui a été dit dans les numéros précédens doit s'appliquer à la partie de l'appareil située au-dessus du point A. Quant à la partie située au-dessous de ce point, supposons d'abord la pièce AF dirigée de manière que le point F soit au delà de la verticale passant par le point de suspension du poids Π. Nommons h la distance AA', φ l'angle A'AF, et désignons toujours par $l+l'$ la distance BC. Le poids Π tend à faire tourner la pièce A'B sur le point A', et le moment de ce poids, pris par rapport au point A', est $\Pi(l+l')$. Il est nécessaire, pour que ce mouvement n'ait pas lieu, que la pièce AF oppose dans le sens de sa longueur une résistance $\Pi\frac{l+l'}{h \sin. \varphi}$. Cette force agit au point A dans la direction FA, et équivaut à une force horizontale $\Pi\frac{l+l'}{h}$, et une force verticale $\Pi\frac{l+l'}{h \text{ tang. } \varphi}$ dirigée de bas en haut. Ainsi 1° la pièce AF doit être assimilée à la pièce con-

sidérée n° 383, la force désignée par Q étant ici $\Pi \frac{l+l'}{h \sin. \varphi}$; 2° la partie AA' de la pièce verticale n'est plus comprimée suivant sa longueur qu'avec la force $\Pi\left(1-\frac{l+l'}{h \text{ tang. } \varphi}\right)$. Mais comme l'effort horizontal $\Pi \frac{l+l'}{h}$ exercé au point A par la pièce AF doit être détruit par un effort égal exercé en sens contraire au point d'appui A', cette partie AA' est dans le même cas qu'une pièce encastrée à une extrémité, et sollicitée à l'autre extrémité par la force $\Pi \frac{l+l'}{h \text{ tang. } \varphi}$ qui tend à la comprimer dans le sens de sa longueur, et par la force $\Pi \frac{l+l'}{h}$ dirigée perpendiculairement à sa longueur.

Si maintenant la pièce inclinée est dirigée de manière que le point F se trouve en deçà de la verticale passant par le point de suspension du poids Π, l'appareil tendra à tourner sur le point F. La force comprimant la pièce AF sera toujours exprimée par $\Pi \frac{l+l'}{h \sin. \varphi}$, et la partie AA' de la pièce verticale sera tendue suivant sa longueur avec la force $\Pi\left(\frac{l+l'}{h \text{ tang. } \varphi}-1\right)$. Il serait nécessaire alors que cette dernière pièce fût attachée en A' à son point d'appui.

544. L'appareil représenté fig. 118 est formé du poids Π suspendu en C au milieu de la pièce horizontale BB', dont les extrémités sont appuyées sur des points fixes, et qui est consolidée par les contrefiches AD, A'D' assemblées avec cette pièce, et appuyées elles-mêmes contre des points fixes en A et A'. La pièce BB' fléchissant sous l'action du poids Π, et les contrefiches se comprimant, l'action du

poids se trouve répartie sur les quatre points fixes. La méthode employée dans diverses questions traitées précédemment pourrait faire connaître les conditions de la flexion et de la rupture de cet appareil. Mais comme, en général, il s'agit moins dans les applications de connaître le poids capable d'opérer la rupture, qu'une limite au-dessus de laquelle ce poids se trouve nécessairement, on peut ici, et dans des cas semblables, éviter de la manière suivante le calcul compliqué auquel on se trouverait conduit.

On distinguera dans l'appareil proposé deux systèmes, dont chacun supporterait seul le poids Π, et dans chacun desquels les conditions de la flexion et de la rupture peuvent être immédiatement connues : savoir 1° la pièce BB′ appuyée sur les points B, B′, abstraction faite des contrefiches; 2° la portion de polygone ADD′A′ appuyée sur les points A, A′, abstraction faite de la liaison de la partie DD′ de la poutre avec les parties BD, B′D′. Chacun de ces systèmes, considéré à part, étant moins fort que l'appareil proposé, on est assuré que le poids qui romprait cet appareil est plus grand que le poids qui romprait le plus fort des deux systèmes.

Si la pièce BB′, appuyée sur les points B, B′, supportait seule le poids Π, la valeur de ce poids, déterminée par la condition qu'il n'obligeât point cette pièce à rompre en C, devrait être évaluée d'après le n° 122.

Si le système ADD′A′ supportait seul le poids Π, et qu'aucun effort ne fût exercé sur les points B, B′, on se trouverait dans le cas du n° 536. Par conséquent, désignant par α l'angle BAD, 1° pour que le poids Π n'obligeât point la pièce DD′ à rompre en C, ce poids devrait être déterminé par les équations des nos 413 ou 414, où a représenterait la distance CD, et où l'on mettrait $\frac{1}{2}\Pi$ et

$\frac{1}{2}\Pi$ tang. α à la place de P et Q; 2° pour que les contrefiches résistassent au même poids, il devrait être déterminé conformément aux nos 383 et 403, en prenant $\frac{\Pi}{2\cos.\alpha}$ pour l'effort exercé suivant la longueur de ces pièces.

Dans les applications, l'équation du n° 414 différera généralement fort peu de $R' = \frac{1}{bc^2}(Qc + 6Pa)$; ou, en remplaçant P, Q par les valeurs précédentes,

$$R' = \frac{\Pi}{2.bc^2}(c\ \text{tang.}\ \alpha + 6a).$$

D'un autre côté, nommant a' la distance BD, on déduirait du n° 122, en considérant l'équilibre de la pièce BB' soutenue sur les points B, B',

$$R' = \frac{\Pi.6(a + a')}{2.bc^2}.$$

Par conséquent, quand il s'agit d'une pièce rectangulaire, il suffit, pour que le système ADD'A' soit plus fort que la pièce BB', que tang. α soit $< \frac{6a'}{c}$; en supposant d'ailleurs aux contrefiches AD, A'D' une résistance suffisante.

545. On supposera maintenant la pièce horizontale BB' et les contrefiches DE, D'E' (Fig. 119) assemblées aux deux pièces verticales AB, A'B'. Si dans cet appareil les extrémités inférieures A, A' de ces pièces étaient simplement supportées, et pouvaient glisser librement sur leurs appuis, les contrefiches donneraient de la stabilité à l'équilibre du système, mais n'en augmenteraient pas la force, et la pièce horizontale BB' serait sollicitée à rompre en C de la même manière que si les contrefiches n'existaient pas. En effet cette pièce est également sollicitée

dans les deux cas à rompre en C par la force $\frac{1}{2}\Pi$, agissant de bas en haut au point A avec le bras de levier BC.

546. Si l'on suppose au contraire, dans l'appareil représenté fig. 119, que les extrémités inférieures A, A' des poteaux sont fixes, les efforts exercés sur ces points pourront être supposés dirigés obliquement, ce qui diminuera l'action qui tend à rompre en C la pièce BB'. On pourra appliquer à cet appareil le principe employé n° 544, en y distinguant deux systèmes, dont chacun pourrait seul supporter le poids Π; savoir 1° la pièce BB' soutenue seulement par les poteaux AB, A'B'; et 2° la portion de polygone EDD'E' appuyée en E, E' contre ces mêmes poteaux.

Pour que le premier système soutienne le poids Π, il faut que ce poids ne puisse rompre la pièce BB' supportée à ses extrémités; et de plus que les pièces AB, A'B' résistent chacune à une pression longitudinale $\frac{1}{2}\Pi$.

Pour que le second système supporte le même poids, il faut en premier lieu que la portion de pièce DD' et les contrefiches DE, D'E' aient la force suffisante, conformément à ce qu'on a vu n° 544. On remarquera ensuite qu'il s'exerce en E dans la direction DE un effort $\frac{\Pi}{2\cos.\alpha}$, équivalent à une force horizontale $\frac{\Pi \tang.\alpha}{2}$ et une force verticale $\frac{\Pi}{2}$. La force verticale est transmise au point d'appui A. La force horizontale se décompose en deux autres, appliquées aux points A et B. En nommant h, h' les distances AE, BE, on a $\frac{\Pi h' \tang.\alpha}{2(h+h')}$ pour la composante appliquée en A, qui est détruite par la résistance du point d'appui; et $\frac{\Pi h \tang.\alpha}{2(h+h')}$ pour la composante appliquée en B, qui produit une tension dans la portion de pièce BD. Par conséquent il faut en second lieu que les portions de pièce BD, B′D′ puissent résister à la tension longitudinale $\frac{\Pi h \,\text{tang.}\,\alpha}{2(h+h')}$. Troisièmement enfin, quant aux pièces verticales AB, A′B′, on peut regarder la pièce AB comme étant maintenue fixement au point E, et sollicitée à l'extrémité A par une force verticale $\frac{\Pi}{2}$, et une force horizontale dont le moment, pour faire fléchir la pièce en E, est $\frac{\Pi h h' \,\text{tang.}\,\alpha}{2(h+h')}$. Le moment de la force horizontale agissant à l'extrémité B pour faire fléchir la pièce au même point E, a la même valeur. Par conséquent en négligeant, comme on l'a fait dans le n° 540, la considération de la courbure des pièces, et en se conformant au n° 387, la limite des valeurs de Π, pour que les fibres des pièces verticales AB, A′B′ ne supportent pas sur l'unité de surface, aux points de rupture E, E′, des pressions surpassant R′, sera donnée par l'équation

$$\frac{R'}{E}=\frac{\Pi}{2}\left(\frac{1}{E\omega}+\frac{v'.hh' \,\text{tang.}\,\alpha}{\varepsilon(h+h')}\right);$$

qui devient, lorsque la section transversale est rectangulaire,

$$R'=\frac{\Pi}{2bc^2}\left(c+\frac{6.hh' \,\text{tang.}\,\alpha}{h+h'}\right).$$

Ces formules, à raison de la courbure affectée par les pièces, donneront pour Π une valeur trop grande, mais différant très-peu de la véritable, dans les cas ordinaires des applications.

Le poids Π déterminé par la condition qu'il puisse être supporté par l'un ou l'autre des systèmes dont il vient d'être question, sera supporté, à plus forte raison, par l'appareil proposé.

De l'équilibre des grues.

547. On distingue deux espèces de grues : 1° celles dont l'axe est fixé dans le sol ou contre un mur, et ne peut être déplacé; 2° les grues mobiles qui sont supportées par le sol, et peuvent être transportées d'un lieu à un autre.

La figure 120 représente une grue de la première espèce, formée seulement de l'arbre AB, et de la pièce inclinée DC, assemblée à cet arbre de manière que l'angle des deux pièces ne puisse changer. L'arbre tourne à l'extrémité inférieure sur un pivot, et il est maintenu en A par un collier. La corde qui soulève le poids Π passe en C et en B sur des poulies, et s'enroule en E sur l'axe d'un treuil fixé à l'arbre AB. La tension R de la partie CB de la corde peut être un peu plus grande, ou plus petite que le poids Π, suivant que ce poids est soulevé par une poulie simple ou par un palan. Nous indiquerons par S la résultante du poids Π et de la tension R de la portion CB de la corde. La pièce CD doit être regardée comme encastrée en D, et soumise en C à l'action de la force S : on doit donc assimiler cette pièce à celle qui a été considérée n° 412, en prenant S pour la force désignée par Π dans ce numéro. En faisant abstraction de la courbure que l'arbre doit affecter, on peut regarder la partie BE de l'arbre comme une pièce encastrée en E, et sollicitée en B par la résultante des tensions des deux portions BC, BE de la corde. La partie DE résiste comme une pièce encastrée en D, et sollicitée en B par la tension R. On doit l'assimiler à la pièce considérée n° 415, en prenant R pour la force désignée par Π dans ce numéro, et DB pour la distance désignée par a. La partie AD résiste comme une pièce encastrée en A, et soumise à l'action du poids Π :

on doit l'assimiler à la pièce considérée n° 406, en mettant pour a et l la distance AD et la distance horizontale du point C au point A. Enfin quant à la partie AA′ de l'arbre, on remarquera qu'il doit s'établir en A′ contre l'appui un effort horizontal, dont le moment, pris par rapport au point A, soit égal au moment du poids Π, pris par rapport au même point. Ainsi la partie AA′ doit être regardée comme encastrée en A, et sollicitée en A′ par l'effort horizontal dont il s'agit, et par l'effort vertical Π qui tend à la comprimer.

La direction de la force S peut différer très-peu de CD, en sorte que l'assemblage en D soit très-peu fatigué. Les grues de cette espèce peuvent donc présenter une assez grande solidité.

548. On peut maintenir l'extrémité C de la pièce CD par le lien BC (Fig. 121), et alors il n'est plus nécessaire que l'assemblage en D rende invariable l'angle BDC. Dans ce cas, prenant la résultante S du poids Π et de la tension R de la portion de corde BC, on décomposera cette force en deux autres, dirigées suivant CD et CB : on connaîtra ainsi la compression exercée suivant CD, et la tension exercée suivant CB. La pièce CD résiste comme celles qui ont été considérées n°s 383 ou 389, suivant que cette pièce est libre ou n'est pas libre de tourner sur le point D. En faisant toujours abstraction de la courbure que l'arbre peut affecter, la partie BE doit être regardée comme encastrée en E, et sollicitée en B par la résultante de la tension de la portion de corde BE, de la tension R de la portion de corde BC, et de la tension du lien BC. La partie DE doit être regardée comme encastrée en D, et sollicitée en B par la tension R de la portion de corde BC, et par la tension du lien BC. La partie

AD et la partie AA′ sont sollicitées à rompre en A de la manière qui a été indiquée ci-dessus.

La pièce CD, qui est toujours comprimée, doit être faite en bois ou en fer fondu. Le lien BC, quand il est tendu, peut être formé simplement par des barres en fer forgé. Si la résultante S était dirigée dans l'angle BCD, les pièces CD, CB seraient toutes deux comprimées, et devraient être également capables de résister à ce genre d'effort.

549. Les grues qui reposent sur le sol, et n'y sont point attachées, doivent être disposées de manière que la verticale contenant le centre de gravité des poids dont elles sont chargées ne sorte jamais de la base, ce qui exige ordinairement l'usage d'un contre-poids.

La figure 122 représente une grue de ce genre portée sur un chariot circulaire, ce qui permet de supprimer l'arbre. On réglera la force des pièces CD et CD′ d'après le n° 532.

550. La figure 123 représente une grue dans laquelle l'arbre est supporté en A sur un pivot, et maintenu en a par un collier ; cet arbre peut tourner. Tout le poids de l'appareil est transmis à l'arbre au point D. La pièce CC′ est un simple lien horizontal qui doit être fixé en B à l'extrémité de l'arbre. On réglera la force des pièces CD, BC, ou C′D, BC′, d'après le n° 532. La partie BD de l'arbre résiste comme une pièce encastrée en D, et sollicitée en B par une force égale à la différence des tensions des deux portions BC, BC′ du tirant. La partie Da résiste comme une pièce encastrée en a, et sollicitée par le poids total de l'appareil : ainsi, ayant cherché la distance à l'axe AB du centre de gravité de tous les poids qui reposent sur le point D, on assimilera cette partie Da à la pièce considé-

rée n° 406, en prenant Π pour la somme de ces poids, l pour la distance horizontale de leur centre de gravité au point a, et a pour la distance aD. Enfin la partie aA de l'arbre résiste comme une pièce encastrée en a, et sollicitée à l'extrémité A par une force verticale égale au poids de l'appareil, et par une force horizontale assez grande pour faire équilibre à ce poids autour du point a supposé fixe.

551. Dans la grue représentée figure 124, l'arbre est fixe et porte le poids de l'appareil sur l'extrémité supérieure B. Les pièces BC et BC′ sont deux liens inclinés, et CC′ une pièce horizontale qui doit embrasser l'arbre en D au moyen d'un collier. L'action du poids Π produit dans le lien BC une tension déterminée par la condition que la composante verticale de cette tension soit égale à Π. La pièce CD est comprimée suivant sa longueur, par une force égale à la composante horizontale de la même tension. Des actions analogues s'exercent au point C′. Les pièces CD, C′D doivent être assimilées à la pièce considérée n° 383. La partie CE de de la pièce CD, outre la la compression produite par l'action du poids Π, et dont on vient de parler, soutient de plus une autre pression longitudinale égale à la tension de la portion de corde CE. La partie BD de l'arbre résiste comme une pièce encastrée en D, et sollicitée en B par une force égale à la résultante des tensions des liens BC, BC′. Les parties Da et aA sont sollicitées et résistent conformément à ce qu'on a vu dans le numéro précédent.

552. Nous indiquerons enfin la grue mobile représentée fig. 125, dans laquelle l'extrémité supérieure de l'arbre AB est maintenue par des haubans. Les pièces inclinées CD, C′D sont assemblées à l'extrémité inférieure

de l'arbre, et sont soutenues par les liens BC, BC' attachés à l'extrémité supérieure. On déterminera, comme dans les cas précédens, les pressions longitudinales exercées sur les pièces CD, C'D, et les tensions exercées sur les liens BC, BC'. L'arbre AB est libre de se déverser d'un côté ou de l'autre, et il est sollicité à se déverser par la différence des composantes horizontales des tensions des liens BC, BC'. Il doit donc toujours s'établir, dans les haubans qui maintiennent l'extrémité supérieure de cet arbre, des tensions déterminées par la condition que les composantes horizontales de ces tensions détruisent la différence dont on vient de parler. Lorsqu'on a satisfait à cette condition, l'arbre doit être assimilé à la pièce considérée n° 383, en prenant pour la force désignée par Q dans ce numéro la somme des composantes verticales des tensions des liens BC, BC', et des tensions des haubans.

ARTICLE IX.

DES PORTES D'ÉCLUSE.

553. Les parties des portes d'écluse supportent en même temps l'action verticale de leur propre poids, et l'action horizontale de la pression de l'eau. On considérera seulement ici les portes formées par un cadre rectangulaire, dont les côtés verticaux sont réunis par des entretoises horizontales sur lesquelles sont cloués des madriers.

De l'action de la pesanteur sur la charpente des portes d'écluse.

554. La figure 126 représente une porte dont la partie principale est le cadre BCFE. Le poteau *tourillon* BC est supporté en A sur un pivot, et maintenu en D par un

collier. Le collier est ordinairement assujetti par plusieurs pièces de fer, dans la direction desquelles il s'établit des tensions. Ces tensions sont déterminées par la condition que leur résultante fasse équilibre, autour du point A, au poids de la porte, qui tend à la faire tourner sur ce point.

555. Le poteau BC étant maintenu verticalement au moyen du collier D, la totalité du poids de la porte est supportée par la partie inférieure AB de ce poteau, et par l'appui A. L'action de la pesanteur tend à détacher tout le reste de la charpente du poteau BC, en le faisant tourner sur le point B. Si l'on prévient ce mouvement, en attachant par des liens la traverse supérieure CF, ou toutes les traverses, au poteau BC, l'action de la pesanteur ne tend plus qu'à faire baisser le poteau EF, en changeant en un parallélogramme le rectangle formé par le cadre. La solidité de la construction exige 1° que la charpente de la porte ne puisse se détacher du poteau tourillon; 2° que la figure rectangulaire du cadre ne puisse être altérée.

556. Ces conditions seront satisfaites si l'on attache en C la traverse supérieure CF au poteau tourillon par un lien de fer, et si l'on place dans le cadre le *bracon* BF. Les traverses peuvent être supposées libres de tourner sur leurs points d'assemblage dans les deux poteaux. Nommant G un poids qui, suspendu au point F, aurait par rapport au point B le même moment que le poids de la porte, et φ l'angle CBF, on aura $\frac{G}{\cos\varphi}$ pour la pression longitudinale supportée par le bracon; et G tang. φ pour la tension longitudinale supportée par la traverse supérieure CF et par le lien C.

557. On satisferait encore aux mêmes conditions par le moyen du *tirant* incliné CE, attaché en C au poteau tourillon. Les traverses peuvent toujours être supposées libres de tourner sur leurs points d'assemblage dans les deux poteaux. La tension longitudinale supportée par le tirant est représentée par $\frac{G}{\cos. \varphi}$, en nommant φ l'angle CEF.

558. Lorsque l'on n'emploie pas de bracon ni de tirant, il est nécessaire qu'une des traverses horizontales au moins (la traverse supérieure CF, par exemple) soit assemblée avec le poteau tourillon, de manière qu'elle ne puisse tourner sur le point d'assemblage. Cette condition suffit pour maintenir la figure rectangulaire du cadre. Toutes les autres traverses demeurant libres de tourner leurs points d'assemblage, la traverse ainsi assemblée supporte seule tout le poids de la charpente de la porte, le poteau tourillon excepté. Elle résiste comme une pièce encastrée horizontalement à une extrémité, et chargée de poids répartis sur sa longueur.

On obtient plus de solidité en assemblant avec le poteau tourillon, de la manière qui vient d'être indiquée, non-seulement la traverse supérieure CF, mais encore la traverse inférieure BE, ou même toutes les autres traverses. Le poids de la charpente se répartit alors sur les diverses traverses ainsi assemblées.

559. On obtient plus de solidité encore en assemblant les traverses, de manière que leur direction ne puisse varier au point d'assemblage, non-seulement avec le poteau tourillon BC, mais encore avec le poteau busqué EF.

560. D'après ce qui précède les traverses ou entretoises, sur la longueur desquelles une partie du poids de la char-

pente est distribuée, peuvent se trouver dans trois conditions différentes.

1° Si elles sont assemblées dans les deux poteaux de manière qu'elles puissent tourner librement sur leurs points d'assemblage, elles résistent comme des pièces supportées aux deux extrémités. On conclut du n° 90 que la plus grande compression ou extension des fibres, causée en un point quelconque par la flexion verticale, est

$$v' \frac{d^2 y}{dx^2} = \frac{v'.p}{2\varepsilon}(a^2 - x^2),$$

p désignant le poids porté par l'unité de longueur, a la moitié de la longueur de la traverse, x la distance du point que l'on considère au milieu de cette longueur, ε le moment de résistance à la flexion (la pièce étant supposée fléchir verticalement), v' la distance des fibres extrêmes comprimées ou étendues à l'axe d'équilibre tracé dans la section transversale.

561. 2° Si les traverses sont assemblées avec le poteau tourillon seulement, de manière qu'elles ne puissent tourner sur le point d'assemblage, elles résistent comme des pièces encastrées horizontalement à une extrémité. On conclut du n° 89 que la plus grande compression des fibres est

$$v' \frac{d^2 y}{dx^2} = \frac{v'.p}{\varepsilon}\left(\frac{a^2}{2} - ax + \frac{x^2}{2}\right);$$

a désignant la longueur de la traverse, x la distance du point que l'on considère à l'extrémité encastrée.

562. 3° Si les traverses sont assemblées avec les deux poteaux, de manière que leurs directions ne puissent varier aux points d'assemblage, elles résistent comme des pièces encastrées horizontalement à une extrémité, et dont l'autre extrémité est assujettie à la condition que

la tangente de la courbe y demeure horizontale. L'état d'équilibre de ces pièces, en supposant la charge qu'elles supportent distribuée uniformément sur leur longueur, peut être déterminé de la manière suivante.

Nommant

p le poids constant dont chaque unité de longueur de la pièce AM (Fig. 127) est chargée;

x, y les coordonnées horizontale et verticale Ap, pm d'un point quelconque m de la courbe affectée par la pièce;

a, f l'abscisse AB et l'ordonnée MB du point extrême M;

ε ayant la signification indiquée n° 80,

l'équation d'équilibre de la pièce AM sera

$$\varepsilon \frac{d^2 y}{dx^2} = p\left(\frac{a^2}{2} - ax + \frac{x^2}{2}\right) + \text{A},$$

en désignant par A une quantité constante. On en déduit

$$\varepsilon \frac{dy}{dx} = p\left(\frac{a^2 x}{2} - \frac{ax^2}{2} + \frac{x^3}{6}\right) + \text{A}x;$$

et en déterminant la constante A de manière que l'on ait $\frac{dy}{dx} = 0$ dans le point M où $x = a$, ce qui donne

$$\text{A} = -\frac{pa^2}{6},$$

$$\varepsilon \frac{dy}{dx} = p\left(\frac{a^2 x}{3} - \frac{ax^2}{2} + \frac{x^3}{6}\right);$$

$$\varepsilon y = p\left(\frac{a^2 x^2}{6} - \frac{ax^3}{6} + \frac{x^4}{24}\right),$$

$$f = \frac{p}{\varepsilon} \cdot \frac{a^4}{24}.$$

L'abaissement du point extrême M est trois fois moindre qu'il ne serait si ce point était entièrement libre, comme on l'a supposé n° 89. La plus grande compression des fibres est

$$v\frac{d^2y}{dx^2}=\frac{v.p}{\varepsilon}\left(\frac{a^2}{3}-ax+\frac{x^2}{2}\right).$$

a désigne la longueur de la traverse, et x la distance du point que l'on considère à l'extrémité encastrée.

Du cas où la charpente des portes est supportée par une roulette.

563. Lorsque la charpente de la porte est supportée au moyen d'une roulette placée sous le poteau EF (Fig. 126), ou près de ce poteau, le cadre BCEF ne tend point à changer de forme. On peut supprimer le bracon BF et le tirant CE, et la solidité de la construction est suffisamment assurée si l'on attache par des liens les traverses aux deux poteaux.

564. Le poteau busqué EF étant ainsi soutenu, les traverses résistent en général aux poids dont elles sont chargées, d'une manière différente de celle qui a été indiquée dans les nos 560 et suivans.

1° Si les traverses sont assemblées dans les deux poteaux de manière à tourner librement sur leurs points d'assemblage, on pourra appliquer ici ce qui a été dit n° 560.

565. 2° Si les traverses sont assemblées avec le poteau tourillon seulement, de manière qu'elles ne puissent tourner sur le point d'assemblage, elles résistent comme des pièces encastrées horizontalement à une extrémité et supportées à l'autre. L'état d'équilibre de ces pièces peut être déterminé comme il suit.

Nommant

p le poids constant dont chaque unité de longueur de la pièce AM (Fig. 128) est chargée;

x, y les coordonnées horizontale et verticale Ap, mp d'un point quelconque m de la courbe affectée par la pièce;

a la longueur AM;

Π l'effort exercé par la pièce sur le point d'appui placé à l'extrémité M;

ε ayant la signification indiquée n° 80;

l'équation d'équilibre sera

$$\varepsilon \frac{d^2y}{dx^2} = p\left(\frac{a^2}{2} - ax + \frac{x^2}{2}\right) - \Pi(a - x),$$

d'où

$$\varepsilon \frac{dy}{dx} = p\left(\frac{a^2x}{2} - \frac{ax^2}{6} + \frac{x^3}{6}\right) - \Pi\left(ax - \frac{x^2}{2}\right),$$

$$\varepsilon y = p\left(\frac{a^2x^2}{4} - \frac{ax^3}{6} + \frac{x^4}{24}\right) - \Pi\left(\frac{ax^2}{2} - \frac{x^3}{6}\right).$$

Déterminant le poids Π par la condition que $y = 0$ quand $x = a$, il vient $\Pi = \frac{3}{8} pa$, et

$$\varepsilon y = p\left(\frac{a^2x^2}{16} - \frac{5ax^3}{48} + \frac{x^4}{24}\right).$$

La plus grande compression des fibres est

$$\delta \frac{d^2y}{dx^2} = \frac{\delta . p}{\varepsilon}\left(\frac{a^2}{8} - \frac{5ax}{8} + \frac{x^2}{2}\right).$$

566. 3° Si les traverses sont également assemblées avec les deux poteaux, de manière qu'elles ne puissent tourner librement sur les points d'assemblage, elles résistent comme des pièces encastrées horizontalement aux deux

extrémités. Conservant les dénominations du numéro précédent, l'équation d'équilibre sera

$$\varepsilon \frac{d^2y}{dx^2}=p\left(\frac{a^2}{2}-ax+\frac{x^2}{2}\right)-\Pi(a-x)+A,$$

A représentant une quantité constante. On en déduit

$$\varepsilon \frac{dy}{dx}=p\left(\frac{a^2x}{2}-\frac{ax^2}{2}+\frac{x^3}{6}\right)-\Pi\left(ax-\frac{x^2}{2}\right)+Ax,$$

$$\varepsilon y=p\left(\frac{a^2x^2}{4}-\frac{ax^3}{6}+\frac{x^4}{24}\right)-\Pi\left(\frac{ax^2}{2}-\frac{x^3}{6}\right)+A\frac{x^2}{2}:$$

et en déterminant les constantes Π et A, de manière que l'on ait $\frac{dy}{dx}=0$ et $y=0$ au point extrême où $x=a$, ce qui donne $\Pi=\frac{pa}{2}$, $A=\frac{pa^2}{12}$,

$$\varepsilon y=p\left(\frac{a^2x^2}{24}-\frac{ax^3}{12}+\frac{x^4}{24}\right).$$

En faisant $x=\frac{a}{2}$, on a pour l'ordonnée du point milieu, ou la flèche de courbure, $\frac{p}{\varepsilon}\cdot\frac{a^4}{384}$. En comparant ce résultat à celui du n° 90, on voit que cette flèche est 5 fois moindre qu'elle ne serait si la pièce était simplement supportée aux deux extrémités. En le comparant à celui du n° 373, on voit que la flèche de courbure est la moitié de ce qu'elle serait si le poids pa, au lieu d'être uniformément réparti sur la longueur de la pièce, était suspendu au milieu.

La plus grande compression des fibres est

$$v'\frac{d^2y}{dx^2}=\frac{v'.p}{\varepsilon}\left(\frac{a^2}{12}-\frac{ax}{2}+\frac{x^2}{2}\right).$$

De l'action de l'eau sur les traverses des portes d'écluse.

567. Lorsque la porte est fermée et supporte la pression de l'eau, les poteaux AD, EF (Fig. 126) sont appuyés dans toute leur hauteur, et par conséquent ne sont point sollicités par cette pression, qui tend seulement à fléchir les traverses assemblées dans ces poteaux. Pour évaluer l'action à laquelle les traverses sont exposées, on doit distingner le cas des portes *simples* et celui des portes *busquées*. Dans le premier cas, l'action de la pression de l'eau sur chaque traverse peut être assimilée à celle d'un poids uniformément réparti sur la longueur d'une pièce horizontale supportée aux extrémités. On appréciera donc cette action par les nos 90 et 125. Dans le second cas, il s'établit dans le sens de la longueur des traverses une pression qui doit être prise en considération.

568. Nous supposerons ici que chaque traverse supporte la pression exercée par l'eau sur l'espace compris entre les milieux des intervalles qui existent entre cette traverse et les deux voisines; et que la même pièce supporte également l'effort exercé de la part d'une porte sur l'autre, en vertu de cette pression. Nommant p_1 l'effort résultant de la pression de l'eau sur chaque unité de longueur de la traverse, $2a$ cette longueur MM′ (Fig. 129), et φ l'angle du busc CMM′, on aura $p_1 2a$ pour l'effort exercé perpendiculairement sur MM′, et $p_1 a$ pour les composantes de cet effort qui doivent être détruites aux extrémités M et M′. La pression que les deux traverses MM′ exercent l'une contre l'autre en M′ est donc une force parallèle à CM, dont la composante perpendiculaire à MM′ est $p_1 a$. Ainsi cette pression est $\frac{p_1 a}{\sin.\varphi}$, et

sa composante dirigée suivant MM′ est $\frac{p_1 a}{\text{tang.}\varphi}$. Il suit de là que la pièce MM′ doit être regardée comme étant appuyée à ses extrémités, et supportant à la fois le poids $2p_1 a$ distribué uniformément sur sa longueur, et la pression longitudinale $\frac{p_1 a}{\text{tang}\,\varphi}$.

569. Chaque moitié de cette pièce se trouve donc dans le même état d'équilibre qu'une pièce AM (Fig. 130), encastrée horizontalement en A, chargée de poids distribués uniformément sur sa longueur, et sollicitée en M par une force verticale P agissant de bas en haut, et par la force horizontale Q. Désignant par

x, y les coordonnées horizontale et verticale Ap, pm de la courbe AM;

a la distance AB;

f l'ordonnée BM du point extrême M;

p_1 le poids porté par la pièce sur une unité de longueur;

ε ayant la signification indiquée n° 80;

l'équation d'équilibre sera

$$\varepsilon\frac{d^2y}{dx^2}=-p_1\left(\frac{a^2}{2}-ax+\frac{x^2}{2}\right)+P(a-x)+Q(f-y),$$

ou en remarquant que dans le cas dont il s'agit $P=p_1 a$,

$$\frac{d^2y}{dx^2}=\frac{p_1}{2\varepsilon}(a^2-x^2)+\frac{Q}{\varepsilon}(f-y).$$

L'intégrale de cette équation est

$$f-y=A\sin.\sqrt{\frac{Q}{\varepsilon}}(x+B)-\frac{\varepsilon p_1}{Q^2}-\frac{p_1}{2Q}(a^2-x^2),$$

A et B désignant deux constantes arbitraires. On doit au

point A avoir $x=0$, $y=0$, $\frac{dy}{dx}=0$; et au point B, $x=a$, $y=f$; ce qui donne les trois équations

$$f=\text{A}\sin.\text{B}\sqrt{\frac{\text{Q}}{\varepsilon}}-\frac{\varepsilon p_1}{\text{Q}^2}-\frac{p_1 a^2}{2\text{Q}},$$

$$0=\text{A}\sqrt{\frac{\text{Q}}{\varepsilon}}\cos.\text{B}\sqrt{\frac{\text{Q}}{\varepsilon}},$$

$$0=\text{A}\sin.(a+\text{B})\sqrt{\frac{\text{Q}}{\varepsilon}}-\frac{\varepsilon p_1}{\text{Q}^2};$$

d'où l'on déduit

$$\cos.\text{B}\sqrt{\frac{\text{Q}}{\varepsilon}}=0,\quad \sin.\text{B}\sqrt{\frac{\text{Q}}{\varepsilon}}=1,\quad \text{A}=\frac{\varepsilon p_1}{\text{Q}^2.\cos.a\sqrt{\frac{\text{Q}}{\varepsilon}}},$$

$$f=\frac{\varepsilon p_1}{\text{Q}^2}\left\{\frac{1}{\cos.a\sqrt{\frac{\text{Q}}{\varepsilon}}}-1\right\}-\frac{p_1 c^2}{2\text{Q}};$$

et pour l'équation de la courbe,

$$y=\frac{\varepsilon p_1}{\text{Q}^2}\cdot\frac{1-\cos.x\sqrt{\frac{\text{Q}}{\varepsilon}}}{\cos.a\sqrt{\frac{\text{Q}}{\varepsilon}}}-\frac{p_1 x^2}{2\text{Q}},$$

dans laquelle on doit mettre pour Q sa valeur $\frac{p_1 a}{\text{tang.}\varphi}$.

570. Les dimensions de la section transversale peuvent être réglées de manière à rendre la pièce capable de résister à l'action dont il s'agit, au moyen des considérations employées n° 387. La plus grande valeur de $\frac{d^2y}{dx^2}$ a lieu au point A, et est $\frac{\text{tang.}\varphi}{a}\left\{\frac{1}{\cos.a\sqrt{\frac{p_1 a}{\varepsilon\,\text{tang.}\varphi}}}-1\right\}$.

Par conséquent, en conservant les dénominations de ce numéro, si l'on ne voulait pas que la plus grande pression supportée par les fibres sur l'unité de surface surpassât R′, on poserait l'équation

$$\frac{R'}{E} = \frac{p_1 a}{E\omega . \text{tang}.\varphi} + \frac{v' . \text{tang}.\varphi}{a} \left\{ \frac{1}{\cos. a \sqrt{\frac{p_1 a}{\varepsilon . \text{tang}.\varphi}}} - 1 \right\}.$$

De l'action simultanée du poids de la charpente et de l'eau sur les traverses des portes d'écluse.

571. Le poids de la charpente fléchit la traverse verticalement, et l'action de l'eau la fléchit horizontalement. A raison de la petitesse des deux flexions, on peut regarder les allongemens et les contractions des fibres qu'elles produisent comme étant égaux à la somme de ceux qui seraient produits séparément par chacune des flexions. Les changemens de longueur des fibres dus à la flexion verticale dans les divers cas qui peuvent se présenter, ont été indiqués dans les n°s 560 et suivans. Ainsi pour connaître la valeur totale de la compression à laquelle les fibres sont exposées par l'effet des deux flexions, on ajoutera l'une des valeurs de $v' \frac{d^2 y}{dx^2}$ données dans ces numéros à la valeur de la même quantité déduite de l'équation du n° 569. Les valeurs de la somme varieront dans les divers points de la pièce, et il sera nécessaire que la plus grande de ces valeurs ne dépasse point la fraction $\frac{R'}{E}$, si l'on veut que le plus grand effort exercé pour comprimer les fibres sur une unité de surface ne surpasse pas R'.

572. Par exemple, dans le cas des n°s 560 et 564, qui est celui où les traverses sont sollicitées avec le plus de force, les plus grandes variations de longueur des fibres, dans le sens vertical et dans le sens horizontal, ont également lieu au milieu de la longueur de la pièce. La section transversale de cette pièce étant sup-

posée rectangulaire, nommant b le côté horizontal et c le côté vertical, l'équation dont dépendront ces dimensions sera

$$\frac{R'}{E}=\frac{3pa^2}{Ebc^2}+\frac{p_{,}a}{Ebc.\ \text{tang.}\ \varphi}+\frac{b\ \text{tang.}\ \varphi}{2a}\left\{\frac{1}{\cos.a\sqrt{\frac{12p_{,}a}{Eb^3c.\ \text{tang.}\ \varphi}}}-1\right\}.$$

573. Nommant l la distance CM (Fig. 129), on a $a=\frac{l}{2\cos.\varphi}$, et l'équation précédente devient

$$\frac{R'}{E}=\frac{3pl^2}{4Ebc^2.\cos.^2\varphi}+\frac{p_{,}l}{2Ebc.\sin.\varphi}+\frac{b\sin.\varphi}{l}\left\{\frac{1}{\cos.\frac{l}{2\cos.\varphi}\sqrt{\frac{6p_{,}l}{Eb^3c\sin.\varphi}}}-1\right\}.$$

Des portes courbes.

574. On donne souvent aux portes destinées à soutenir la pression de l'eau une courbure dans le sens horizontal. Cette courbure est assez faible pour que l'on puisse appliquer à la disposition de la charpente, en la considérant comme destinée à résister à l'action verticale de la pesanteur, tout ce qui a été dit dans les n°s 554 et suivans.

575. A l'égard de l'action de l'eau sur les traverses courbes, nous supposerons que la figure MEM' (Fig. 131) de ces pièces est un arc de cercle. Nommant

$p_{,}$ la pression normale exercée par l'eau sur une unité de longueur de la traverse;
l la distance CM;
a la moitié MD de la corde MM';
d la flèche DE de la courbe;
r le rayon de l'arc MEM';
φ l'angle du busc CMM':

on a, d'après le n° 306, pour la pression résultant de l'action de l'eau qui est exercée dans le sens de la longueur de la courbe $p_{,} r$, ou

$$p_{,} \frac{a^2 + d^2}{2d}.$$

Regardant cette courbe comme un arc appuyé à ses deux extrémités M, M' contre des points fixes, et remarquant que l'angle formé par la courbe en ces points avec MM' a pour sinus $\frac{2ad}{a^2 + d^2}$, et pour cosinus $\frac{c^2 - d^2}{c^2 + d^2}$, on verra que l'effort exercé par la courbe contre ces points fixes a pour composantes parallèle et perpendiculaire à MM'

$$p_{,} \frac{a^2 - d^2}{2d} \quad \text{et} \quad p_{,} a.$$

D'un autre côté, malgré leur courbure, les traverses des deux ventaux, conformément au n° 568, exercent toujours l'une contre l'autre en M' une pression $\frac{p_{,} a}{\sin. \varphi}$, produisant dans la direction MM' un effort $\frac{p_{,} a}{\text{tang.} \varphi}$. Par conséquent si l'on a la relation

$$\frac{p_{,} a}{\text{tang.} \varphi} = p_{,} \frac{a^2 - d^2}{2d},$$

d'où l'on déduit

$$d = a \frac{1 - \cos. \varphi}{\sin. \varphi}, \quad r = \frac{a}{\sin. \varphi},$$

l'effort résultant de l'action de l'eau étant égal à celui qui résulte de l'appui que les deux ventaux se prêtent mutuellement, la traverse courbe ne tendra pas à fléchir, et sera simplement pressée dans le sens de sa longueur. Nous supposerons que la figure de la porte est déterminée conformément à cette condition. La courbe des deux ventaux est alors formée par un même arc passant par les trois points M, M′, M; et la pression exercée dans le sens de la longueur de la courbe est $\frac{p_1 a}{\sin. \varphi}$.

576. D'après cela, pour régler la force des traverses de manière à résister en même temps à l'action du poids de la charpente et à la pression de l'eau, il faudra ajouter la plus grande compression causée par la flexion verticale (compression que l'on déduira de l'une des formules données nos 560 et suivans), à la quantité $\frac{p_1 a}{E\omega. \sin. \varphi}$; et égaler la somme à $\frac{R'}{E}$.

577. Par exemple, dans le cas des nos 560 et 564, on aurait ici, au lieu de l'équation du no 572,

$$R' = \frac{3 p a^2}{b c^2} + \frac{p_1 a}{bc. \sin. \varphi}.$$

578. En mettant $\frac{l}{2 \cos. \varphi}$ à la place de a, cette équation devient

$$R' = \frac{3 p l^2}{4 b c^2 \cos.^2 \varphi} + \frac{p_1 l}{2 b c \sin. \varphi. \cos. \varphi}.$$

En appliquant les formules précédentes on reconnaîtra qu'il est avantageux d'employer des traverses courbes pour la construction des grandes portes.

ARTICLE X.

DES PONTS EN CHARPENTE.

579. Le plancher des ponts en charpente est supporté par plusieurs fermes, qui sont formées ou d'un système de pièces droites horizontales et inclinées, ou d'un assemblage de pièces courbes composant un arc dont la con-

vexité est tournée en haut. Le plancher est posé sur les pièces des fermes qui en supportent le poids, ou suspendu à ces pièces. On doit dans l'établissement de ces constructions avoir principalement égard aux conditions suivantes : 1° que l'équilibre soit stable; 2° que les pièces aient la force suffisante pour résister au poids permanent de la construction, et aux surcharges qui peuvent être réparties sur toute l'étendue du plancher; 3° que ces pièces puissent également résister aux surcharges qui seraient placées dans des points déterminés du plancher.

Des ponts supportés par des poutres et des contrefiches.

580. Le cas le plus simple est celui où l'ouverture des travées étant peu considérable, les fermes sur lesquelles le plancher est établi ne sont formées que d'une poutre. La force de cette pièce peut être déterminée par les n°s 125 et 126, 359 et suivans.

581. Lorsque la distance des points d'appui ne permet pas d'employer seulement une poutre, on consolide cette pièce par des contrefiches (Fig. 132). La pression verticale qui s'établit sur l'extrémité supérieure de ces pièces tend à les faire tourner sur leurs extrémités inférieures, et, pour prévenir ce mouvement, il s'établit nécessairement dans la portion DD′ de la poutre une certaine pression. On peut aussi supposer le mouvement des contrefiches prévenu par l'effet d'une tension qui aurait lieu dans les portions BD, BD′ de la poutre; mais il faut admettre alors que les extrémités B, B′ de cette pièce sont attachées fixement aux culées. Les extrémités des poutres étant la plupart du temps simplement posées sur les culées, il est plus conforme à l'état ordinaire des constructions de supposer que la portion DD′ de la poutre est comprimée.

L'assemblage des contrefiches avec la poutre aux points D, D′ en diminue la force, et on ne peut lui attribuer en ces points une résistance égale à celle qu'elle présente partout ailleurs. Pour plus de simplicité, on supposera les parties de la poutre entièrement disjointes aux points D, D′. Le poids de la construction et des surcharges étant censé distribué uniformément sur l'intervalle BB′, les portions BD, B′D′ résistent comme des pièces supportées aux deux extrémités. Les extrémités supérieures D, D′ des contrefiches sont chargées de la moitié du poids correspondant aux intervalles BD, B′D′ et du poids correspondant à l'intervalle CD, CD′. Nommant

p la charge correspondante à l'unité de longueur de la poutre;

a, a' les distances CD, BD;

α l'angle BAD;

on a $p(a+\frac{1}{2}a')$ pour la force verticale agissant en D, $\frac{p(a+\frac{1}{2}a')}{\cos.\alpha}$ pour la pression exercée dans le sens DA de la longueur de la contrefiche, et $p(a+\frac{1}{2}a')\,\text{tang}.\alpha$ pour la pression exercée dans la direction DD′. Les contrefiches AD, A′D′ peuvent être assimilées aux pièces considérées nos 383 et suivans, et on peut en régler la force d'après ce qui a été dit nos 402 et suivans.

582. La pièce DD′ doit être regardée comme étant supportée aux extrémités, comprimée dans le sens de sa longueur, et en même temps chargée du poids p sur chaque unité de sa longueur. La moitié CD de cette pièce peut être assimilée à la pièce AM (Fig. 130), encastrée horizontalement à l'extrémité A, et solli-

citée de la manière indiquée n° 569. On peut donc appliquer ici l'analyse exposée dans ce numéro, en sorte que l'équation de la courbe, en écrivant p au lieu de p_1, est

$$y = \frac{\varepsilon p}{Q^2} \cdot \frac{1 - \cos. x\sqrt{\frac{Q}{\varepsilon}}}{\cos. a\sqrt{\frac{Q}{\varepsilon}}} - \frac{p x^2}{2Q}.$$

dans laquelle on doit remplacer Q par la valeur $p\,(a + \frac{1}{2}a')$ tang. α de l'effort exercé dans le sens de la longueur de la pièce.

On aura, comme au n° 570, pour l'équation d'après laquelle les dimensions de la pièce doivent être réglées,

$$\frac{R'}{E} = \frac{p(a+\frac{1}{2}a')\,\text{tang.}\,\alpha}{E\,\omega} + \frac{v'}{(a+\frac{1}{2}a')\,\text{tang.}\,\alpha}\left\{\frac{1}{\cos. a\sqrt{\frac{p(2a+a')\,\text{tang.}\,\alpha}{2\varepsilon}}} - 1\right\};$$

équation qui devient, lorsque la section de la pièce est un rectangle ayant b pour côté horizontal et c pour côté vertical, d'où $\omega = bc$, $v' = \frac{c}{2}$, $\varepsilon = E\frac{bc^3}{12}$,

$$R' = \frac{p(a+\frac{1}{2}a')\,\text{tang.}\,\alpha}{bc} + \frac{E.c}{(2a+a')\,\text{tang.}\,\alpha}\left\{\frac{1}{\cos. a\sqrt{\frac{6p(a+a')\,\text{tang.}\,\alpha}{Ebc^3}}} - 1\right\}.$$

583. On peut obtenir une valeur approchée, mais trop petite, de R', en supposant la courbure de la pièce DD' (Fig. 132) assez petite pour que l'on puisse négliger la flèche de cette courbure par rapport à la longueur de la pièce. L'équation d'équilibre du n° 569 se réduit alors à $\frac{d^2y}{dx^2} = \frac{p}{2\varepsilon}(a^2 - x^2)$, et la plus grande valeur de $\frac{d^2y}{dx^2}$ est $\frac{pa^2}{2\varepsilon}$. L'équation servant à régler les dimensions de la pièce est

$$\frac{R'}{E}=\frac{p(a+\frac{1}{2}a')\,\text{tang.}\,\alpha}{E\omega}+\frac{\nu'.pa^2}{2\varepsilon};$$

et devient, lorsque l'on suppose la section transversale rectangulaire,

$$R'=\frac{p}{bc}\left[\left(a+\frac{1}{2}a'\right)\text{tang.}\,\alpha+\frac{3a^2}{c}\right].$$

La valeur de R' déduite de cette équation différera très-peu, dans les cas ordinaires des applications, de celle qui serait donnée par l'équation du numéro précédent.

584. Indépendamment de la charge répartie uniformément sur l'intervalle BB' (Fig. 132), un poids Π pourrait être placé dans un point déterminé de cet intervalle. Si ce poids était placé entre les points B et D, il exercerait sur la portion de pièce BD une action que l'on évaluerait facilement, d'après les règles exposées dans les articles précédens. Il produirait de plus un nouvel effort vertical sur le point D. Par exemple, si le poids Π était placé au point D même, la charge supportée par l'extrémité supérieure de la contrefiche deviendrait $\Pi+p(a+\frac{1}{2}a')$, en désignant toujours par p le poids réparti sur l'unité de longueur dans l'intervalle BB'. La pression exercée dans le sens de la longueur de cette contrefiche serait $\frac{\Pi+p(a+\frac{1}{2}a')}{\cos.\alpha}$, et la pression exercée dans la direction DD' serait $[\Pi+p(a+\frac{1}{2}a')]\,\text{tang.}\,\alpha$. Cette dernière quantité devrait être mise à la place de Q dans l'équation du n° 582, pour régler la force de la pièce DD'. On doit remarquer d'ailleurs que le point D' supportant seulement l'effort vertical $p(a+\frac{1}{2}a')$, et la pression exercée dans le sens D'D étant seulement $p(a+\frac{1}{2}a')\,\text{tang.}\,\alpha$, la portion

Π tang. α de la pression exercée dans le sens DD′ n'est pas détruite au point D′, et par conséquent est transmise à la pièce B′D′. Ainsi cette dernière pièce, appuyée sur ses extrémités, supporte maintenant la pression longitudinale Π tang. α, en même temps qu'elle est chargée du poids p sur l'unité de longueur. On doit lui appliquer les formules du n° 582, en y faisant $Q = \Pi$ tang. α.

585. Si le poids Π est placé dans l'intervalle DD′, l'effort qu'il produit se répartit sur les deux points D, D′. Par exemple, si ce poids est placé au milieu C de la poutre, chacune des extrémités des contrefiches supporte l'effort vertical $\frac{1}{2}\Pi + p(a + \frac{1}{2}a')$. La pression longitudinale supportée par des pièces est $\frac{\frac{1}{2}\Pi + p(a+\frac{1}{2}a')}{\cos.\alpha}$, et la pression longitudinale supportée par la portion de pièce DD′ est $[\frac{1}{2}\Pi + p(a + \frac{1}{2}a')]$ tang. α. Chacune des moitiés CD de cette dernière pièce est toujours dans le même état d'équilibre que la pièce AM (Fig. 130), dont on s'est occupé n° 569, et l'équation d'équilibre est également

$$\varepsilon \frac{d^2 y}{dx^2} = -p\left(\frac{a^2}{2} - ax + \frac{x^2}{2}\right) + P(a-x) + Q(f-y),$$

où l'on a $P = \frac{1}{2}\Pi + pa$, $Q = [\frac{1}{2}\Pi + p(a + \frac{1}{2}a')]$ tang. α. L'intégrale de cette équation est, en faisant $q^2 = \frac{Q}{\varepsilon}$,

$$f - y = A \sin. q(x + B) + \frac{p}{Q}\left(\frac{a^2}{2} - ax + \frac{x^2}{2}\right) - \frac{P}{Q}(a-x) - \frac{\varepsilon p}{Q^2},$$

A et B représentant deux constantes arbitraires. On doit au point A avoir $x = 0$, $y = 0$, $\frac{dy}{dx} = 0$; et au point B, $x = a$, $y = f$; ce qui donne les trois conditions

$$f = A\sin. qB + \frac{pa^2}{2Q} - \frac{Pa}{Q} - \frac{\varepsilon p}{Q^2},$$

$$o = Aq\cos. qB - \frac{pa}{Q} + \frac{P}{Q},$$

$$o = A\sin. q(a+B) - \frac{\varepsilon p}{Q^2},$$

d'où l'on déduit

$$A\sin. qB = \frac{p}{Qq\cos. qa} + \frac{P-pa}{Qq}\,\text{tang}.qa,$$

$$A\cos. qB = -\frac{P-pa}{Qq},$$

$$f = \frac{pa^2}{2Q} - \frac{Pa}{Q} + \frac{p}{Qq}\left(\frac{1}{\cos. qa} - 1\right) + \frac{P-pa}{Qq}\,\text{tang}.qa;$$

et en substituant dans l'équation précédente,

$$y = \frac{P-pa}{Qq}\sin. qx$$

$$+\left(\frac{p}{Qq\cos. qa} + \frac{P-pa}{Qq}\,\text{tang}.qa\right)(1-\cos. qx)$$

$$-\frac{Px - p(ax - \frac{1}{2}x^2)}{Q},$$

où l'on doit mettre pour P et Q les valeurs précédentes.

586. La plus grande valeur de $\frac{d^2y}{dx^2}$ répond à $x = 0$; en sorte que la portion de pièce tend à se rompre au milieu: cette valeur est

$$\frac{p}{Q\cos. a\sqrt{\frac{Q}{\varepsilon}}} + \frac{P-pa}{\sqrt{Q\varepsilon}}\,\text{tang}.\, a\sqrt{\frac{Q}{\varepsilon}} - \frac{p}{Q}.$$

Par conséquent si l'on veut régler, d'après les considérations exposées no 387, les dimensions de la pièce de manière que la plus grande pression suppòrtée par les fibres sur l'unité de surface ne surpasse pas R′, on posera l'équation

$$\frac{R'}{E}=\frac{Q}{E\omega}+\frac{v'.p}{Q}\left\{\frac{1}{\cos. a\sqrt{\frac{Q}{\varepsilon}}}-1\right\}+\frac{v'.\Pi}{2\sqrt{Q\varepsilon}}\text{tang. }a\sqrt{\frac{Q}{\varepsilon}},$$

dans laquelle on mettra pour Q la valeur..........
$[\frac{1}{2}\Pi+p(a+\frac{1}{2}a')]$ tang. α.

Cette équation, lorsque la section transversale de la pièce est un rectangle ayant b pour largeur et c pour hauteur, devient

$$R'=\frac{Q}{bc}+\frac{Epc}{2Q}\left\{\frac{1}{\cos. a\sqrt{\frac{12Q}{Ebc^3}}}-1\right\}+\frac{3\Pi}{bc^2\sqrt{\frac{12Q}{Ebc^3}}}\text{tang. }a\sqrt{\frac{12Q}{Ebc^3}}$$

587. On peut ici, comme au n° 583, avoir une expression approchée de R′, en négligeant dans l'équation d'équilibre le terme $Q(f-y)$. La plus grande valeur de $\frac{d^2y}{dx^2}$ est alors $-\frac{pa^2}{2\varepsilon}+\frac{Pa}{\varepsilon}$, et par conséquent

$$\frac{R'}{E}=\frac{Q}{E\omega}+\frac{v'(Pa-\frac{1}{2}pa^2)}{\varepsilon};$$

ou, en mettant pour P et Q leurs valeurs,

$$\frac{R'}{E}=\frac{[\Pi+p(2a+a')]\text{tang. }\alpha}{2E\omega}+\frac{v'(\Pi a+pa^2)}{2\varepsilon};$$

équation qui devient, lorsque la section transversale de la pièce est supposée rectangulaire,

$$R'=\frac{[\Pi+p(2a+a')]\text{tang. }\alpha}{2bc}+\frac{3(\Pi+pa)a}{bc^2}.$$

588. Le système représenté fig. 132, si l'on suppose que les contrefiches peuvent tourner librement sur les points d'assemblage qui en forment les extrémités, et que les

extrémités B, B′ de la poutre sont simplement posées sur des appuis, ne présente pas un équilibre stable. Il est donc nécessaire de prévenir les changemens de figure, et l'on emploie ordinairement pour cet objet les moises BE, B′E′. Ces pièces peuvent servir aussi à fortifier les contrefiches, en s'opposant à ce qu'elles ne fléchissent dans le sens du plan des fermes.

589. Lorsque la distance des points d'appui est trop grande pour que l'on puisse faire la poutre d'une seule pièce, on assemble les contrefiches aux extrémités d'une sous-poutre placée dans l'intervalle DD′ (Fig. 133). Dans ce cas la sous-poutre et les parties correspondantes de la poutre sont ordinairement liées l'une à l'autre de manière à se fortifier mutuellement. En supposant toujours les parties de la poutre disjointes aux points D, D′, on pourra appliquer à ce système tout ce qui a été dit ci-dessus. Il convient seulement de remarquer 1° que l'on doit avoir égard au poids de la sous-poutre en évaluant les efforts verticaux exercés aux points D, D′; 2° que la pression longitudinale exercée dans l'intervalle DD′ ne peut guères être transmise à la poutre, et doit être supportée entièrement par la sous-poutre. D'où il résulte qu'en appliquant les équations des nos 582 et 583, 586 et 587, on doit, dans le premier terme du deuxième membre, mettre pour ω l'aire de la section transversale de la sous-poutre seule, tandis que l'on peut évaluer dans les autres termes le moment ε dans la supposition que la poutre et la sous-poutre résistent ensemble à la flexion, d'après les indications données nos 508 et suivans.

590. Lorsque la distance des points d'appui est considérable, on peut employer un système analogue en mettant plusieurs rangs de sous-poutres et de contrefiches (Fig. 134).

Nous supposons toujours, pour plus de simplicité, les parties des poutres et des sous-poutres disjointes aux points $D, D_1, D_2, \ldots$ On évaluera facilement les efforts verticaux qui s'exercent sur les extrémités supérieures de chacune des contrefiches, les pressions qui en résultent dans le sens de la longueur de ces pièces, et les pressions qui en résultent également dans le sens de la longueur des sous-poutres. On déterminera la résistance de chaque partie du système d'après ce qu'on a vu dans les numéros précédens.

Les contrefiches pouvant exiger des pièces très-longues, ou formées de plusieurs parties mises les unes au bout des autres, il est nécessaire ici d'en prévenir la flexion, non-seulement par le moyen des moises pendantes contenues dans le plan de la ferme, mais par des pièces horizontales et inclinées liant les fermes les unes aux autres. L'usage des moises pendantes est d'ailleurs nécessité par le défaut de stabilité de l'équilibre, comme on l'a remarqué n° 588.

591. Si l'on supposait, comme cela a été indiqué n° 581, les contrefiches maintenues par l'effet d'une tension établie des culées aux extrémités supérieures de ces pièces, on pourrait disposer un système de sous-poutres et de contrefiches de la manière indiquée fig. 135. La solidité de ce système exige que les parties dont chaque sous-poutre est formée soient attachées les unes aux autres par des liens de fer, et que les extrémités de ces sous-poutres soient attachées aux culées. Comme il est difficile d'attacher solidement ces pièces à la partie supérieure d'une culée, le système dont il s'agit paraît convenir principalement à un pont composé de plusieurs travées, parce que les deux moitiés des travées adjacentes à une même pile pourraient se faire mutuellement équilibre.

592. En supposant toujours les joints des parties des poutres et sous-poutres placés aux points D, D_1, D_2..., on évaluera facilement, comme ci-dessus, les pressions exercées dans le sens de la longueur de chaque contrefiche, et les tensions supportées par les sous-poutres. Pour régler en conséquence la force de ses dernières pièces, il faut connaître les conditions de l'équilibre d'une pièce qui serait supportée aux deux extrémités, chargée de poids distribués sur sa longueur, et tendue dans le sens de cette longueur.

Chaque moitié de cette pièce peut être assimilée à la pièce AM (Fig. 130) encastrée horizontalement en A, chargée de poids distribués sur sa longueur, et sollicitée en M par la force verticale P agissant de bas en haut, et par la force horizontale Q, dirigée de manière à exercer une tension dans le sens AB. Nommant

p le poids porté par la pièce sur chaque unité de longueur;

x, y les coordonnées horizontale et verticale Ap, mp de la courbe AM;

a la distance AB;

f l'ordonnée BM du point extrême;

ε ayant la signification indiquée n° 80;

l'équation d'équilibre sera

$$\varepsilon\frac{d^2y}{dx^2}=-p\left(\frac{a^2}{2}-ax+\frac{x^2}{2}\right)+\text{P}(a-x)-\text{Q}(f-y),$$

ou, comme l'on a ici $\text{P}=pa$,

$$\frac{d^2y}{dx^2}=\frac{p}{2\varepsilon}(a^2-x^2)-q^2(f-y),$$

en écrivant, pour abréger, q^2 à la place de $\frac{\text{Q}}{\varepsilon}$.

L'intégrale de cette équation est

$$f-y=\mathrm{A}e^{qx}+\mathrm{B}e^{-qx}+\frac{p}{2\mathrm{Q}}(a^2-x^2)-\frac{\varepsilon p}{\mathrm{Q}^2},$$

A et B représentant deux constantes arbitraires, et e la base des logarithmes hyperboliques. On doit au point A avoir $x=0$, $y=0$, $\frac{dy}{dx}=0$; et au point B, $x=a$, $y=f$; ce qui donne les trois conditions

$$f=\mathrm{A}+\mathrm{B}+\frac{pa^2}{2\mathrm{Q}}-\frac{\varepsilon p}{\mathrm{Q}^2},$$
$$0=\mathrm{A}-\mathrm{B},$$
$$0=\mathrm{A}e^{qa}+\mathrm{B}e^{-qa}-\frac{\varepsilon p}{\mathrm{Q}^2},$$

d'où l'on déduit

$$\mathrm{A}=\mathrm{B}=\frac{\varepsilon p}{\mathrm{Q}^2\left(e^{qa}+e^{-qa}\right)},$$
$$f=\frac{pa^2}{2\mathrm{Q}}-\frac{\varepsilon p}{\mathrm{Q}^2}\left(1-\frac{2}{e^{qa}+e^{-qa}}\right);$$

et pour l'équation de la courbe,

$$y=\frac{px^2}{2\mathrm{Q}}-\frac{\varepsilon p}{\mathrm{Q}^2}\,\frac{e^{qx}+e^{-qx}-2}{e^{qa}+e^{-qa}}.$$

593. La plus grande valeur de $\frac{d^2y}{dx^2}$, qui a lieu au point A, est $\frac{p}{\mathrm{Q}}\left(1-\frac{2}{e^{qa}+e^{-qa}}\right)$. On aura donc, comme au n° 407, pour l'équation servant à régler les dimensions de la section transversale,

$$\frac{\mathrm{R}'}{\mathrm{E}}=\frac{\mathrm{Q}}{\mathrm{E}\omega}+\frac{v'.p}{\mathrm{Q}}\left(1+\frac{2}{e^{qa}+e^{-qa}}\right),$$

dans laquelle on doit substituer pour Q la valeur de la tension longitudinale à laquelle la pièce est exposée.

594. Si l'on supposait la courbure de la pièce très-petite, et que l'on négligeât en conséquence le terme $Q(f-y)$ dans l'équation différentielle, le résultat ne différerait pas de celui qui a été donné n° 583.

595. Si l'on veut maintenant, comme on l'a fait n° 585, considérer le cas où un poids Π serait placé sur le milieu de la pièce, on devra conserver à l'équation différentielle la forme générale

$$\varepsilon \frac{d^2y}{dx^2} = -p\left(\frac{a^2}{2} - ax + \frac{x^2}{2}\right) + P(a-x) - Q(f-y),$$

et l'intégrale sera

$$f-y = Ae^{q(a-x)} + Be^{-q(a-x)} - \frac{p}{Q}\left(\frac{a^2}{2} - ax + \frac{x^2}{2}\right) + \frac{P}{Q}(a-x) - \frac{\varepsilon p}{Q^2}.$$

Les conditions relatives aux points extrêmes donneront

$$f = Ae^{qa} + Be^{-qa} - \frac{pa^2}{2Q} + \frac{Pa}{Q} - \frac{\varepsilon p}{Q^2},$$

$$o = Aqe^{qa} - Bqe^{-qa} - \frac{pa}{Q} + \frac{P}{Q},$$

$$o = A + B - \frac{\varepsilon p}{Q^2};$$

d'où l'on déduit

$$A = \frac{\varepsilon p}{Q^2} \cdot \frac{e^{-qa}}{e^{qa} + e^{-qa}} - \frac{P - pa}{qQ\left(e^{qa} + e^{-qa}\right)},$$

$$B = \frac{\varepsilon p}{Q^2} \cdot \frac{e^{qa}}{e^{qa} + e^{-qa}} + \frac{P - pa}{qQ\left(e^{qa} + e^{-qa}\right)},$$

$$f = \frac{Pa}{Q} - \frac{pa^2}{2Q} - \frac{\varepsilon p}{Q^2}\left(1 - \frac{2}{e^{qa} + e^{-qa}}\right) - \frac{P - pa}{qQ} \cdot \frac{e^{qa} - e^{-qa}}{e^{qa} + e^{-qa}};$$

et en substituant dans l'équation précédente,

$$y = \frac{Px - p\left(ax - \frac{1}{2}x^2\right)}{Q} - \frac{\varepsilon p}{Q^2} \cdot \frac{e^{qx} + e^{-qx} - 2}{e^{qa} + e^{-qa}}$$

$$- \frac{P - pa}{Q} \cdot \frac{e^{qa} - e^{-qa} - e^{q(a-x)} + e^{-q(a-x)}}{e^{qa} + e^{-qa}}.$$

596. La plus grande valeur de $\frac{d^2y}{dx^2}$, qui répond à $x=0$, est

$$\frac{p}{Q}\left(1-\frac{2}{e^{qa}+e^{-qa}}\right)+\frac{P-pa}{qQ}\cdot\frac{e^{qa}-e^{-qa}}{e^{qa}+e^{-qa}}.$$

On aura donc, comme ci-dessus, pour l'équation servant à régler les dimensions de la section transversale,

$$\frac{R'}{E}=\frac{Q}{E\omega}+\frac{v'.p}{Q}\left(1-\frac{2}{e^{qa}+e^{-qa}}\right)+\frac{v'(P-pa)}{qQ}\cdot\frac{e^{qa}-e^{-qa}}{e^{qa}+e^{-qa}},$$

dans laquelle on doit substituer à la place de P et Q leurs valeurs, conformément à ce qu'on a vu n°s 584 et 585.

597. L'équation du n° 587 peut être appliquée au cas dont il s'agit, lorsque l'on suppose la courbure de la pièce très-petite.

598. Dans les derniers systèmes que l'on vient de considérer, les extrémités des sous-poutres étant attachées à des points fixes, *l'équilibre est stable*, et les moises qui lient les contrefiches les unes aux autres ne sont utiles que pour prévenir la flexion de ces pièces.

599. La fig. 136 indique une autre disposition des contrefiches, d'après laquelle aucune action n'est exercée dans le sens de la longueur des sommiers du plancher. Supposant toujours les parties des sommiers disjointes aux points D, D_1, D_2...., chacune de ces parties DD', DD_1, D_1D_2...., résistera à la charge placée dans l'intervalle correspondant du plancher comme une pièce supportée à ses extrémités. Les efforts exercés verticalement aux points D, D_1, D_2..... se décomposeront dans le sens des deux contrefiches qui partent de ces points, et produiront sur chacune de ces pièces des pressions longitudinales.

Ce dernier système n'étant point sollicité à changer de

figure, quelle que soit la distribution de la charge, présente par lui-même un équilibre stable. Mais l'emploi des moises pendantes indiquées sur la figure serait nécessaire, en général, pour s'opposer à la flexion des contrefiches, et soutenir le poids de ces pièces en les tenant suspendues aux points $D, D_1, D_2, \ldots$

De l'action des ponts formés de poutres et de contrefiches sur les piles ou culées.

600. Lorsque les fermes sont formées d'une seule poutre, comme on l'a supposé n° 580, les extrémités de cette poutre exercent seulement un effort vertical sur leurs points d'appui, effort que l'on évalue facilement d'après les lois de l'équibre du levier.

601. Dans le cas du n° 581, les points d'appui A et A′ (Fig. 132) supportent chacun un effort vertical égal à l'effort vertical exercé sur les extrémités supérieures D, D′ des contrefiches; et de plus un effort horizontal égal à la pression longitudinale supportée par la pièce DD′. Les points B, B′ supportent un effort vertical dû au poids réparti dans les parties BD, B′D′.

Lorsqu'il y a plusieurs contrefiches, l'extrémité inférieure de chacune de ces pièces exerce toujours contre la culée de semblables efforts verticaux et horizontaux. La somme des efforts horizontaux exercés contre chaque culée est égale à la somme des pressions longitudinales supportées par les pièces placées dans l'intervalle DD′ (Fig. 134).

Les efforts horizontaux tendent à écarter les culées; les efforts verticaux tendent à les maintenir sur leurs bases. L'action par laquelle les culées pourraient être renversées est mesurée par la différence des momens des efforts verticaux et horizontaux, pris par rapport à l'axe autour duquel tournerait la masse de ces culées.

602. Dans le cas du n° 591, les extrémités inférieures des contrefiches exercent toujours contre les culées les mêmes efforts verticaux et horizontaux dont il vient d'être question. Mais de plus, la partie supérieure de ces culées, à laquelle les sous-poutres doivent être attachées, est sollicitée par l'effet des tensions longitudinales supportées par ces pièces. La somme de ces tensions horizontales est égale à la somme des pressions horizontales exercées par les extrémités inférieures des contrefiches; et comme les premières forces agissent pour faire tourner la masse de la culée avec des bras de levier plus grands que les secondes, la culée est ici sollicitée à se renverser en dedans.

603. Dans le cas du n° 599, l'extrémité inférieure de chaque contrefiche exerce contre la culée un effort vertical et un effort horizontal, égaux aux composantes verticale et horizontale de la pression longitudinale supportée par la contrefiche. La somme des efforts verticaux exercés par les contrefiches DA, DA' qui partent d'un même point D est égale à l'effort vertical exercé en D; et les efforts horizontaux exercés par ces mêmes contrefiches sont égaux entre eux.

604. On peut, dans le système du n° 590, supprimer toute action horizontale contre les points d'appui, au moyen d'un tirant dont la tension résisterait à la poussée des contrefiches (Fig. 137). Dans ce cas le tirant, suspendu aux poutres et aux contrefiches, supporte ordinairement le plancher du pont (*a*).

(*a*) Le pont de Schaffouse était disposé sur ce principe, aussi bien que le pont de Wettingen, la plus grande arche en charpente qui ait existé.

Des ponts supportés par des arcs.

605. Nous regarderons d'abord les arcs, qui forment la partie principale des fermes dans les ponts de cette espèce (Fig. 138 et 139), comme un corps homogène, auquel on peut appliquer les résultats exposés ci-dessus, article VI.

Si le poids de la construction et les surcharges placées sur le plancher étaient distribués uniformément dans l'intervalle BB′, la figure qu'il faudrait donner à la pièce courbe, pour qu'elle n'eût aucune tendance à fléchir, serait, conformément au n° 442, un arc de parabole. Dans la réalité les parties situées près des extrémités sont un peu plus chargées que celles qui sont situées au milieu, et on donne ordinairement à ces pièces la figure d'un arc de cercle. Mais, eu égard à l'épaisseur de la pièce et au peu d'amplitude de sa courbure, on peut la regarder comme n'étant nullement sollicitée à fléchir par l'effet du poids de la construction et d'une surcharge distribuée uniformément sur le plancher, et supportant seulement une pression longitudinale, dont on calculera la valeur par les formules des nos 440 et 441. La valeur de Q donne la pression horizontale exercée par l'arc contre les points d'appui.

606. Si, indépendamment d'une charge répartie uniformément sur l'intervalle BB′, un poids était placé au sommet C de la courbe, l'arc cesserait d'être en équilibre. On connaîtrait par les nos 466 et 467 l'action exercée par ce poids pour augmenter la pression horizontale contre les points d'appui, et la pression longitudinale dans les différentes parties de l'arc. On pourrait évaluer ensuite, par le n° 480, l'action du poids pour faire fléchir l'arc,

et les plus grands efforts que les parties de cet arc auraient à supporter.

607. Le milieu C de l'intervalle BB′ n'est pas le lieu où un poids exerce la plus grande action pour fléchir l'arc. Il est donc nécessaire de rechercher les conditions de l'équilibre, en supposant le poids placé en un point quelconque de cet intervalle.

Considérons la pièce courbe MCM′ (Fig. 140) formée de deux parties symétriques séparées par l'axe vertical AC, et dont les extrémités M, M′, situées sur une même ligne horizontale, sont portées par des appuis qui ne leur permettent pas de s'écarter l'une de l'autre. Si l'on suspend un poids 2Π en un point quelconque N de la pièce courbe, ce poids fléchira cette pièce, obligera le point N à se déplacer, et exercera de certains efforts verticaux et horizontaux contre les points d'appui. Chacune des parties NM, NM′ de la pièce se trouvera alors dans le même état d'équilibre que si, la pièce étant supportée en N par un appui fixe, on avait appliqué aux extrémités M, M′ des forces égales aux efforts supportés par les points d'appui. Les déplacemens des extrémités, qui auraient lieu dans ce dernier cas, répondent aux déplacemens du point N qui ont lieu dans le premier. On peut trouver les conditions de l'équilibre de chacune des parties de la pièce en appliquant les formules du n° 448; il faut seulement remarquer qu'ici la pièce étant simplement supportée en N sur un appui, la direction de la courbe en ce point n'est pas déterminée d'avance, comme elle l'est pour une pièce courbe encastrée à l'extrémité supérieure. On nommera

a, b les distances AM, AC;

α la distance horizontale CD du point N au sommet de la courbe;

x, y les coordonnées horizontale et verticale des points de la courbe, comptées du point N.

La courbe, supposée de figure parabolique, aurait pour équation, en comptant les coordonnées du point C, $y = \frac{bx^2}{a^2}$. Les coordonnées étant ici comptées du point N, l'équation de la partie NM est $y = \frac{b}{a^2}(2\alpha x + x^2)$, d'où $\frac{dy}{dx} = \frac{2b}{a^2}(\alpha + x)$. Substituant ces valeurs dans les formules du n° 448, où l'on écrira $\frac{b}{a^2}(a^2 - \alpha^2)$ à la place de b, et négligeant les puissances supérieures de $\frac{dy}{dx}$, il vient pour la partie NM de la courbe

$$dx' - dx = -\frac{1}{\varepsilon} dx \frac{2b}{a^2}\left[P\left\{\left(a - \alpha\right)\alpha x + \left(a - \frac{3\alpha}{2}\right)x^2 - \frac{x^3}{2}\right\}\right.$$
$$\left. + \frac{Qb}{a^2}\left\{\left(a^2 - \alpha^2\right)\alpha x - \alpha^2 x^2 + \left(a^2 - \alpha^2\right)x^2 - \frac{4\alpha x^3}{3} - \frac{x^4}{3}\right\}\right],$$

$$dy' - dy = \frac{1}{\varepsilon} dx\left[P\left\{\left(a - \alpha\right)x - \frac{x^2}{2}\right\} + \frac{Qb}{a^2}\left\{\left(a^2 - \alpha^2\right)x - \alpha x^2 - \frac{x^3}{3}\right\} + m\right],$$

m étant une constante introduite par l'intégration, et dont la valeur dépend de l'inclinaison que la courbe doit prendre sur l'appui N. On en déduit

$$x' - x = -\frac{1}{\varepsilon}\cdot\frac{2b}{a^2}\left[P\left\{\left(a - \alpha\right)\frac{\alpha x^2}{2} + \left(a - \frac{3\alpha}{2}\right)\frac{x^3}{3} - \frac{x^4}{8}\right\}\right.$$
$$\left. + \frac{Qb}{a^2}\left\{\left(a^2 - \alpha^2\right)\frac{\alpha x^2}{2} + \left(a^2 - 2\alpha^2\right)\frac{x^3}{3} - \frac{\alpha x^4}{3} - \frac{x^5}{15}\right\}\right].$$

$$y' - y = \frac{1}{\varepsilon}\left[P\left\{\left(a - \alpha\right)\frac{x^2}{2} - \frac{x^3}{6}\right\} + \frac{Qb}{a^2}\left\{\left(a^2 - \alpha^2\right)\frac{x^2}{2} - \frac{\alpha x^3}{3} - \frac{x^4}{12}\right\} + mx\right];$$

et en faisant $x = a - \alpha$ pour connaître les déplacemens h et f du point M,

$$-h = \frac{1}{\varepsilon} \cdot \frac{2b}{a^2}\left[P\left(\frac{5a^4}{24} - \frac{a^3\alpha}{2} + \frac{a^2\alpha^2}{4} + \frac{a\alpha^3}{6} - \frac{\alpha^4}{8}\right) + \frac{Qb}{a^2}\left(\frac{4a^5}{15} - \frac{a^4\alpha}{2} + \frac{a^2\alpha^3}{3} - \frac{\alpha^5}{10}\right)\right],$$

$$f = \frac{1}{\varepsilon}\left[P\left(\frac{a^3}{3} - a^2\alpha + a\alpha^2 - \frac{\alpha^3}{3}\right) + \frac{Qb}{a^2}\left(\frac{5a^4}{12} - a^3\alpha + \frac{a^2\alpha^2}{2} + \frac{a\alpha^3}{3} - \frac{\alpha^4}{4}\right) - m(a - \alpha)\right].$$

Les mêmes formules conviendront à la partie NM′ de la courbe, en changeant le signe de α et celui de m. Par conséquent, désignant par P_1, Q_1 les forces appliquées au point M′, et par h_1, f_1 les déplacemens de ce point, on aura

$$-h_1 = \frac{1}{\varepsilon} \cdot \frac{2b}{a^2}\left[P_1\left(\frac{5a^4}{24} + \frac{a^3\alpha}{2} + \frac{a^2\alpha^2}{4} - \frac{a\alpha^3}{6} - \frac{\alpha^4}{8}\right) + \frac{Q_1 b}{a^2}\left(\frac{4a^5}{15} + \frac{a^4\alpha}{2} - \frac{a^2\alpha^3}{3} + \frac{\alpha^5}{10}\right)\right],$$

$$f_1 = \frac{1}{\varepsilon}\left[P_1\left(\frac{a^3}{3} + a^2\alpha + a\alpha^2 + \frac{\alpha^3}{3}\right) + \frac{Q_1 b}{a^2}\left(\frac{5a^4}{12} + a^3\alpha + \frac{a^2\alpha^2}{2} - \frac{a\alpha^3}{3} - \frac{\alpha^4}{4}\right) - m(a + \alpha)\right].$$

608. Dans la question dont il s'agit, on a $P = -\Pi \frac{a+\alpha}{a}$; $P_1 = -\Pi \frac{a-\alpha}{a}$; $Q = Q_1$; et il est nécessaire que $h = -h_1$ et $f = f_1$. On déduit des équations exprimant ces conditions

$$m = -\frac{\Pi}{a}\left(\frac{2a^2\alpha}{3} - \frac{2\alpha^3}{3}\right) + \frac{Qb}{a^2}\left(a^2\alpha - \frac{\alpha^3}{3}\right),$$

$$Q = \frac{5\Pi}{32} \cdot \frac{5a^4 - 6a^2\alpha^2 + \alpha^4}{a^3 b},$$

$$h = -h_1 = \frac{\Pi}{\varepsilon} \cdot \frac{(19a^8 - 60a^6\alpha^2 + 66a^4\alpha^4 - 28a^2\alpha^6 + 3\alpha^8)\,b\alpha}{96a^7},$$

$$-f = -f_1 = \frac{\Pi}{\varepsilon} \cdot \frac{3a^8 + 104a^6\alpha^2 - 102a^4\alpha^4 - 5\alpha^8}{384a^5},$$

formules qui font connaître la pression horizontale exercée contre les appuis, et le déplacement du point N où le poids 2Π est suspendu.

609. Quant à l'action de ce poids pour comprimer et faire fléchir la pièce courbe, on remarquera d'abord, conformément au n° 475, que si cette pièce, en même temps qu'elle est chargée au point N du poids 2Π, supporte le poids p sur chaque unité de longueur de l'intervalle MM', la valeur de la pression T sera donnée par l'expression du n° 441, à laquelle on ajoutera l'expression du n° 449, en y mettant pour P et Q les valeurs précédentes. On aura donc pour la partie NM de la pièce, en négligeant toujours le quarré de $\frac{b}{a}$,

$$T = \frac{pa^2}{2b} + \Pi \frac{2b(a+\alpha)(\alpha+x)}{a^3} + \frac{5\Pi}{32} \cdot \frac{5a^4 - 6a^2\alpha^2 + \alpha^4}{a^3 b},$$

On remarquera ensuite que

$$\nu' \frac{d\varphi' - d\varphi}{ds} = \frac{\nu'}{\varepsilon} \left\{ P\left(a - \alpha - x\right) + \frac{Qb}{a^2}\left(a^2 - \alpha^2 - 2\alpha x - x^2\right) \right\},$$

formule où l'on devra substituer pour P et Q les valeurs précédentes. Ces deux expressions serviront à déterminer les dimensions de la pièce courbe, conformément à ce qu'on a vu dans le n° 475. Elles conviendront à la partie NM' de cette pièce en changeant le signe de α.

610. On connaîtra l'effet de la flexion produite par le poids 2Π dans le point N où ce poids est suspendu, en faisant dans l'expression précédente $x=0$; ce qui donne

$$\nu' \frac{d\varphi' - d\varphi}{ds} = \frac{\nu'}{\varepsilon} \left\{ P\left(a - \alpha\right) + \frac{Qb}{a^2}\left(a^2 - \alpha^2\right) \right\},$$

ou en mettant pour P et Q les valeurs précédentes,

$$\nu' \frac{d\varphi' - d\varphi}{ds} = -\frac{\nu'\Pi}{\varepsilon} \cdot \frac{(a^2 - \alpha^2)(7a^4 + 30a^2\alpha^2 - 5\alpha^4)}{32a^5}.$$

Si l'on suppose $\alpha = 0$, c'est-à-dire que le poids 2Π est placé au sommet C de la pièce courbe, cette formule s'accorde avec celle qui a été donnée n° 476. Mais le point C n'est pas la position dans laquelle le poids 2Π donnerait lieu à la plus grande flexion possible; car la valeur maximum de l'expression précédente répond à $\alpha = a\sqrt{\frac{7}{3} - \sqrt{\frac{176}{45}}}$, ou $\alpha = 0{,}3556\,a$ environ. Ainsi le poids 2Π produira la plus grande flexion possible à son point de suspension N, lorsque la distance CD sera un peu plus grande que le tiers de la distance AM. La valeur correspondante de la plus grande extension ou compression des fibres provenant de la flexion au point de suspension N, est, à très-peu près,

$$\nu'\frac{d\varphi' - d\varphi}{ds} = -\frac{\nu'\Pi}{\varepsilon}\cdot 0{,}382\,a.$$

611. Nous remarquerons que l'expression de $\nu'\frac{d\varphi' - d\varphi}{ds}$ du n° 609 a un maximum positif qui répond à la valeur $x = -\alpha - \frac{Pa^2}{2Qb}$. En substituant cette valeur dans l'expression dont il s'agit, il vient

$$\frac{\nu'}{\varepsilon}\cdot\frac{(Pa + 2Qb)^2}{4Qb}$$

pour la valeur de ce maximum ; ou en remplaçant P et Q par les valeurs données n° 608,

$$\frac{\nu'\Pi}{\varepsilon}\cdot\frac{(9a^4 - 16a^2\alpha - 30a^2\alpha^2 + 5a^4)^2}{160a^3(5a^4 - 6a^2\alpha^2 + \alpha^4)}.$$

Cette formule se réduit à $\frac{\nu'\Pi}{\varepsilon}\cdot\frac{81\,a}{800}$ lorsque $\alpha = 0$, ou quand le poids 2Π est suspendu au sommet C de la pièce courbe. Sa valeur augmente lorsque α augmente négativement à partir de zéro. La distance au sommet C du point où il faut placer le poids 2Π pour la rendre le plus grande possible, est un peu moindre que les $\frac{2}{3}$ de l'intervalle AM′, et cette plus grande valeur est, à très-peu près, $\frac{p'\Pi}{\varepsilon} \cdot 0,177\, a$. Comme elle est moindre que la valeur qui a été trouvée dans le numéro précédent, on en conclut que le poids 2Π suspendu en N diminue davantage la courbure de la pièce courbe en son point de suspension, qu'il n'augmente cette courbure dans la partie CM′. On ne doit point oublier d'ailleurs qu'il est nécessaire de considérer à la fois l'effet du changement de figure de la pièce courbe, et celui de la pression longitudinale à laquelle elle est exposée, pour juger de l'effort supporté par les fibres.

612. Dans la plupart des ponts en bois (*Fig.* 138) ou en fer (*Fig.* 139) formés par un arc, on emploie des contrefiches qui concourent avec l'arc à soutenir le poids des parties du plancher voisines des culées. Ces pièces peuvent être dirigées parallèlement à l'arc, ou vers un point placé immédiatement au-dessus des naissances de l'arc. Elles seraient peu utiles si la construction devait seulement supporter une charge répartie uniformément dans l'intervalle des points d'appui. Mais comme les ponts sont destinés à supporter des fardeaux qui occupent successivement les diverses parties de cet intervalle, l'usage des contrefiches est avantageux, en ce qu'il diminue l'action exercée sur l'arc, dans le cas où cette action tend à le fléchir avec le plus de force. On ne doit point oublier que les actions verticales exercées aux extrémités supérieures des contrefiches produisent, conformément à ce qu'on a vu n° 581, des pressions dirigées dans le sens

de la longueur des sommiers, auxquelles ces dernières pièces doivent être capables de résister (*a*).

613. Lorsque les arcs sont formés de plusieurs cours de pièces courbes en bois, on peut regarder la pression longitudinale comme étant également répartie sur toutes ces pièces. Le moment de flexion ε doit être évalué conformément aux n°s 508 et suivans, en ayant égard à ce que chaque cours de pièces courbes est ordinairement partagé en plusieurs parties dans le sens de sa longueur. Ces cours de pièces étant placés en contact les uns sur les autres, serrés par des brides, et les joints étant distribués de manière qu'ils ne se rencontrent pas vis-à-vis les uns des autres, le moment de flexion est partout au moins égal à la somme des momens de flexion de chaque pièce, moins un de ces momens. Si ces pièces ne sont pas simplement posées les unes sur les autres, mais en-

---

(*a*) Dans plusieurs ponts en bois ou en fer supportés par un arc, les moises pendantes, ou autres pièces par lesquelles le poids du plancher est transmis à l'arc, sont inclinées suivant des directions normales à la courbe. Il s'établit alors aux extrémités supérieures de ces pièces, des pressions ou des tensions horizontales dirigées dans le sens des sommiers; et aux points où les mêmes pièces portent sur l'arc, des pressions horizontales égales aux premières, et dirigées vers le milieu de l'arche. Ainsi l'arc est alors sollicité, non-seulement par l'action verticale du poids de la construction, mais encore par des actions horizontales qui n'existent pas quand les moises pendantes sont placées verticalement. On peut remarquer aussi que lorsque les pièces qui transmettent à l'arc le poids du plancher sont perpendiculaires sur cet arc, ce poids n'est pas réparti uniformément sur l'intervalle compris entre les culées. La partie du milieu de l'arc est plus chargée, et les parties voisines des culées le sont moins, ce qui exige de la part de cet arc une plus grande résistance.

taillées à cremaillères, ou assemblées avec des clefs (comme l'indique la fig. 93), et si les joints sont croisés comme on vient de le dire, le moment de flexion, dans les parties le plus faibles, différera peu de celui d'un solide d'une seule pièce, ayant pour hauteur la somme des hauteurs des pièces, moins une.

614. Dans les ponts en fer les arcs sont ordinairement formés par deux cours de pièces courbes, dont les parties sont liées d'un cours à l'autre par des montans normaux et des croix. Les parties placées les unes au bout des autres, dans chaque cours, doivent être réunies par des liens en fer forgé, fortement serrés, qui présentent à la tension une résistance égale à celle de ces parties. Un arc ainsi formé peut être regardé comme un corps d'une seule pièce, dont le moment de flexion ε s'évaluera conformément au n° 511. La pression longitudinale peut être supposée également répartie sur les deux cours de pièces courbes.

De la liaison des fermes dans les ponts en charpente.

615. A l'exception des cas indiqués n° 558, les constructions dont on s'est occupé ci-dessus présentent un équilibre stable, quant aux changemens de figure qui peuvent avoir lieu dans le plan vertical de chaque ferme. Mais l'équilibre n'est point stable à l'égard des déplacemens des parties de la ferme qui auraient lieu d'un côté ou de l'autre de ce plan. Il faut excepter seulement le cas où les sommiers, dirigés en ligne droite d'une culée à l'autre, seraient formés de pièces attachées les unes au bout des autres, et fixées aux culées.

Cette dernière disposition n'ayant presque jamais lieu il est indispensable de prendre des précautions pour maintenir les fermes dans leurs plans respectifs. On y parviendra en plaçant d'une ferme à l'autre des pièces horizontales, nommées entretoises, et les assemblant à leurs extrémités avec les pièces des fermes, de manière que l'angle qu'elles forment avec le plan de ces fermes ne puisse varier. Par cette disposition une ferme ne pourrait se déverser en tournant sur ses points d'appui, sans que toutes les autres ne prissent le même mouvement, et sans que toutes les entretoises ne fussent rompues aux deux extrémités (*a*).

616. On maintient les fermes d'une manière encore plus sûre, en ajoutant aux entretoises des pièces dirigées diagonalement dans leurs intervalles. On peut placer ces pièces, nommées contrevents, entre les arcs, dans les plans inclinés qui contiennent les contrefiches, dans le plancher, et dans les plans verticaux ou normaux qui contiennent les moises pendantes. L'effet des contrevents tient à ce que les fermes ne peuvent se déverser sans qu'une partie de ces pièces ne s'accourcisse, et que l'autre ne s'allonge. Leurs extrémités doivent être attachées aux pièces des fermes avec des liens de fer fortement serrés. Au moyen des contrevents il n'est plus nécessaire, pour la stabilité de l'équilibre, que les entretoises soient assemblées avec les pièces des fermes de manière que l'angle ne puisse varier au point d'assem-

(*a*) Cette disposition est principalement applicable aux ponts en fer. L'exemple du pont d'Austerlitz, à Paris, dont les arches ont plus de 32^{m} d'ouverture, prouve que l'emploi des contrevents n'est pas indispensable. On n'avait point placé de contrevents dans la grande arche en fer fondu, de 72^{m} d'ouverture, qui forme le pont de Sunderland, mais on y a ajouté, postérieurement à la construction, quelques liens dirigés diagonalement.

blage, mais il faut toujours que les extrémités des entretoises soient attachées aux pièces des fermes.

617. Les principales causes du déversement des fermes d'un pont sont l'action du vent, et les secousses qui peuvent être imprimées lors du passage des voitures. On ne peut les apprécier avec assez d'exactitude pour soumettre au calcul l'établissement des pièces destinées à prévenir ce déversement.

ARTICLE XI.

DES CINTRES EN CHARPENTE SERVANT A LA CONSTRUCTION DES VOUTES.

618. L'établissement des cintres exige la connaissance des efforts qu'ils ont à supporter pendant la construction de la voûte.

On distingue deux espèces principales de cintres : 1° ceux qui sont soutenus sur des points d'appui distribués dans l'intervalle des culées ; 2° ceux que l'on nomme cintres retroussés, et qui sont entièrement supportés par des points d'appui pris au pied des culées, sous les naissances de la voûte.

Des efforts exercés sur les cintres par l'effet du poids des voussoirs.

619. Lorsque l'on construit une voûte, chaque assise ou cours de voussoirs est posé sur une pièce de bois horizontale, nommée couchis, qui s'appuie sur les pièces supérieures des fermes du cintre. Les couchis exercent sur ces pièces des efforts dirigés dans le sens des joints des voussoirs, et dont il s'agit de connaître la valeur.

Considérons la portion de voûte représentée fig. 141, appuyée sur un cintre. L'un quelconque des voussoirs, tel que ABDC, supporte de la part du voussoir placé immédiatement au-dessus une pression normale au joint AB. De plus, comme ce dernier voussoir tend à glisser le long de AB, et que la force provenant de la résistance du cintre, qui le retient, n'est pas égale à celle qui tend à l'entraîner le long de AB, mais est diminuée par l'effet du frottement et de la cohésion qui ont lieu sur ce joint, il s'ensuit que le voussoir ABDC est encore sollicité, dans la direction BA, par une force égale à ces résistances. Enfin ce même voussoir est sollicité verticalement par son propre poids. Nous pouvons le considérer comme un corps appuyé contre le plan incliné CD, sollicité par les trois forces dont on vient de parler, et retenu par une force provenant de la résistance du cintre, que nous supposerons parallèle au joint CD. D'après cela, nommant

$G_1, G_2, G_3, \ldots G_n$ les poids des 1er, 2e, 3e,... n^e voussoirs, en comptant du voussoir supérieur, pour une unité de longueur de la voûte;

$\alpha_1, \alpha_2, \alpha_3, \ldots \alpha_n$ les angles formés par les joints inférieurs des mêmes voussoirs avec une ligne verticale;

$z_1, z_2, z_3, \ldots z_n$ les longueurs des joints inférieurs des voussoirs;

$T_1, T_2, T_3, \ldots T_n$ les pressions normales qui ont lieu sur ces joints inférieurs;

$R_1, R_2, R_3, \ldots R_n$ les efforts exercés sur le cintre parallèlement aux joints inférieurs de chaque voussoir;

f et γ ayant les significations indiquées n° 290;

et remarquant 1° que la force T_{n-1}, perpendiculaire à AB, se décompose perpendiculairement et parallèlement à CD dans les deux forces $T_{n-1}\cos.(\alpha_n-\alpha_{n-1})$, et $-T_{n-1}\sin.(\alpha_n-\alpha_{n-1})$; 2° que la résistance provenant du frottement et de la cohésion sur le joint AB est

$fT_{n-1}+\gamma z_{n-1}$, et que cette force, dirigée suivant BA, se décompose perpendiculairement et parallèlement à CD dans les deux forces $(fT_{n-1}+\gamma z_{n-1})\sin.(\alpha_n-\alpha_{n-1})$, et $(fT_{n-1}+\gamma z_{n-1})\cos.(\alpha_n-\alpha_{n-1})$; 3° que le poids G_n du voussoir ABDC se décompose perpendiculairement et parallèlement à CD dans les deux forces $G_n\sin.\alpha_n$ et $G_n\cos.\alpha_n$: on voit d'abord que la pression normale exercée par le voussoir ABDC sur le joint inférieur CD est

$$T_n=T_{n-1}[\cos.(\alpha_n-\alpha_{n-1})+f\sin.(\alpha_n-\alpha_{n-1})]$$
$$+\gamma z_{n-1}\sin.(\alpha_n-\alpha_{n-1})+G_n\sin.\alpha_n;$$

et l'on a de plus, pour l'équation exprimant les conditions de l'équilibre de ce voussoir,

$$R_n=-T_{n-1}(1+f^2)\sin.(\alpha_n-\alpha_{n-1})$$
$$+\gamma z_{n-1}[\cos.(\alpha_n-\alpha_{n-1})-f\sin.(\alpha_n-\alpha_{n-1})]$$
$$+G_n(\cos.\alpha_n-f\sin.\alpha_n)-\gamma z_n.$$

620. Au moyen de ces équations on calculera facilement les pressions désignées par R, en commençant par le voussoir supérieur, et remarquant que $T_0=0$, et $\gamma z_0=0$, en sorte que l'on a pour ce voussoir

$$T_1=G_1\sin.\alpha_1,$$
$$R_1=G_1(\cos.\alpha_1-f\sin.\alpha_1)-\gamma z_1.$$

621. Si l'on suppose nulle la force de cohésion, comme il convient de le faire dans la plupart des applications, les équations du n° 619 deviennent

$$T_n=T_{n-1}[\cos.(\alpha_n-\alpha_{n-1})+f\sin.(\alpha_n-\alpha_{n-1})]+G_n\sin.\alpha_n,$$
$$R_n=-T_{n-1}(1+f^2)\sin.(\alpha_n-\alpha_{n-1})+G_n(\cos.\alpha_n-f\sin.\alpha_n);$$

et l'on a pour le voussoir supérieur

$$T_1=G_1\sin.\alpha_1,$$
$$R_1=G_1(\cos.\alpha_1-f\sin.\alpha_1).$$

622. On voit par ces formules que la pression normale exercée sur le cintre par un même cours de vous-

soirs varie continuellement à mesure que la construction de la voûte fait des progrès. Le premier cours de voussoirs qui commence à charger le cintre, est celui dont l'inclinaison est telle que l'on $a \tan g. \alpha_{,} < \frac{1}{f}$ (Voyez pour les valeurs de f les nos 280 et suivans, et 315). Quand on vient à poser de nouveaux cours de voussoirs, la pression exercée sur le cintre par celui-ci diminue, et peut même devenir nulle, ou négative. Il en est de même à l'égard des voussoirs suivans ; et c'est par cette raison que, lorsqu'on abaisse le cintre d'une voûte avant qu'elle ne soit fermée, on voit quelquefois se soutenir en l'air un certain nombre de voussoirs, qui portaient sur le cintre lorsqu'on les avait posés (a). Chaque cours de voussoirs exerce la plus grande pression possible lorsqu'il n'est pas encore recouvert par l'assise suivante. La pression qu'il exerce diminue après la pose de cette assise ; elle diminue de nouveau après la pose de l'assise qui recouvre celle-ci ; et ainsi de suite.

623. Pour avoir une connaissance complète des actions exercées sur un cintre, et des divers états d'équilibre par lesquels cette construction doit passer pendant la pose des voussoirs, il est donc nécessaire de calculer, par les formules des nos 619 ou 621, les diverses valeurs que prend successivement la pression normale exercée par chaque cours de voussoirs, à mesure que ce cours est recouvert d'un plus grand nombre d'autres. Mais si l'on veut se borner à connaître, pour chaque point de la courbe du cintre, une limite que la pression normale exercée en ce point ne puisse dépasser, il suffira de calculer la pression

(a) Voyez ci-dessus no 312 et suivants, ainsi que les ouvrages cités dans les notes.

exercée par chaque cours de voussoirs, dans l'hypothèse où ce cours est le dernier qui a été posé, c'est-à-dire que l'on emploîra la formule

$$R_n = G_n (\cos. \alpha_n - f \sin. \alpha_n) - \gamma z_n ;$$

ou, en négligeant la cohésion,

$$R_n = G_n (\cos. \alpha_n - f \sin. \alpha_n).$$

De l'établissement des cintres.

624. L'objet que l'on doit se proposer, quand on construit une voûte, est que chaque voussoir placé sur le cintre demeure dans la même situation, jusqu'à ce que la voûte ayant été fermée, et le cintre abaissé, l'ensemble des voussoirs se maintienne de lui-même en équilibre. La voûte, pendant et après le décintrement, peut sans inconvénient subir un léger tassement, produit par l'élasticité de la matière des voussoirs, et par la compression du mortier ou des cales placés dans les joints. Mais un déplacement quelconque des voussoirs, qui aurait lieu avant que la voûte ne fût fermée, ne peut qu'être nuisible. D'après cela les cintres doivent être disposés de manière que pendant la durée de la pose le système ne tende point à changer de figure, et que les pièces ne soient pas sollicitées à tourner sur leurs points d'assemblage.

625. La figure 142 représente un cintre porté sur des points d'appui placés dans l'intervalle des culées. Les efforts exercés par les voussoirs, perpendiculairement à la courbe du cintre, sur les pièces DD_1, D_1D_2,...... sont transmis aux points d'appui par les poteaux DE, D_1E_1, D_2E_2,..... dirigés dans le sens de ces efforts. On peut, sans erreur sensible, assimiler les pièces DD_1, D^1D^2,..... à une

pièce chargée de poids distribués sur sa longueur, et portée horizontalement sur ses deux extrémités. Il sera facile, d'après ce qu'on a vu ci-dessus, de calculer l'effort exercé sur chacune de ces pièces, ainsi que les pressions qui en résultent dans la direction des poteaux DE, D_1E_1,.....

626. Ce système demeurera en équilibre et ne tendra point à changer de figure pendant toute la durée de la construction de la voûte. Si les points B, B' sont fixes, et si les trois pièces qui s'assemblent aux points D, D_1, D_2,.... y sont attachées les unes aux autres, l'équilibre est stable, lors même que l'on suppose toutes les pièces libres de tourner sur les points d'assemblage. Il serait utile néanmoins de placer quelques écharpes ou entretoises, comme on l'a indiqué sur la figure : ces pièces consolideraient les poteaux, en s'opposant à ce qu'ils ne fléchissent dans le sens du plan de la ferme (*a*).

627. Lorsque les points d'appui doivent être pris au pied des culées, le cintre peut être disposé de la manière indiquée figure 143. L'effort exercé par les voussoirs, perpendiculairement à la courbe du cintre, est transmis par les pièces DD_1, D_1D_2,..... aux points D, D_1, D_2,..... où ces pièces s'assemblent les unes aux autres. Les efforts normaux exercés au point D se décomposent dans le sens de la contrefiche DA et de l'entretoise horizontale DD'. La pression qui en résulte dans le sens de la contrefiche est détruite par la résistance du point d'appui A, et la pression dirigée dans le sens de l'entretoise est détruite par une pression égale provenant de l'effort exercé au point

---

(*a*) On trouve le dessin d'un cintre disposé sur ce principe dans les *Reports* de Smeaton, tome III, page 349.

D'. Une décomposition semblable a lieu aux points D_1, D_2,..... Les pièces DD_1, D_1D_2,..... sont dans le même état que dans le système considéré n°. 625, et l'on calculera facilement les pressions longitudinales supportées par les contrefiches et les entretoises.

628. Ce système demeurera en équilibre et ne sera point sollicité à changer de figure pendant toute la durée de la construction de la voûte, si l'on pose en même temps les voussoirs des deux côtés. En admettant les suppositions indiquées n° 626, l'équilibre est stable. Les pièces DE, D_1E_1, D_2E_2,..... indiquées sur la figure, ne sont utiles que pour consolider les entretoises et les contrefiches, et en reporter le poids sur les points D, D_1, D_2.....

629. On peut encore disposer un cintre retroussé de la manière indiquée figure 144. Dans ce cas les efforts normaux exercés au point D sont immédiatement transmis aux points d'appui par les contrefiches DA, DA'; et ainsi des autres points D_1, D_2..... Les contrefiches ne supportent que des pressions longitudinales qu'il est aisé de calculer.

630. Dans ce dernier système l'équilibre est stable, et le cintre n'est pas sollicité à changer de figure lors même qu'il y a plus de voussoirs posés d'un côté que de l'autre. Les pièces DE, D_1E_1,..... ont le même objet que dans le cas précédent (*a*).

(*a*) Le principe de cette disposition a été appliqué pour la première fois au pont de Westminster par M. King, en 1740. Il l'a été également au pont de Black-Friars, construit en 1769 par M. Mylne, et dont l'arche du milieu a 100 pieds anglais d'ouverture. *A system of mechanical philosophy*, par Robison, tome I, page 687. M. Rennie a disposé de la même manière les cintres des

631. On peut appliquer aux cintres ce qui a été dit à l'égard des ponts en charpente, nos 615 et suivans, sur la nécessité de lier les fermes entre elles.

ARTICLE XII.

Des planchers.

632. Nous distinguerons principalement 1° les planchers formés par des solives parallèles, portées sur les murs, ou soutenues par des poutres traversant d'un mur à l'autre; 2° les planchers formés par des pièces qui ne traversent point d'un mur à l'autre, et qui sont assemblées les unes aux autres; 3° les planchers formés de plusieurs couches de planches jointives, assemblées à rainures et languettes, dont les directions se croisent, et qui sont clouées les unes sur les autres.

Les planchers de la première espèce ne comportent pas de recherches spéciales. On pourra toujours, d'après les résultats présentés nos 88 et suivans, 123 et suivans, comparer la résistance des pièces aux charges qu'elles auront à supporter.

633. La disposition des planchers de la deuxième espèce, appelés ordinairement *planchers d'assemblage*, peut être variée à l'infini. L'objet que l'on se propose est d'exécuter la construction avec des pièces dont la longueur soit moindre que l'intervalle des murs. On considé-

---

arches du pont de Waterloo, dont l'ouverture est de 120 pieds anglais. Voyez la IIIe partie des Voyages dans la Grande-Bretagne, de M. Ch. Dupin, *Tredgold's Principles of carpentry*, et les dernières Encyclopédies anglaises. Les voûtes de ces ponts, celles du dernier surtout qui est construit en granit, étaient très-pesantes, les voussoirs ayant plus de 6 pieds de hauteur.

rera seulement l'une des dispositions le plus simples, indiquée figure 145. Ce système, formé de quatre pièces disposées symétriquement dans un cadre quarré, peut être supposé chargé par des poids distribués uniformément dans toute l'étendue du cadre. On peut aussi le supposer chargé par un seul poids placé au centre, et dont l'action serait transmise aux quatre points désignés par C, C, C', C'. Dans tous les cas, si la charge est disposée symétriquement, l'effet de cette charge sera de faire fléchir le système de manière que les quatre points B, B, B', B' s'abaisseront de quantités égales, et demeureront contenus dans un même plan horizontal. Il suit de là que, considérant à part les deux pièces AB, AB et les poids qu'elles supportent, on peut les regarder comme formant un système, dans lequel ces pièces seraient assujetties l'une à l'autre de manière que les points B et B' demeureraient nécessairement au même niveau lors de la flexion. On peut dire la même chose des pièces A'B', A'B'.

Nous supposerons qu'un poids 4Π est placé au centre du cadre, et qu'il en résulte un effort vertical Π en chacun des points C, C, C', C'. Les extrémités A, A, A', A' des pièces exerceront chacune sur le point du cadre qui les supporte un effort Π. On peut donc rechercher les conditions d'équilibre de l'appareil proposé en regardant le système des deux pièces AB, AB comme étant supporté aux points C, C sur un axe fixe, et chargé aux extrémités A, A de deux poids Π.

634. D'après cela on considérera deux pièces égales M*n*, *m*N (fig. 146), chargées aux extrémités M, *m* des poids Π. Ces pièces se croisent dans l'intervalle N*n*. L'extrémité de la première est assujettie au point *n* de la seconde, et l'extrémité de la seconde est assujettie au point N de la première. Les deux pièces portent en C sur

un axe horizontal fixe. Le poids Π suspendu en M tend à faire tourner la pièce Mn sur le point C; mais ce mouvement est empêché, parce qu'un certain effort s'exerce de de haut en bas sur le point N, et qu'un effort égal s'exerce de bas en haut sur le point n de cette pièce, par suite de l'action du poids Π suspendu en m, et de la liaison des deux pièces. Nous pouvons donc regarder la portion CM de la première pièce comme étant encastrée en C suivant une direction qu'il faudra connaître, et sollicitée en M par le poids Π, en N par l'effort dont on vient de parler. Nous pouvons regarder également la portion CN de la seconde pièce comme étant encastrée en C, et sollicitée en N par le même effort. Nous nommerons

x, y les coordonnées horizontale et verticale d'un point quelconque de la courbe affectée par les pièces, comptées à partir du point C;

a la distance AC;

a' la distance BC;

f l'abaissement AM du point M;

f' l'abaissement BN du point N;

ω l'angle que la tangente de la portion de courbe CM forme en C avec l'axe horizontal Cx;

Π' l'effort que l'extrémité de l'une des pièces exerce sur l'autre aux points N, n.

ε et ρ auront les significations indiquées n°s 80 et 113.

On aura en premier lieu, pour la partie CN de la première pièce Mn,

$$\varepsilon\frac{d^2y}{dx^2}=\Pi\,(a-x)-\Pi'\,(a'-x),$$

$$\varepsilon\frac{dy}{dx}=\Pi\left(ax-\frac{x^2}{2}\right)-\Pi'\left(a'x-\frac{x^2}{2}\right)+\text{tang. }\omega,$$

$$\varepsilon y=\Pi\left(\frac{ax^2}{2}-\frac{x^3}{6}\right)-\Pi'\left(\frac{a'x^2}{2}-\frac{x^3}{6}\right)+x\,\text{tang. }\omega.$$

On aura ensuite pour la partie MN de la même pièce en déterminant les constantes de manière que, pour $x=a'$, les valeurs de $\frac{dy}{dx}$ et y soient égales à celles qui seraient données par les équations précédentes,

$$\varepsilon \frac{d^2y}{dx^2} = \Pi(a-x),$$

$$\varepsilon \frac{dy}{dx} = \Pi\left(ax-\frac{x^2}{2}\right) - \Pi' \frac{a'^2}{2} + \text{tang. } \omega,$$

$$\varepsilon y = \Pi\left(\frac{ax^2}{2}-\frac{x^3}{6}\right) - \Pi'\left(\frac{a'^2 x}{2}-\frac{a'^3}{6}\right) + x \text{ tang. } \omega.$$

On aura enfin pour la partie CN de la seconde pièce mN,

$$\varepsilon \frac{d^2y}{dx^2} = \Pi'(a'-x),$$

$$\varepsilon \frac{dy}{dx} = \Pi'\left(a'x-\frac{x^2}{2}\right) - \text{tang. } \omega,$$

$$\varepsilon y = \Pi'\left(\frac{a'x^2}{2}-\frac{x^3}{6}\right) - x \text{ tang. } \omega.$$

La première et la dernière des valeurs de y doivent également, en y faisant $x=a'$, donner $y=f'$. Donc

$$\varepsilon f' = \Pi\left(\frac{aa'^2}{2}-\frac{a'^3}{6}\right) - \Pi' \frac{a'^3}{3} + a' \text{ tang. } \omega,$$

$$\varepsilon f' = \Pi' \frac{a'^3}{3} - a' \text{ tang. } \omega.$$

L'équilibre de l'une et de l'autre pièce autour du point C exige d'ailleurs que l'on ait

$$\Pi a = 2\Pi' a'.$$

On déduit de ces trois équations

$$\Pi' = \Pi \frac{a}{2a'},$$

$$\text{tang. } \omega = -\Pi \frac{(a-a')a'}{12},$$

$$f' = \frac{\Pi}{\varepsilon} \cdot \frac{(3a-a')a'^2}{12};$$

et en substituant les valeurs de Π et tang.ω dans l'équation appartenant à la partie MN de la première pièce, puis faisant $x=a$, on trouvera pour l'abaissement AM du point extrême M,

$$f=\frac{\Pi}{\varepsilon}\cdot\frac{a(2a^2-2aa'+a'^2)}{6}.$$

Si au lieu des deux pièces Mn, Nm, qui se croisent sur la longueur Nn, on n'avait qu'une seule pièce Mm, supportée en C, et chargée aux deux extrémités du poids Π, la flèche de courbure serait, d'après le n° 87, $\frac{\Pi}{\varepsilon}\cdot\frac{a^3}{3}$. L'effet du croisement des deux pièces est de diminuer la flèche de courbure, et d'autant plus que l'intervalle Nn est plus grand. Si les deux pièces se croisent sur toute leur longueur, c'est-à-dire si $a'=a$, la formule précédente donne, comme cela doit être, $f=\frac{\Pi}{\varepsilon}\cdot\frac{a^3}{6}$.

On a respectivement, pour les parties CN et MN de la première pièce, et pour la partie BC de la seconde pièce,

$$\varepsilon\frac{d^2y}{dx^2}=\Pi\left(\frac{a}{2}-x+\frac{ax}{2a'}\right),$$

$$\varepsilon\frac{d^2y}{dx^2}=\Pi(a-x),$$

$$\varepsilon\frac{d^2y}{dx^2}=\Pi\left(\frac{a}{2}-\frac{ax}{2a'}\right).$$

Lorsque $a'=\frac{1}{2}a$, la valeur de $\frac{d^2y}{dx^2}$ est constante dans tous les points de la partie CN de la pièce Mn; en sorte que la pièce est courbée dans cette partie suivant un arc de cercle dont le rayon est $\frac{\varepsilon}{\Pi}\cdot\frac{2}{a}$, et que cette pièce est également disposée à rompre dans tous les points de cette même partie. Si a' est $< \frac{1}{2} a$, la pièce Mn tend à rompre en N, et si a' est $> \frac{1}{2} a$, elle tend à rompre en C. On connaîtra les conditions de la rupture, conformément au n° 358, en posant dans le premier cas

$$\rho = \Pi (a - a'),$$

et dans le second

$$\rho = \Pi \frac{a}{2}.$$

Si au lieu des deux pièces qui se croisent, on n'avait qu'une seule pièce Mm supportée en C, et chargée aux extrémités des poids Π, on devrait avoir, d'après le n° 122, $\rho = \Pi a$. On jugera d'après les équations précédentes dans quel rapport le croisement des pièces rend le système plus solide.

635. Les résultats précédens s'appliqueront immédiatement au système représenté figure 145, chargé de la manière indiquée n° 633, et feront connaître la quantité dont les quatre poids Π feront fléchir les pièces, où la valeur qu'il faudrait donner à ces poids pour en opérer la rupture.

Si les points d'appui A, A' sont placés au quart des côtés du cadre, on a $a' = \frac{a}{2}$, et

$$\rho = \Pi \frac{a}{2}.$$

Ainsi le système présente alors une force double de celle de deux pièces ayant une longueur égale à la distance des côtés du cadre, quoique le volume du bois ne soit que de moitié en sus plus grand. Dans la réalité, la force du système dont il s'agit ne serait pas tout-à-fait double de celle des deux pièces, parce que les bois sont affaiblis aux points d'assemblage, qui sont précisément ceux où ils tendent à se rompre.

636. Si l'on suppose que la section transversale des pièces est un rectangle dont la largeur soit b, ρ sera proportionnel à b. D'un autre côté, si la hauteur des pièces est réglée de manière que la relation qui, d'après les formules précédentes, doit exister entre ρ, a et a', soit satisfaite, cette relation le sera encore, si l'on vient à augmenter dans un même rapport les quantités a, a' et b. Donc, si l'on fait varier dans un même rapport toutes les dimensions horizontales de la fig. 145, sans changer la hauteur des pièces, la valeur du poids 4Π, capable d'opérer la rupture, demeurera constamment la même.

637. Si le système de quatre pièces, représenté figure 145, était chargé par des poids répartis dans toute l'étendue du cadre, on trouverait par des calculs semblables aux précédens les conditions de l'équilibre. On ne s'arrêtera pas davantage sur ces recherches, qui n'offrent pas de difficultés, et dont il suffit d'avoir indiqué les principes.

De la flexion et de la rupture des plans élastiques.

638. L'objet que l'on se propose en construisant les planchers de la troisième espèce, indiqués au commencement de cet article, est de former une masse pleine, comprise entre deux plans parallèles, et dont toutes les parties sont, autant qu'il est possible, liées les unes aux autres. Les lois de la résistance d'un tel corps, en le supposant homogène dans toutes ses parties, ont été recherchées (*a*); mais comme l'exposition de ces recherches

(*a*) Ces lois ont été exposées pour la première fois pas l'auteur,

serait très-longue, et supposerait la connaissance de méthodes analytiques qui n'ont pas encore passé dans les ouvrages et les cours destinés à l'instruction des ingénieurs, on rapportera seulement les résultats le plus simples, et qui paraissent le plus utiles.

639. Considérons un plan supporté horizontalement sur un cadre rectangulaire fixe, et supposons un poids Π placé au centre de ce plan. Nommons

a, b les deux côtés du cadre,
h l'épaisseur du plan,
f l'abaissement du centre du plan, où est placé le poids Π;
E ayant la signification indiquée n° 77.

On aura

$$f = \frac{45\,\Pi\, a^3 b^3}{\pi^4 E h^3} \left\{ \begin{array}{l} \dfrac{1}{(a^2+b^2)^2} + \dfrac{1}{(a^2+3^2 b^2)^2} + \dfrac{1}{(a^2+5^2 b^2)^2} + \text{etc.} \\ \dfrac{1}{(3^2 a^2+b^2)^2} + \dfrac{1}{(3^2 a^2+3^2 b^2)^2} + \text{etc.} \\ \dfrac{1}{(5^2 a^2+b^2)^2} + \dfrac{1}{(5^2 a^2+3^2 b^2)^2} + \text{etc.} \\ \text{etc.} \end{array} \right\}$$

π représentant le rapport de la circonférence au diamètre. La flèche de courbure est réciproque au cube de l'épaisseur du plan; et pour des plans de figures semblables, elle est proportionnelle à la deuxième puissance des côtés.

---

dans un Mémoire présenté à l'Académie des Sciences en 1820. Voyez le Bulletin des Sciences par la société Philomatique, année 1823, page 92.

640. Le plan étant chargé de la même manière, et le côté a étant le plus petit des deux côtés a et b, si l'on veut, comme au n° 382, que les fibres placées aux faces convexe et concave du plan ne supportent pas sur l'unité de surface, par suite de l'action du poids Π, un effort plus grand que R′, il faudra poser l'équation

$$R' = \frac{45 \Pi a b^3}{2 \pi^2 h^2} \left\{ \begin{array}{l} \frac{1^2}{(a^2 + b^2)^2} + \frac{3^2}{(a^2 + 3^2 b^2)^2} + \frac{5^2}{(a^2 + 5^2 b^2)^2} + \text{etc.} \\ \frac{1^2}{(3^2 a^2 + b^2)^2} + \frac{3^2}{(3^2 a^2 + 3^2 b^2)^2} + \text{etc.} \\ \frac{1^2}{(5^2 a^2 + b^2)^2} + \frac{3^2}{(5^2 a^2 + 3^2 b^2)^2} + \text{etc.} \\ \text{etc.} \end{array} \right\}$$

et prendre la valeur de Π donnée par cette équation pour la limite des poids dont on peut charger le plan. Cette valeur est proportionnelle au quarré de l'épaisseur du plan. Elle demeure la même lorsque l'on fait varier les côtés a et b dans un même rapport, en sorte qu'elle ne dépend pas de la grandeur absolue des côtés (a).

641. Supposons maintenant le même plan rectangulaire chargé de poids uniformément répartis dans toute son étendue, en désignant par p le poids placé sur l'unité de surface. On aura

$$f = \frac{180 p a^4 b^4}{\pi^6 E h^3} \left\{ \begin{array}{l} \frac{1}{1.1 (a^2 + b^2)^2} - \frac{1}{1.3 (a^2 + 3^2 b^2)^2} + \frac{1}{1.5 (a^2 + 5^2 b^2)^2} - \text{etc.} \\ - \frac{1}{3.1 (3^2 a^2 + b^2)^2} + \frac{1}{3.3 (3^2 a^2 + 3^2 b^2)^2} - \text{etc.} \\ + \frac{1}{5.1 (5^2 a^2 + b^2)^2} - \frac{1}{5.3 (5^2 a^2 + 3^2 b^2)^2} + \text{etc.} \\ - \text{etc.} \end{array} \right\}$$

(a) Cette proposition, analogue à celle qui est indiquée ci-dessus n° 636, avait été démontrée d'une toute autre manière par Mariotte. Voyez ses Œuvres, tome II, page 168.

La flèche de courbure est encore réciproque au cube de l'épaisseur du plan. Si le poids p porté par l'unité de surface est constant, cette flèche est, pour des plans de figures semblables, proportionnelle à la 4e puissance du côté. Si le poids total pab est constant, la flèche est proportionnelle à la 2e puissance du côté.

642. Le plan étant chargé de la manière qui vient d'être indiquée, et le côté a étant le plus petit des deux côtés a et b, si l'on veut que les fibres placées aux faces convexe et concave du plan ne supportent pas sur l'unité de surface un effort plus grand que R′, il faudra poser l'équation

$$R' = \frac{90 p a^2 b^4}{\pi^4 h^2} \left\{ \begin{array}{l} \dfrac{1}{1(a^2+b^2)^2} - \dfrac{1}{3(3^2 a^2 - b^2)^2} + \dfrac{1}{5(5^2 a^2 + b^2)^2} - \text{etc.} \\ - \dfrac{3}{1(a^2+3^2 b^2)^2} + \dfrac{3}{3(3^2 a^2 + 3^2 b^2)^2} - \dfrac{3}{5(5^2 a^2 + 3^2 b^2)^2} - \text{etc.} \\ + \dfrac{5}{1(a^2+5^2 b^2)^2} - \dfrac{5}{3(3^2 a^2 + 5^2 b^2)^2} + \dfrac{5}{5(5^2 a^2 + 5^2 b^2)^2} - \text{etc.} \\ - \text{etc.} \end{array} \right\}$$

et prendre la valeur de p qui y satisfait pour la limite des poids dont on peut charger l'unité de surface du plan élastique. Cette valeur est proportionnelle au quarré de l'épaisseur du plan. Le poids total pab dont le plan pourrait être chargé, ne varie pas lorsque l'on fait varier les côtés a, b dans un même rapport, et ne dépend pas de lagra ndeur absolue de ces côtés.

643. Ces résultats peuvent être appliqués aux planchers du genre de ceux dont il s'agit; mais comme les parties de ces planchers ne présentent pas la liaison et l'homogénité d'un corps continu, on ne doit pas leur attribuer, dans les applications, une force aussi grande que l'indiqueraient les formules précédentes.

Règles pratiques pour l'établissement des planchers.

644. D'après M. Rondelet (*a*), les solives d'un plancher étant espacées tant plein que vide, la hauteur des bois doit être le $\frac{1}{24}$ de la portée. Cette règle s'accorde sensiblement avec les indications données par d'autres architectes.

L'espacement ordinaire des poutres sur lesquelles portent les solives est de 12 pieds. L'équarrissage de ces pièces doit être le $\frac{1}{18}$ de la portée.

645. M. Tredgold (*b*) distingue deux sortes de planchers : 1° les planchers simples (*single joisted floors*) formés par un rang de solives ; 2° les planchers assemblés (*framed floors*) formés par des poutres, avec lesquelles on assemble transversalement des poutres plus petites, qui supportent les solives. Ces petites poutres reçoivent en outre, par dessous, d'autres solives d'un faible équarrissage, sur lesquelles sont clouées les lattes du plafond.

Les solives sont généralement espacées à un pied (mesure anglaise) de milieu en milieu. Dans les planchers simples, nommant

a, b la largeur et la hauteur des pièces, en pouces ;
c la portée, en pieds ;

les dimensions des solives, dont la largeur ne doit pas être au-dessous de 2 pouces, se règlent en faisant

$$b = 2,2\sqrt[3]{\frac{c^2}{a}} \text{ pour le bois de sapin,}$$

$$b = 2,3\sqrt[3]{\frac{c^2}{a}} \text{ pour le bois de chêne.}$$

(*a*) Art de bâtir, tome IV, page 133.

(*b*) *Elementary principles of carpentry*, page 61 et suiv.

Dans les planchers assemblés : 1° supposant les poutres espacées à 10 pieds, distance qui ne devrait jamais être dépassée, on prendra pour ces pièces

$$b=4{,}2\sqrt[3]{\frac{c^2}{a}},\ \text{ou}\ a=74\frac{c^2}{b^3}\ \text{pour le sapin,}$$

$$b=4{,}34\sqrt[3]{\frac{c^2}{a}},\ \text{ou}\ a=82\frac{c^2}{b^3}\ \text{pour le chêne.}$$

2° Pour les petites poutres transversales assemblées aux poutres principales, dont l'espacement doit être de 4 à 6 pieds, on prendra

$$b=3{,}42\sqrt[3]{\frac{c^2}{a}},\ \text{ou}\ a=40\frac{c^2}{b^3}\ \text{pour le sapin,}$$

$$b=3{,}53\sqrt[3]{\frac{c^2}{a}},\ \text{ou}\ a=44\frac{c^2}{b^3}\ \text{pour le chêne.}$$

3° Les dimensions des solives supérieures se règlent conformément à ce qui a été dit ci-dessus. La largeur des solives inférieures, qui ne servent qu'à fixer les lattes, ne doit pas dépasser 2 pouces. La hauteur de ces pièces se se règle par les formules

$$b=0{,}64\sqrt[3]{\frac{c^2}{a}}\ \text{pour le sapin,}$$

$$b=0{,}67\sqrt[3]{\frac{c^2}{a}}\ \text{pour le chêne.}$$

ARTICLE XIII.

DE LA RÉSISTANCE DES PAROIS DES VASES A LA PRESSION DES FLUIDES.

646. La pression des fluides s'exerce perpendiculairement à la surface des parois des vases. Dans le cas d'un fluide élastique, la grandeur de cette force peut être sup-

posée constante dans toute l'étendue de la paroi. Dans le cas d'un liquide soumis à l'action de la pesanteur, les parties inférieures sont plus fortement pressées que les autres, et il est souvent nécessaire d'avoir égard à cette différence.

647. Les parois des vases sont généralement formées par des substances solides. Ce sont des corps qui peuvent résister aux changemens de figure auxquels ils se trouveraient sollicités par l'effet de la pression des fluides, mais qui cèdent un peu à cette pression, en raison de l'extensibilité ou de la compressibilité de leurs parties. Il y a quelquefois un tel rapport entre la figure de la paroi et la grandeur des pressions normales exercées dans ses diverses parties, que cette paroi ne tend pas, à proprement parler, à changer de figure, mais est seulement sollicitée à s'étendre ou à se comprimer dans le sens de la surface. On désignera ce cas en disant que la paroi est tracée suivant la *surface d'équilibre*. Quand il a lieu la paroi peut être formée d'une substance parfaitement flexible, telle que le serait un tissu de fils dont les parties seraient capables de résister à la compression ou à l'extension, mais ne résisteraient pas à la flexion. L'équilibre est stable si toutes les parties de la surface sont étendues, et la seule chose qu'il importe de connaître est la grandeur de la tension qu'elles supportent.

On ne peut présenter ici d'une manière complète et générale la recherche des effets qui se manifestent dans une paroi pressée par un fluide, mais les notions que l'on exposera suffiront dans la plupart des applications. On considérera successivement une ligne et une surface, sollicitées par des forces qui sont dirigées suivant des lignes normales à cette ligne ou à cette surface.

De l'équilibre d'une ligne sollicitée par des forces perpendiculaires à sa direction.

648. Les conditions de l'équilibre d'une ligne considérée comme un fil parfaitement flexible, à tous les points duquel sont appliquées des forces normales, peuvent être déduites de ce qu'on a vu dans les nos 306 et 428. On peut également les trouver directement comme il suit.

Considérons d'abord une courbe MM′ (fig. 147) tracée sur un plan, dans lequel sont dirigées les forces appliquées normalement à cette courbe. On peut la regarder comme un polygone d'un nombre infini de côtés, et supposer les forces appliquées aux sommets du polygone. Nommons

- ds la longueur d'un élément mn de l'arc de la courbe, ou d'un côté du polygone;
- ρ la longueur du rayon de courbure au point m;
- F la valeur de la force normale appliquée au point M, pour une unité de longueur mesurée sur l'arc de la courbe;
- T la force avec laquelle le côté mn du polygone est tendu.

L'équilibre du polygone exige que la force appliquée à chaque sommet m soit détruite par les tensions des élémens mn, mn'. La force appliquée en m est Fds, et la direction de cette force partage en deux parties égales l'angle nmn'. Donc 1° la tension du côté mn' doit être égale à la tension T du côté mn; et 2° le rapport de T à Fds est celui du sinus de l'angle fmn ou fmn', qui diffère infiniment peu d'un angle droit, au sinus de l'angle infiniment petit compris entre mn et mn' dont la valeur est $\frac{ds}{\rho}$. Il suit de là 1° que la valeur de la tension T doit être la même pour tous les côtés du polygone, ou que le fil est également tendu dans toutes ses parties; 2° que l'on doit avoir en chaque point de la courbe

$$\frac{F\,ds}{T} = \frac{ds}{\rho}, \text{ ou } F = \frac{T}{\rho}.$$

La pression normale est en chaque point égale à la tension divisée par le rayon de courbure. Si le fil ne forme pas une courbe fermée, il faut que les derniers élémens MN, M'N' soient tirés dans le sens de leur longueur avec des forces égales à la tension T.

649. Considérons présentement une courbe à double courbure, sur laquelle agissent également des forces normales. On peut la regarder comme un polygone dont les côtés sont infiniment petits, et dans lequel trois côtés consécutifs ne sont pas compris dans un même plan. Les forces, appliquées à chaque sommet du polygone, doivent être dirigées suivant le rayon du cercle osculateur. Tout ce qui a été dit dans le n° précédent s'applique à ce système : il faut pour l'équilibre du fil qu'il soit également tendu dans toutes ses parties, et c'est ce qui aura lieu si la force normale appliquée à chaque point est égale à la tension divisée par le rayon de courbure (*a*).

(*a*) On conçoit nettement l'existence de l'équilibre dans un fil formant une courbe à double courbure, en se rappelant que, d'après un théorème démontré par Lancret (Mémoires présentés à la première classe de l'Institut, tome I, p. 420), on peut toujours faire passer par une courbe quelconque une surface développable telle que, cette surface étant développée, la courbe donnée y tracerait une ligne droite. Cette surface, nommée *surface rectifiante*, est formée par les intersections successives des plans qui, touchant la courbe, sont perpendiculaires aux rayons des cercles osculateurs de cette courbe. Il suit de là qu'il existe toujours

650. Lorsque des forces sont appliquées perpendiculairement à une verge courbe solide, et qui ne cède à l'action de ces forces que par un changement de figure très-petit dû à l'élasticité, il n'est pas nécessaire, pour que l'équilibre subsiste, que les conditions énoncées ci-dessus soient satisfaites. La tension exercée dans le sens de la longueur de la courbe peut varier d'un point à l'autre. Quant à la manière de connaître la tension longitudinale qui a lieu dans un point quelconque, on remarquera qu'une verge sollicitée par des forces normales ne peut, en général, demeurer en équilibre, à moins que ces forces ne se détruisent réciproquement, ou à moins que la verge ne soit maintenue par deux points fixes, si elle forme une courbe plane, ou par trois points fixes, si elle forme une courbe à double courbure. Les efforts exercés sur les points fixes seront déterminés par la condition qu'étant composés avec les forces appliquées normalement à tous les points de la courbe, il en résulte un système que l'on puisse réduire à deux forces égales et directement opposées. La tension des diverses parties de la verge est produite à la fois par les forces normales appliquées à tous les points, et par les forces particulières, appliquées à des points déterminés, et nécessaires pour établir l'équilibre.

Cela posé, si dans une verge courbe MM′ (fig. 148) sollicitée de la manière qni vient d'être indiquée, et qui forme une courbe non fermée, on veut connaître la ten-

---

une surface, perpendiculaire aux rayons de courbure de la courbe donnée, sur laquelle cette courbe est une ligne de plus courte distance. Donc le fil pourra être regardé comme étant tendu sur la surface du corps solide fixe, où il demeure en équilibre, et où il exerce en chaque point une pression normale.

sion longitudinale supportée par l'élément *mn*, on remarquera que cette tension résulte de ce que les forces appliquées aux deux parties *m*M, *m*M′ de la courbe se détruisent réciproquement au moyen de la liaison que l'élément *mn* établit entre ces deux parties. Par conséquent, si l'on décompose, parallèlement à la tangente de la courbe au point *m*, toutes les forces appliquées à la partie *m*M, ou bien toutes les forces appliquées à la partie *m*M′, la somme des composantes ainsi obtenues sera la tension cherchée.

651. Considérons présentement une courbe fermée plane MN (fig. 149), sollicitée par des forces normales dirigées dans le plan de cette courbe, et supposons que l'on demande la tension supportée par l'élément *mn*. Si l'on décompose toutes les forces appliquées à la courbe parallèlement à la direction de la tangente au point *m*, on remarquera que les points *m*, *m′* dans lesquels la direction de la tangente est la même, partagent la courbe en deux parties, dans chacune desquelles les forces normales produisent des composantes dirigées dans des sens opposés. Si l'on prend les résultantes des composantes parallèles à *mn* fournies respectivement par les forces agissant dans les parties *m*M*m′* et *m*N*m′*, on obtiendra deux forces égales entre elles et directement opposées. La destruction de ces forces produit la tension des deux élémens *mn*, *m′n′*: on connaîtra donc ces deux tensions en décomposant l'une des résultantes dont on vient de parler en deux forces dirigées respectivement suivant *mn* et *m′n′*.

652. Admettons que la figure de la verge MN soit à double courbure, et supposons également que toutes les forces appliquées à la courbe aient été décomposées parallèlement à la tangente menée au point *m*. Si [illegible] conçoit la courbe proposée enveloppée par un cylin[illegible] dont les

arêtes soient parallèles à cette tangente, il y aura un point m' pour lequel le plan tangent à ce cylindre sera parallèle au plan tangent mené par le point m. Les deux points m, m' partageront comme ci-dessus la courbe en deux parties, dans chacune desquelles les forces normales produiront des composantes parallèles à mn dirigées en sens opposés. Si l'on prend respectivement les résultantes des composantes fournies par chaque partie de la courbe, on touvera deux forces égales et directement opposées, dont la destruction réciproque produit les tensions des élémens mn, $m'n'$. Par conséquent, si l'on décompose l'une de ces forces en deux autres, qui lui soient parallèles, et qui soient dirigées dans les deux plans tangens menés aux points m, m', celle de ces composantes qui serait dirigée dans le plan tangent au point m donnera la tension supportée par l'élément mn.

De l'équilibre d'une surface sollicitée par des forces qui sont dirigées perpendiculairement à cette surface.

653. Les conditions de l'équilibre d'une surface supposée parfaitement flexible, sollicitée par des forces normales, peuvent être établies au moyen des considérations suivantes.

Soit la ligne MN (Fig. 150) formant le contour d'une surface, et représentons-nous le solide que cette surface recouvre, et que nous supposerons fixe. Ayant marqué deux points quelconques M, N qui partagent cette ligne en deux portions MpN, MqN, on peut diviser chacune de ces deux portions en un même nombre de parties très-petites, égales entre elles dans chacune des portions. On peut ensuite du point M au point N, et de chacun des points de division p de la première partie à chacun des points de division correspondans q de la seconde partie, tendre des fils qui s'appliqueront sur le solide en suivant la ligne de plus courte distance pmq tracée sur sa surface entre leurs extrémités p, q.

L'ensemble de ces fils, en les supposant infiniment rapprochés, formera une surface; et si, aux deux extrémités de chaque fil pmq, on applique dans la direction des élémens extrêmes des forces égales T, ce fil, en vertu de la tension T, pressera le corps sur lequel il est appliqué suivant une direction normale à la surface. La valeur de la pression exercée au point m sera $\frac{T}{\rho}$, en désignant par ρ le rayon de courbure de la courbe du fil au point m. Si l'on conçoit maintenant le corps supprimé, et que l'on ait appliqué à tous les points m des forces normales égales à $\frac{T}{\rho}$, l'équilibre subsistera. On remarquera qu'il n'est pas nécessaire que les forces T aient des valeurs égales pour tous les fils; il suffit que la tension soit constante dans l'étendue de chaque fil.

Si maintenant on place autrement les points M, N sur la courbe, on pourra former de la même manière un second système de lignes de plus courte distance, et tendre de nouveaux fils qui croiseront les premiers. Si un nouveau fil passant par le point m est tendu par la force T', il produira en ce point une pression normale égale à $\frac{T'}{\rho'}$, ρ' représentant le rayon de courbure de la courbe du nouveau fil au point m, et cette pression s'ajoutera à celle qui est produite par le premier fil. Par conséquent, le corps étant supprimé, on maintiendra maintenant l'équilibre en appliquant au point m une force normale égale à $\frac{T}{\rho}+\frac{T'}{\rho'}$.

En continuant ainsi, on voit que l'on peut tendre sur le corps un nombre indéfini de fils appartenant à divers systèmes de lignes de plus courte distance. La seule condition nécessaire pour l'équilibre est que la tension de chaque fil soit la même dans tous ses points. Si l'on nomme T, T', T'', *etc.*, les tensions respectives des fils qui se croisent au point quelconque m, et ρ, ρ', ρ'', etc., les rayons de courbure des courbes de ces fils au point m, la pression normale exercée en ce point sera $\frac{T}{\rho}+\frac{T'}{\rho'}+\frac{T''}{\rho''}+$ etc. Il est évident d'ailleurs qu'à chaque point p du contour de la surface doivent être appliquées, dans la direction des divers fils qui partent de ce point, autant de forces respectivement égales aux tensions de ces fils. Toutes ces forces sont dirigées dans le plan tangent à la surface au point p.

Si la surface proposée n'était pas terminée par un contour, et formait une enveloppe fermée, ce qui précède lui pourrait être appliqué, en considérant que l'équilibre est établi dans des fils tendus sur cette surface, et formant un ou plusieurs systèmes de lignes de plus courte distance. Chaque fil formerait une courbe fermée, la tension serait constante dans toute sa longueur, et la force normale résultant en chaque point du fil de sa tension, serait égale à cette tension divisée par le rayon de courbure de la courbe du fil. La pression normale supportée par le corps en un point quelconque serait la somme des pressions normales produites par les tensions de tous les fils qui se croiseraient en ce point.

654. Il résulte de ce qui précède que, pour qu'une surface flexible sollicitée par des forces normales soit en équilibre, il suffit que l'on puisse décomposer cette surface, au moyen d'un ou de plusieurs systèmes de lignes de plus courte distance, en bandes infiniment étroites regardées

comme des fils, et que les forces normales appliquées à chaque point intérieur, aussi bien que les forces tangentielles appliquées à chaque point du contour de la surface, étant réparties entre les divers fils, chacun d'eux soit en équilibre. Une surface quelconque parfaitement flexible étant donnée, il y a une infinité de systèmes de forces, appliquées perpendiculairement aux points intérieurs et tangentiellement aux points du contour, qui peuvent être en équilibre au moyen de cette surface.

655. Considérons une surface parfaitement flexible, maintenue par un contour fixe, et sollicitée par des forces normales telles que la surface est en équilibre et ne tend pas à changer de figure. On peut demander comment l'équilibre est établi, quelle tension la surface supporte en chaque point suivant une direction déterminée, et quels sont les efforts exercés sur chaque point du contour fixe. Cette question ne peut, en général, être résolue, tant que l'on regarde les élémens de la surface comme inextensibles, parce que l'équilibre peut être établi d'une infinité de manières. Mais si l'on suppose les élémens de la surface extensibles, la question est déterminée.

Du cas où une surface sollicitée par des forces normales est également tendue dans tous les sens.

656. Soit une surface parfaitement flexible et inextensible sollicitée par des forces normales, et supposons l'équilibre établi entre ces forces et les efforts de tension qui ont lieu dans le sens de la surface. Admettons que l'on ait tracé sur la surface une ligne quelconque de plus courte distance, et considérons la portion de la surface formée par une bande dirigée suivant cette ligne, et ayant une largeur constante et très-petite : cette bande sera tendue sui-

vant sa longueur avec une certaine force. Cela posé, on dit qu'une surface est également tendue dans tous les sens, 1° si la tension de la bande est constante dans toutes les parties de sa longueur; 2° si la valeur de cette tension est la même, quelle que soit la direction de la ligne de plus courte distance suivant laquelle la bande est tracée.

Soit λ la largeur de la bande, qui doit être supposée infiniment petite, et θ la valeur de sa tension longitudinale, qui le sera également: le rapport $\frac{\theta}{\lambda}=T$ représente la tension des parties de la surface rapportée à l'unité linéaire. La quantité finie T donne la mesure de la force avec laquelle la surface est tendue.

657. Soit MN (Fig. 151) une portion du contour d'une surface également tendue dans tous les sens. Il est nécessaire, pour que l'équilibre soit maintenu, que des forces dirigées dans le plan tangent à la surface soient appliquées à chaque point du contour. On peut regarder ce contour comme étant composé de parties infiniment petites *bc*, dont la longueur est égale à λ, et supposer que les forces distribuées sur l'intervalle *bc* sont appliquées au milieu *a* de cet intervalle. On peut également regarder la surface comme étant formée d'une infinité de fils ou bandes infiniment étroites, dirigées suivant les rayons du demi-cercle décrit des points *a* avec le rayon $\frac{1}{2}\lambda$. Les forces tangentielles appliquées à chaque point *a* devront faire équilibre aux tensions des bandes partant de ce point. Soit *mnqp* deux des bandes dont il s'agit, dont les directions forment avec la normale *ad* des angles ω. La largeur *pq* de ces bandes sera $\frac{\lambda}{2}d\omega$, leur tension $T\frac{\lambda}{2}d\omega$, et la résultante des tensions des deux bandes, $T\lambda\, d\omega.\cos.\omega$. La somme de toutes les résul-

tantes semblables, ou l'intégrale $T\lambda\int_0^{\frac{1}{2}\pi} d\omega.\cos.\omega$, dont la valeur est $T\lambda$, est la force qui doit être appliquée au point a. Ainsi l'équilibre d'une surface également tendue dans tous les sens avec la force T, exige que des forces égales entre elles soient appliquées perpendiculairement au contour de la surface dans tous les points de ce contour, et que la valeur de ces forces, pour une unité de longueur, soit T.

658. Étant donnée la figure d'une surface considérée comme un tissu parfaitement flexible et inextensible, il existe toujours un système de forces appliquées normalement à tous les points intérieurs, par l'effet duquel la surface serait maintenue en équilibre, et également tendue dans tous les sens. Soit M (fig. 152) un des points de la surface, et supposons que l'on ait décrit de ce point comme centre, et d'un rayon infiniment petit, égal à $\frac{\lambda}{2}$, un cercle. Considérons une des bandes infiniment étroites *mnpq*, tracées suivant les directions des lignes de plus courte distance qui se croisent au point M. Désignons par r le rayon de courbure de la section normale de la surface, faite au point M dans la direction de l'axe de cette bande, et par ω l'angle de cette section avec le rayon fixe AM. La largeur *mn* ou *pq* de la bande sera $\frac{\lambda}{2}d\omega$, et la force avec laquelle elle est tendue, $T\frac{\lambda}{2}d\omega$. Ainsi regardant cette bande comme un fil isolé, on la maintiendrait en équilibre en appliquant au point M, perpendiculairement à la surface, une force dont la valeur, rapportée à l'unité de longueur, serait, d'après les numéros 648 et 649, $T.\frac{\lambda}{2}d\omega.\frac{1}{r}$; et pour l'in-

tervalle *mnpq*, $T.\frac{\lambda}{2}d\omega.\ \frac{1}{r}.\lambda$; ou $T.\frac{\lambda^2}{2}.\frac{1}{r}d\omega$. Si l'on considère également une autre bande $m'n'p'q'$ dirigée perpendiculairement à la première, en désignant par r' le rayon de courbure de la section normale faite dans la surface suivant la direction de la nouvelle bande, on aura de même $T.\frac{\lambda^2}{2}.\frac{1}{r'}d\omega$ pour la valeur de la force qui, étant appliquée sur l'intervalle $m'n'p'q'$ perpendiculairement à la surface, maintiendrait cette nouvelle bande en équilibre. Si l'on prend donc la somme des quantités $T\frac{\lambda^2}{2}\left(\frac{1}{r}+\frac{1}{r'}\right)d\omega$ dans une étendue égale au $\frac{1}{4}$ de la circonférence à compter du point A, on aura la somme des forces qui, étant appliquées normalement à la surface, dans l'étendue du cercle décrit du point M, font équilibre à la tension de toutes les bandes qui se croisent en ce point. Or on sait que la valeur de la quantité $\frac{1}{r}+\frac{1}{r'}$ est indépendante de l'angle ω, et qu'en nommant ρ, ρ' les deux rayons de courbure principaux de la surface pour le point M, cette valeur est $\frac{1}{\rho}+\frac{1}{\rho'}$. Donc l'intégrale cherchée est $T\frac{\pi\lambda^2}{2.2}\left(\frac{1}{\rho}+\frac{1}{\rho'}\right)$. La surface du cercle décrit du point M avec le rayon $\frac{\lambda}{2}$ étant d'ailleurs $\frac{\pi\lambda^2}{4}$, on voit donc que l'expression

$$T\left(\frac{1}{\rho}+\frac{1}{\rho'}\right)$$

représente la valeur de la force normale qui doit être appliquée au point M (cette valeur étant rapportée à l'unité de surface), pour que la surface proposée soit également tendue dans tous les sens avec la force T (*a*).

(*a*) Il est aisé de voir que l'on parviendrait au même résultat, en considérant toute autre figure dont le point M serait le centre.

659. Si les deux rayons de courbure étaient égaux et de même signe, propriété qui appartient à la sphère, la force dont il s'agit serait $\frac{2T}{\rho}$. On voit par-là que la même pression normale qui pourrait produire une tension T dans le sens des élémens circulaires d'une surface cylindrique, produirait dans tous les sens une tension $\frac{1}{2}$T dans une surface sphérique de même diamètre.

Applications à des vases de diverses figures.

660. Nous considérerons en premier lieu des vases contenant un fluide qui exerce du dedans au dehors une pression, et dont les parois sont planes. Ces parois sont généralement tendues dans la direction de la surface, en même temps qu'elles supportent une pression normale. Le cas le plus simple est celui d'un tuyau rectiligne dont les parois sont formées par des plans parallèles à l'axe de ce tuyau ; par exemple le tuyau rectangulaire AH (fig. 153), que l'on suppose ouvert par les deux bouts. Les parois ne sont point tendues dans le sens de la longueur du tuyau, mais dans le sens de sa largeur seulement. Considérant une partie mq' de ce tuyau, on peut regarder les portions $mnn'm'$ et $pqq'p'$ des faces inférieure et supérieure, comme étant tendues respectivement, parallalèlement aux côtés mm', pp', par l'effet des pressions opposées qui s'exercent sur les portions $mnqp$, $m'n'q'p'$ des faces latérales, avec une force égale à la moitié de la pression exercée sur chacune de ces dernières portions. De la même manière, chacune des portions mq, $m'q'$ sera tendue parallèlement à mp, $m'p'$ avec une force égale à la moitié de la pression exercée dans l'étendue mn' ou pq'. L'une quelconque des portions de paroi dont il s'agit, telle que $mnqp$, peut donc être

regardée comme une pièce qui est à la fois tendue suivant sa longueur, pressée par des forces normales distribuées uniformément sur cette longueur, et supportée sur ses deux extrémités. On peut lui appliquer l'analyse du n° 592, et régler la force de la paroi d'après l'équation du n° 593. a désignera la moitié de la longueur mp; Q, la moitié de la pression normale exercée sur mn' ou pq'; p, la valeur de la pression normale exercée sur $mnqp$ pour une unité linéaire mesurée sur la longueur mp.

661. Si le tuyau était fermé par les deux bouts, ou par un bout seulement, ce qui précède ne pourrait plus être rigoureusement appliqué. Mais en procédant comme il vient d'être dit, on connaîtrait une limite d'après laquelle on serait assuré de donner à chaque paroi une force plus que suffisante. Considérons, par exemple, un vase quadrangulaire et vertical ABGH (fig. 154), ouvert par la face supérieure, dont le fond repose sur un plan horizontal fixe, et qui est rempli d'un fluide pesant. Si le fond du vase n'existait pas, on pourrait appliquer à chaque élément transversal mq' ce qui a été dit dans le n° précédent, en faisant attention que la pression du fluide augmentant avec la profondeur, ces élémens ont à supporter des efforts d'autant plus grands qu'ils sont placés plus loin de la surface supérieure du fluide. Mais si le fond du vase existe, comme ce fond attache les unes aux autres les quatre parois latérales, il empêche qu'il ne s'établisse, dans le sens des longueurs mn des élémens, des tensions aussi grandes, et que ces élémens ne se courbent autant en cédant à la pression normale. Le résultat du calcul indiqué ci-dessus donnera donc, pour les parties des parois, des épaisseurs qui surpasseront d'autant plus les épaisseurs réellement nécessaires que ces parties seront plus voisines du fond du vase.

662. Si le vase était entièrement fermé, les parois seraient tendues suivant plusieurs directions. Si, par exemple, le vase rectangulaire AH (Fig. 154) est fermé par les deux bouts, et contient un fluide pressant du dedans au dehors, l'une quelconque AF des faces est tendue suivant deux directions parallèles aux arêtes AB et AE. Cette face peut être regardée comme appartenant à un tuyau rectangulaire dont l'axe est parallèle à AB, ou à un autre tuyau rectangulaire dont l'axe est parallèle à AF. Si l'on considère successivement ces deux tuyaux en les supposant ouverts par les deux bouts, et si l'on applique ce qui a été dit n° 660, on obtiendra des résultats d'après lesquels la force de la paroi AF se trouverait nécessairement fixée au delà de ce qui est nécessaire. L'excès de force qui lui serait donné, si l'on adoptait ces résultats, serait d'autant plus grand que la longueur des tuyaux serait moindre par rapport aux dimensions transversales.

La recherche du véritable état d'équilibre des parois, dans des cas de ce genre, comporte une analyse particulière, qui ne peut être exposée ici.

663. Si les parois, au lieu d'être planes, étaient formées par des portions de surface cylindrique, on pourrait faire usage des notions précédentes, en appliquant les résultats présentés ci-dessus, article VI, sur la résistance des pièces courbes.

664. Considérons maintenant un vase dont la paroi est courbe, et en premier lieu un tuyau rectiligne ouvert par les deux bouts. Supposons que le fluide contenu dans ce tuyau exerce sur tous les points d'une même section transversale des pressions égales, ou que l'on peut supposer égales sans erreur sensible, comme dans le cas où les gaz ou l'eau coulent dans des tuyaux d'un

petit diamètre. La paroi du tuyau n'est pas tendue dans le sens de sa longueur, mais seulement dans le sens des sections transversales. Un élément transversal du tuyau peut être regardé comme une bande ou un fil sollicité par des forces normales dirigées dans son plan. Ces forces étant égales dans tous les points, le fil ne peut être en équilibre, à moins que le rayon de courbure n'ait aussi une valeur constante. Ainsi la paroi tendra à changer de figure, à moins que la section transversale du tuyau ne soit circulaire.

La section étant supposée circulaire, soit p la valeur de la pression normale produite par le fluide sur une unité de surface de la paroi, et considérons un élément transversal du tuyau, dont la longueur, mesurée sur l'axe, soit égale à l'unité linéaire; p représentera également la pression normale exercée sur une unité de longueur de la circonférence de cet élément. Par conséquent, nommant r le rayon du tuyau, on aura, d'après le n° 648, pr pour la tension qui s'établira dans le sens de cette circonférence. Ainsi l'on dira que la surface du tuyau est tendue dans le sens des sections transversales avec la force pr. On voit que la tension résultant d'une même pression normale intérieure croît proportionnellement au rayon du tuyau.

Désignant par h l'épaisseur de la paroi, supposée constante et beaucoup plus petite que le rayon r; et (comme au n° 181) par R′ la plus grande tension que l'on veut faire supporter aux fibres sur l'unité de surface: on pourra régler l'épaisseur de la paroi en posant l'équation

$$R'h = pr.$$

665. Si la section transversale du tuyau n'était pas circulaire, la paroi tendrait à changer de figure, et en changerait effectivement si elle était formée par un tissu

flexible. Si elle est formée par une substance solide, la figure ne changera pas totalement, mais sera légèrement modifiée par l'effet de l'élasticité de cette substance. La matière de la paroi est alors sollicitée de deux manières : 1° par l'effet du changement de courbure, qui étend ou comprime les fibres près des faces extérieures ou intérieures; 2° par l'effet de la tension qui s'établit dans le sens des sections transversales, tension qui varie d'un point à l'autre de ces sections, et qui étend les fibres dans toute l'épaisseur de la paroi. La modification que supportent les parties par l'effet du changement de courbure est, dans la plupart des applications, peu considérable; elle peut être déterminée au moyen des principes exposés ci-dessus, article VI. Quant à l'effet de la tension causée par la pression du fluide, qu'il importe ordinairement le plus de considérer, soit MN (Fig. 155) la section transversale du tuyau, et supposons que l'on veuille connaître la tension supportée par cette section dans le point *m*. On mènera la tangente *mp*, et une autre tangente *nq* parallèle à la première. On remarquera ensuite, conformément au n° 651, que les pressions normales exercées par le fluide sur les portions de courbe *m*M*n* ou *m*N*n*, décomposées parallèlement aux lignes *mp*, *nq*, équivalent aux pressions exercées sur la ligne *pq*, qui leur est perpendiculaire; d'où il suit que l'on aura la tension exercée en *m*, en prenant la moitié de la pression que le fluide exercerait sur *pq*. On voit que la tension des diverses parties de la paroi est proportionnelle à la distance des deux tangentes *mp*, *nq*.

666. Si le tuyau rectiligne dont il s'agit était fermé par un bout, la résistance du fond s'opposerait au changement de figure de la paroi et à l'extension des sec-

tions transversales. Cette paroi serait donc sollicitée moins fortement, surtout dans la partie voisine du bout fermé. Il en serait de même, à plus forte raison, si le tuyau était fermé par les deux bouts. Mais dans ce dernier cas, en vertu de la pression du fluide contre les deux bases du tuyau, la paroi supporterait une tension dans le sens des arêtes de la surface cylindrique, en même temps qu'elle en supporterait une dans le sens des sections transversales. Si la section transversale du tuyau est circulaire, on a, en conservant les dénominations du n° 664, $p.\pi r^2$ pour la pression exercée sur les fonds opposés, et par conséquent $\frac{p.\pi r^2}{2\pi r}$, ou $\frac{pr}{2}$ pour la force avec laquelle une portion de la circonférence du tuyau égale à l'unité linéaire est tendue dans le sens des arêtes. Ainsi, la pression du fluide étant supposée uniforme dans toute l'étendue du tuyau, la tension qui a eu lieu dans le sens des arêtes est la moitié de celle qui a lieu dans le sens des sections transversales. Si la section transversale du tuyau n'était pas circulaire, la tension qui aurait lieu dans le sens des arêtes serait encore moindre par rapport à celle qui aurait lieu dans le sens des sections transversales.

667. Soit un vase cylindrique d'une longueur indéfinie, dont l'axe est horizontal, et qui contient un liquide pesant. MAN (Fig. 156) représentant la section transversale de ce vase, et MN le niveau de la surface du fluide, la pression normale qui aura lieu en un point quelconque m de la section sera proportionnelle à la distance mp. Par conséquent si la paroi du vase est formée par un tissu flexible, la condition de l'équilibre, conformément au n° 648, sera que le rayon de courbure au point m soit

réciproque à la distance mp, ce qui détermine la nature de la courbe MAN. En rapprochant ce qui vient d'être dit des nos 77 et 86, on verra que la figure de cette courbe est celle qu'affecterait un ressort homogène, d'une largeur et d'une épaisseur uniforme, dont la figure naturelle est rectiligne, et qui serait tenu plié, au moyen d'une corde attachée du point M au point N. La courbe est également tendue dans tous ses points, et on connaîtrait la tension en supposant que le poids du fluide contenu dans le tuyau est appliqué au point O, et décomposé suivant les directions des tangentes MO, NO, menées aux points extrêmes. Il est évident que l'équilibre exige que les points M, N soient fixes, ou que la courbe y soit tirée par deux forces égales à sa tension, et dirigées dans le prolongement de ces tangentes.

668. Si la section transversale du cylindre horizontal n'a point la figure qui convient à l'équilibre, et si la paroi est faite d'une matière solide, elle est légèrement fléchie par l'effet de la pression du fluide. L'état de flexion de cette paroi, aussi bien que la tension qui peut avoir lieu dans le sens de la section transversale, dépendent à la fois de la figure de cette section, et de la manière dont le vase est supporté : on peut les déterminer par les principes exposés dans l'article VI de la présente section.

669. Si le même vase cylindrique était fermé aux deux extrémités, les parties voisines de ces extrémités seraient sollicitées avec moins de force dans le sens des sections transversales. La paroi serait de plus tendue parallèlement à l'axe. La valeur totale de cette tension serait évidemment égale à la pression exercée par le fluide sur chacune des bases du cylindre : mais on ne peut connaître exactement la manière dont cette tension est répartie sur les différentes arêtes de la surface cylindrique, à moins de considérer la

paroi courbe et les deux bases comme un seul corps élastique, et d'en déterminer complétement l'état d'équilibre.

670. Lorsqu'un fluide est contenu dans un vase entièrement fermé, et où la pression est égale dans toutes les parties, la paroi, si elle est flexible, ne peut se maintenir en équilibre, à moins que sa figure ne soit celle d'une sphère. Dans ce cas, conformément aux nos 648 et 659, nommant p la pression intérieure sur une aire égale à l'unité de surface, et r le rayon de la sphère, la paroi est tendue dans tous les sens avec la force $\frac{1}{2}pr$; en sorte que, si h est l'épaisseur de cette paroi, on devra, pour s'assurer que cette épaisseur est suffisante, vérifier l'équation

$$R'h = \frac{1}{2}pr.$$

Il en serait de même si la paroi, formée d'une substance solide homogène, avait naturellement la figure sphérique. En effet la pression du fluide ne tendant point à changer cette figure, la paroi ne peut céder qu'en se dilatant, et elle doit être également tendue dans tous les sens.

671. Lorsque la figure du vase n'est point sphérique, la paroi doit nécessairement être formée d'une substance solide. La pression du fluide tend à en changer la figure, en même temps qu'elle lui fait subir une extension. La recherche de l'état d'équilibre de cette paroi, en général très-compliquée, comporte des considérations qui ne peuvent être exposées ici. Mais en laissant de côté cette recherche, on peut se proposer, dans les applications, de régler l'épaisseur de la paroi de manière que l'on soit assuré qu'elle résistera à l'action du fluide. Pour y parvenir, conformément aux principes énoncés ci-dessus nos 653 et suivans, on concevra que l'on a tracé sur la surface du vase une ligne de plus courte distance dans une direction quelconque, et une bande infiniment étroite d'une largeur uniforme

dirigée suivant cette ligne. Regardant ensuite cette bande comme une verge élastique soumise en chaque point à des forces normales dont l'intensité dépendra de la pression du fluide, on pourra déterminer l'état de flexion et de tension de la bande dont il s'agit, d'après les principes de l'article VI cité ci-dessus, et en régler convenablement la force. Or il est évident que si une bande quelconque, ainsi séparée de la surface, présente une résistance suffisante, la paroi formée de la réunion de toutes les bandes présentera une résistante plus que suffisante, puisque leur adhésion mutuelle ne peut que s'opposer à ce qu'elles ne cèdent à l'action du fluide.

672. Par exemple, si la figure du vase est une surface de révolution, sur laquelle les méridiens sont des lignes de plus courte distance, on pourra considérer un de ces méridiens, la bande infiniment étroite dont il serait l'axe, et régler l'épaisseur de la paroi de manière que cette bande, supposée isolée, résiste à l'action du fluide. La paroi aura alors une résistance plus que suffisante. Si la surface de révolution était une sphère, la force de la paroi, ainsi déterminée, serait précisément double de ce qui serait nécessaire, ainsi qu'on le voit par les nos 648 et 659.

Expériences sur la résistance des vases contenant un fluide qui exerce une pression sur les parois.

673. D'après une expérience de Mariotte (*a*), un cylindre en fer-blanc, ayant un pied de diamètre, et une longueur qui n'est pas indiquée, mais qui paraît avoir été de un à deux pieds, dont les deux bases étaient formées par des platines de cuivre avec lesquelles le fer-

---

(*a*) Traité du mouvement des eaux; Œuvres de Mariotte, tome II, page 471.

blanc était soudé, a supporté sans se rompre la pression d'une colonne d'eau de 90 pieds de hauteur. Il a rompu après quelque temps dans une soudure sous la pression d'une colonne d'eau de 100 pieds. L'épaisseur du fer-blanc n'est pas indiquée; mais l'auteur établit un rapprochement entre la résistance de cette matière dans son expérience, et la résistance d'une bande de fer-blanc de trois lignes de largeur qui avait supporté une tension de 120 livres.

674. D'après une autre expérience du même auteur (*a*), un vase de plomb en forme de baril, ayant 18 pouces de longueur, un pied de diamètre au milieu, 8 pouces aux deux extrémités, et 2 $\frac{1}{2}$ lignes d'épaisseur, terminé par des bases planes faites avec le même plomb, a supporté sans rompre la pression d'une colonne d'eau de 100 pieds de hauteur. Les platines se courbèrent de plus de 1 $\frac{1}{2}$ pouce. Le plomb ayant été limé au milieu de la hauteur du baril, dans une étendue de 6 pouces de longueur et 4 de largeur, et l'épaisseur réduite à un peu moins d'une ligne au milieu de ce qui était limé, le plomb céda dans cet endroit, et il s'y fit une fente.

675. D'après deux expériences de M. Jardine d'Edinburgh (*b*), un tuyau de plomb de 1 $\frac{1}{2}$ pouce anglais de diamètre, $\frac{1}{5}$ pouce d'épaisseur, a supporté sans altération apparente la pression d'une colonne d'eau de 1000 pieds de hauteur, et s'est rompu sous celle d'une colonne d'eau de 1200 pieds.

Un autre tuyau de la même épaisseur et de 2 pouces de diamètre, a supporté sans altération apparente la pression d'une colonne d'eau de 800 pieds, et a rompu sous celle d'une colonne d'eau de 1000 pieds.

(*a*) *Idem*, page 472.

(*b*) Citées dans les Annales de Chimie et de Physique, mars 1826.

676. D'après une expérience de l'auteur, un vase sensiblement sphériqne, en tôle de fer de très-bonne qualité, formé de deux demi-sphères assemblées par des rivets et une soudure et se recouvrant l'une l'autre de 0m,01, ayant 0m,337 de diamètre extérieur dans le sens du grand cercle suivant lequel la soudure était faite, 0m,323 dans le sens perpendiculaire à ce grand cercle, et 0m,0026 d'épaisseur, a été rompu sous la pression de 144 kil. par centimètre quarré. La rupture s'est manifestée par une petite fente, à 0m,05 de la soudure.

D'après une autre expérience, un vase semblable, ayant 0m,285 de diamètre dans le sens du grand cercle suivant lequel la soudure était faite, 0m,279 dans le sens opposé, et 0m,0024 d'épaisseur, a été rompu sous la pression de 163 kil. par centimètre quarré. La rupture s'est également manifestée par une petite fente, à 0m,12 de la soudure.

677. Le résultat des expériences de Mariotte ne peut être soumis au calcul, à raison de l'incertitude de la première, et de la figure compliquée du vase dans la seconde. En appliquant aux deux expériences de M. Jardine la formule indiquée ci dessus n° 664, on trouve que le plomb a été rompu par des efforts de 1k,37 et 1k, 58 par millimètre quarré. Ces expériences s'accordent donc entièrement avec les résultats des expériences directes rapportées n°70. Si l'on applique également aux deux expériences de l'auteur sur des vases sphériques le calcul indiqué ci-dessus n° 670, en adoptant le plus grand des deux diamètres, on trouve que la tôle a été rompue par des efforts de 46 et 47 kil. par millimètre quarré. Ce résultat s'accorde également avec les expériences directes rapportées n° 52, qui ont été faites sur de la tôle d'une moindre qualité.

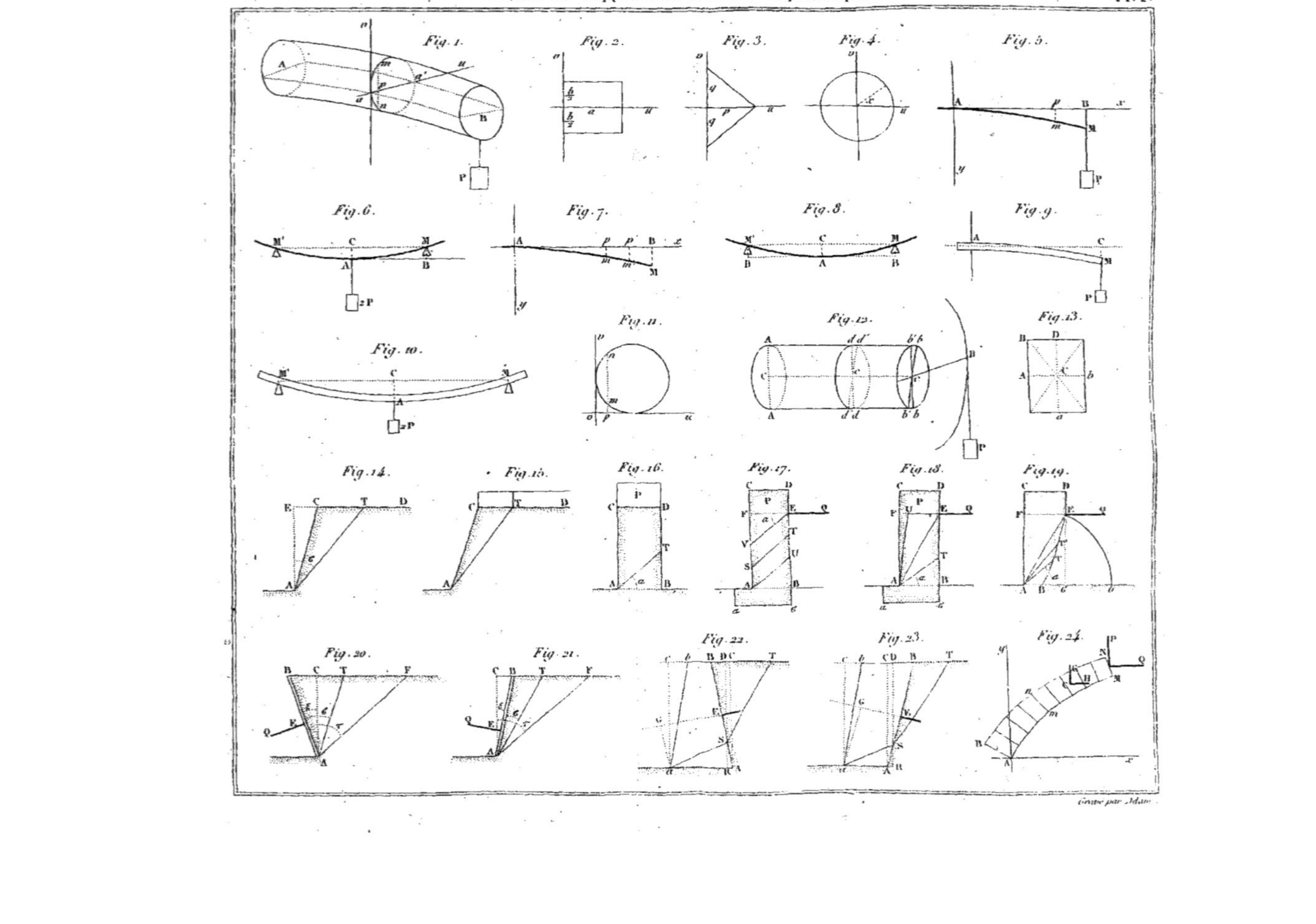
Fig. 1.
Fig. 2.
Fig. 3.
Fig. 4.
Fig. 5.
Fig. 6.
Fig. 7.
Fig. 8.
Fig. 9.
Fig. 10.
Fig. 11.
Fig. 12.
Fig. 13.
Fig. 14.
Fig. 15.
Fig. 16.
Fig. 17.
Fig. 18.
Fig. 19.
Fig. 20.
Fig. 21.
Fig. 22.
Fig. 23.
Fig. 24.
Gravé par Adam.

Leçons sur l'application de la mécanique, 1re partie. Pl. II.

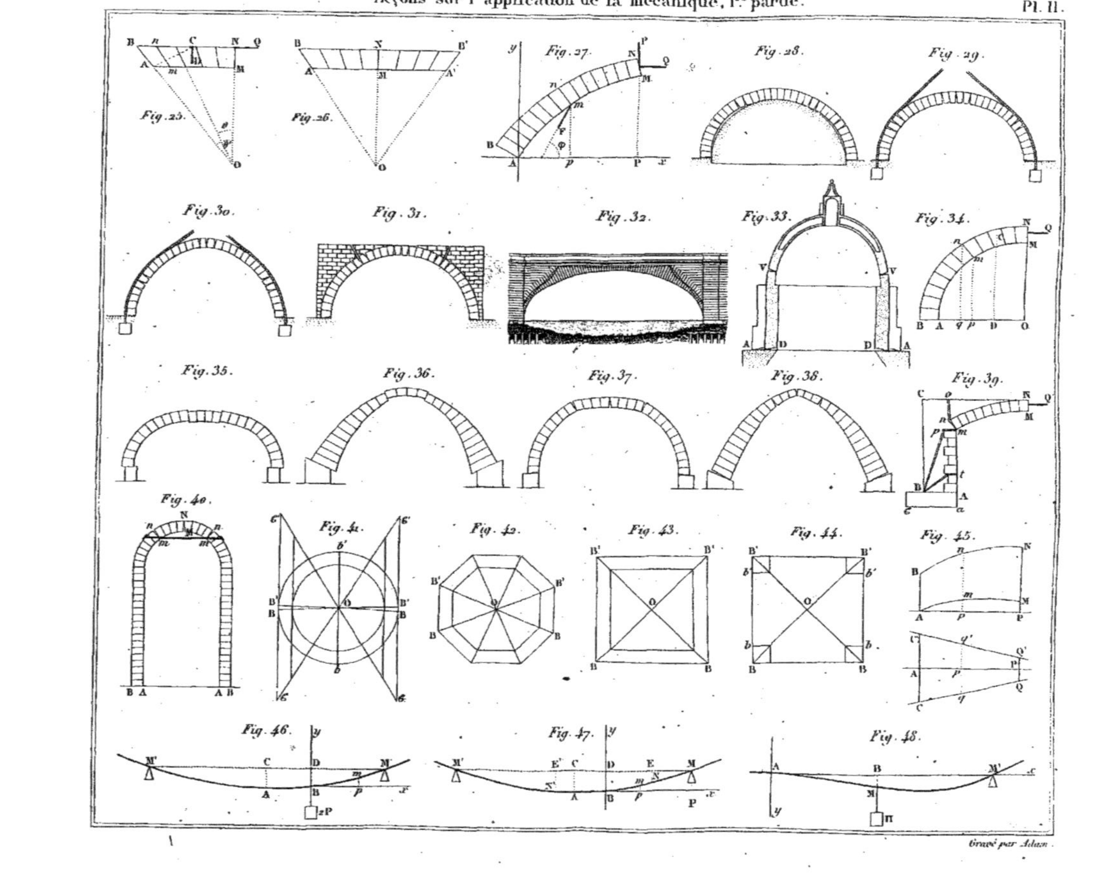

Gravé par Adam.

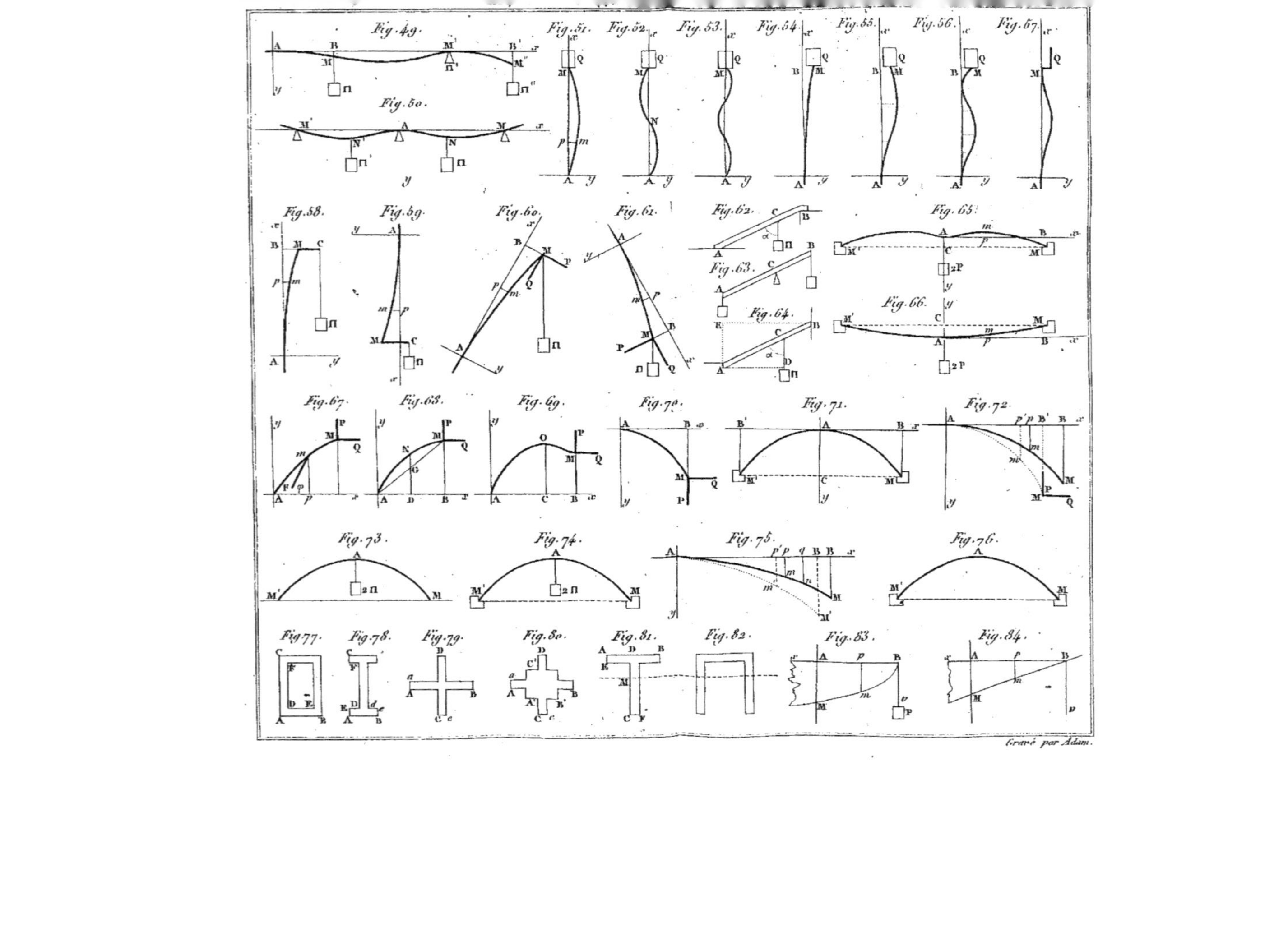
Fig. 49.
Fig. 50.
Fig. 51.
Fig. 52.
Fig. 53.
Fig. 54.
Fig. 55.
Fig. 56.
Fig. 67.
Fig. 58.
Fig. 59.
Fig. 60.
Fig. 61.
Fig. 62.
Fig. 63.
Fig. 64.
Fig. 65.
Fig. 66.
Fig. 67.
Fig. 68.
Fig. 69.
Fig. 70.
Fig. 71.
Fig. 72.
Fig. 73.
Fig. 74.
Fig. 75.
Fig. 76.
Fig. 77.
Fig. 78.
Fig. 79.
Fig. 80.
Fig. 81.
Fig. 82.
Fig. 83.
Fig. 84.
Gravé par Adam.

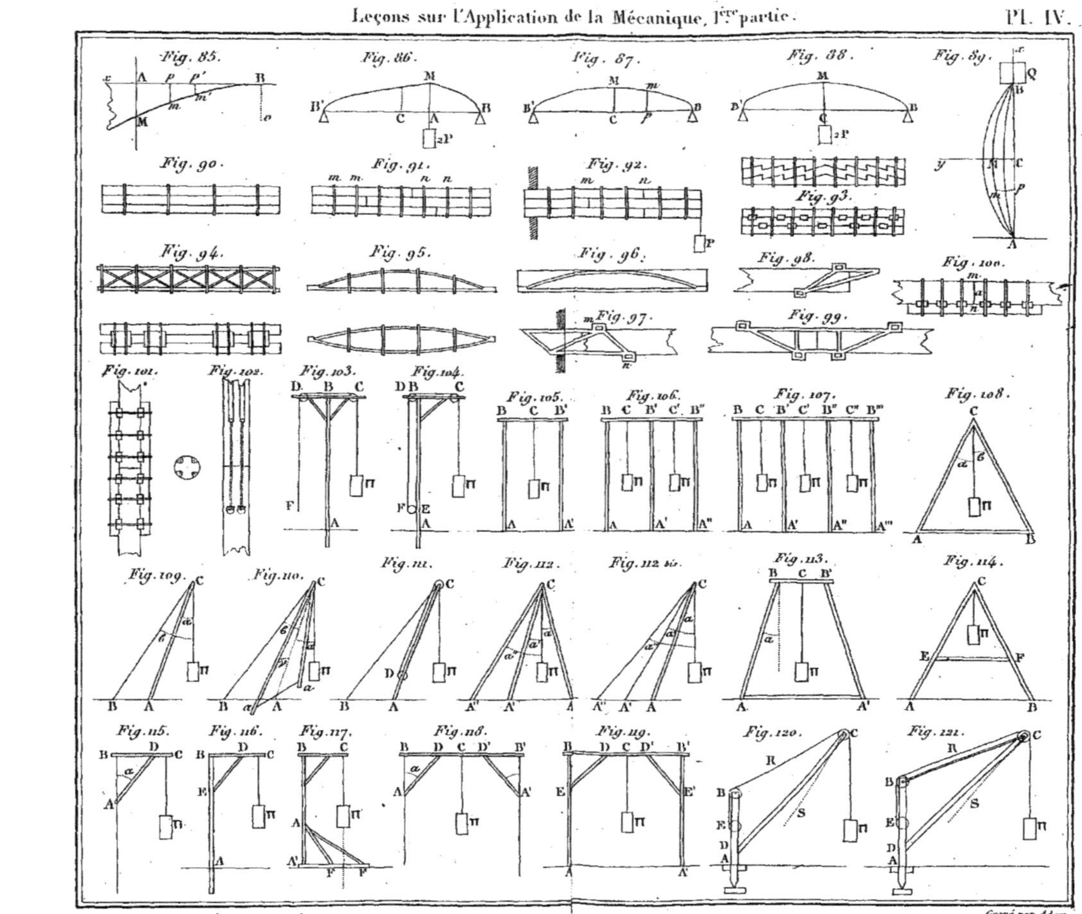

Gravé par Adam.

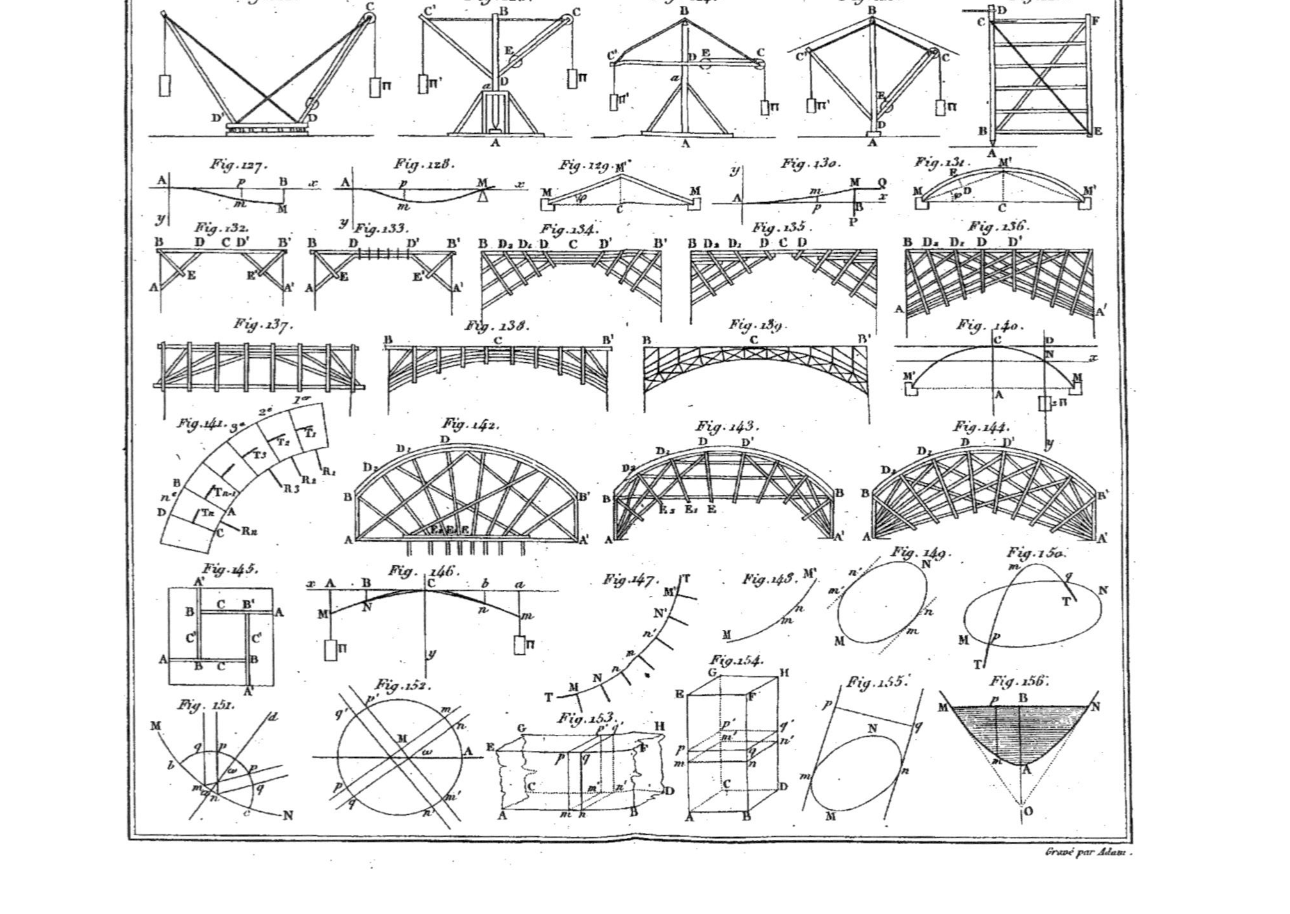

Gravé par Adam.

www.ingramcontent.com/pod-product-compliance
Ingram Content Group UK Ltd.
Pitfield, Milton Keynes, MK11 3LW, UK
UKHW021841190726
13855UKWH00001B/84